教育部高等学校材料类专业教学指导委员会规划教材

国家级一流本科专业建设成果教材

材料结构基础与表征

许 莹 胡晨光 蔡艳青 陈兴刚 编著

FUNDAMENTALS AND CHARACTERIZATION OF MATERIAL STRUCTURE

化学工业出版社

·北 京·

内容简介

《材料结构基础与表征》的编写主要根据成果导向教育（OBE）理念，以培养目标反向设计教材内容，以实现使学生了解结构基础、熟悉测试技术、熟练分析方法的课程目标。本书以培养学生能力为主体，创新内容和模式，深度提炼课程思政案例，将结构化学理论、材料测试技术、材料计算模拟方法、材料结构分析案例等模块交叉融合，形成"五位一体"的多维立体式教材。全书共计 8 章，主要包括绪论、原子结构与表征、分子结构及光谱分析、晶体结构与表征、金属结构与表征、材料计算模拟方法、材料复杂综合问题解决案例分析等内容。

本书可作为高等学校材料类专业的本科、研究生教材，也可作为材料科学研究人员的参考书。

图书在版编目（CIP）数据

材料结构基础与表征 / 许莹等编著. -- 北京 ： 化学工业出版社，2025. 3. --（教育部高等学校材料类专业教学指导委员会规划教材）. -- ISBN 978-7-122 -47476-6

Ⅰ. TB303

中国国家版本馆 CIP 数据核字第 2025820JP9 号

责任编辑：陶艳玲　　　　　　　　文字编辑：王晓露
责任校对：杜杏然　　　　　　　　装帧设计：史利平

出版发行：化学工业出版社
　　　　　（北京市东城区青年湖南街 13 号　邮政编码 100011）
印　　装：三河市君旺印务有限公司
787mm×1092mm　1/16　印张 21½　字数 528 千字
2025 年 9 月北京第 1 版第 1 次印刷

购书咨询：010-64518888　　　　　售后服务：010-64518899
网　　址：http://www.cip.com.cn
凡购买本书，如有缺损质量问题，本社销售中心负责调换。

定　　价：65.00 元　　　　　　　　版权所有　违者必究

目前，我国普通高等教育教材建设正逐步形成反映时代特点、与时俱进的教材体系，并逐渐向立体化和数字化方向发展。同时，在新时代、新形势下，教材建设要落实立德树人的根本任务，体现科学技术的最新突破、学术研究的最新进展，及时更新修订陈旧内容，为培养"德智体美劳"全面发展的社会主义建设者和接班人提供坚实有力的支撑。

新材料是战略性新兴产业发展的基石。材料的性能由其结构组成决定，让学生掌握材料微观层面的结构理论基础和表征分析方法，以培养学生构建起材料的晶体结构、微观组织、化学成分、物相组成与材料制备工艺、材料性能间的关系，具备材料结构分析和表征的能力，以适应材料设计和开发的新要求，进而满足新时代新材料领域对人才的培养需求。

本书在内容上先从材料结构化学基础入手，深入介绍材料微观测试技术手段。主要由绪论、原子结构与表征、分子结构及光谱分析、晶体结构与表征、金属结构与表征、材料计算模拟方法、材料复杂综合问题解决案例分析等部分组成。各章首先在本章导读中设置思维导图，实现章节知识的可视化，以便学生建立知识框架，具有良好的适教性，进而帮助学生建立知识与能力逻辑框架，提升学生学习主动性和针对性；其次在章节开头引入思政案例，深入挖掘材料结构问题与测试技术的文化基因和价值范式，强化课程思政建设，多角度多层次地将思政教育与知识体系教育有机融合，增强学生社会主义核心价值观。同时，书中丰富了新工科新材料的实际材料结构问题分析案例。通过研究性、创新性、综合性材料分析案例的教材内容，提高课程的挑战度，加大学生自学时间投入，培养学生高阶能力；让学生深入体会国家卡脖子技术产生的原因，树立为之奋斗终身的决心；科技成果以分析案例形式呈现，真实且实用，提升学生学习关注度和参与度；通过深度提炼课程思政案例，将材料结构基础、测试技术与案例分析交叉融合，以期培养学生开展材料科学研究和解决材料科学与工程领域相关问题的能力。最后利用课题组的研究经历，本书设计了三个关于医用金属材料、树脂材料、无机材料综合应用的实际案例，以实际项目给学生真实体验，教会学生如何建立起科研思想，学会综合应用所学知识解决科研综合、复杂的实际问题。

本书前言、第 1 章和第 2 章由许莹编写，第 3 章和第 4 章由蔡艳青编写，第 5 章和第 6 章由胡晨光编写，第 7 章由陈兴刚编写，第 8 章由蔡艳青、陈兴刚、胡晨光编写。

本书做了一些尝试性的工作，由于编著者的水平所限，必定还存在不足之处，热切盼望读者提出宝贵意见。

编著者

2025.3

目 录

第 **1** 章　绪论

【思维导图】　/　001
【思政案例】　爱国奉献——科学家精神　/　001
1.1　材料科学的概念　/　001
1.2　材料结构与研究方法　/　002
参考文献　/　003

第 **2** 章　原子结构与表征

【本章导读】　/　004
【思维导图】　/　004
【思政案例】　爱国奉献——"两弹一星"精神　/　005
2.1　量子力学基础　/　005
　　2.1.1　微观粒子的运动特征　/　005
　　2.1.2　量子力学基本假设　/　008
　　2.1.3　箱中粒子的薛定谔方程及其解　/　013
　　2.1.4　扫描隧道显微镜　/　015
【思政案例】　勇于创新——勇攀高峰　/　019
2.2　原子结构和性质　/　019
　　2.2.1　单电子原子的薛定谔方程及其解　/　020
　　2.2.2　多电子原子的结构　/　030
2.3　电子与固体物质的相互作用　/　036
【思政案例】　求真务实——责任担当　/　037
2.4　扫描电子显微分析　/　037
　　2.4.1　扫描电子显微镜原理　/　037
　　2.4.2　扫描电镜主要结构　/　038

    2.4.3　扫描电镜主要指标　/ 040

    2.4.4　扫描电子显微镜在材料分析中的应用　/ 041

【思政案例】　独出新材——绿色低碳　/ 049

2.5　电子探针 X 射线显微分析　/ 049

    2.5.1　电子探针的构造和工作原理　/ 049

    2.5.2　电子探针在材料分析中的应用　/ 054

思考题　/ 058

参考文献　/ 059

第 3 章　分子结构及光谱分析（一）

【本章导读】　/ 060

【思维导图】　/ 060

【思政案例】　求真务实——化学键理论的发展史　/ 061

3.1　化学键概述　/ 061

3.2　H_2^+ 的分子轨道和共价键的本质　/ 061

    3.2.1　氢分子离子的薛定谔方程　/ 062

    3.2.2　变分原理与线性变分法　/ 062

    3.2.3　H_2^+ 的变分原理　/ 063

    3.2.4　关于特殊积分的讨论和 H_2^+ 能量曲线　/ 064

3.3　分子轨道理论　/ 066

    3.3.1　简单分子轨道理论　/ 066

    3.3.2　分子轨道的分类和分布特点　/ 066

    3.3.3　同核双原子分子的结构　/ 069

    3.3.4　异核双原子分子的结构　/ 072

    3.3.5　双原子分子的光谱项　/ 073

3.4　双原子分子光谱　/ 074

【思政案例】　勇于创新——光谱分析的起源故事　/ 074

    3.4.1　分子光谱简介　/ 074

    3.4.2　双原子分子的转动光谱　/ 076

    3.4.3　双原子分子的振动光谱　/ 078

    3.4.4　双原子分子的振动-转动光谱　/ 081

3.5　多原子分子的结构和性质　/ 082

    3.5.1　价电子对互斥理论（VSEPR）　/ 082

    3.5.2　杂化轨道理论　/ 083

    3.5.3　离域分子轨道理论　/ 084

    3.5.4　休克尔分子轨道法（HMO 法）　/ 084

3.6　多原子分子光谱概论　/ 084

【思政案例】　爱国奉献——青春中国，光谱计划　/ 084

    3.6.1　多原子分子光谱的分类　/ 085

　　　　3.6.2　多原子分子的振动光谱　/　085

　　思考题　/　086

　　参考文献　/　086

第 **4** 章 　　分子结构及光谱分析（二）

　　【本章导读】　/　087

　　【思维导图】　/　087

　　4.1　拉曼散射光谱　/　088

　　【思政案例】　求真务实——拉曼光谱铸"慧眼"　/　088

　　　　4.1.1　拉曼散射光谱概述　/　088

　　　　4.1.2　拉曼散射的条件　/　088

　　　　4.1.3　拉曼散射光谱的应用　/　089

　　　　4.1.4　拉曼散射光谱技术的特点　/　089

　　　　4.1.5　拉曼散射光谱在材料研究中的应用　/　090

　　4.2　光电子能谱　/　097

　　【思政案例】　爱国奉献——中国光谱新时代　/　098

　　　　4.2.1　光电子能谱简介　/　098

　　　　4.2.2　光电子能谱实验技术　/　101

　　　　4.2.3　光电子能谱在材料研究中的应用　/　106

　　4.3　紫外可见吸收光谱　/　110

　　　　4.3.1　紫外可见吸收光谱简介　/　110

　　　　4.3.2　紫外可见吸收光谱仪　/　110

　　　　4.3.3　紫外可见吸收光谱分类　/　110

　　　　4.3.4　紫外可见吸收光谱测定试样制备　/　113

　　　　4.3.5　紫外可见吸收光谱在材料研究中的应用　/　113

　　4.4　红外吸收光谱　/　117

　　【思政案例】　勇于创新——红外光谱的发现史　/　117

　　　　4.4.1　红外光谱概述　/　117

　　　　4.4.2　傅里叶红外吸收光谱仪　/　119

　　　　4.4.3　红外测试试样制备　/　119

　　　　4.4.4　红外光谱解析　/　120

　　　　4.4.5　红外光谱在材料研究中的应用　/　124

　　4.5　俄歇电子能谱　/　131

　　【思政案例】　勇于创新——俄歇电子能谱的奠基人皮埃尔·俄歇　/　131

　　　　4.5.1　俄歇电子能谱概述　/　131

　　　　4.5.2　俄歇电子能谱分析　/　134

　　　　4.5.3　俄歇电子能谱在材料研究中的应用　/　138

　　4.6　核磁共振吸收波谱　/　140

　　　　4.6.1　核磁共振基本原理及核磁共振波谱仪　/　140

4.6.2　试样制备　/　141

4.6.3　化学位移与自旋分裂　/　141

4.6.4　核磁共振氢谱及应用　/　143

思考题　/　145

参考文献　/　146

第 5 章　晶体结构与表征

【本章导读】　/　147

【思维导图】　/　147

【思政案例】　爱国奉献——科技报国　/　148

5.1　晶体　/　148

5.1.1　晶体的形成　/　148

5.1.2　点阵、结构基元和晶胞　/　148

5.1.3　点阵参数和晶胞参数　/　149

5.2　晶面与晶向　/　151

5.2.1　晶面指数与晶向指数　/　151

5.2.2　晶面间距、晶面夹角　/　153

5.2.3　倒点阵（倒格子）　/　155

5.3　X 射线衍射几何条件　/　158

5.3.1　Bragg 定律　/　159

5.3.2　倒易空间与衍射条件（厄瓦尔德图解）　/　161

5.4　X 射线衍射仪法分析　/　163

5.4.1　衍射仪法　/　163

5.4.2　衍射仪的调整与工作方式　/　168

5.4.3　X 射线衍射分析在材料分析中的应用　/　169

5.5　透射电子显微分析　/　174

【思政案例】　勇于创新——勇攀高峰　/　174

5.5.1　透射电子显微镜结构　/　174

5.5.2　透射电镜的主要性能指标　/　178

5.5.3　电子衍射　/　179

5.5.4　透射电子显微镜在材料分析中的应用　/　181

5.6　热分析技术　/　182

5.6.1　差热分析　/　183

5.6.2　差示扫描量热分析　/　187

5.6.3　热重分析　/　190

5.6.4　热分析技术的应用　/　194

思考题　/　200

参考文献　/　201

第 6 章 金属的结构与表征

【本章导读】 / 202

【思维导图】 / 202

【思政案例】 独出新材——钢渣碳中和 / 203

6.1 金属的性质 / 203

    6.1.1 金属键的自由电子模型 / 203

    6.1.2 固体能带理论 / 204

6.2 等径圆球的密堆积 / 206

    6.2.1 等径圆球的最密堆积 / 206

    6.2.2 等径圆球的体心立方密堆积 / 209

    6.2.3 等径圆球密堆积中空隙的大小和分布 / 209

6.3 合金的结构和性质 / 210

    6.3.1 金属固溶体 / 211

    6.3.2 金属化合物 / 212

    6.3.3 金属间隙化合物 / 213

6.4 固体的表面结构和性质 / 213

6.5 场离子显微镜 / 214

【思政案例】 求真务实——踏实肯干 / 214

    6.5.1 场离子显微镜的结构和成像原理 / 215

    6.5.2 场离子显微镜的应用 / 215

6.6 离子散射谱 / 218

    6.6.1 低能离子散射与高能离子散射 / 218

    6.6.2 低能离子散射谱仪 / 219

    6.6.3 LEISS 应用 / 220

6.7 穆斯堡尔谱法 / 222

    6.7.1 穆斯堡尔效应 / 222

    6.7.2 穆斯堡尔效应的测量 / 223

    6.7.3 化学位移 / 224

    6.7.4 四极分裂 / 224

    6.7.5 磁超精细场 / 225

    6.7.6 穆斯堡尔谱的应用 / 226

思考题 / 229

参考文献 / 229

第 7 章 材料计算模拟方法

【本章导读】 / 230

【思维导图】 / 230

【思政案例】 爱国奉献——邓稼先科学家的"计算焦虑" / 231

7.1 计算机模拟的起源 / 231

7.2 第一性原理计算——密度泛函理论 / 233

    7.2.1 密度泛函理论背景 / 233

【思政案例】 独出新材——第一性原理计算 2019-nCoV 病毒分子
              3CL 水解酶结构 / 234

    7.2.2 密度泛函理论基础 / 234

    7.2.3 第一性原理的研究现状及计算常用软件 / 243

    7.2.4 第一性原理在材料研究中的应用 / 245

7.3 分子动力学 / 251

    7.3.1 分子动力学基本原理 / 252

    7.3.2 分子动力学方法在材料研究中的应用 / 259

7.4 蒙特卡洛法 / 269

    7.4.1 基本思想和一般过程 / 269

    7.4.2 随机数与伪随机数 / 270

    7.4.3 随机抽样 / 277

    7.4.4 蒙特卡洛法的精度与改进 / 285

    7.4.5 蒙特卡洛法在材料研究中的应用 / 287

思考题 / 289

参考文献 / 290

第 8 章　材料复杂综合问题解决案例分析

【本章导读】 / 292

【思维导图】 / 292

8.1 医用钛合金梯度复合材料复杂综合问题解决实操案例 / 293

    8.1.1 工程问题案例背景 / 293

    8.1.2 问题分析总体思路 / 293

    8.1.3 拟采用的测试手段 / 294

    8.1.4 与专业知识点关系 / 294

    8.1.5 实操过程分析结果 / 295

    8.1.6 案例分析总结反思 / 304

8.2 耐高温聚苯腈合金树脂复杂综合问题解决实操案例 / 306

    8.2.1 工程问题案例背景 / 306

    8.2.2 问题分析总体思路 / 306

    8.2.3 拟采用的测试手段 / 306

    8.2.4 与专业知识点关系 / 306

    8.2.5 实操过程分析结果 / 306

    8.2.6 案例分析总结反思 / 319

8.3 钢渣捕获二氧化碳材料复杂综合问题解决实操案例 / 319

8.3.1　工程问题案例背景　/　319

8.3.2　问题分析总体思路　/　319

8.3.3　拟采用的测试手段　/　319

8.3.4　与专业知识点关系　/　319

8.3.5　实操过程分析结果　/　320

8.3.6　案例分析总结反思　/　330

思考题　/　330

参考文献　/　330

第 1 章

绪论

 【思维导图】

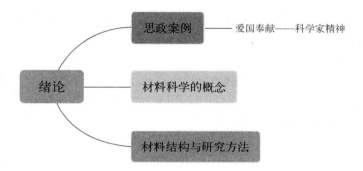

 【思政案例】

爱国奉献——科学家精神

1.1 材料科学的概念

材料科学是研究材料的成分、组织结构、合成加工、性质与使用性能之间关系的科学，这四个方面构成了材料学的基础，也是材料科学与工程的四个基本要素。在这四个方面中，使用性能是材料研究的出发点和目标。对使用性能的评价因其应用场合而异，制造构件使用的结构材料首先能够在给定的工作条件下稳定、可靠地长期服役，在光、电、磁、热、力的作用下，迅速准确地发生应有的反应。使用性能主要取决于材料的力学、物理和化学性质，通过测定各种与使用性能相关的力学性能指标、物理学参量以及在各种介质中的化学行为，可以间接衡量材料的使用性能。结构材料的使用性能主要由它们的强度、硬度、伸长率、弹性模量等力学性能指标衡量，功能材料的使用性能主要由相关的物理学参量衡量。在材料学领域，力学性质、物理性质和化学性质等与材料的使用性能已合为一体。材料的化学成分、组织结构是影响各种性质的直接因素，加工过程则通过改变材料的组织结构而影响性质；同时，改变化学成分又会改变材料的组织结构，从而影响其性质。因此，研究和开发材料过程中组织结构是核心，性能是落脚点。

材料的成分是组成材料的元素种类及其含量，材料的结构主要是材料中原子、离子、分子等的排列方式，这些排列方式在很大程度上受组元间结合类型的影响，如金属键、离子键、共价键、分子键等。同时，描述材料的结构可以有不同层次，包括原子结构、原子的排列、相结构、显微结构、结构缺陷等，每个层次的结构特征都以不同的方式决定着材料的性能。随着科学技术的发展和对材料科学与工程关键问题认识的日益深化，材料研究已深入到分子、原子和电子的微观尺度，如核外电子层排列方式、原子间的结合力、化学组成与结构、立体规整性、支链、侧基、交联程度、晶体结构和链形态等。因此，在新时代背景下，深化材料组织和结构的分析是材料研究与开发中极为重要的工作。

1.2 材料结构与研究方法

材料结构与性能表征的研究水平对新材料的研究、发展和应用具有重要的作用。材料分析测试方法是材料科学的一个重要组成部分，随着科学技术的进步，用于材料结构和性能分析的测试手段不断丰富，新型仪器设备不断出现，这为材料结构测试分析提供了强有力的物质支撑，从而也建立了材料结构与材料测试理论的内在关系。

在量子力学的基础上，用量子力学方法处理箱中粒子体系时，发现了粒子的隧道效应。根据隧道效应发明了扫描隧道显微镜（STM），利用隧道显微镜能够观察到原子在物质表面的排列状态和与表面电子行为有关的物理、化学性质。在量子力学中，用波函数描述原子中电子的运动状态（原子轨道），通过解薛定谔方程得出单电子和多电子原子结构。根据原子结构等特点，结合高速电子与固体材料相互作用产生的二次电子、背散射电子、特征X射线等信号，发明了扫描电子显微镜（SEM）、电子探针X射线显微分析（EPMA）等测试设备，将人眼观察微观世界的尺度提高到微米，甚至纳米量级以上，实现深入分析材料各组成相形态、尺寸及其分布状态、组织结构与缺陷，以及相应的化学组成。

根据双原子分子的结构、分子轨道理论、分子光谱，多原子分子的能级、电子结构、几何构型等理论，结合拉曼光谱、光电子能谱、紫外可见吸收光谱、红外光谱、核磁共振等测试技术，可以获得材料分子基团等微结构的变化规律。

结合晶体结构理论，如晶体的定义、晶面与晶向等，并且通过X射线衍射的几何条件，将晶体结构与X射线衍射原理建立联系，进而实现利用X射线衍射分析晶体结构。同时，透射电子显微镜（TEM）的电子衍射操作也可实现晶体结构的分析。利用热分析技术可以对矿物组成进行表征，建立热分析表征与矿物组成和结构的关系，进而可综合利用多种测试手段分析材料中晶体结构和矿物组成等微观结构。

对于金属材料，从化学键的角度，结合自由电子模型和固体能带理论以及金属结构，利用场离子显微镜（FIM）、离子散射谱（ISS）、穆斯堡尔谱法等方法研究金属材料表面层的化学组成和体相组成以及结构组成的变化规律。

与此同时，随着量子力学理论的发展，计算材料学，也就是材料的设计、模拟和计算的科学应运而生，从而材料进入"定制"时代。材料的模拟技术发展到微、纳观的第一性原理、蒙特卡洛、分子动力学等不同尺度的模拟计算技术，以满足研究和生产的需要，并且模拟计算和数据将是加速新材料发现的有效驱动力。

目前，许多重大的气候、人类健康和可持续性挑战都深深依赖材料的发展，只有掌握材料结构基础理论，利用表征技术来研究不同材料的特性和行为，才能设计出具有特定特性的材料，并为一系列应用量身定制。结合材料应用的具体问题，选择合适的表征方法和手段，以及多种综合测试手段分析各因素对材料性能的影响，通过建立与各测试手段相应的应用案例，有助于研究者选择最恰当的方法来达到研究目的。最后，结合新工科新材料的实际材料工程问题，利用金属材料、高分子材料、无机非金属材料复杂综合问题解决的典型案例，将结构化学理论、材料测试技术、材料结构分析案例交叉融合，通过研究性、创新性、综合性材料分析案例，有助于研究者开展材料科学研究和解决材料科学与工程领域的相关问题。

参考文献

[1] 余琨. 材料结构分析基础[M]. 2版. 北京：科学出版社，2010.

[2] 许并社. 材料科学概论[M]. 北京：北京工业大学出版社，2002.

第 2 章

原子结构与表征

 【本章导读】

通过对量子力学基础知识、原子结构和性质知识的学习，了解原子结构的特征，建立电子与固体物质相互作用产生信号的关系；通过介绍扫描电子显微镜、电子探针 X 射线显微镜的工作原理，学习两种测试手段的结构理论基础及在材料分析中的应用方法。

 【思维导图】

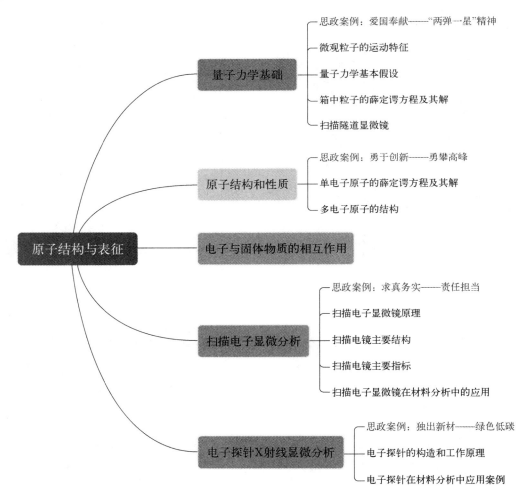

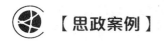

爱国奉献——"两弹一星"精神

2.1 量子力学基础

量子力学是研究原子、分子、凝聚态物质，以及原子核和基本粒子的结构、性质的基础理论。量子理论是在普朗克为了克服经典理论解释黑体辐射规律的困难，引入能量子概念的基础上发展起来的。爱因斯坦提出了光量子假说，运用能量子概念使量子理论得到进一步发展。玻尔、德布罗意、薛定谔、玻恩、狄拉克等人为解决量子理论遇到的困难，进行了开创性的工作，先后提出电子自旋概念，创立矩阵力学、波动力学，诠释波函数，以及提出测不准原理和互补原理。终于在1925—1928年形成了完整的量子力学理论。

2.1.1 微观粒子的运动特征

2.1.1.1 黑体辐射和能量量子化

黑体是一种能全部吸收照射到它上面的各种波长的光，同时也能发射各种波长光的物体。带有一个微孔的空心金属球，非常接近于黑体，进入金属球小孔的辐射，经过多次吸收、反射，使射入的辐射全部被吸收。当空腔受热时，空腔壁会发出辐射，极小部分通过小孔逸出。

若以 E_ν 表示黑体辐射的能量，$E_\nu d\nu$ 表示频率在 $\nu \sim d\nu$ 范围内、单位时间、单位表面积上辐射的能量。以 E_ν 对 ν 作图，得到能量分布曲线（图2.1）。由图中不同温度的曲线可见，随着温度（T）的增加，E_ν 的极大值向高频移动。

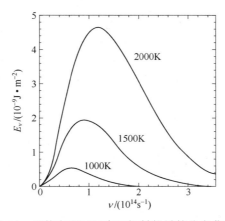

图 2.1　黑体在不同温度下辐射能量的分布曲线

许多物理学家曾试图用经典热力学和统计力学理论来解释此现象，其中比较好的有Rayleigh-Jeans（瑞利-金斯）。他用经典力学能量连续的概念，把分子物理学中能量按自由度均分原则用到电磁辐射上，得到辐射强度公式。和实验结果比较，它在长波长处很接近实验曲线，但在短波长处与实验显著不符。另一位是 Wien（维恩），他假设辐射波长的分布类似于 Maxwell（麦克斯韦）的分子速率分布，所得公式在短波处与实验比较接近，但长波处与实验曲线相差很大（见图 2.2）。

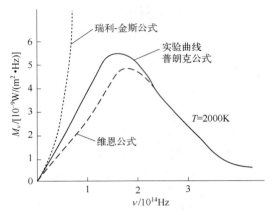

图 2.2　黑体辐射的理论和实验结果的比较

1900 年，普朗克（M. Planck）在深入分析实验数据和经典力学计算结果的基础上，假定黑体中的原子或分子在辐射能量时做简谐振动，它只能发射或吸收频率为 ν、能量为 $E=h\nu$ 的整数倍的电磁能，即频率为 ν 的振子发射的能量可以等于 $0h\nu$，$1h\nu$，$2h\nu$，$3h\nu$，$\cdots$，$nh\nu$（n 为整数）等。它们出现的概率之比为 $1 : \mathrm{e}^{-h\nu/(kT)} : \mathrm{e}^{-2h\nu/(kT)} : \cdots : \mathrm{e}^{-nh\nu/(kT)}$。因此，频率为 ν 的振动的平均能量为

$$\frac{h\nu}{\mathrm{e}^{h\nu/(kT)}-1} \tag{2.1}$$

根据统计物理学可得到单位时间、单位表面积上辐射的能量为

$$E_\nu = \frac{2\pi h\nu^3}{c^3}(\mathrm{e}^{h\nu/(kT)}-1)^{-1} \tag{2.2}$$

用式计算 E_ν，与实验观察到的黑体辐射非常吻合。式中，k 为 Boltzmann（玻尔兹曼）常数；T 为热力学温度；c 为光速；h 为 Planck 常数。将此式和观察到的曲线拟合，得到 h 的数值，目前测得 $h = 6.626\times10^{-34}\mathrm{J\cdot s}$。

在定温下黑体辐射能量只与辐射频率有关。频率为 ν 的能量，其数值是不连续的，只能为 $h\nu$ 的整数倍，称为能量量子化。Planck 能量量子化假设的提出，标志着量子理论的诞生。普朗克是在黑体辐射这个特殊的场合中引入了能量量子化的概念。在此后的 1900—1926 年间，能量量子化的概念推广到所有微观体系。

2.1.1.2　光电效应和光子学说

首先认识到 Planck 能量量子化重要性的是 Einstein（爱因斯坦），他将能量量子化的概念应用于电磁辐射，并用以解释光电效应。光电效应是光照在金属表面上，金属发射出电子的现象。金属中的电子从照射光获得足够的能量而逸出金属，被称为光电子。由光电子组成的电流叫光电流。

1905 年爱因斯坦依据普朗克的能量子思想，提出了光子说，圆满地解释了光电效应。

① 光的能量是量子化的，最小能量单位是 $E = h\nu$，称为光子。

② 光为一束以光速 c 运动的光子流，光的强度正比于光子的密度 ρ，ρ 为单位体元内光子的数目。

③ 光子具有质量 m，根据相对论原理，

$$m = \frac{m_0}{\sqrt{1 - (v/c)^2}} \tag{2.3}$$

对于光子 $v = c$，所以 m_0 为 0，即光子没有静止质量。

④ 光子有动量 p。

$$p = mc = \frac{h}{\lambda} \tag{2.4}$$

式中，p 为动量；h 为普朗克常数；λ 为波长。

⑤ 光子与电子碰撞时服从能量守恒和动量守恒。

撞击时，产生光电效应，光子消失，并把它的能量 $h\nu$ 转移给电子。电子吸收的能量，一部分用于克服金属对它的束缚力，其余则表现出光电子的动能。

只有把光看成是由光子组成的才能理解光电效应，而只有把光看成波才能解释衍射和干涉现象，光表现出波粒二象性。Einstein 光子学说的提出，迫使人们在承认光的波动的同时，又承认光是由具有一定能量的粒子（光子）所组成。光具有波动和微粒的双重性质，就称为光的波粒二象性。

波动模型是连续的，光子模型是不连续的，波和粒表面上看是互不相容的，却通过 Planck 常数，将代表波性的概念 ν 和 λ，与代表粒性的概念 E 和 p 联系在了一起，将光的波粒二象性统一起来：

$$\lambda = \frac{h}{p} = \frac{h}{mv} \tag{2.5}$$

$$E = h\nu \tag{2.6}$$

式中，λ 为物质波的波长；p 为粒子的动量；h 为普朗克常数；E 为粒子能量；ν 为物质波频率。

2.1.1.3 实物微粒的波粒二象性

实物粒子是指静止质量不为零的微观粒子（$m_0 \neq 0$）。如电子、质子、中子、原子、分子等。1924 年德布罗意（de Broglie）受到光的波粒二象性的启示，提出实物粒子也具有波粒二象性。1927 年，C. J. Davisson（戴维逊）和 L. H. Germer（革末）用单晶体电子衍射实验，观察到完全类似于 X 射线衍射的结果；G. P. Thomson（汤姆逊）用多晶金属箔进行电子衍射实验，得到和 X 射线多晶衍射相同的结果。这些实验证实了电子运动具有波性，验证了德布罗意假设。后来采用中子、质子、氢原子和氦原子等微粒流，也同样观察到衍射现象，充分证明了实物微粒也具有波性，而不仅限于电子。

1926 年，玻恩（Born）提出实物微粒波的统计解释。他认为：在空间任何一点上波的强

度（即振幅绝对值的平方$|\psi|^2$）和粒子出现的概率密度成正比。按照这种解释描述的实物粒子的波称为概率波。

当用较强的电子流进行衍射实验时，在较短的时间内就可以得到电子衍射照片，当用很弱的电子流做衍射实验时，开始只能得到照相底片上的一个个点，得不到衍射现象，但电子每次到达的点并不重合在一起，经过足够长的时间，当通过的电子足够多时，照片上就得到了衍射图像，显示出波性。可见电子的波性是和粒子的统计行为联系在一起的。对大量粒子而言，衍射强度（即波的强度）大的地方，粒子出现的数目就多，衍射强度小的地方，粒子出现的数目就少。对一个粒子而言，通过晶体到达底片的位置不能准确预测。若将相同速度的粒子，在相同的条件下重复做多次相同的实验，在衍射强度大的地方，粒子出现的机会多，在衍射强度小的地方，粒子出现的机会少。

2.1.1.4　不确定度关系

不确定度关系也称测不准原理，是由微观粒子本质特性决定的物理量间的相互关系的原理，它反映物质波的一种重要性质。因为实物微粒具有波粒二象性，从微观体系得到的信息会受到某些限制。例如一个粒子不能同时具有相同的坐标和动量（也不能将时间和能量同时确定），它要遵循测不准关系。这一关系是 1927 年首先由 Heisenberg（海森堡）提出的。

$$\Delta x \Delta p_x \geq h \tag{2.7}$$

上式说明动量的不确定程度乘坐标的不确定程度不小于一常数 h。表明微观粒子不能同时有确定的坐标和动量分量，当它的某个坐标确定得越准确，其相应的动量分量就越不准确，反之亦然。

同样，时间 t 和能量 E 的不确定程度也有类似的关系：

$$\Delta t \Delta E \geq h / (4\pi) \tag{2.8}$$

ΔE 是能量在时间 t_1 和 t_2 时测定的两个值 E_1 和 E_2 之差，它不是在给定时刻的能量不确定量，而是测定能量的精确度 ΔE 与测量所需时间 Δt 二者所应满足的关系。

另一种说法：粒子在某能级上存在的时间 Δt 越短，该能级的不确定度程度 ΔE 就越大。只有粒子在某能级上存在的时间无限长，该能级才是完全确定的。不确定度关系是微观粒子波粒二象性的反映，是人们对微观粒子运动规律认识的深化。

2.1.2　量子力学基本假设

量子力学是描述微观粒子运动规律的科学。微观体系遵循的规律叫量子力学，因为它的主要特征是能量量子化。量子力学和其他许多学科一样，建立在若干基本假设的基础上。从这些基本假设出发，可推导出一些重要结论，用以解释和预测许多实验事实。

2.1.2.1　波函数和微观粒子的状态

（1）假设 I

对于一个微观体系，它的状态和有关情况可用波函数 $\psi(x, y, z, t)$ 表示。ψ 称为体系的状态函数（简称态），它包括体系所有的信息。

例如，一个粒子的体系，其波函数：

$$\psi = \psi(x, y, z, t) \text{或} \psi = \psi(q, t)$$

式中，ψ 为波函数；x、y、z 为空间坐标；q 为空间坐标点；t 为时间。

三个粒子的体系，其波函数：

$$\psi = \psi(x_1, y_1, z_1, x_2, y_2, z_2, x_3, y_3, z_3, t) \text{或} \psi = \psi(q_1, q_2, q_3, t)$$

$$\text{简写为} \psi = \psi(1, 2, 3, t)$$

在时刻 t，粒子出现在空间某点（x, y, z）的概率密度与 $|\psi(x, y, z)|^2$ 成正比。因此，ψ 又称为概率密度函数。

$$dP = k|\psi(x, y, z, t)|^2 d\tau = k\psi(x, y, z, t)^* \psi(x, y, z, t)d\tau \tag{2.9}$$

式中，P 为空间某点；k 为实数值；τ 为体积元。

（2）定态波函数

不含时间的波函数 $\psi(x, y, z)$ 称为定态波函数。ψ 有实函数和复函数两种形式，ψ 的复函数形式：$\psi = f + ig$。（f, g 为实函数，不是简单的常数）。

$$|\psi|^2 = \psi^* \psi = (f - ig)(f + ig) = f^2 + g^2$$

因此，$|\psi|^2 = \psi^* \psi$ 是实函数，且为正值。

对于定态（概率密度与能量不随时间改变的状态）

$$|\psi(x, y, z, t)|^2 = |\psi(x, y, z)|^2$$

则 ψ 的形式必为：

$$\psi(x, y, z, t) = \psi(x, y, z)\phi(t) = \psi(x, y, z)e^{-\frac{iEt}{h}} \tag{2.10}$$

$\psi(x, y, z)$ 与 $\psi(x, y, z, t)$ 相比，只差一个因子 $e^{-\frac{iEt}{h}}$。

因为化学中多数问题是定态问题（与静态性质相联系），所以在多数情况下，就把 $\psi(x, y, z, t)$ 的空间部分 $\psi(x, y, z)$ 称为波函数，不含时间的波函数 $\psi(x, y, z)$ 称为定态波函数。

由于空间某点波的强度与波函数绝对值的平方成正比，即在该点附近找到粒子的概率正比于 $\psi^* \psi$，所以通常将用波函数 ψ 描述的波称为概率波。在原子、分子等体系中，将 ψ 称为原子轨道或分子轨道；将 $\psi^* \psi$ 称为概率密度，它就是通常所说的电子云；$\psi^* \psi d\tau$ 为空间某点附近体积元 $d\tau$ 中电子出现的概率。

（3）合格（品优）波函数

由于波函数 $|\psi|^2$ 被赋予了概率密度的物理意义，波函数必须是：

① 单值的，即在空间每一点 ψ 只能有一个值；

② 连续的，即 ψ 的值不出现突跃；ψ 对 x, y, z 的一级微商也是连续函数；

③ 有限的（平方可积的），即 ψ 在整个空间的积分为 $\int \psi^* \psi d\tau$ 一个有限数，通常要求波

函数归一化，即 $\int \psi^* \psi \mathrm{d}\tau = 1$。

波函数的归一化：

$$\int \psi^* \psi \mathrm{d}\tau = \frac{1}{k} = c(c < \infty) \ \diamondsuit \ \psi' = \sqrt{k}\psi$$

$$\int \psi'^* \psi' \mathrm{d}\tau = k\int \psi^* \psi \mathrm{d}\tau = k\frac{1}{k} = 1 \qquad \sqrt{k} = \frac{1}{\sqrt{\int \psi^* \psi \mathrm{d}\tau}} \text{为归一化系数或因子}$$

此过程称为波函数的归一化。

2.1.2.2 物理量和算符

（1）算符

对某一函数进行一种运算或一种操作或一种变换的数学符号。例如：$\int \mathrm{d}x$；$\sum$；$\sqrt{\ }$；$\exp$；$\mathrm{d}/\mathrm{d}x$；$\mathrm{d}^2/\mathrm{d}x^2$。一般情况下，一个算符作用于一个函数的结果是得到另一个函数。

线性算符：若算符 $\hat{A}$ 对任意函数 $f(x)$ 和 $g(x)$ 满足 $\hat{A}[f(x) + g(x)] = \hat{A}f(x) + \hat{A}g(x)$ 则算符 $\hat{A}$ 称为线性算符。例如：$\int \mathrm{d}x$；$\sum$；$\mathrm{d}/\mathrm{d}x$；$\mathrm{d}^2/\mathrm{d}x^2$。

厄米（Hermite）算符：若算符 $\hat{A}$ 满足 $\int \psi_1^* \hat{A} \psi_2 \mathrm{d}\tau = \int \psi_1 (\hat{A} \psi_2)^* \mathrm{d}\tau$ 或 $\int \psi_1^* \hat{A} \psi_2 \mathrm{d}\tau = \int \psi_2 (\hat{A} \psi_1)^* \mathrm{d}\tau$。则算符 $\hat{A}$ 称为厄米算符，又称为自共轭算符或自轭算符。如果算符 $\hat{A}$ 和 $\hat{B}$ 满足 $\hat{A}\hat{B} = \hat{B}\hat{A}$，则称算符 $\hat{A}$ 和 $\hat{B}$ 是可交换的。

如果算符 $\hat{A}$ 满足 $\hat{A}f(x) = af(x)$，其中 a 为常数，则称 a 是算符 $\hat{A}$ 的一个本征值，$f(x)$ 为算符 $\hat{A}$ 的属于本征值 a 的本征函数，上述方程称为本征方程。

（2）力学量与算符关系假设

假设 II 　对一个微观体系的每个可观测的力学量，都对应着一个线性厄米算符。$\hat{Q}\psi = q\psi$。将算符作用于体系波函数，得到本征值 q，就是对应的物理量。构成力学量算符的规则，如表 2.1 所示。

表 2.1　部分可观测的力学量对应的算符

力学量	算符	力学量	算符
位置 x，时间 t	$\hat{x} = x, \hat{t} = t$	势能 V	$\hat{V} = V$
动量的 x 轴分量 p_x	$\hat{p}_x = -ih\dfrac{\partial}{\partial x}$	动量 $T = p^2/(2m)$	$\hat{T} = -\dfrac{h^2}{2m}\left(\dfrac{\partial^2}{\partial x^2} + \dfrac{\partial^2}{\partial y^2} + \dfrac{\partial^2}{\partial z^2}\right) = -\dfrac{h^2}{2m}\nabla^2$
角动量的 z 轴分量	$\hat{M}_z = -ih\left(x\dfrac{\partial}{\partial y} - y\dfrac{\partial}{\partial x}\right)$	总能量 $E = T + V$	$\hat{H} = -\dfrac{h^2}{2m}\nabla^2 + \hat{V}$

2.1.2.3 本征态、本征值和薛定谔方程

（1）假设III

若某一力学量 A 对应的算符 $\hat{A}$ 作用于某一状态函数 ψ 后，等于某一常数 a 乘以 ψ，即 $\hat{A}\psi = a\psi$，那么对 ψ 所描述的这个微观体系的状态，其力学量 A 具有确定的数值 a，a 称为力学量算符 $\hat{A}$

的本征值，ψ 称为 $\hat{A}$ 的本征态或本征函数，$\hat{A}\psi=a\psi$ 称为 $\hat{A}$ 的本征方程。

一个保守体系的总能量 E 在经典物理学中用 Hamilton（哈密顿）函数 H 表示，即：

$$H = T + V = \frac{1}{2m}\left(p_x^2 + p_y^2 + p_z^2\right) + V$$

将算符形式代入，得 Hamilton 算符 $\hat{H}$

$$\hat{H} = -\frac{h^2}{8\pi^2 m}\left(\frac{\partial^2}{\partial x^2} + \frac{\partial^2}{\partial y^2} + \frac{\partial^2}{\partial z^2}\right) + \hat{V} = -\frac{h^2}{8\pi^2 m}\nabla^2 + \hat{V} \qquad (2.11)$$

式中，$\nabla^2 = \left(\frac{\partial^2}{\partial x^2} + \frac{\partial^2}{\partial y^2} + \frac{\partial^2}{\partial z^2}\right)$，称为 Laplace 算符（读作 del 平方）。

能量算符的本征方程，是决定体系能量算符的本征值（体系中某状态的能量 E）和本征函数（定态波函数 ψ，本征态给出的概率密度不随时间而改变）的方程，是量子力学中一个基本方程。具体形式为：

$$\hat{H}\psi(x,y,z,t) = -ih\frac{\partial \psi}{\partial t} \qquad (2.12)$$

$$\hat{H}\psi(x,y,z) = E\psi(x,y,z) \qquad (2.13)$$

（2）正交归一性

对于一个微观体系，厄米算符 $\hat{A}$ 给出的本征函数组 ψ_1，ψ_2，ψ_3，…形成一个正交、归一的函数组。正交性可证明如下：

设有 $\hat{A}\psi_i=a_i\psi_i$；$\hat{A}\psi_j=a_j\psi_j$；而 $a_i\neq a_j$，当前式取复共轭时，得：

$$\left(\hat{A}\psi_i\right)^* = a_i^*\psi_i^* = a_i\psi_i^*，（实数要求 a_i = a_i^*）$$

由于 $\int \psi_i^* \hat{A}\psi_j\mathrm{d}\tau = a_j\int \psi_i^* \psi_j\mathrm{d}\tau$，而 $\int\left(\hat{A}\psi_i\right)^* \psi_j\mathrm{d}\tau = a_i\int \psi_i^* \psi_j\mathrm{d}\tau$。

上两式左边满足厄米算符定义，故，$(a_i-a_j)\int \psi_i^* \psi_j\mathrm{d}\tau = 0$，而 $a_i \neq a_j$

$$\int \psi_i^* \psi_j\mathrm{d}\tau = 0 \qquad (2.14)$$

归一性：粒子在整个空间出现的概率为 1。即

$$\int \psi_i^* \psi_i\mathrm{d}\tau = 1 \qquad (2.15)$$

正交性：$\int \psi_i^* \psi_j\mathrm{d}\tau = 0$。

本征函数组的正交归一的关系，文献中常用 δ_{ij} [δ_{ij} 称为 Kronecker（克罗内克）delta] 表示：

$$\int \psi_i^* \psi_j\mathrm{d}\tau = \int \psi_j^* \psi_i\mathrm{d}\tau = \delta_{ij}$$

$$\delta_{ij} = \begin{cases} 0 & i \neq j \\ 1 & i = j \end{cases} \qquad (2.16)$$

2.1.2.4 态叠加原理

（1）假设Ⅳ

若 ψ_1，ψ_2，…，ψ_n 为某一微观体系的可能状态，由它们线性组合所得的 $\psi = c_1\psi_1 + c_2\psi_2 + \cdots + c_n\psi_n$ 也是该体系可能的状态。

$$\psi = c_1\psi_1 + c_2\psi_2 + \cdots + c_n\psi_n = \sum_i c_i\psi_i \tag{2.17}$$

式中，c_1, c_2, $\cdots$, c_n 为任意常数，称为线性组合系数。

例如原子中的电子可能以 s 轨道电子存在，也可能以 p 轨道存在，将 s 和 p 轨道的波函数进行线性组合，所得到的杂化轨道（sp、sp^2、sp^3）也是该电子可能存在的状态。

组合系数 c_i 的大小反映 ψ_i 在 ψ 中贡献的多少。c_i^2 表示 ψ_i 在 ψ 中所占的百分数。可由 c_i 值求出和力学量 A 对应的平均值＜a＞。

（2）本征态的力学量的平均值

设与 ψ_1, ψ_2,$\cdots$,ψ_n 对应的本征值分别为 a_1, a_2,$\cdots$,a_n，当体系处于状态 ψ 并且 ψ 已归一化时，可由下式计算力学量的平均值＜a＞（对应于力学量 A 的实验测定值）：

$$<a> = \int \psi^* \hat{A}\psi \mathrm{d}\tau = \int\left(\sum_i c_i^*\psi_i^*\right)\hat{A}\left(\sum_i c_i\psi_i\right)\mathrm{d}\tau = \sum_i |c_i|^2 a_i \tag{2.18}$$

$$\hat{A}\psi_1 = a_1\psi_1; \quad \hat{A}\psi_2 = a_2\psi_2; \quad \psi = c_1\psi_1 + c_2\psi_2; \quad \int \psi^*\psi\mathrm{d}\tau = 1$$

$$<a> = \int \psi^* \hat{A}\psi \mathrm{d}\tau = c_1^2 + c_2^2$$

对于一个微观体系，厄米算符 $\hat{A}$ 给出的本征函数组 ψ_1, ψ_2, ψ_3, $\cdots$ 形成一个正交、归一的函数组。

2.1.2.5　Pauli（泡利）原理

在同一原子轨道或分子轨道上，最多只能容纳两个电子，这两个电子的自旋状态必须相反。或者说，两个自旋相同的电子不能占据同一轨道。

（1）微观粒子的自旋

电子具有不依赖空间运动的自旋运动，具有固有的角动量和相应的磁矩，光谱的 Zeeman（塞曼）效应（Zeeman 效应是在磁场中观察到光谱谱线出现分裂的现象）、Stern（施特恩）和 Gerlach（革拉赫）的实验（1921 年他们发现，将银、锂、氢等原子束经过一个不均匀磁场后，原子束分裂成两束）以及光谱的精细结构等都是证据。

$$\psi(x, y, z) \rightarrow \psi(r); \ \psi(x, y, z, \mu) \rightarrow \psi(q)$$

微观粒子的自旋性质可以用自旋角动量量子数 s 表征。

费米子（fermions）：s 为半整数的粒子，如电子、质子、中子等；

玻色子（bosons）：s 为整数的粒子，如光子、α 粒子、π 介子等。

电子的自旋角动量量子数 s 为 1/2，相应的自旋磁量子数 m_s 有正、负 1/2 两个值，常用上下两种箭头或 α、β 分别代表这两种自旋态（自旋没有经典类比）。为方便起见，人们把它设想成粒子绕自身某种轴转动。

（2）假设 V 在量子力学中的表述

描述多电子体系空间运动和自旋运动的全波函数，交换任两个电子的全部坐标（空间坐标和自旋坐标），必然得到反对称的波函数。

2.1.3 箱中粒子的薛定谔方程及其解

（1）一维势箱模型

以一维势箱中粒子为例，说明如何用量子力学的原理、方法和步骤来处理微观体系的运动状态及有关的物理量。一维势箱中粒子是指一个质量为 m 的粒子，在一维方向上运动，它受到如图 2.3 所示的势能的限制。图中横坐标为 x 轴，纵坐标为势能。当粒子处在 $0\sim l$ 之间（Ⅱ区）时，势能 $V=0$；当粒子处在其他地方时，势能为无穷大。

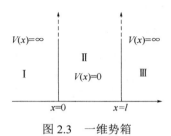

图 2.3　一维势箱

$$V=0,\ 0<x<l（Ⅱ区）$$
$$V=\infty,\ x\leqslant 0,\ x\geqslant l（Ⅰ、Ⅲ区，\ \psi=0）$$

（2）一维势箱中粒子的量子化学处理

薛定谔方程：

$$\begin{cases} \hat{H}\psi(x)=E\psi(x)(0<x<l);\psi(x)=0(x\leqslant 0,x\geqslant l) \\ \hat{H}=-\dfrac{h^2}{2m}\times\dfrac{\partial^2}{\partial x^2} \end{cases} \tag{2.19}$$

一维势箱薛定谔方程的解：

$$n=1;\psi_1(x)=\sqrt{\frac{2}{l}}\sin\frac{\pi}{l}x;E_1=\frac{h^2}{8ml^2} \tag{2.20}$$

$$n=2;\psi_1(x)=\sqrt{\frac{2}{l}}\sin\frac{2\pi}{l}x;E_2=\frac{4h^2}{8ml^2} \tag{2.21}$$

$$n=3;\psi_1(x)=\sqrt{\frac{2}{l}}\sin\frac{3\pi}{l}x;E_3=\frac{9h^2}{8ml^2} \tag{2.22}$$

$$n=4;\psi_1(x)=\sqrt{\frac{2}{l}}\sin\frac{4\pi}{l}x;E_4=\frac{16h^2}{8ml^2} \tag{2.23}$$

......

一维势箱中粒子的能级 E、波函数 ψ 及概率密度 $\psi^*\psi$ 如图 2.4 所示。

（3）受一定势能场束缚的粒子的共同特征（量子效应）

① 粒子可以存在多种运动状态（ψ_1, ψ_2,…,ψ_n，它们构成正交完备集）。
② 能量量子化。
③ 存在零点能。

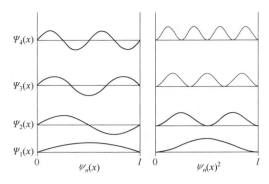

图 2.4　一维势箱中粒子的能级 E、波函数 ψ 及概率密度 $\psi^*\psi$

④ 没有经典运动轨道（函数的正负表明波性），只有概率分布。

⑤ 存在节点，节点越多（波长越短，频率越高），能量越高。

⑥ $l\uparrow\to E_n\downarrow$，离域效应；$m\uparrow$，$l\uparrow\to\Delta E_n\downarrow$，能量变为连续，量子效应消失（纳米颗粒呈现出与宏观物体不同的反常特性，即量子尺寸效应，金属在超微颗粒时可变成绝缘体，光谱线向短波长方向移动）。

⑦ 隧道效应：若箱壁的势垒 V 不是无穷大，粒子虽不能越过势垒，但可以部分穿透势垒，即在箱外发现粒子的概率不为零。

（4）丁二烯的离域效应

丁二烯有 4 个碳原子，每个碳原子以 sp^2 杂化轨道成 3 个 σ 键后，尚余 1 个 p_z 轨道和 1 个 π 电子。假定有两种情况：（a）4 个 π 电子形成两个定域 π 键；（b）4 个 π 电子形成 π_4^4 离域 π 键。设相邻碳原子间距离均为 l，按一维势箱中粒子模型，（a）和（b）中 π 电子的能级及电子充填情况可进行估算。丁二烯分子中电子的能级如图 2.5 所示。

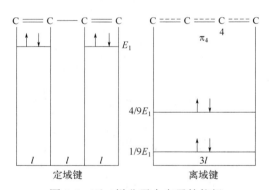

图 2.5　丁二烯分子中电子的能级

$$E_1 = h^2/(8ml^2)$$
$$E_{\text{离}1} = h^2/[8m(3l)^2] = E_1/9$$
$$E_{\text{离}2} = 4h^2/[8m(3l)^2] = 4E_1/9$$
$$E_{\text{定}} = 4E_1$$
$$E_{\text{离}} = 2E_{\text{离}1} + 2E_{\text{离}2} = (10/9)E_1$$

共轭分子（b）中离域效应使体系 π 电子的能量比定域双键分子（a）中电子的能量要低，所以，离域效应扩大了 π 电子的活动范围，即增加一维势箱的长度使分子能量降低，稳定性增加。

（5）用量子力学理论处理问题的思路

① 根据体系的物理条件，写出势能函数，进而写出薛定谔方程；
② 解方程，由边界条件和品优波函数条件确定归一化因子及 E_n，求得 ψ_n；
③ 描绘 ψ_n、$\psi_n^* \psi_n$ 等图形，讨论其分布特点；
④ 用力学量算符作用于 ψ_n，求各个对应状态各种力学量的数值，了解体系的性质；
⑤ 联系实际问题，应用所得结果。

（6）三维势箱薛定谔方程

将一维势箱中的例子扩充到长、宽、高分别为 a、b、c 的三维势箱，其薛定谔方程为：

$$-\frac{h}{2m}\left(\frac{\partial^2}{\partial x^2}+\frac{\partial^2}{\partial y^2}+\frac{\partial^2}{\partial z^2}\right)\psi=E\psi$$

假定 $\psi(x,y,z)=\psi=X(x)Y(y)Z(z)=XYZ$，则：

$$\psi_{nz,ny,nz}(x,y,z)=\sqrt{\frac{8}{abc}}\sin\frac{n_x\pi x}{a}\sin\frac{n_y\pi y}{b}\sin\frac{n_z\pi z}{c} \qquad (2.24)$$

$$E_{nz,ny,nz}=\frac{h^2}{8m}\left(\frac{n_x^2}{a^2}+\frac{n_y^2}{b^2}+\frac{n_z^2}{c^2}\right) \qquad (2.25)$$

若 $a=b=c$：

$$\psi_{nz,ny,nz}(x,y,z)=\sqrt{\frac{8}{a^3}}\sin\frac{n_x\pi x}{a}\sin\frac{n_y\pi y}{a}\sin\frac{n_z\pi z}{a}; \qquad (2.26)$$

$$E_{nz,ny,nz}=\frac{h^2}{8ma^2}(n_x^2+n_y^2+n_z^2) \qquad (2.27)$$

$$(0<x,y,z<a; \ n_x,n_y,n_z=1,2,3,\cdots)$$

简并能级：有多个状态具有相同能量的能级；简并态：简并能级对应的状态；简并度：简并态的个数。

2.1.4 扫描隧道显微镜

用量子力学方法处理箱中的粒子体系时，假定在箱外粒子出现的概率为 0，$\psi=0$。但是由于不确定度关系的制约和粒子运动的波性，当箱壁势垒不为无限大时，若概率密度在箱壁内侧有非零值，在箱壁势垒中概率密度就不能简单地为零，而是从其箱内边界值按指数向零衰减。此时在箱外发现粒子的概率不为零，意味着粒子能穿透势垒跑出箱子，此即隧道效应。

扫描隧道显微镜（STM）的基本原理基于量子理论的隧道效应，是 1982 年问世的一种新型的表面分析仪器。它能够观察到原子在物质表面的排列状态和与表面电子行为有关的物理、化学性质。

（1）工作原理

STM 将原子尺度的极细探针和被研究物质（导电的试样）的表面作为两个电极，扫描探针一般采用直径小于 1nm 的细金属丝。当试样与针尖的距离非常接近时，在外加电场的作用下，电子会穿过两个电极之间的绝缘层从一极流向另一极。这种现象即隧道效应。

$$I = U_b e^{-Az\sqrt{\Phi}} \tag{2.28}$$

式中，I 为隧道电流；U_b 为加在探针和试样之间的偏置电压；z 为探针和试样的间距；Φ 为探针和试样功函数的平均值；A 为常数，在真空条件中约等于 1。

图 2.6 为 STM 的基本工作原理，其中 X、Y、Z 为压电驱动杆，图中的圆圈代表原子。代表针尖的原子和代表试样表面的原子没有接触，但距离非常近，于是有隧道电流在针尖和试样之间流过。由式（2.28）可知，隧道电流强度对针尖与试样表面的间距非常敏感，如果距离 z 减小 0.1nm，隧道电流 I 将增加一个数量级。因此，利用电子反馈线路控制隧道电流恒定，并用压电陶瓷材料控制针尖在试样表面的扫描，则探针在垂直于试样表面方向上的高低变化即可反映试样表面的起伏，如图 2.7（a）所示。将探针在试样表面扫描时的运动轨迹直接在显示屏或记录纸上

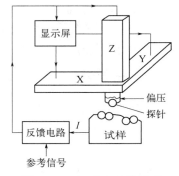

图 2.6　STM 基本结构原理

显示出来，就得到了试样表面排列原子的轮廓图像。这种扫描方式可用于观察表面形貌起伏较大的试样，且可通过加在 Z 向驱动器上的电压值推算表面起伏高度的数值，这是一种常用的扫描模式。对于起伏不大的试样表面，可以控制针尖高度守恒扫描，通过记录隧道电流的变化也可得到表面态密度的分布，如图 2.7（b）所示。这种扫描方式的特点是扫描速度快，能够减少噪声和热漂移对信号的影响，但一般不能用于观察表面起伏大于 1nm 的试样。

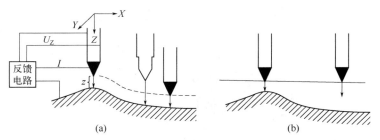

图 2.7　STM 的基本工作模式
（a）恒流模式；（b）恒高模式

由式（2.28）可知，在 U_b 和 I 保持不变的扫描过程中，如果功函数随试样表面的位置变化也同样会引起探针与试样表面间距 z 的变化，因而也引起控制针尖高度的电压 U_b 变化。如试样表面原子种类不同，或试样表面吸附有原子、分子时，由于不同种类的原子或分子团具有不同的电子态密度和功函数，此时 STM 给出的等电子态密度轮廓不再对应于试样表面原子的起伏，而是表面原子起伏与不同原子和各自态密度组合后的综合效果。

（2）探针

由 STM 的工作原理可知，扫描探针的结构是很重要的。探针一般用钨丝、铂铱丝或金丝制成，理想的针尖只有一个原子，且尖部长度不宜超过 0.3mm。针尖的尺寸、形状及化学同一性不仅影响 STM 图像的分辨率，而且还关系到电子结构的测量。因此，精确地观测和描述针尖的几何形状与电子特性对于实验质量的评估有重要的参考价值。

（3）STM 的特点

与其他表面分析技术相比，STM 所具有的独特优点可归纳为以下几条。

① STM 在平行和垂直于试样表面方向的分辨率分别可达 1Å 和 0.1Å（1Å=10^{-10}m）。因为任何借助透镜对光或其他辐射进行聚焦的显微镜都不可避免地受到衍射效应限制，而 STM 能够克服这种限制，因而可获得原子级的高分辨率。

② 可实时得到表面的三维图像，可用于表面扩散等动态过程的研究。

③ 可以观察单个原子层的局部表面结构，而不是整个表面的平均性质，因而可直接观察到表面缺陷、表面重构、表面吸附体的形态和位置。

④ 可在真空、大气等不同环境下工作，甚至可将试样浸在水和其他溶液中，不需要特别的制样技术，并且探测过程对试样无损伤，特别适用于研究生物试样的表面变化。

（4）STM 应用的案例

1）利用低温 STM 确定铝原子在 Si(100)-c(4×2)表面的跳跃

用扫描隧道显微镜（STM）在 115K 温度下研究 Si(100)-c(4×2)表面吸附的单个铝原子的迁移率。图 2.8 显示了在 Si(100)-c(4×2)表面沉积和观察到的 Al 原子的连续 3 个 STM 图像序列。白色箭头 1～3 从单个固定参考缺陷"r"指向所有图像中相同的三个铝原子。与硅二聚体平行和垂直的方向在图 2.8（a）中显示为白色虚线小箭头。为了进行比较，图 2.8（b）和图 2.8（c）中的黑色虚线箭头显示了图 2.8（a）中相应 Al 原子的原始位置。图像中的字母 A 显示了反射表面缺陷的位置。图 2.8（d）测量跳跃的大尺度区域（100nm×100nm）。白色圆圈标记测量的原子。白色正方形"r"标记参考缺陷。图 2.8（e）为 Si(100)-c(4×2)重建的详细图像（15nm×15nm）。

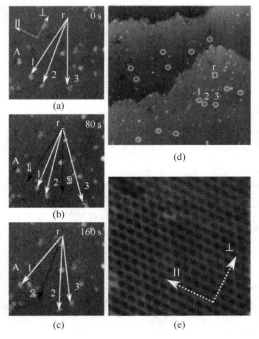

图2.8 在 115K 温度下采集的 Si(100)-c(4×2)系统相同
区域（40nm×40nm）的 3 组连续 STM 图像（二维码）

研究发现 Si(100)-c(4×2)表面具有预期的强各向异性。在与硅二聚体行平行的方向上观察到明显更高的跳跃频率。当表面几乎没有缺陷时,快速迁移的吸附原子既可迁移出可见区域,又可发现其他迁移的吸附,并产生了稳定的二聚体,还可发现在大量记录迁移之前吸附在 C 型缺陷处。由于沿一个硅二聚体行的优先移动,跳变原子似乎仍被困在位于同一行或表面缺陷和台阶边缘之间的表面 A 型或 B 型缺陷之间。缺陷与吸附点在其间跳跃的有限数量的吸附点的线性区域接壤。它允许在一个方向上长时间连续测量吸附原子的迁移。但在 6~85 个位置范围,未观察到 Al 原子在极限缺陷上跳跃,但发现了垂直于硅二聚体行的方向上的单个跳跃。在这种情况下,原子传递到一个新的一维连续跳跃有界区域。如果跳跃原子遇到 C 型缺陷的反应位点,最终被永久固定在其上,并且停止跳跃。

2)利用 STM 研究 Rb 在 Si(111)-(7×7)表面的诱导重构

图 2.9 为在 350℃下 Rb 在 Si(111)-(7×7)表面沉积 9 分钟、约 0.27ML（1ML=7.8×10^{14}cm^{-2}）的 STM 图。图像大小:图 2.9(a)50nm×20nm,图 2.9(c)50nm×50nm,图 2.9(d)20nm×20nm。图 2.9(b)为横截面采用图 2.9(c)中绘制的蓝线和红线,同一阶地上(3×1)和(7×7)区域之间以及两个不同(7×7)阶地之间的测量高度差。图 2.9(d)为测得的行结构周期性,其中的插图为沿图 2.9(d)中绘制的黑线截取横截面的高度。通过图 2.9 可得,在 350℃下沉

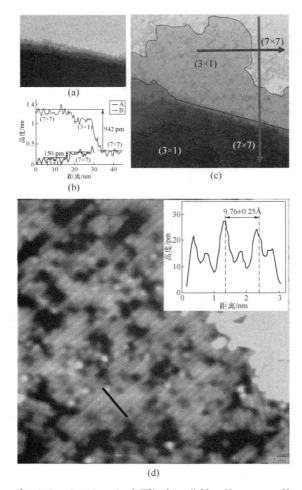

图 2.9　350℃下 Rb 在 Si(111)-(7×7)表面沉积 9 分钟、约 0.27ML 的 STM 图（二维码）

积时，（7×7）衍射斑的最低强度和（3×1）衍射点的最高强度以及（3×1）表面积的最高量，得出 350℃是形成这种重构的最佳温度。

3）扫描隧道显微镜的电子学设计——二维原子分子晶体材料的研究

图 2.10 为 IrTe$_2$ 单晶相变 1/6 相的 STM 形貌，其中图 2.10（a）为大面积范围的 1/6 相周期结构，图 2.10（b）为小面积范围的 1/6 相周期结构，图 2.10（c）为 1/6 相模型图。从图 2.10（b）中可以看到条纹周期结构的"鱼骨"状的原子分辨形貌，为了便于分辨这一结构，用绿色的方框和圆圈将其标记。可以看到方框中有 2 个原子，圆圈中有 1 个原子，该形貌与 IrTe$_2$ 体材料中 1/6 相 [105, 110, 111, 113] 极为相似，1/6 相原子构型如图 2.10（c）所示。其形貌是由一列 Ir-Ir 二聚体与一列正常 Ir 原子交替排列形成的，且相邻列中 Ir-Ir 二聚体的取向之间夹角为 120°，Te 原子层的电子态被该周期性排列的二聚体调制，也会呈现出相同周期性 [111]。因此，判定样品中所观察到的"鱼骨"状周期结构是 IrTe$_2$ 的 1/6 相的构型。两种相变结构的存在，也反过来证明了所制备的材料就是 IrTe$_2$。

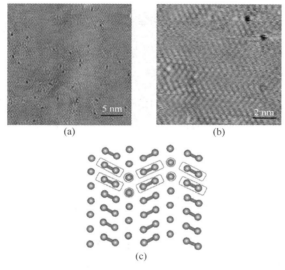

图 2.10　IrTe$_2$ 单晶相变 1/6 相 STM 形貌

（a）大面积范围的 1/6 相周期结构，扫图偏压为-110mV；（b）小面积范围的 1/6 相周期结构，扫图偏压为 110mV；

（c）1/6 相模型图（二维码）

 【思政案例】

勇于创新——勇攀高峰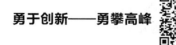

2.2　原子结构和性质

原子是由一个原子核和若干个核外电子组成的微观体系。由于核外电子所带的负电荷可以大于、等于或小于核所带的正电荷，因而在讨论原子问题时，既包括中性原子，也包括正、负离子。原子、分子中的电子并无"行星绕日"式的轨道可循，也无其他方式的明确、连续、可跟踪、可预测的轨道可循，它们只能以一定的概率分布出现在空间某一区域。在量子力学中，用波函数描述原子、分子中电子的运动状态，这样的状态函数俗称轨道，在原子中称作原子轨道，在分子中称作分子轨道，但它们都不具有经典力学中运动轨道的含义。下面用量子力学原理和方法处理单电子原子的结构，而由处理单电子原子结构发展起来的思想为处理多电子原子的结构奠定了基础。

2.2.1 单电子原子的薛定谔方程及其解

2.2.1.1 单电子原子的薛定谔方程

核电荷数为 Z，核外只有一个电子的原子称为单电子原子，如 H 原子和 He^+、Li^{2+} 等类氢离子。如把原子的质量中心放在坐标原点上，绕核运动的电子离核的距离为 r，电子的电荷为 $-e$，则势能算符即原子核与电子间的势能：$V = -Ze^2/(4\pi\varepsilon_0 r)$

$$\hat{H}\psi = E\psi$$

$$\hat{H} = -\frac{h^2}{2M}\nabla^2 - \frac{h^2}{2m}\nabla^2 - \frac{Ze^2}{4\pi\varepsilon_0 r} \tag{2.29}$$

根据核固定近似［玻恩-奥本海默近似（Born-Oppenheimer）］，电子质量远小于原子核的质量，电子的运动速度远大于原子核的速度，将核看作相对静止，核的动能部分不考虑。将势能代入薛定谔方程：

$$\left(-\frac{h^2}{8\pi^2 m}\nabla^2 - \frac{Ze^2}{r}\right)\psi = E\psi \tag{2.30}$$

为了求解方便，将 x、y、z 变量换成球坐标变量 r、θ、φ。$\psi(x, y, z) \rightarrow \psi(r, \theta, \phi)$。由于 ψ 是彼此独立的三个变量 r、θ、φ 的函数，因此可以将 ψ 看作是由三个变量分别形成的函数 $R(r)$、$\Theta(\theta)$、$\Phi(\phi)$ 组成的，即：

$$\psi(r, \theta, \phi) = R(r)\Theta(\theta)\Phi(\phi) = R\Theta\Phi \tag{2.31}$$

方程求解得：

$$E_n = \frac{me^4}{8\varepsilon^2 h^2} \times \frac{Z^2}{n^2} = -13.6\frac{Z^2}{n^2}$$

$$n = 1, 2, 3, \cdots$$

$$l = 0, 1, 2, \cdots, n-1$$

$$m = 0, \pm 1, \pm 2, \pm 3, \cdots, \pm l$$

2.2.1.2 量子数的物理意义

波函数 ψ 不但决定电子在空间的概率密度分布，而且还规定了它所描述状态下微观体系的各种性质。本节将通过量子数的物理意义的讨论，进一步说明波函数和电子自旋状态如何决定原子的各种性质。

（1）主量子数 n

主量子数 n 决定了体系的能量。体系的能量由低到高，两个能级的差，随 n 的增大而减小。

$$E_n = \frac{me^4}{8\varepsilon^2 h^2} \times \frac{Z^2}{n^2} = -13.6\frac{Z^2}{n^2} \tag{2.32}$$

（2）角量子数 l

将角动量平方算符 $\hat{M}^2$ 作用于单电子波函数，可得：

$$\hat{M}^2 \psi = l(l+1)(\frac{h}{2\pi})^2 \psi \tag{2.33}$$

$$M^2 = l(l+1)(\frac{h}{2\pi})^2 \text{ 或 } |M| = \sqrt{l(l+1)}\,\frac{h}{2\pi} \quad l = 0, 1, 2, \cdots, n-1$$

可见，上式中量子数 l 决定了电子的角动量大小，故称角量子数。原子的角动量和原子的磁矩有关，只要有角动量也就有磁矩。磁矩 μ 与角动量 M 的关系为：

$$\bar{\mu} = -\frac{e}{2m_e c}\vec{M} \qquad \mu_z = -\frac{e}{2m_e c}M_e \tag{2.34}$$

式中，m_e 为电子质量；e 为电子电荷，加负号是由于电子带负电荷。$-e/(2m_e)$ 为轨道磁矩和轨道角动量的比值，称为轨道运动的磁旋比。所以具有量子数 l 的电子，磁矩的大小 $|\mu|$ 与量子数的关系为：

$$|\mu| = \frac{e}{2m_e c}\sqrt{l(l+1)}\,\frac{h}{2\pi} = \sqrt{l(l+1)}\,\frac{eh}{4\pi m_e c} = \sqrt{l(l+1)}\,\beta_e \tag{2.35}$$

β_e 称为 Bohr（玻尔）磁子，是磁矩的一个自然单位，即：

$$\beta = \frac{eh}{4\pi m_e} = 9.274 \times 10^{-24} \, \text{J} \cdot \text{T}^{-1}$$

（3）磁量子数 m

角动量度 z 方向的分量与 m 有关，即：

$$\hat{M}_z \psi = m\frac{h}{2\pi}\psi \qquad M_z = m\frac{h}{2\pi} \quad m = 0, \pm 1, \pm 2, \cdots, \pm l \tag{2.36}$$

在磁场中，z 方向就是磁场的方向，因此 m 称为磁量子数。m 的物理意义是决定电子的轨道角动量在 z 方向上的分量，也决定轨道磁矩在磁场方向上的分量 μ_z。磁矩在磁场方向上的分量为

$$\mu_z = -m\beta_e \tag{2.37}$$

角动量在磁场方向分量的量子化已通过 Zeeman 效应得到证实。

上述用波函数 ψ 描述的原子中电子的运动称为轨道运动。电子的轨道运动由 3 个量子数 n、l、m 决定：n 决定轨道的能量，l 和 m 决定轨道角动量的大小和角动量在磁场方向上的分量，也决定相应的轨道磁矩及其在磁场方向的分量。若 n 确定，E_n 即确定，但 ψ 还未完全确定，因为对应于一个 n，l 可为 0, 1, 2···, n-1；而对应于一个 l，还可有 0，±1，±2，···，±l 等（2l+1）个 m。所以，l、m 不同，ψ_{nlm} 也不同。对应于一个 n，有 $\sum\limits_0^{n-1}(2n+1)=n^2$ 个 ψ，即简并度为 n^2。

（4）自旋量子数 s 和自旋磁量子数 m_s

实验证明，除了轨道运动外，电子还有自旋运动，自旋角动量的大小 $|M_s|$ 由自旋量子数 s 决定。

$$|M_s|=\sqrt{s(s+1)}\frac{h}{2\pi} \tag{2.38}$$

s 的数值只能为 1/2。

自旋角动量在磁场方向的分量 M_{sz} 由自旋磁量子数 m_s 决定

$$M_{sz}=m_s\frac{h}{2\pi} \tag{2.39}$$

自旋磁量子数 m_s 只有两个数值：$\pm\dfrac{1}{2}$。

电子的自旋磁矩 μ_s 及自旋磁矩在磁场方向的分量 μ_{sz} 分别为

$$
\begin{aligned}
|\mu_s|&=g_e\frac{e}{2m_e}\sqrt{s(s+1)}\frac{h}{2\pi}=g,\sqrt{s(s+1)}\beta\\
\mu_{sz}&=-g_e\frac{e}{2m_e}\times\frac{h}{2\pi}=-g_e m_s\beta_e
\end{aligned} \tag{2.40}
$$

式中，g_e = 2.00232，称为电子自旋因子，由于电子磁矩方向与角动量方向相反，故加负号。

（5）总量子数 j 和总磁量子数 m_j

电子既有轨道角动量，又有自旋角动量，两者的矢量和即电子的总角动量 $\boldsymbol{M}_j$，其大小由总量子数 j 来规定

$$|M_j|=\sqrt{j(j+1)}\frac{h}{2\pi}$$
$$j=l+s, l+s-1, \cdots, |l-s| \tag{2.41}$$

电子的总角动量沿磁场方向的分量 $\boldsymbol{M}_{jz}$ 则由总磁量子数 m_j 规定

$$\boldsymbol{M}_{jz}=m_j\frac{h}{2\pi} \qquad m_j=\pm\frac{1}{2},\pm\frac{3}{2},\cdots \tag{2.42}$$

2.2.1.3　波函数和电子云图形

原子轨道的波函数形式非常复杂，表示成图形才便于讨论化学问题。原子轨道和电子云有多种图形，为了搞清这些图形是怎么画出来的，相互之间是什么关系，应当区分两个问题：①作图对象；②作图方法。波函数（ψ，原子轨道）和电子云（ψ^2 在空间的分布）是三维空间坐标的函数，将它们用图形表示出来，使抽象的数学表达式成为具体的图像，对了解原子的结构和性质，了解原子化合为分子的过程具有重要意义。

（1）径向部分的对画图

径向部分的对画图有三种：①$R(r)\text{-}r$ 图，即径向函数图；②$R^2(r)\text{-}r$ 图，即径向密度函数图；③$D(r)\text{-}r$ 图，即径向分布函数图。

1）$R(r)\text{-}r$ 图与 $R^2(r)\text{-}r$ 图

这两个图的规律为：①在 $r=0$ 处（核处），s 型函数在核处有最大值，p 型函数在核处为 0；②节面（$n-l-1$）个：ns 有 $n-1$ 个节面，np 有 $n-2$ 个节面，$R_{n,l}$ 有 $n-l-1$ 个节面；③最大值分布，对于 ns，n 越大，最大值离核越近；对于 np，n 越大，最大值离核越近。

从图 2.11 和图 2.12 可以看出：

① $R(r)$ 和 $R^2(r)$ 的形状只与主量子数 n 和角量子数 l 有关，对 n 和 l 都相同的状态，如 $2px$、$2py$、$2pz$ 轨道，其 $R(r)$ 和 $R^2(r)$ 图形相同。

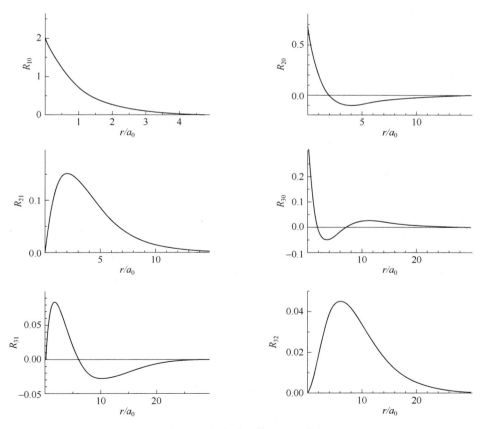

图 2.11　径向波函数 $R_{nl}(r)\text{-}r$ 图

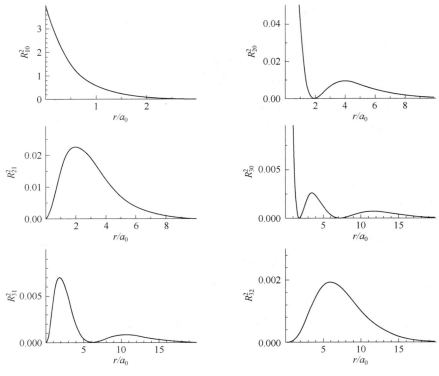

图 2.12　径向密度函数 $R_{nl}^2(r)$-r 图

② 除 s 轨道外，所有径向部分函数在原子核处均为零，即 p、d 和 f 轨道的电子，在原子核处发现电子的概率密度为零。

③ 当半径增加时，$R(r)$ 和 $R^2(r)$ 都很快地趋于零，在离核较远的地方发现电子的概率非常小。

④ n 越大，$R(r)$ 和 $R^2(r)$ 伸展范围越大，n 决定波函数的伸展范围。

⑤ 当 $n>l+1$ 时，在 r 为某个或多个特定值时，会出现 $R(r)=0$ 的球节面，即在这个球节面上发现电子的概率密度为零，该球节面称径向节面，共有 $(n-l-1)$ 个。如 2s 轨道，在 $r=2a_0$ 处有一个节面，3p 轨道的节面在 $r=6a_0$ 处，3s 轨道的 2 个节面分别在 $r=1.9a_0$ 和 $r=7.1a_0$ 处。

2）径向分布图

为了计算在半径为 r 的球面和半径为 $r+dr$ 的球面之间（即厚度为 dr 的薄壳层内）电子出现的概率，引入径向分布函数（D）。$\psi(r,\theta,\phi)$ 表示在点（r,θ,ϕ）处电子的概率密度，因而在点（r,θ,ϕ）附近的小体积元 dτ 中，电子出现的概率为 $\psi^2(r,\theta,\phi)$dτ。将 $\psi^2(r,\theta,\phi)$dτ 在 θ 和 ϕ 的全部区域积分，其结果表示离核为 r 处，厚度为 dr 的球壳内电子出现的概率。若将

$$\psi(r,\theta,\phi)=R(r)\Theta(\theta)\Phi(\phi)$$

$$d\tau=r^2\sin\theta drd\theta d\phi$$

代入，并令

$$Ddr=\int_{\phi=0}^{2\pi}\int_{\theta=0}^{\pi}\psi^2(r,\theta,\phi)d\tau \qquad （2.43）$$

$$=\int_{\phi=0}^{2\pi}\int_{\theta=0}^{\pi}\left[R(r)\Theta(\theta)\Phi(\phi)\right]^2 r^2\sin\theta drd\theta d\phi$$

$$= r^2 R^2 \mathrm{d}r \int_0^\pi \Theta^2 \sin\theta \mathrm{d}\theta \int_0^{2\pi} \Phi^2 \mathrm{d}\phi$$
$$= r^2 R^2 \mathrm{d}r$$
$$D = r^2 R^2$$

式中，$D\mathrm{d}r$ 代表在半径为 r 和半径为 $r+\mathrm{d}r$ 的两个球面间夹层内找到电子的概率，它反映电子云分布随半径 r 的变化情况。对于 s 态，ψ 只是 r 的函数，与 θ,ϕ 无关。由于 s 态中 $\Theta(\theta)\,\Phi(\phi)$ 函数的数值为 $1/\sqrt{4\pi}$，因而

$$D = r^2 R^2 = 4\pi r^2 \psi_s^2 \tag{2.44}$$

对于 1s 态，在核附近，r 趋于 0，夹层的体积趋于 0，因而 D 的数值趋于 0。随 r 增加，D 增大，到 $r=a_0$ 处出现极大值。

这是概率密度 ψ^2 随 r 值增加而下降，但壳层体积 $4\pi r^2 \mathrm{d}r$ 随 r 增加而上升，两个随 r 变化趋势相反的因素乘在一起导致的结果。它表明，在 $r=a_0$ 附近，在厚度为 $\mathrm{d}r$ 的球壳夹层内找到电子的概率要比任何其他地方同样厚度的球壳夹层内找到电子的概率大。在这个意义上，可以说 Bohr 轨道是氢原子结构的粗略近似。图 2.13 显示出氢原子几种状态的径向分布图。

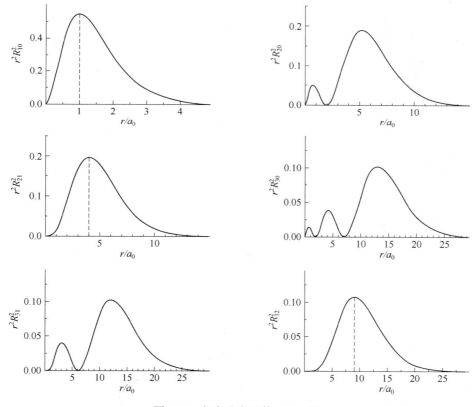

图 2.13　径向分布函数 $D(r)$-r 图

由图 2.13 可见，主量子数为 n、角量子数为 l 的状态，径向分布图中有（$n-l$）个极大值峰和（$n-l-1$）个节面（不算原点），虽然主峰位置随 l 增加而向核移近，但 l 值愈小，峰数目愈多，最内层的峰离核愈近。n 值不同而 l 值相同的轨道，如 1s、2s、3s；2p、3p、4p；3d、4d、5d 等，其主峰按照主量子数增加的顺序向离核远的方向排列。例如：3p 态的主峰在 2p 态外面，4p 态的

主峰在 3p 外面等。这说明主量子数小的轨道在靠近原子核的内层，所以能量低；主量子数大的轨道在离核远的外层，所以能量高。这一点也与 Bohr 模型的结论一致，但却有本质的区别：Bohr 模型是行星绕太阳式的轨道，n 值大的轨道绝对在外，n 值小的轨道绝对在内。由于电子具有波性，其活动范围并不局限在主峰上，主量子数大的也有一部分钻到离核很近的内层。

（2）角度部分图形

径向部分图形表示电子聚集在原子核周围的紧密程度，而角度部分图形则反映电子在原子核不同空间方向上的性质，其决定了共价键的方向性。角度部分图形主要有波函数的角度分布图 $Y(\theta,\phi)$ 和电子云角度分布图 $|Y(\theta,\phi)|^2$。波函数 ψ 的角度部分为 $Y(\theta,\phi)$，即 $\Theta(\theta)\Phi(\phi)=Y(\theta,\phi)$。

角度分布图为 $Y(\theta,\phi)$ 随 θ、ϕ 变化图，表示同一球面上不同方向上波函数的相对大小：

$$\frac{\psi(r,\theta_1,\phi_1)}{\psi(r,\theta_2,\phi_2)}=\frac{R(r)Y(\theta_1,\phi_1)}{R(r)Y(\theta_2,\phi_2)}=\frac{Y(\theta_1,\phi_1)}{Y(\theta_2,\phi_2)} \tag{2.45}$$

角度分布图可借助球坐标，以原子核为原点，在不同的 θ、ϕ 方向上，引一条矢量线段，使线段长为 $|Y(\theta,\phi)|$，所有这些矢量的端点在空间构成一曲面，在各个区域标上 $Y(\theta,\phi)$ 的正负号，即可得波函数的角度分布图，通常波函数角度分布图可用空间特定的剖面图表示。角度分布图与主量子数 n 无关，当 l 不为零时，角度分布图存在着角节面，其角节面数为 l。图 2.14 为角度分布图 $Y(\theta,\phi)$。

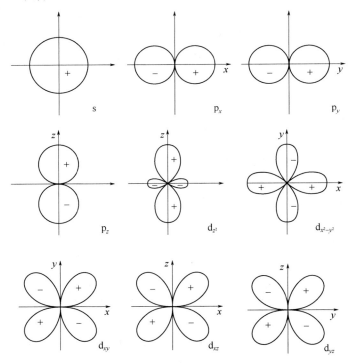

图 2.14　角度分布图 $Y(\theta,\phi)$

电子云的角度分布图为 $|Y(\theta,\phi)|^2$ 随 θ、ϕ 变化图（见图 2.15），表示同一球面上各点概率密度的相对大小，即

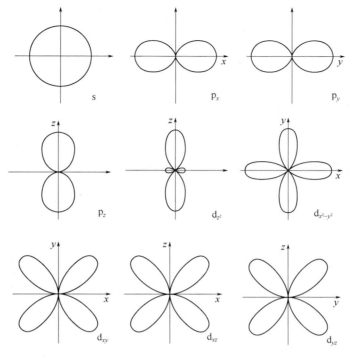

图 2.15　电子云的角度分布图 $\left|Y(\theta,\phi)\right|^2$

$$\frac{\left|\psi(r,\theta_1,\phi_1)\right|^2}{\left|\psi(r,\theta_2,\phi_2)\right|^2}=\frac{R^2(r)\left|Y(\theta_1,\phi_1)\right|^2}{R^2(r)\left|Y(\theta_2,\phi_2)\right|^2}=\frac{\left|Y(\theta_1,\phi_1)\right|^2}{\left|Y(\theta_2,\phi_2)\right|^2} \tag{2.46}$$

如果将 $\left|\psi(r,\theta,\phi)\right|^2$ 对 r 的全部变化范围积分，则有

$$\int_{r=0}^{\infty}\left|\psi(r,\theta,\phi)\right|^2\mathrm{d}\tau=\int_{r=0}^{\infty}r^2R^2(r)\mathrm{d}r\left|Y(\theta,\phi)\right|^2\sin\theta\mathrm{d}\theta\mathrm{d}\phi=\left|Y(\theta,\phi)\right|^2\mathrm{d}\Omega \tag{2.47}$$

式中，$\mathrm{d}\Omega=\sin\theta\mathrm{d}\theta\mathrm{d}\phi$ 为（θ,ϕ）附近立体角（见图 2.16），因此 $\left|Y(\theta,\phi)\right|^2$ 也表示在（θ,ϕ）方向上单位立体角电子出现的概率。$\left|Y(\theta,\phi)\right|^2$ 图与角度分布图 $Y(\theta,\phi)$ 相似，节面数也同为 l，图中没有正负号。另外与角度分布图 $Y(\theta,\phi)$ 相比，电子云角度分布图 $\left|Y(\theta,\phi)\right|^2$ 要更 "瘦" 一些。

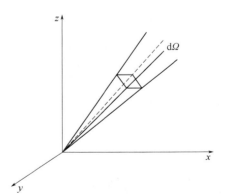

图 2.16　立体角 $\mathrm{d}\Omega$

需要特别指出的是，角度分布图 $Y(\theta,\phi)$ 和电子云角度分布图 $\left|Y(\theta,\phi)\right|^2$ 所反映的仅是角度部分的性质，并非波函数的整体性质，因此可以利用角度部分图形说明原子轨道的伸展方向，但不能将角度分布图 $Y(\theta,\phi)$ 和电子云角度分布图 $\left|Y(\theta,\phi)\right|^2$ 等同于波函数图 ψ 和电子云图 $\left|\psi\right|^2$。

（3）空间分布图

从考虑的角度不同，空间分布图可以有多种表达形式，如原子轨道和电子云分布的等值线图、网格立体图、电子云黑点图、原子轨道轮廓图等。

在某个通过原子核的平面上，将面上各点的 (r, θ, ϕ) 值代入 $\psi(r, \theta, \phi)$ 中，根据该平面的 ψ 值绘制波函数的等值线，即可得到波函数的等值线图。从图 2.17 中可以看出，s 轨道是球对称的，没有角节面，因此选取任何过原子核的剖面，其等值线图都是相同的，2s 和 3s 轨道分别有 1 个和 2 个径向的球节面；p 轨道是轴对称和中心反对称的，有 1 个平面的角节面，对 p_z 轨道，其角节面为 xy 平面，3p 轨道还有 1 个径向节面；d 轨道都是中心对称的，有 2 个角节面，其中 d_{z^2} 轨道是轴对称的，有 2 个锥形的角节面，其他 4 个 d 轨道有 2 个平面角节面。

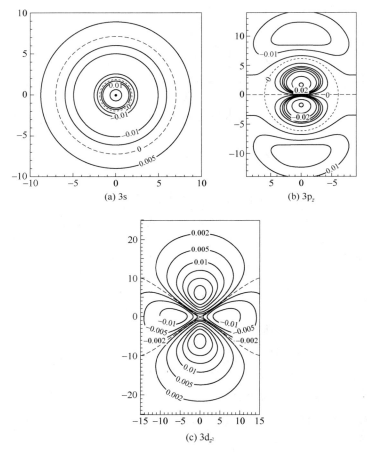

图 2.17　原子轨道等值线图

电子云等值线图与原子轨道等值线图作法相同，其形状也相近，使用函数为概率密度 $|\psi(r, \theta, \phi)|^2$。如果用网格线表示剖面处 ψ 或 $|\psi|^2$ 的数值，则可以画出原子轨道网格线图（见图 2.18）或电子云的网格线图（见图 2.19）。如果用黑点的疏密来表示电子在空间某剖面上各点的概率密度 $|\psi|^2$，则得到电子云黑点图（见图 2.20）。

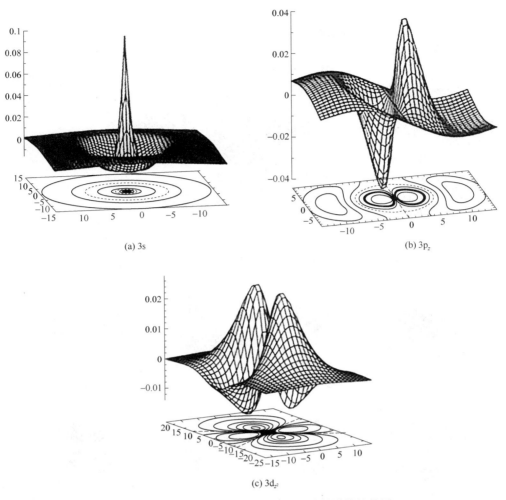

(a) 3s

(b) 3p$_z$

(c) 3d$_{z^2}$

图 2.18　原子轨道网格线图（平面投影为轨道等值线图）

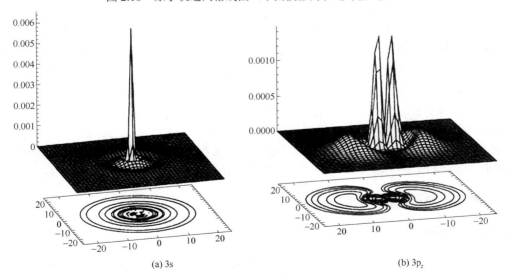

(a) 3s

(b) 3p$_z$

图 2.19

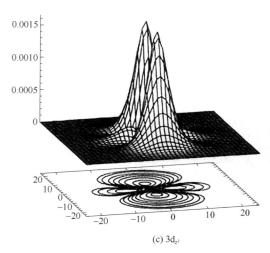

(c) 3d$_{z^2}$

图 2.19　电子云网格线图（平面投影为电子云等值线图）

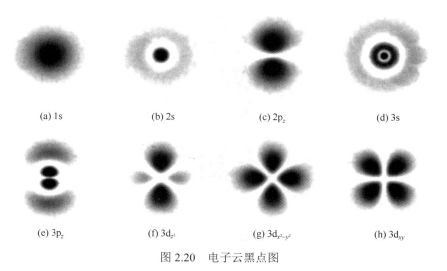

(a) 1s　　　　(b) 2s　　　　(c) 2p$_z$　　　　(d) 3s

(e) 3p$_z$　　　　(f) 3d$_{z^2}$　　　　(g) 3d$_{x^2-y^2}$　　　　(h) 3d$_{xy}$

图 2.20　电子云黑点图

原子轨道轮廓图是在三维空间计算各点波函数 ψ 的数值，将 $|\psi|$ 相同的点连接成曲面，用不同的颜色表示 ψ 的正负，原子轨道轮廓图具有定性的意义，对理解原子轨道重叠形成分子轨道提供明确的图像，在化学中具有重要的意义。图 2.21 是 1s 到 4f 的原子轨道轮廓图，从图中可以清晰地看出各原子轨道的形状、延展的方向及节面情况。

波函数和电子云的图形不管采用哪种形式表示，其总节面数都是（$n-1$）个，其中角节面 l 个，径向节面（$n-l-1$）个。因此根据波函数和电子云图形中不同节面的个数就可以确定该轨道的主量子数 n 和角量子数 l，再进一步根据轨道的形状和延展方向确定具体轨道的名称。

2.2.2　多电子原子的结构

2.2.2.1　多电子原子的薛定谔方程

最简单的多电子原子是氦原子（He），它是由有两个正电荷（$Z=2$）的原子核以及绕核运动的两个电子（1 和 2）组成，考虑电子的动能及电子和核以及电子之间的势能，得薛定谔方程

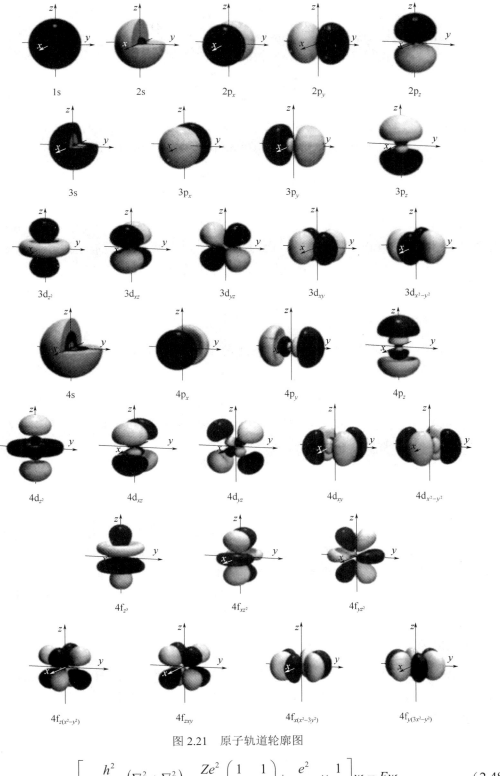

图 2.21　原子轨道轮廓图

$$\left[-\frac{h^2}{8\pi^2 m}\left(\nabla_1^2 + \nabla_2^2\right) - \frac{Ze^2}{4\pi\varepsilon_0}\left(\frac{1}{r_1} - \frac{1}{r_2}\right) + \frac{e^2}{4\pi\varepsilon_0} \times \frac{1}{r_{12}}\right]\psi = E\psi \qquad (2.48)$$

式中，r_1、r_2 分别为电子 1 和 2 与核的距离；r_{12} 为电子 1 和 2 间的距离。用原子单位简化，$\dfrac{h}{2\pi} = 1\mathrm{au}$，$m = m_{\mathrm{e}} = 1\mathrm{au}$，$4\pi\varepsilon_0 = 1\mathrm{au}$ 得

$$\left[-\frac{1}{2}\left(\nabla_1^2 + \nabla_2^2\right) - \frac{Z}{r_1} - \frac{Z}{r_2} + \frac{1}{r_{12}} \right]\psi = E\psi \tag{2.49}$$

对于原子序数为 Z、含 n 个电子的原子，其薛定谔方程中，若不考虑电子自旋运动及其相互作用，并假定质心和核心重合，用原子单位表示，则 Hamilton 算符为

$$\hat{H} = -\frac{1}{2}\sum_{i=1}^{n}\nabla_i^2 - \sum_{i=1}^{n}\frac{Z}{r_i} + \sum_{i=1}^{n}\sum_{i>j}\frac{1}{r_{ij}} \tag{2.50}$$

式中，第一项为各电子的动能算符；第二项为各电子与原子核相互作用势能算符；第三项为各电子对之间相互作用势能算符。因为其中有 r_{ij} 涉及两个电子的坐标，无法分离变量，如将第三项当作 0，即电子间没有相互作用，这时体系的薛定谔方程为

$$\left(-\sum_{i=1}^{n}\frac{1}{2}\nabla_i^2 - \sum_{i=1}^{n}\frac{Z}{r_i} \right)\psi = E\psi \tag{2.51}$$

令 $\psi(1, 2, \cdots, n) = \psi_1(1)\psi_2(2)\cdots\psi_n(n)$，则式可分离变量，分解为 n 个方程

$$\hat{H}_i\psi_i(i) = E_i\psi_i(i) \tag{2.52}$$

这时 $\hat{H}_i$ 类似于单电子原子能量算符，并可解出 ψ_i 和 E_i。在基态，电子按 Pauli 原理、能量最低原理和洪特（Hund）规则填充在这些原子轨道中，ψ_i 称为单电子波函数，E_i 为和 ψ_i 对应的能量，体系的近似波函数

$$\psi = \psi_1\psi_2\cdots\psi_n \tag{2.53}$$

体系总能量：

$$E = E_1 + E_2 + \cdots + E_n \tag{2.54}$$

实际上，原子中电子之间存在不可忽视的相互作用。在不忽略电子相互作用的情况下，用单电子波函数来描述多电子原子中单个电子的运动状态，这种近似称为单电子近似。这时体系中各个电子都分别在某个势场中独立运动，犹如单电子体系那样。为了从形式上把电子间的势能变成与 r_{ij} 无关的函数，便于解出薛定谔方程，常用自洽场（self-consistent field，SCF）法和中心力场法等方法。

（1）自洽场法

最早由哈特里（Hartree）提出，后被福克（Fock）改进，又称为 Hartree-Fock。假定电子处在原子核及其他（$n-1$）个电子的平均势场中运动。为了计算平均势场，先引进一组近似波函数求 $\sum\limits_{i>j}\dfrac{1}{r_{ij}}$ 的平均值，使之成为只与 r_i 有关的函数，以 $V_{(r_i)}$ 表示。

$$\hat{H} = -\frac{1}{2}\nabla_1^2 - \frac{Z}{r_i} + V_{(r_i)} \tag{2.55}$$

$V_{(r_i)}$ 是由其他电子的波函数决定的，例如求 $V_{(r_1)}$ 时，需用 ψ_2，ψ_3，ψ_4，… 来计算；求 $V_{(r_2)}$ 时，需用 ψ_1，ψ_3，ψ_4，… 来计算。有了 $\hat{H}_i$，解这一组方程得新一轮的 $\psi_i^{(1)}$，用它计算新一轮的 $V_{(r_i)}^{(1)}$，再解出第二轮的 $\psi_i^{(2)}$。如此循环，直至前一轮的波函数和后一轮的波函数很好地符合，即自洽为止。

自洽场法提供了单电子原子轨道图像，它把原子中任一电子 i 的运动看成在原子核及其他电子的平均势场中独立运动，犹如单电子体系那样，所以 ψ_i 可看作原子中单电子的运动状态，即原子轨道，E_i 叫作原子轨道能，但自洽场所得的原子轨道能之和，不正好等于原子的总能量，而应扣除多计算的电子间的互斥能。

（2）中心力场法

中心力场法将原子中其他电子对第 i 个电子的排斥作用看成是球对称的、只与径向有关的力场，这样第 i 个电子受其余电子的排斥作用被看成相当于 σ_i 个电子在原子中心与之相互排斥，第 i 个电子的势能函数为：

$$V_i = -\frac{Z}{r_i} + \frac{\sigma_i}{r_i} = -\frac{Z - \sigma_i}{r_i} = -\frac{Z^*}{r_i} \qquad (2.56)$$

式（2.56）在形式上和单电子原子的势能相似。式中，Z^* 为对 i 电子的有效核电荷；σ_i 为屏蔽常数，其意义是除 i 电子外，其他电子对 i 的相互排斥作用，使核的正电荷减小 σ_i。所以，多电子原子中第 i 个电子的单电子薛定谔方程为：

$$\left(-\frac{1}{2}\nabla_i^2 - \frac{Z - \sigma_i}{r_i}\right)\psi_i = E_i\psi_i \qquad (2.57)$$

式（2.57）的 ψ_i 称为单电子波函数，它近似地表示原子中第 i 个电子的运动状态，也称原子轨道；E_i 近似地为这个状态的能量，即原子轨道能。按解单电子原子的薛定谔方程的方法，将 Z 换成 Z_i^*，即得 ψ_i 和相应的 E_i，ψ_i 仍由 n、l、m 这 3 个量子数所确定，而且

$$\psi_{nlm} = R_{nl}'(r)Y_{lm}(\theta, \phi) \qquad (2.58)$$

因为解 Θ 方程与 Φ 方程时与势能项 $V_{(ri)}$ 无关，故 $Y_{lm}(\theta, \phi)$ 的形式和单电子原子相同，而 $R_{nl}'(r)$ 则和单电子原子的 $R_{nl}(r)$ 不相同。和 ψ_i 对应的原子轨道能为

$$E_i = -\left[13.6(Z_i^*)^2 / n^2\right]\text{eV} \qquad (2.59)$$

原子的总能量近似地由各个电子的能量 E_i 加和得到，也可通过实验测定全部电子电离所需的能量得到。原子中全部电子电离能之和等于原子轨道能总和的负值。

通过原子的电离能、X 射线能级和离子半径等实验数据，Slater 提出了一套经验参数方法。

① 用有效主量子数 n^* 代替主量子数 n，当 n 为 1、2 和 3 时，$n^* = n$，当 n 为 4、5、6 时，n^* 分别为 3.7、4.0 和 4.2。

② 将电子按照以下壳层从内到外分组：1s|2s, 2p|3s, 3p|3d|4s, 4p|4d|4f|5s, 5p|5d。

③ 外层电子对内层电子无屏蔽作用，$\sigma = 0$。

④ 同组电子间屏蔽作用为 $\sigma = 0.35$，如果是 1s 电子，$\sigma = 0.30$。

⑤ 对 ns、np 组中的电子，主量子数为 $n-1$ 的每个电子屏蔽作用为 $\sigma = 0.85$，主量子数等于或小于 $n-2$ 的各组 $\sigma = 1$。

⑥ 对 nd 和 nf 组中的电子，其左边各组电子对其电子屏蔽作用为 $\sigma = 1$。

2.2.2.2　电子结合能

假设中性原子中从某个原子轨道上电离掉一个电子，而其余的原子轨道上电子的排布不因此而发生变化（即"轨道冻结"），这个电离能的负值即为该轨道的电子结合能。He 原子基态有 2 个电子处在 1s 轨道上，它的第一电离能（I_1）为 24.6eV，第二电离能（I_2）为 54.4eV。根据 He 原子 1s 轨道的电子结合能为 -24.6eV，而 He 原子的 1s 单电子原子轨道能为

$$-\frac{(24.6 + 54.4)\ \text{eV}}{2} = -39.5\text{eV}$$

电子结合能与单电子原子轨道能互有联系：对单电子原子，两者数值相同；对 Li、Na、K 最外层的一个电子，两者也相同；但在其他情况下就不相同了。这正说明电子间存在互斥能等相互作用的因素。

2.2.2.3　电子互斥能

电子互斥能由原子中同号电荷的库仑排斥作用所引起。处在不同状态的电子，其分布密度不同，电子互斥能不同。例如 Sc 原子，2 个处在 3d 轨道上的电子其互斥能 $J(\text{d, d})$ 要比 2 个处在 4s 轨道上的电子的互斥能 $J(\text{s, s})$ 大。

原子中能级高低与电子互斥能有关。实验测得，Sc 原子：

$$E(4\text{s}) = E\left[\text{Sc}(3\text{d}^1 4\text{s}^2)\right] - E\left[\text{Sc}^+(3\text{d}^1 4\text{s}^1)\right] = -6.62\text{eV}$$

$$E(3\text{d}) = E\left[\text{Sc}(3\text{d}^1 4\text{s}^2)\right] - E\left[\text{Sc}^+(3\text{d}^0 4\text{s}^2)\right] = -7.98\text{eV}$$

式中，将 Sc[Ar]$3\text{d}^1 4\text{s}^2$ 简写为 Sc($3\text{d}^1 4\text{s}^2$)，下面也按此简写表示。由此数据可见，Sc 原子的 4s 轨道能级高。但 Sc 的基态电子组态却为 Sc($3\text{d}^1 4\text{s}^2$)。由基态 Sc($3\text{d}^1 4\text{s}^2$)向激发态 Sc($3\text{d}^2 4\text{s}^1$)跃迁时，需要吸收能量 2.03eV，即

$$E\left[\text{Sc}(3\text{d}^2 4\text{s}^1)\right] - E\left[\text{Sc}(3\text{d}^1 4\text{s}^2)\right] = 2.03\text{eV}$$

分析上述有关数据，会出现下面两个问题。

① Sc 原子基态的电子组态为什么是 $3\text{d}^1 4\text{s}^2$，而不是 $3\text{d}^2 4\text{s}^1$ 或 $3\text{d}^3 4\text{s}^0$ 呢？

② 为什么 Sc 原子（及其他过渡金属原子）电离时先失去的是 4s 电子，而不是 3d 电子？

通过实验测定原子及离子的电离能（I），推出原子中不同轨道上电子的互斥能（J），进行比较，就可回答上述问题。

Sc^{2+} 的电离能实验值为

$$\text{Sc}^{2+}(3\text{d}^1 4\text{s}^0) \rightarrow \text{Sc}^{3+}(3\text{d}^0 4\text{s}^0) + \text{e}^- \qquad I_\text{d} = 24.75\text{eV}$$

$$\text{Sc}^{2+}(3\text{d}^0 4\text{s}^1) \rightarrow \text{Sc}^{3+}(3\text{d}^0 4\text{s}^0) + \text{e}^- \qquad I_\text{s} = 21.60\text{eV}$$

根据这些数据，可以推得 Sc 原子的电子互斥能为

$$J(d, d) = 11.78eV$$

$$J(d, s) = 8.38eV$$

$$J(s, s) = 6.60eV$$

当电子进入 $Sc^{3+}(3d^04s^0)$ 时，因 3d 能级低，先进入 3d 轨道；再有一个电子进入 $Sc^{2+}(3d^14s^0)$ 时，因为 $J(d,d)$ 较大，电子填充在 4s 轨道上，成为 $Sc^+(3d^14s^1)$；若继续有电子进入，也是同样原因，电子应进入 4s 轨道。这样，基态 Sc 的电子组态为 $Sc(3d^14s^2)$。所以，电子填充次序应使体系总能量保持最低，而不单纯按轨道能级高低的次序。电离时先失去 4s 电子，因为 4s 的能级高。

2.2.2.4 基态原子的电子排布

原子的核外电子排布遵循下面 3 个原则。

① Pauli 原理——在一个原子中，没有两个电子有完全相同的 4 个量子数。即一个原子轨道最多只能排两个电子，而且这两个电子的自旋状态必须不同。这两种不同的自旋态通常用自旋函数 α 和 β 表示。

② 能量最低原理——在不违背 Pauli 原理的前提下，电子优先占据能级较低的原子轨道，使整个原子体系能量最低，这样的状态被称作原子的基态。

③ Hund 规则——在能级高低相等的轨道上，电子尽可能分占不同的轨道，且自旋相同。

作为 Hund 规则的补充，能级高低相等的轨道上全充满和半充满的状态比较稳定，因为这时电子云分布近于球形。

根据上述原则，可将核外电子进行填充。由 $n、l$ 表示的一种电子排布方式，叫作一种电子组态。电子在原子轨道中填充的顺序为

1s，2s，2p，3s，3p，4s，3d，4p，5s，4d，5p，6s，4f，5d，6p，7s，5f，6d，…

在此填充顺序中，3d 排在 4s 之后，4d 排在 5s 之后，4f、5d 排在 6s 之后，5f、6d 排在 7s 之后，使得周期表中过渡元素"延迟"出现。电子在原子轨道中的填充顺序，并不是原子轨道能级高低的顺序，填充次序遵循的原则是使原子的总能量保持最低。填充次序表示随着核电荷数目 Z 增加的各个原子，电子数目增加时，外层电子排布的规律。原子轨道能级的高低随原子序数而改变，甚至对同一原子，电子占据的原子轨道变化之后，各电子间的相互作用情况改变，各原子轨道的能级也会发生变化。

核外电子组态一般可按上述规则写出，例如：

$$Fe：1s^22s^22p^63s^23p^63d^64s^2$$

通常为了简化组态的表示法，采用原子实加价电子层表示，即

$$Fe：[Ar]3d^64s^2$$

这里，[Ar] 是指 Fe 的原子核及 Ar 的基态核外电子组态。在表达式中，将主量子数小的写在前面。电子在原子轨道中的填充次序，在最外层常出现不规则现象，它们有 Cr，Cu，Nb，Mo，Ru，Rh，Pd，Ag，La，Ce，Gd，Pt，Au，Ac，Th，Pa，U，Np，Cm 等。出现这种现象一部分是由于满足 d 和 f 轨道为全充满或半充满的需要。

对多电子原子，在知道它的组态及电子的自旋态后，可用一总的波函数 $\psi(1, 2, \cdots, n)$ 来表示 n 个电子组成的原子的状态。

以 He 原子为例，它的 2 个电子均处在 1s 轨道，自旋相反，即一个电子的自旋为 α，另一个电子的自旋为 β，可有 4 种自旋-轨道组合方式。这时若仅用下式表示

$$\psi_{1s}(1)\alpha(1)\psi_{1s}(2)\beta(2)$$

则坐标的交换结果为

$$\psi_{1s}(2)\alpha(2)\psi_{1s}(1)\beta(1)$$

它们中的任何一个都不能满足 Pauli 原理，即交换任意 2 个电子的坐标，全波函数为反对称，即

$$\psi(1, 2) = -\psi(2,1)$$

所以需要将上面两部分进行线性组合，即

$$\psi(1,2) = \frac{1}{\sqrt{2}}\left[\psi_{1s}(1)\alpha(1)\psi_{1s}(2)\beta(2) - \psi_{1s}(2)\alpha(2)\psi_{1s}(1)\beta(1)\right]$$

式中，$1/\sqrt{2}$ 为归一化因子。这一表达式通常写成 Slater 行列式的形式

$$\psi(1,2) = \frac{1}{\sqrt{2}}\begin{vmatrix} \psi_{1s}(1)\alpha(1) & \psi_{1s}(2)\alpha(2) \\ \psi_{1s}(1)\beta(1) & \psi_{1s}(2)\beta(2) \end{vmatrix}$$

含 n 个电子的 Slater 行列式为

$$\psi(1,2,\cdots,n) = \frac{1}{\sqrt{n!}}\begin{vmatrix} \phi_1(1) & \phi_1(2) & \cdots & \phi_1(n) \\ \phi_2(1) & \phi_2(2) & \cdots & \phi_2(n) \\ \cdots & \cdots & \cdots & \cdots \\ \phi_n(1) & \phi_n(2) & \cdots & \phi_n(n) \end{vmatrix}$$

式中，$\phi_1, \phi_1, \cdots, \phi_n$ 表示由轨道波函数和自旋波函数共同组成的一种波函数（旋-轨函数），Slater 行列式中，每一行对应 1 个自旋-轨道，每一列对应 1 个电子。

2.3　电子与固体物质的相互作用

电子束和物质的作用是个很复杂的过程。当高能电子束入射而轰击到物质表面时，有99%以上的入射电子其能量转变成物质的热能，而1%的入射电子从物质中激发出各种信息。

（1）二次电子

入射电子和原子的核外电子碰撞，将核外电子激发脱离原子核，这类电子被称为二次电子。

特点：①能量比较低（小于 50eV），仅在试样表面 5～10nm 的深度内才能逸出表面；②对样品形貌敏感；③分辨率高；④信号收集效率高。

（2）背散射电子

背散射电子是入射电子与试样相互作用（弹性和非弹性散射）之后，再次逸出试样表面的高能电子。

特点：①能量较大，其能量接近于入射电子能量（E_0）；②对样品原子序数敏感，背散射电子的产额随试样的原子序数增大而增加；③分辨率较低，产生深度较深，所以分辨率不如二次电子；④信号收集效率较低。

（3）特征 X 射线

电子束能量足够大而从物质表面以下 0.5～5μm 范围的深度处激发出具有一定能量的 X 射线。

（4）俄歇电子

电子束在物质表面以下几 Å 处激发出具有特征能量的二次电子，为俄歇电子（Auger electron）。原子中一个 K 层电子被入射光量子击出后，L 层一个电子跃入 K 层填补空位，此时多余的能量不以辐射 X 光量子的方式放出，而是另一个 L 层电子获得能量跃出吸收体，这样的一个 K 层空位被两个 L 层空位代替的过程称为俄歇效应，跃出的 L 层电子称为俄歇电子。

（5）透射电子

试样厚度为 1μm 以下时，入射电子穿透物质而射出，为透射电子，其能量依非弹性碰撞的次数而有所损失。

（6）吸收电子

入射电子与物质原子的电子发生非弹性碰撞时，能量完全被吸收，为吸收电子。

（7）阴极荧光

在发光材料表面激发出来的可见光或红外光，称为阴极荧光，为长波光。

以上不同信息，反映被电子束轰击的物质不同的物理、化学性质。得到什么信息主要靠电子束流的调节和检测。可以利用这些信号来进行以下应用。

①成像。显示试样的亚微观形貌特征，还可以利用有关信号在成像时显示元素的定性分布。②从衍射及衍射效应可以得出试样的有关晶体结构资料，如点阵类型、点阵常数、晶体取向和晶体完整性等。③进行微区成分分析。

 【思政案例】

求真务实——责任担当

2.4 扫描电子显微分析

2.4.1 扫描电子显微镜原理

扫描电子显微镜（简称扫描电镜，SEM）与透射电镜的成像方式不同，是用聚焦电子束在试样表面逐点扫描成像。试样为块状或粉末颗粒，成像信号可以是二次电子、背散射电子或吸收电子,其中二次电子是最主要的成像信号。

扫描电镜的工作原理如图 2.22 所示。聚焦电子束在扫描线圈驱动下,在试样表面逐点逐行扫描,试样的表面形貌、成分不同,电子束与试样作用时产生的物理信号(二次电子、背散射电子或 X 射线等)的强度不同,这些物理信号分别被收集、放大后,调制同步扫描的显像管上对应位置的光点亮度,从而得到一个反映试样的表面形貌或成分的图像。

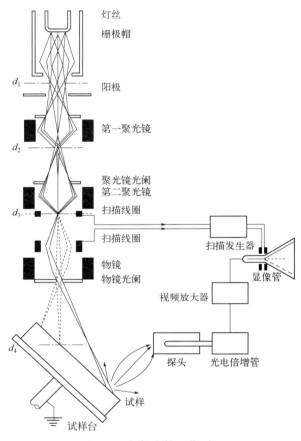

图 2.22　扫描电镜工作原理

2.4.2　扫描电镜主要结构

扫描电镜由电子光学系统(镜筒)、扫描系统、信号探测放大系统、图像显示和记录系统、真空系统和电源系统等部分组成。

(1)电子光学系统

扫描电镜的电子光学系统由电子枪、聚光镜、物镜、物镜光阑和样品室等部件组成。

① 扫描电镜通常使用发叉式钨丝热阴极三极式式电子枪。除了发叉式钨丝热阴极电子枪外,目前六硼化镧阴极电子枪和场发射枪已应用于高分辨率的透射电镜。

② 透镜系统组成:有三个磁透镜,两个聚光镜是强透镜,用来缩小电子束光斑尺寸;物镜是物镜弱透镜,有较长的焦距,保证试样的高低不会过分影响束斑直径,透镜下方放置

样品。透镜系统作用：会聚电子束。电子束斑直径越小，分辨距离越短。电子束直径越小，电子束的电子密度越高，产生的物理信号就越强。

③ 样品室是放置样品和安置信号探测器。样品可进行三维空间的移动、倾斜和转动，进行特定位置分析；配有附件，可使样品加热、冷却并进行力学性能试验（拉伸、疲劳）。扫描电镜样品室照片如图 2.23 所示。

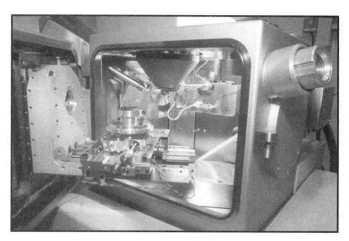

图 2.23　扫描电镜样品室照片（二维码）

（2）扫描系统

扫描系统由扫描信号发生器、扫描放大控制器、扫描偏转线圈等组成。扫描系统的作用是提供入射电子束在试样表面以及显像管电子束在荧光屏上同步扫描的信号，通过改变入射电子束在试样表面扫描的幅度，可获得所需放大倍数的扫描像。由于要求电子束在试样上扫描与电子束在显像管荧光屏上的扫描完全同步，所以通常用一个扫描发生器来驱动扫描线圈及显像管的扫描偏转线圈。

（3）信号探测放大系统

信号探测放大系统的作用是探测试样在入射电子束作用下产生的物理信号，然后经视频放大，作为显像系统的调制信号。不同的物理信号，要用不同类型的探测系统。

通常采用闪烁计数系统探测二次电子、背散射电子和透射电子等电子信号，这是扫描电镜中最主要的信号探测器。它由闪烁体、光导管和光电倍增管组成。如图 2.24 所示，闪烁体加上 +1kV 高压，闪烁体前的聚焦环上装有栅网。二次电子和背散射电子可用同一个探测器探测。由于二次电子能量低于 50eV，而背散射电子能量很高，接近于入射电子能量 E_0，因此改变栅网所加电压可分别探测二次电子或背散射电子。当探测二次电子时，栅网上加上 +250V 电压，吸引二次电子，二次电子通过栅网并受高压加速打到闪烁体上。当用来探测背散射电子时，栅网上加 -50V 电压，阻止二次电子，而背散射电子能通过栅网打到闪烁体上。信号电子撞击闪烁体时产生光信号，光信号沿光导管送到光电倍增管，把信号转变为电信号并进行放大，输出 10μA 左右的信号，再经视频放大器放大即可用来调制显像管的亮度，从而获得图像。闪烁体-光放大器系统电子探测器也可用于探测透射电子，此时探测器要放在试样的下方。

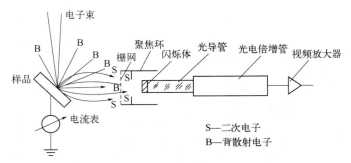

图 2.24　闪烁体-光电放大器系统电子探测器

闪烁体-光放大器系统电子探测器对背散射电子收集效率较低。近年来发展了几种专用来探测的背散射电子的闪烁探测器，如能在很大立体角内收集背散射电子的大角度闪烁探测器，由两个以上置于不同方位的闪烁体-光导管系统构成的闪烁体组件，各个闪烁体-光管导系统可单独或同时工作，并可进行信号的相加或相减。

（4）图像显示和记录系统

图像显示和记录系统包括显像管、照相机等，其作用是把信号探测系统输出的调制信号转换为在荧光屏上显示的、反映样品表面某种特征的扫描图像，供观察、照相和记录。

（5）真空系统

与透射电镜相同，扫描电镜真空系统的作用是建立电子光学系统正常工作、防止样品污染所必需的真空度，一般情况下应保持高于 10^{-4}Torr（1Torr=133Pa）的真空度。

（6）电源系统

它由稳压、稳流及相应的安全保护电路所组成，提供扫描电镜各部分所需要的电源。

2.4.3　扫描电镜主要指标

（1）放大倍数

在扫描电镜中，入射电子束在样品上逐点扫描与显像管电子束在荧光屏上扫描保持精确同步。如果入射电子束在试样上扫描幅度为 l，显像管电子束在荧光屏上扫描幅度为 L，则扫描电镜放大倍数为：

$$M=L/l \qquad (2.60)$$

由于显像管荧光屏尺寸是固定的，因此只要通过改变入射电子束在试样表面的扫描幅度，即可改变扫描电镜放大倍数，目前高性能扫描电镜放大倍数可以从 20 倍连续调节到 200000 倍。

（2）分辨本领

分辨本领是扫描电镜的主要性能指标之一，扫描电镜图像的分辨本领通常有两种表示方法。一种方法是测量试样图像一亮区中心至相邻另一亮区中心的距离。另一种方法是测量暗区的宽度，其最小值为分辨本领。

扫描电镜图像的分辨本领取决于以下因素。

① 入射电子束束斑的大小。扫描电镜是通过电子束在试样上逐点扫描成像，因此任何小于电子束斑的试样细节不能在荧光屏图像上得到显示，也就是说扫描电镜图像的分辨本领不可能小于电子束斑直径。

② 成像信号。扫描电镜用不同信号成像时分辨率是不同的，二次电子像的分辨率最高，X 射线像的分辨率最低。

2.4.4 扫描电子显微镜在材料分析中的应用

（1）Ti-27Nb-6Zr-5Mo 合金表面纳米氧化层的形貌结构

根据 Ti-13Nb-13Zr 合金表面纳米管的制备工艺参数，利用氧化电压为 25V、氧化时间为 120min、电解质为 0.9%（质量分数）NaF 和 1mol/L H_3PO_4 溶液，在 Ti-27Nb-6Zr-5Mo 合金表面制备纳米氧化层，在 300℃下热处理 2h，通过 SEM 观察合金表面纳米管形貌。图 2.25 是 Ti-27Nb-6Zr-5Mo 合金表面纳米管照片及能量色散谱仪（EDS）图谱。

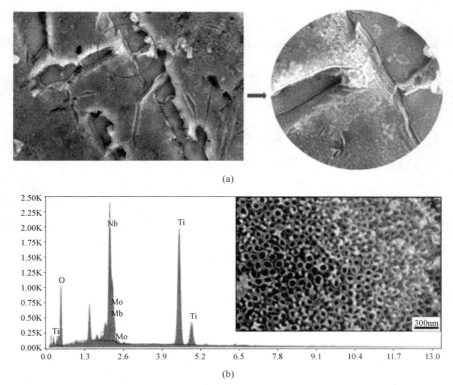

图 2.25　Ti-27Nb-6Zr-5Mo 合金表面纳米管照片及 EDS 图谱

（2）不同结构聚苯腈树脂断面形貌分析

为了进一步比较三种不同结构的聚苯腈树脂性能的影响，利用扫描电镜观察间苯型、联苯型和双酚 A 型聚苯腈树脂的断面形貌，如图 2.26 所示。

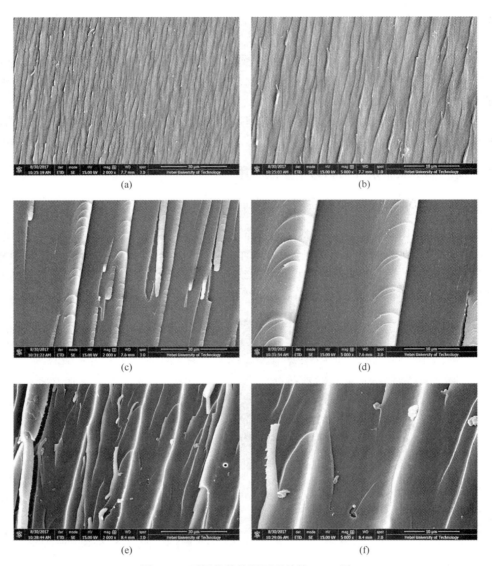

图 2.26　不同倍数的断面形貌的 SEM 图

（a）、（b）间苯型聚苯腈；（c）、（d）联苯型聚苯腈；（e）、（f）双酚 A 型聚苯腈

　　图 2.27 为未改性球形氮化硼/聚苯腈树脂复合材料的断面形貌 SEM 图。由图 2.27 可知，当氮化硼添加量较低时，在低倍数（2000 倍）聚苯腈树脂复合材料的 SEM 图像中未发现氮化硼球体，而在高倍数（5000 倍）的 SEM 图像中呈现出以单层或多层形式存在的片状氮化硼，如图 2.27（a）和（b）所示。这是由于球形氮化硼本身是由大量片状氮化硼喷雾造粒形成的，球体比较疏松，苯腈单体熔体润湿并进入球形氮化硼内部，通过交联反应释放大量反应热导致球形氮化硼破碎，部分以片状形式存在于聚苯腈基体中。

　　随着球形氮化硼掺杂量的增加，球形氮化硼破碎不完全，难以发现明显片状氮化硼存在，而是大量以块状形态存在，如图 2.27（c）和（d）所示。复合材料的断面随着球形氮化硼含量的增加，由不光滑变为较为光滑，表明过量的球形氮化硼在树脂基体内不能充分破碎成片层形状，球形表面或是块状表面的氮化硼在基体中起到润滑剂的作用。

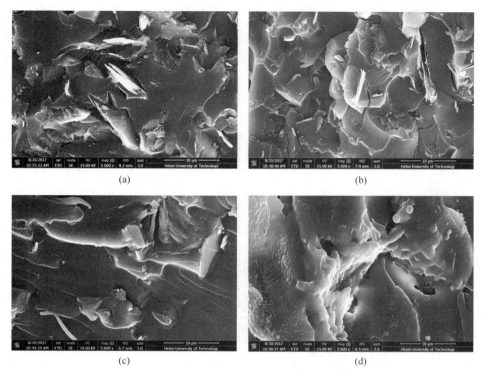

图 2.27　未改性球形氮化硼/聚苯腈树脂复合材料断面形貌的 SEM 图
(a) 5%（质量分数）；(b) 10%；(c) 15%；(d) 20%

为了观察改性球形氮化硼复合粒子（BN/Al$_2$O$_3$）在聚苯腈树脂中的分散情况，利用 SEM 和 EDS 分别对改性氮化硼/聚苯腈树脂复合材料的断面形貌进行表征，如图 2.28 所示。由图 2.28 中 SEM 图可知，在较低掺杂量范围内，随着 BN/Al$_2$O$_3$ 复合粒子的增加，球形氮化硼在树脂中破碎成片状，呈现较好的分散状态，在 SEM 图像中表现为复合材料的断面逐渐呈现不规则的形貌。从图 2.28 中暗场像可以观察 BN/Al$_2$O$_3$ 复合粒子在聚苯腈基体中的分散效果，其中 Al$_2$O$_3$ 出现较为明显的团聚，原因可能是 Al$_2$O$_3$ 包覆 BN 后，仅远离 BN 的外表面被偶联剂表面改性，而靠近 BN 一侧没有改性，导致在基体中发生团聚。BN 由于本身与基体之间具有较好的相容性，同时在交联反应中充分破碎而呈现出较好的分散性。但是随着 BN/Al$_2$O$_3$ 复合粒子的增加，Al$_2$O$_3$ 和 BN 在基体中团聚的现象越发明显。

（3）含钛高炉渣氮碳化过程中对合成 TiN 的影响

为进一步研究含钛高炉渣氮碳化过程中，配碳量对抗折强度的影响，选取配碳量（摩尔比）为 1∶2、1∶3、1∶4、1∶5，氮碳化处理温度为 1400℃，保温时间为 3h 的试样进行断面微观结构分析。

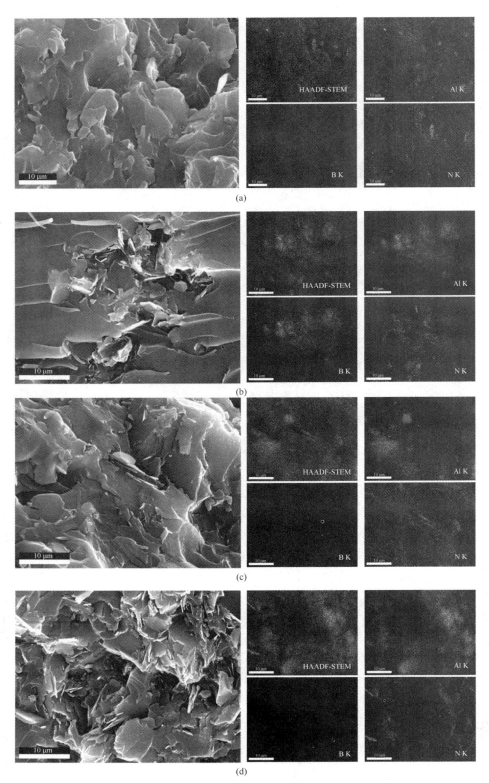

图 2.28　球形 BN/Al$_2$O$_3$ 复合材料断面形貌的 SEM 图和 EDS 图（二维码）

（a）3%（质量分数）；（b）5%；（c）7%；（d）10%

图 2.29 是不同配碳量试样的断面微观结构图。图 2.29（a）是配碳量为 1∶2 时试样的内部结构，试样内部结构致密，没有明显空隙存在，内部生成了大量的钙镁橄榄石。图 2.29（b）是配碳量为 1∶3 时试样的内部结构，试样内部结构疏松，在空隙处还有短棒状 TiN 生成。图 2.29（c）是配碳量为 1∶4 时试样的内部结构，整体结构堆积不紧密，有明显空隙存在，MgO 球状颗粒分布在试样内部结构中。图 2.29（d）是配碳量为 1∶5 时试样的内部结构，试样中不仅有明显空隙，还看到层片状结构的石墨存在。综合微观结构分析表明，随着配碳量的增加，试样的内部结构越来越不致密，当配碳量为 1∶5 时，内部还有残留未反应的层片状石墨，使试样的内部结构疏松；当配碳量为 1∶2 时，内部结构最致密，所以试样的抗折强度最高。

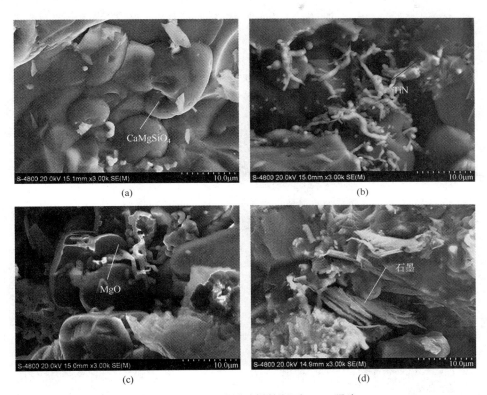

图 2.29　不同配碳量试样的断面 SEM 照片
（a）配碳量 1∶2；（b）配碳量 1∶3；（c）配碳量 1∶4；（d）配碳量 1∶5

为了进一步探讨二元碱度对含钛高炉渣氮碳化过程中合成 TiN 的影响，对二元碱度 R 分别为 1、0.8、0.6、0.5、0.4 的试样表面进行微观结构分析。

图 2.30 是不同 SiO_2 添加量的试样表面 SEM 照片，图 2.30（a）是 $R=1$ 的试样表面 SEM 照片，试样表面完全被钙镁橄榄石覆盖，同时还析出了一些颗粒状的产物。图 2.30（b）是 $R=0.8$ 的试样表面 SEM 照片，试样表面分布着微米尺寸的 TiN 晶粒，生长完整。图 2.30（c）是 $R=0.6$ 的试样表面 SEM 照片，试样表面分布着 TiN 晶粒，但在晶粒间又析出了其他物相，表面呈现无规则状态。图 2.30（d）是 $R=0.5$ 的试样表面 SEM 照片，试样表面上分布着长柱状的 TiN 晶粒，并且 TiN 晶粒呈分散状态分布，结合不紧密。图 2.30（e）是 $R=0.4$ 的试样表面 SEM 照片，试样表面上同样分布着长柱状 TiN 晶粒，并且 TiN 晶粒之间有明显的空隙。

分析结果表明：二元碱度 $R=0.8$ 的试样表面 TiN 晶粒析出现象明显，并且 TiN 晶粒生长完整，形成的 TiN 晶粒间排列比较紧密。

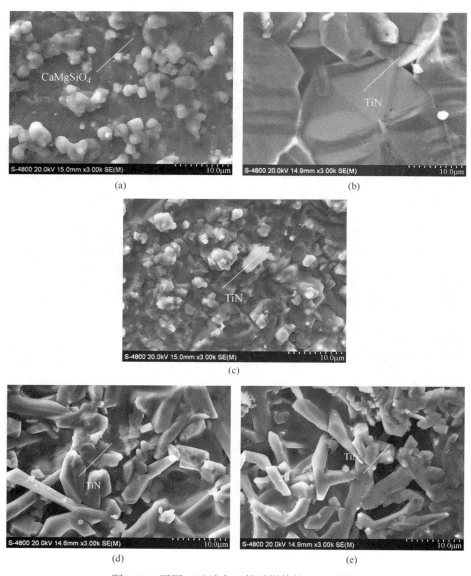

图 2.30　不同二元碱度 R 的试样整体 SEM 照片
(a) 1；(b) 0.8；(c) 0.6；(d) 0.5；(e) 0.4

综合考虑二元碱度对试样的物相和表面微观结构的影响：SiO_2 有利于含钛高炉渣氮碳化反应合成 TiN，并且当二元碱度 $R=0.8$ 时合成的 TiN 最多，此时试样表面 TiN 晶粒析出现象明显，并且 TiN 晶粒生长完整。

（4）不同 CaF_2 掺量下低铝重构钢渣

图 2.31 是不同 CaF_2 掺量下低铝重构钢渣的 SEM 图谱，从图 2.31（a）可以看出，0%CaF_2 的重构钢渣中的矿物几乎呈短棒状，在能谱中看出此短棒状的矿物主要由 Ca、

Si、Al、O 元素组成，从组成的比例分析，此矿物为硅酸盐和硅铝酸钙。当 CaF$_2$ 掺量增加到 1%时，即图 2.31（b），可以看到重构钢渣中出现了较多细长状的矿物，部分矿物呈块状。

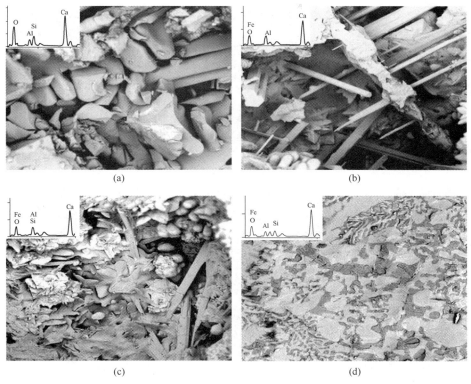

图 2.31　不同 CaF$_2$ 掺量下低铝重构钢渣的 SEM 图
(a) 0%CaF$_2$；(b) 1%CaF$_2$；(c) 3%CaF$_2$；(d) 5%CaF$_2$

根据能谱分析此矿物 Ca、Al、Fe、O 元素的比例确定此矿物是铁铝酸盐和铝酸盐。当 CaF$_2$ 掺量增加到 3%时，即图 2.31（c），可以看出重构钢渣中的矿物更加细化，部分矿物呈针状存在，部分矿物呈熔融状态存在，此矿物是 C$_2$S、C$_3$S、C$_3$A 等。当 CaF$_2$ 掺量增加到 5%时，即图 2.31（d），重构钢渣中的矿物呈熔融状态，部分矿物呈鱼鳞状，部分矿物呈现点滴状，根据能谱分析此矿物主要是硅酸三钙和硅酸二钙及一些铁酸盐。从图中可以看出随着 CaF$_2$ 掺量的增加，重构钢渣的液相量逐渐增加，可见 CaF$_2$ 的加入可以提高重构钢渣的流动性，为钢渣重构提供良好的动力学条件。

（5）NaOH 浓度对医用钛合金表面微观形貌的影响

控制水热法的水热时间为 12h，水热温度为 130℃，热处理温度为 450℃，讨论 NaOH 浓度对钛表面微观形貌、矿相组成、硬度和表面能的影响，NaOH 浓度定为 1mol/L、3mol/L、5mol/L、10mol/L。图 2.32 是不同 NaOH 浓度试样的扫描电镜照片。由图可知，NaOH 浓度增加，产物形貌由纳米粒（1mol/L、3mol/L）变成了纳米棒（5mol/L、10mol/L）。NaOH 溶液浓度为 1mol/L、3mol/L 时［图 2.32（a）、图 2.32（b）］，出现了纳米粒结构；浓度增加到 5mol/L 时［图 2.32（c）］，钛表面生成了分布均匀、尺寸规整的纳米棒，排列整齐有序，纳米棒长度基本一致，单根纳米棒的长度大约为200nm，直径约为15nm，纳米棒之间间隙为100nm；浓度增加到10mol/L时［图2.32（d）］，钛表面生成的纳米棒发生了团聚。以上结果可知NaOH浓度为5mol/L时形成的纳米棒分布均匀、尺寸规整，纳米棒长度基本一致。

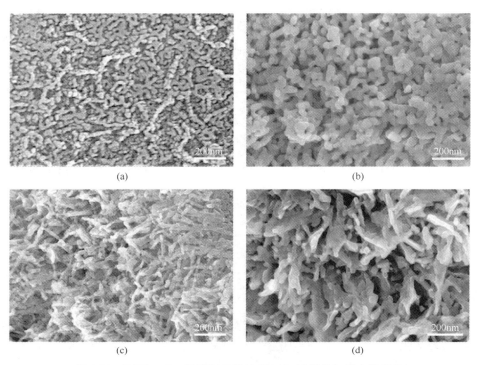

图2.32　不同NaOH浓度制备的纳米TiO₂试样的扫描电镜照片
（a）1mol/L；（b）3mol/L；（c）5mol/L；（d）10mol/L

（6）碳酸化钢渣颗粒表面形貌分析

图2.33为90℃下不同碳酸化时间下钢渣表面的SEM图，从图2.33（a）中可以看到少量CaCO₃颗粒和大量硅酸钙盐水化生成的C-S-H凝胶，随着时间的增长，图2.33（b）中CaCO₃颗粒增多，且C-S-H凝胶逐渐减少。这是由于大量的CaCO₃生成在C-S-H凝胶的表面，包裹C-S-H凝胶导致较难观测。随着时间进一步增长，CaCO₃颗粒数量大幅增多，同时产生堆积现象，逐渐成簇状存在。此时C-S-H凝胶表面生成大面积CaCO₃颗粒。

(c)

图 2.33　不同碳酸化时间下钢渣的 SEM 图

（a）90℃-6h；（b）90℃-9h；（c）90℃-24h

 【思政案例】

独出新材——绿色低碳

2.5　电子探针 X 射线显微分析

电子探针 X 射线显微分析（EPMA）是一种显微分析和成分分析相结合的微区分析，它特别适用于分析试样中微小区域的化学成分，因而是研究材料组织结构和元素分布状态的极为有用的分析方法。

电子探针 X 射线显微分析基本原理是：用聚焦电子束（电子探测针）照射在试样表面待测的微小区域上，激发试样中诸元素的不同波长（或能量）的特征 X 射线。用 X 射线谱仪探测这些 X 射线，得到 X 射线谱。根据特征 X 射线的波长（或能量）进行元素定性分析，根据特征 X 射线的强度进行元素定量分析。

常用的 X 射线谱仪有两种。一种是利用特征 X 射线的波长不同来展谱，实现对不同波长 X 射线分别检测的波长色散谱仪，简称波谱仪（WDS）。由于波长色散谱仪通过晶体的衍射来分光（色散），因此又称为晶体分光谱仪。另一种是利用特征 X 射线能量不同来展谱的能量色散谱仪（EDS），简称能谱仪。

2.5.1　电子探针的构造和工作原理

电子探针的电子光学系统和 X 射线波谱仪系统的组成如图 2.34 所示。电子探针与扫描电镜一样，也可配用能谱仪。

电子探针除 X 射线谱仪外，其余部分与扫描电镜相似，这里不再重复。下面着重介绍波谱仪和能谱仪。

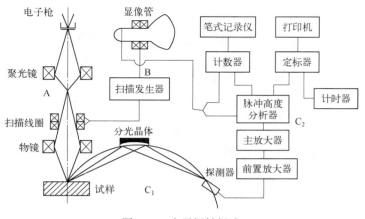

图 2.34　电子探针组成

2.5.1.1　波谱仪

（1）结构与工作原理

电子探针用波谱仪有多种不同的结构，最常用的是全聚焦点进式波谱仪，其 X 射线的分光和探测系统由分光晶体、X 射线探测器和相应的机械传动装置构成。

X 射线的分光和探测原理如图 2.35 所示。分光晶体的衍射平面弯曲成 $2R$ 的圆弧形，晶体的入射面磨制成曲率半径为 R 的圆弧，R 为聚焦圆（或称罗兰圆）半径。聚焦电子束激发试样产生的 X 射线可以看成是由点状辐射源（A 点）出射的。X 射线辐射源，分光晶体、X 射线探测器均处于聚焦圆上，并使分光晶体入射而与罗兰圆相切，辐射源（A 点）和探测器（C 点）与分光晶体中心（B 点）间的距离均为 L。由几何关系可知，由辐射源出射的 X 射线以及由分光晶体

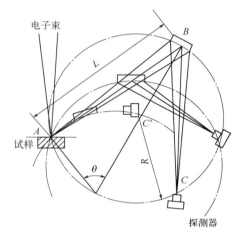

图 2.35　全聚焦原理

反射的 X 射线与分光晶体衍射面的夹角都等于 $\theta = \arcsin L/(2R)$。当分光晶体的衍射晶面间距 d、辐射的 X 射线波长 λ、X 射线与光晶体衍射平面的夹角满足布拉格条件 $2d\sin\theta = n\lambda$ 时，波长为

$$\lambda = \frac{2d\sin\theta}{n} = \frac{dL}{Rn} \tag{2.61}$$

的 X 射线受到分光晶体衍射，且衍射束均重新会聚于探测器（C 点）。

对同一台谱仪，聚焦圆半径 R 是不变的，对一定的分光晶体，衍射晶面的面间距 d 也是确定不变的。因此，在不同的 L 值处可探测到不同波长的特征 X 射线。例如，当聚焦圆半径 $R = 140\text{mm}$ 时，用 LiF 晶体为分光晶体，以面间距为 0.2013nm 的（200）晶面为衍射晶面，在 $L = 134.7\text{mm}$ 处可探测 FeK_α（0.1937nm）线，在 $L = 107.2\text{mm}$ 处，可探测 CuK_α（0.1542nm）线。因此由辐射源出射的多种波长的 X 射线可经分光晶体衍射后逐一探测。在实际操作时，分光晶体沿 AB 线直线移动，并且自转，以保始终与聚焦圆相切，X 射线探测器则按四叶玫瑰线轨迹移动，以使辐射源、分光晶体、探测器处于同一聚焦圆上，并保持辐射源至分光晶体的距离 AB 和探测器

至分光晶体的距离 CB 相等。这种结构的波谱仪，分光晶体按直线移动，并且由辐射源（A 点）出射到分光晶体不同部位的 X 射线均能会聚于探测器（C 点），因此称为全聚焦直进式波谱仪。

（2）分光晶体

分光晶体是专门用来对 X 射线起色散（分光）作用的晶体，它应具有良好的衍射性能，即高的衍射效率（衍射峰值系数）、强的反射能力（积分反射系数）和好的分辨率（峰值半高宽）。在 X 射线谱仪中使用的分光晶体还必须能弯曲成一定的弧度。

各种晶体能够色散的 X 射线波长范围，取决于衍射晶面间距 d 和布拉格角 θ 的可变范围，对波长大于 $2d$ 的 X 射线则不能进行色散。谱仪的 θ 角有一定变动范围，如 $15°\sim65°$；每一种晶体的衍射晶面是固定的，因此它只能色散一段范围波长的 X 射线和适用于一定原子序数范围的元素分析。例如氟化锂衍射晶面为（200），晶面间距 d 为 0.2013nm，可色散的波长范围为 $0.089\sim0.35$nm。对 K 系 X 射线适用于分析原子序数 20 的 Ca 到原子序数为 37 的 Rb；对 L 系 X 射线，适用于分析原子序数 51 的 Sb 到原子序数 92 的 U。为了使分析时尽可能覆盖分析的所有元素，需要使用多种分光晶体。电子探针仪常配有几道谱仪，每道谱仪装有两块可以选择使用的不同晶体，以便能同时测定更多的元素，减少分析时间。

目前电子探针仪能分析的元素范围是原子序数为 4 的 Be 到原子序数为 92 的 U。其中原子序数小于 F 的元素称为轻元素，它们的 X 射线波长范围为 $1.8\sim11.3$nm。

波谱仪常用的分光晶体及其应用范围见表 2.2。氟化锂是用于短波长 X 射线（<0.3nm）的标准晶体，它与 PET（异戊四醇）和 KAP（邻苯二甲酸氢钾）或 RAP（邻苯二甲酸氢铷）配合使用，色散的波长范围为 $0.1\sim2.3$nm，能覆盖原子序数 $10\sim92$ 的元素，并且它们的衍射性能也相当好。要对更轻元系的长波长 X 射线进行色散，需要晶面间距达数十埃的晶体，但天然晶体和人工合成晶体都没有这么大的晶面间距，因而发展了一种称为多层皂化薄膜的特殊色散元件。它是在像硬脂酸盐一类脂肪酸键的一端附上重金属原子，并使这些金属原子平排在基底上形成单分子层，再把这种分子一层一层重叠起来而制成的，其"衍射晶面"间距高达几个纳米，如表 2.2 所示。

表 2.2　常用分光晶体的基本参数及可检测范围

晶体	化学分子式（缩写）	反射晶面	晶面间距 d/nm	可检测波长范围/nm	可检测元素范围
氟化锂	LiF(LiF)	（200）	0.2013	$0.089\sim0.35$	K 系：$_{20}$Ca-$_{37}$Rb L 系：$_{31}$Sb-$_{92}$U
异戊四醇	$C_5H_{12}O_4$(PET)	（002）	0.4375	$0.2\sim0.77$	K 系：$_{14}$Si-$_{26}$Fe L 系：$_{37}$Rb-$_{65}$Tb M 系：$_{72}$Hf-$_{92}$U
邻苯二甲酸氢铷（或钾）	$C_8H_5O_4$Rb(RAP) [或 $C_8H_5O_4$K(KAP)]	（1010）	1.306(1.332)	$0.58\sim2.3$	K 系：$_9$F-$_{16}$P L 系：$_{24}$Cr-$_{40}$Zr M 系：$_{57}$La-$_{79}$Au
肉豆蔻酸铅	$(C_{14}H_{27}O_2)_2$M (MYR)	—	4	$1.76\sim7$	K 系：$_5$B-$_9$F L 系：$_{20}$Ca-$_{25}$Mn
硬脂酸铅	$(C_{18}H_{35}O_2)_2$M (STE)	—	5	$2.2\sim8.8$	K 系：$_5$B-$_8$O L 系：$_{20}$Ca-$_{23}$V
二十四烷酸铅	$(C_{24}H_{47}O_2)_2$M (LIG)	—	6.5	$2.9\sim11.4$	K 系：$_4$Be-$_7$N L 系：$_{20}$Ca-$_{21}$Sc

注：M 代表 Pb 或 Ba 等重金属元素。

（3）X射线探测器

作为X射线的探测器，要求有高的探测灵敏度，与波长的正比性好，响应时间短。波谱仪使用的X射线探测器有流气正比计数管、充气正比计数管和闪烁计数管等。探测器每接受一个X光子输出一个电脉冲信号。

（4）X射线计数和记录系统

X射线计数和记录系统方框如图2.34中C_1部分所示。探测器（例如正比计数管）输出的电脉冲信号经前置放大器和主放大器放大后进入脉冲高度分析器进行脉冲高度甄别。由脉冲高度分析器输出的标准形式为脉冲信号，需要转换成X射线的强度并加以显示。可用多种方式显示X射线的强度。脉冲信号输入计数计，提供在仪表上显示计数率（cps）读数，或供记录绘出计数率随波长变化（波谱）用的输出电压，此电压还可用来调制显像管，绘出电子束在试样上做线扫描的X射线强度（元素浓度）分布曲线，脉冲信号直接馈入显像管调制光点的亮度，可得到X射线扫描像。脉冲信号输入定标器，可显示或打印出一定时间内的脉冲计数，以作定量分析计算用。配有电子计算机的电子探针仪，X射线强度的记录，数据处理和定量分析计算可由计算机来完成。图2.36（a）为$BaTiO_3$的波长色散谱。

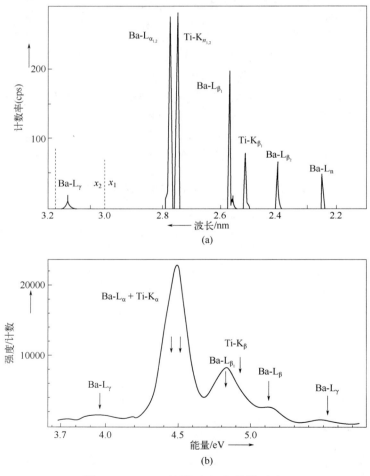

图 2.36　$BaTiO_3$波谱（a）和能谱（b）

2.5.1.2　能谱仪

（1）能谱仪的主要组成部分

能谱仪的主要组成部分如图 2.37 所示，由探针器、前置放大器、脉冲信号处理单元、模数转换器、多道分析器、小型计算机及显示记录系统组成，它实际上是一套复杂的电子仪器。

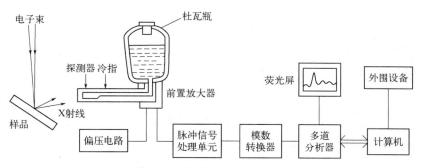

图 2.37　能谱仪主要组成部分

能谱仪使用的是锂漂移硅 Si（Li）探测器，其结构如图 2.38 所示。Si（Li）是厚度为 3～5mm、直径为 3～10mm 的薄片，它是 p 型 Si 在严格的工艺条件下漂移进 Li 制成的。Si（Li）可分为三层，中间是活性区（Ⅰ区），由于 Li 对 p 型半导体起了补偿作用，是本征型半导体；Ⅰ区的前面是一层 0.1μm 的 p 型半导体（Si 失效层），在其外面锁有 20nm 的金膜，Ⅰ区后面是一层 n 型 Si 半导体。Si（Li）探测器实际上是一个 p-Ⅰ-n 型二极管，镀金的 p 型 Si 接高压负端，n 型硅接高压正端并和前置放大器的场效应管相连接。

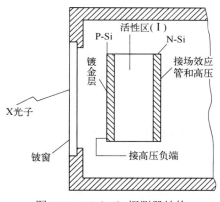

图 2.38　Si（Li）探测器结构

Si（Li）探测器处于真空系统内，其前方有一个 7～8μm 的铍窗，整个探头装在与存有液氮的杜瓦瓶相连的冷室内。

（2）能谱仪的工作原理

由试样出射的具有各种能量的 X 光子［图 2.39（a）］相继经 Be 窗射入 Si（Li）内，在 Ⅰ 区产生电子-空穴对。每产生一对电子-空穴对，要消耗掉 X 光子 3.8eV 能量。因此每一个能量为 E 的入射光子产生的电子-空穴对数目 $N=E/3.8$。

加在 Si（Li）上的偏压将电子-空穴对收集起来，每入射一个 X 光子，探测器出现一个微小的电荷脉冲，其高度正比于入射的 X 光子能量 E。电荷脉冲经前置放大器，信号处理单元和模数转换器处理后以时钟脉冲形式进入多道分析器。多道分析器有一个由许多存储单元（称为通道）组成的存储器。与 X 光子能量成正比的时钟脉冲数按大小分别进入不同存储单元。每进入一个时钟脉冲数，存储单元记一个光子数，因此通道地址和 X 光子能量成正比，而通道的计数为 X 光子数。最终得到以通道（能量）为横坐标、通道计数（强度）为纵坐标的 X 射线能量色散谱［图 2.39（b）］，并显示于显像管荧光屏上，图 2.39（b）为 $BaTiO_3$ 的能量色散谱。能谱仪都带有小型电子计算机，可通过电子计算机进行元素定量分析。目前扫描电镜或电子探针仪可同时配用能谱仪和波谱仪，构成扫描电镜-波谱仪-能谱仪系统，使两种谱仪互相补充，发挥长处，是非常有效的材料研究工具。

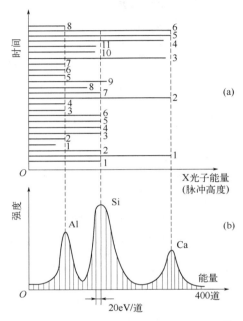

图 2.39　对应于探测器接收的 X 光子（a）的能谱图（b）

2.5.2　电子探针在材料分析中的应用

（1）钛渣中自然沉降钙钛矿

图 2.40 为钛渣在 1320℃自然沉降 1.5h 后的 SEM-EDS 断面图，其中黑线上方区域为坩埚下层钛渣，黑线下方区域为坩埚上层钛渣。从图中可以看出，钛渣在自然沉降 1.5h 后在图中黑色直线位置出现分层现象，横跨分层区域进行线扫描和面扫描测试，可以看出，Ca、Ti 两种元素在黑色斜线上方区域分布相对较多，在黑色斜线下方区域分布则相对较少，这说明富集后的钙钛矿在黑色斜线上方区域分布较多，在黑色斜线下方区域分布较少，但 O 元素在整个区域分布较均匀，无明显差异，这是因为熔渣基体中也存在很多 O，说明钛渣在熔融状态下自然沉降 1.5h 后，析出的钙钛矿晶体更多地分布在黑色斜线上方的区域，此区域为靠近坩埚底部的区域，说明钙钛矿在重力作用下优先在坩埚底部聚集生长。

图 2.41 为钛渣在 1320℃自然沉降 7h 后的 SEM-EDS 断面图，其中黑线的右方区域为坩埚下层钛渣，黑线左方区域为坩埚上层钛渣。从图中可以看出，钛渣在熔融状态下自然沉降

7h 后，在图中黑色直线位置出现明显的分层现象，经过该直线对整个横向区域进行线扫描和面扫描，可以看出，右边存在的 Ca、Ti 和左边的 Ca、Ti 明显不同，从右到左 Ca 和 Ti 的含量逐渐减小，而在该直线上的 O，在左边线上分布较多，这是因为熔渣基体中含有较多的 O。由此得出，Ca 和 Ti 在右边部分分布较多且密集，对比左边区域更明显。此时，Ca 和 Ti 在一个方向的聚集量更多，出现更明显的分层现象，这说明熔融状态下的钛渣经过 7h 的自然沉降，熔渣中有更多的钙钛矿聚集到坩埚底部，可实现钙钛矿与熔渣的分离。

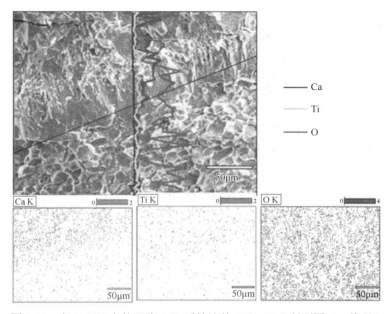

图 2.40　在 1320℃ 自然沉降 1.5h 后钛渣的 SEM-EDS 断面图（二维码）

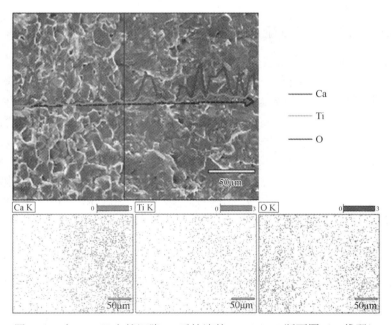

图 2.41　在 1320℃ 自然沉降 7h 后钛渣的 SEM-EDS 断面图（二维码）

继续延长熔渣在 1320℃下的自然沉降时间到 15h，对样品进行 SEM-EDS 测试，结果如图 2.42 所示，其中黑线的右方区域为坩埚下层钛渣，黑线左方区域为坩埚上层钛渣。从图中可以看出，自然沉降 15h 后熔渣出现更明显的分层现象，随着自然沉降时间的延长，钛渣中有更多的钙钛矿聚集分界线的右侧，即聚集到坩埚底部，但从能谱图的面扫图中可以看出，在分界线的左侧仍有大量的钙钛矿存在，即此时上层的熔渣中仍存在较多的钙钛矿，不能达到理想的钙钛矿与熔渣分离的效果。

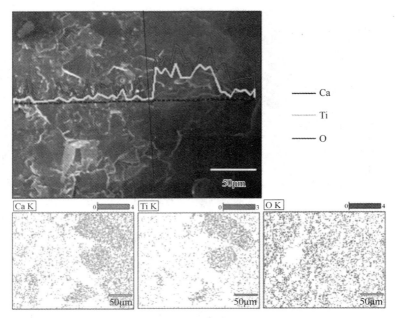

图 2.42　在 1320℃自然沉降 15h 后钛渣的 SEM-EDS 断面图（二维码）

（2）碳酸化钢渣表面矿物分布

图 2.43 为未碳酸化钢渣的面扫描能谱图像。在钙元素分布图中①位置不存在钙元素，在氧、镁、铁元素分布图中①位置三种元素含量较高，因此判定①位置为铁镁氧化物固溶体，即为 RO 相，并且 RO 相中铁含量高于镁。由相同的推断方法可知，②位置处为硅酸盐矿物（C_xS）；③位置为铁铝酸钙（CAF）；④位置仅有钙和氧元素、无硅元素存在，此处为 f-CaO。

利用图 2.43 的分析方法得到碳酸化钢渣的（背散射电镜）BSE 图（图 2.44）。由图 2.44（a）可见，未碳酸化钢渣中 C_xS、RO 相、CAF、f-CaO 等各矿物边缘轮廓清晰、矿物间界面分明，大量 RO 相呈大颗粒聚集分布，f-CaO 呈大颗粒集中分布。与之对比可见，图 2.44（b）中 25℃碳酸化 9h 钢渣内部 C_xS、f-CaO 矿物逐渐分裂，边缘出现毛刺；但 RO 相、CAF 矿物边缘和颗粒尺寸并未有显著变化，说明常温下碳酸化易与 C_xS、f-CaO 矿物反应，不易与 RO 相、CAF 矿物反应。而在 90℃碳酸化 3h 和 9h，钢渣内部 C_xS、RO 相、CAF、f-CaO 各矿物均出现分裂、颗粒尺寸变小、边缘出现锯齿状等现象，并且随碳酸化时间延长，此现象越明显。同样，在 180℃碳酸化 9h 钢渣内部各矿物颗粒尺寸减小更多，各矿物呈均匀分散分布。由此可推断，碳酸化温度高于 90℃时，钢渣中各矿物参与反应程度提高，可能与水蒸气参加矿物水化有关；同时，碳酸化时间延长，钢渣中各矿物参加反应程度增大。因此解释了碳酸化温度高于 90℃和时间长于 9h，有利于钢渣中 f-CaO 和 RO 相的消解，促进钢渣稳定化。

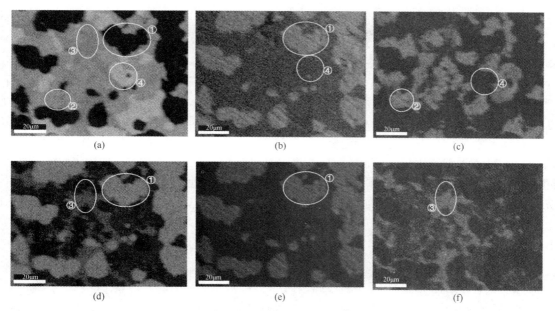

图2.43 未碳酸化钢渣的EDS-mapping图像（二维码）
（a）钙元素；（b）氧元素；（c）硅元素；（d）铁元素；（e）镁元素；（f）铝元素

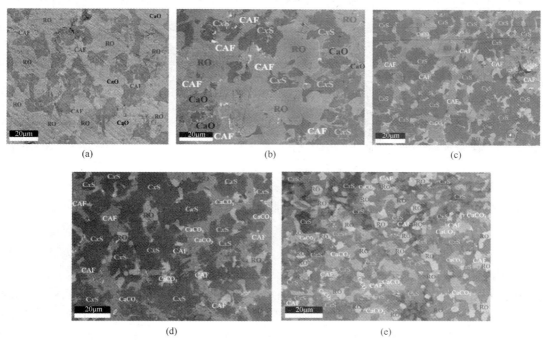

图2.44 不同碳酸化制度下钢渣的背散射电镜图像
（a）未碳酸化钢渣；（b）25℃-9h；（c）90℃-3h；（d）90℃-9h；（e）180℃-9h

（3）碳酸化钢渣微观形貌分析

图2.45为不同碳酸化条件下钢渣表面的SEM图。由图2.45（a）可见，未碳酸化钢渣表面矿物堆积紧密，有少量颗粒分布于表层。60℃碳酸化9h的钢渣表面存在大量尺寸较为接近

的立方体状和板状颗粒，结合能谱判断其可能是 CaCO₃ 和 Ca(OH)₂ 颗粒。并且局部有少量 C-S-H 凝胶形成，说明 60℃碳酸化条件能促进碳酸钙生成和硅酸盐矿物水化。然而，在 90℃ 碳酸化 6h 钢渣表面生成了大量大块堆积的 C-S-H 凝胶，且零散分布 CaCO₃ 大颗粒和圆片状小颗粒；在 90℃碳酸化 9h 钢渣表面不仅存在大块状 C-S-H 凝胶，同时在 C-S-H 凝胶表面也有 CaCO₃ 形成，而且均匀分布着大量尺寸不一的 CaCO₃ 或 MgCO₃ 颗粒。由此说明，温度低于 90℃碳酸化条件更利于 CaCO₃ 颗粒生成，但硅酸盐矿物水化程度较低；达到 90℃时，随温度升高水蒸气含量增加，不仅促进硅酸盐矿物水化形成 C-S-H 凝胶和 Ca(OH)₂，而且有利于 CaCO₃ 或 MgCO₃ 颗粒生成，进而推断 90℃高温已促使 f-MgO 或 RO 相参与碳酸化反应；同时，随着碳酸化时间延长，CaCO₃ 颗粒逐渐长大。由上可知，在高温 90℃碳酸化下，硅酸盐矿物优先水化形成 C-S-H 凝胶和小颗粒 Ca(OH)₂，然后再发生碳化反应形成 CaCO₃ 颗粒，并逐渐长大。

图 2.45　不同碳酸化条件下钢渣微观形貌图像
（a）未碳酸化钢渣；（b）60℃-9h；（c）90℃-6h；（d）90℃-9h；（e）120℃-9h；（f）180℃-9h

在 120℃、180℃碳酸化 9h 的钢渣表面有大量簇状生长的短棒颗粒，呈类似"木材自然断口"的纤维状，且颗粒表面附着大量细小的立方体颗粒，尤其是 180℃条件下最为显著。结合能谱分析，可判断这些细小立方体颗粒可能是夹杂 MgCO₃ 和 FeCO₃ 等物质的 CaCO₃。由此说明，高于 90℃碳酸化温度加速钢渣中各矿物的水化和碳化反应，促使反应产物呈粗纤维状堆积快速生长，尤其在孔洞内生长迅速，致使钢渣内部体积增大，这可能是钢渣在压蒸条件下粉化率升高的原因。同时，在温度高于 90℃碳酸化条件下有 MgCO₃ 形成，也佐证了在钢渣内部 f-CaO 消解到一定程度下 f-MgO 或 RO 相逐渐消解，致使碳酸化钢渣的压蒸粉化率降低的结论。

思考题

1. 用透射电子显微镜摄取某化合物的选区电子衍射图，加速电压为 200kV，计算电子加速后运动时的波长。

2. 子弹（质量 0.01kg，速度 1000m·s^{-1}），尘埃（质量 10^{-9}kg，速度 10m·s^{-1}），做布朗运动的花粉（质量 10^{-13}kg，速度 1m·s^{-1}），原子中电子（速度 1000m·s^{-1}）等，其速度的不确定度均为原速度的 10%，判断在确定这些质点位置时，不确定度关系是否有实际意义？

3. 链型共轭分子 CH$_2$═CH─CH═CH─CH═CH─CH═CH$_2$ 在长波方向 460nm 处出现第一个强吸收峰，试按一维势箱模型估算其长度。

4. 扫描隧道显微镜的工作原理是什么？

5. 已知氢原子的 $\psi_{2p_z} = \dfrac{1}{4\sqrt{2\pi a_0^3}}\left(\dfrac{r}{a_0}\right)\exp\left(-\dfrac{r}{2a_0}\right)\cos\theta$，试回答下列问题：（a）原子轨道能 E 为多少？（b）轨道角动量｜M｜和轨道磁矩｜μ｜为多少？（c）轨道角动量 M 和 z 轴的夹角是多少度？

6. 举例说明如何得到扫描电镜的不同信号。背散射电子图像和二次电子图像有什么不同的特点和用途？

7. 若荧光屏尺寸为 10cm×10cm，所观察图像放大倍数为 7000 倍时，图像上 1cm 大小的物质实际尺寸是多少？如果所取得的照片为 6.5cm，则照片放大倍数是多少？如何表示？

8. 扫描电子显微镜的主要构造有哪些？

9. 扫描电子显微镜的主要工作原理是什么？

10. 电子探针波谱仪和能谱仪各有什么优缺点？

11. X 射线光电子能谱仪的主要功能是什么？它能检测样品的哪些信息？举例说明其用途。

参考文献

[1] 周公度，段连运. 结构化学基础[M]. 5 版. 北京：北京大学出版社，2017.

[2] Kucera M, Kocán P, Sobotík P, et al. Analysis of Al adatoms random hopping on Si(100)-c(4×2)surface observed by STM at low temperature: Determination of the hopping barriers[J]. Surface Science, 2022, 720: 122040.

[3] Ferbel L, Veronesi S, Heu S. Rb-induced(3×1)and(6×1)reconstructions on Si(111)-(7×7): A LEED and STM study[J]. Surface Science, 2022, 718: 12011.

[4] 王爱伟. 扫描隧道显微镜的电子学设计及其对二维原子分子晶体材料的研究[D]. 北京：中国科学院物理研究所，2020.

[5] 孙宏伟. 结构化学[M]. 北京：高等教育出版社，2016.

[6] 杨南如. 无机非金属材料测试方法[M]. 武汉：武汉理工大学出版社，2015.

[7] 余焜. 材料结构分析基础[M]. 北京：科学出版社，2010.

[8] 李单单. 钙钛矿选择富集分离基础研究[D]. 唐山：华北理工大学，2021.

[9] 王欢欢. 低弹性模量生物医用钛合金的设计与研制[D]. 唐山：华北理工大学，2019.

[10] 陈兴刚. 高性能聚苯腈树脂/氮化硼复合材料的制备与性能研究[D]. 天津：河北工业大学，2017.

[11] 张晓蒙. 含钛高炉渣氮碳化制备抗侵蚀材料的研究[D]. 唐山：华北理工大学，2016.

[12] 王巧玲. 钢渣在线重构提高凝胶活性及安定性的研究[D]. 唐山：华北理工大学，2019.

[13] 王变. 医用钛基金属表面纳米结构的构建及性能研究[D]. 唐山：华北理工大学，2018.

[14] 李恩硕. 碳酸化钢渣与沥青界面行为研究[D]. 唐山：华北理工大学，2022.

第3章

分子结构及光谱分析（一）

 【本章导读】

　　分子是由组成的原子按照一定的键合顺序和空间排列而结合在一起的整体，这种键合顺序和空间排列关系称为分子结构。分子结构建立在光谱学数据之上，用以描述分子中原子的三维排列方式，在很大程度上影响了化学物质的物理化学性质。分子光谱是研究多原子分子的结构的重要工具，有关分子的能级、电子结构、几何构型的知识很多都源于它们的分子光谱。因此，本章首先对化学键进行了简单概述，然后对最简单的双原子分子 H_2^+ 的分子轨道和共价键的本质进行了介绍，并对分子轨道的类型和同核、异核等双原子分子的结构进行了分析。其次，分子光谱是分析和鉴定样品组分的重要手段，在生产和科学研究中获得了广泛的应用，因此本章和下一章对典型的分子光谱进行了介绍。根据组成原子数目不同，分子又分为双原子分子和多原子分子。本章讲解了简单双原子分子的结构、分子轨道理论及分子光谱的原理，并介绍了多原子分子的结构及其分子光谱。

 【思维导图】

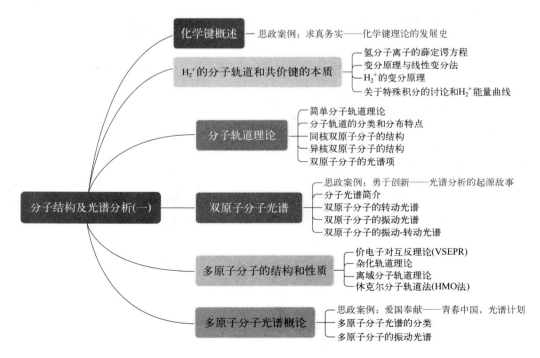

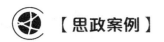
求真务实——化学键理论的发展史

3.1　化学键概述

　　什么是化学键？广义地说，化学键是将原子结合成物质世界的作用力。在物质世界里，原子互相吸引、互相排斥，以一定的次序和方式结合成独立而相对稳定存在的结构单元——分子和晶体。分子是保持化合物特性的最小微粒，是参与化学反应的基本单元。随着科学的发展，分子的概念发展成泛分子（pan-molecule），它是泛指 21 世纪化学的研究对象，包括从原子、分子片、结构单元、分子、高分子、生物大分子、超分子、分子和原子的各种不同维数、不同尺度和不同复杂程度的聚集体、组装体，直到分子材料、分子器件和分子机器。正是由于分子的概念扩展到泛分子，化学键的含义也相应地扩展到将原子结合成物质世界的作用力，或泛化学键。但物理学所探讨的万有引力不包括在化学键力中，因为在分子内部原子间的万有引力相对于化学键力是微不足道的，是完全可以忽略的。

　　通常，化学键定义为在分子或晶体中两个或多个原子间的强烈相互作用，导致形成相对稳定的分子和晶体。共价键、离子键和金属键是化学键的三种极限键型，在这三者之间通过键型变异而偏离极限键型，出现多种多样的过渡型式的化学键，它们将分子和晶体中的原子结合在一起。

　　世界物质的多样性由物质内部原子空间排布的多样性以及它们之间存在的各种类型的化学键所决定。

　　已知世界上有 114 种元素，除了 20 种人造元素外，天然存在而数量较多、在地壳中按重量计超过十万分之一的元素只有 30 多种。这些元素的原子通过各种类型的化学键形成了五彩缤纷的世界。每种元素的原子在不同的条件和成键环境中，可以形成不同的化学键。下面讨论氢原子所能形成的化学键的类型。

　　氢是元素周期表中的第一个元素，核中质子数为 1，核外只有 1 个电子，基态时电子处在 1s 轨道上，没有内层轨道和电子。氢原子可以失去 1 个电子生成 H^+，可以获得 1 个电子成 H^-，虽然氢原子只有 1 个 1s 轨道和 1 个电子参加成键，但近 20 多年来，由于合成化学和结构化学的发展，已经阐明氢原子在不同的化合物中可以形成共价单键、离子键、金属键、氢键等多种类型的化学键。

3.2　H_2^+ 的分子轨道和共价键的本质

　　H_2^+ 是最简单的分子，在化学上虽不稳定，很容易从周围获得一个电子变为氢分子，但已通过实验证明它的存在，并已测定出它的键长为 106pm，键解离能为 $255.4kJ \cdot mol^{-1}$。正像单电子的氢原子作为讨论多电子原子结构的出发点一样，单电子 H_2^+ 可为讨论多电子的双原子分子结构提供许多有用的概念。

3.2.1 氢分子离子的薛定谔方程

H_2^+是一个包含两个原子核和一个电子的体系，其坐标关系如图 3.1 所示。图中 A 和 B 代表原子核，r_a 和 r_b 分别代表电子与两个核的距离，R 代表两核之间的距离。

H_2^+的薛定谔方程以原子单位表示为

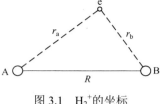

图 3.1　H_2^+的坐标

$$\left(-\frac{1}{2}\nabla^2 - \frac{1}{r_a} - \frac{1}{r_b} + \frac{1}{R}\right)\psi = E\psi \qquad (3.1)$$

式中，ψ 为 H_2^+ 的波函数；E 为 H_2^+ 体系的能量。等号左边括号中，第一项代表电子的动能算符，第二项和第三项代表电子受核的吸引能，第四项代表两个原子核的静电排斥能。由于电子质量比原子核质量小得多，电子运动速度比核快得多，电子绕核运动时，核可以看作不动，式中不包含核的动能算符项，电子处在固定的核势场中运动，此即Born-Oppenheimer（玻恩-奥本哈默）近似，由此解得的波函数 ψ 反映电子的运动状态。这样把核看作不动，固定核间距 R 解薛定谔方程，得到分子的电子波函数和能级，改变 R 值可得一系列波函数和相应的能级。与电子能量最低值相对应的 R 就是平衡核间距 R。

H_2^+的薛定谔方程可以使用球极坐标精确求解，但无推广意义，仅适用于 H_2^+，绝大多数分子不能精确求解，因此采用近似处理方法：线性变分法。

3.2.2 变分原理与线性变分法

变分法是解薛定谔方程的一种近似方法。它基于下面的原理：对任意一个品优波函数 ψ，用体系的 $\hat{H}$ 算符求得的能量平均值，将大于或接近于体系基态的能量（E_0），即

$$\overline{E} = \frac{\int \psi^* \hat{H}\psi \mathrm{d}\tau}{\int \psi^* \psi \mathrm{d}\tau} \geqslant E_0 \qquad (3.2)$$

式中，ψ 为变分函数。量子力学可证，$\overline{E}$ 必然大于或接近体系的基态能量，但永远不会低于体系基态的真实能量。如果找到的波函数恰好使 $\overline{E} = E_0$，则可用此波函数作为体系的近似波函数，这就是变分原理。

常用的线性变分法通常选择一组已知线性无关的函数 $\varphi_1, \varphi_2, \cdots, \varphi_m$，线性组合：

$$\psi = c_1\varphi_1 + c_2\varphi_2 + \cdots + c_m\varphi_m = \sum_{i=1}^{m} c_i\varphi_i \qquad (3.3)$$

式中，$\varphi_{1,\cdots,m}$ 为基函数；$c_{1,2,\cdots,m}$ 为参变数。将式（3.3）代入式（3.2），并对 c_i 偏微商求极值，得：

$$\overline{E} = \frac{\int \left(\sum_{i=1}^{m} c_i\varphi_i\right) \hat{H} \left(\sum_{i=1}^{m} c_i\varphi_i\right) \mathrm{d}\tau}{\int \left(\sum_{i=1}^{m} c_i\varphi_i\right)^2 \mathrm{d}\tau} \qquad (3.4)$$

$$\overline{E}(c_1, c_2, \cdots, c_m)$$

$$\frac{\partial \overline{E}}{\partial c_1} = \frac{\partial \overline{E}}{\partial c_2} = \cdots = \frac{\partial \overline{E}}{\partial c_m} = 0$$

得 m 个关于 c_i 的联立方程,即久期方程,对 AB 型双原子分子而言,经过求解久期方程,可得:

$$c_a \left(H_{aa} - E \right) + c_b \left(H_{ab} - ES_{ab} \right) = 0 \tag{3.5}$$

$$c_a \left(H_{ab} - ES_{ab} \right) + c_b \left(H_{bb} - E \right) = 0 \tag{3.6}$$

其中,求解过程中,令

$$\int \phi_a \hat{H} \phi_a \mathrm{d}\tau = H_{aa}; \int \phi_b \hat{H} \phi_b \mathrm{d}\tau = H_{bb};$$

$$\int \phi_a \hat{H} \phi_b \mathrm{d}\tau = H_{ab}; \int \phi_b \hat{H} \phi_a \mathrm{d}\tau = H_{ba};$$

$$\int \phi_a \phi_a \mathrm{d}\tau = S_{aa}; \int \phi_b \phi_b \mathrm{d}\tau = S_{bb};$$

$$\int \phi_a \phi_b \mathrm{d}\tau = S_{ab}; \int \phi_b \phi_a \mathrm{d}\tau = S_{ba} \text{。}$$

上述 H_{aa}、H_{bb}、H_{ab}、H_{ba}、S_{aa}、S_{bb}、S_{ab}、S_{ba} 代表的具体物理意义见 3.2.4 小节。

3.2.3 H₂⁺的变分原理

当电子运动到核 A 附近区域时,ψ 近似于原子轨道 ψ_a;同样,当电子运动到核 B 附近区域时,它近似于 ψ_b。根据电子的波动性,波可以叠加,ψ 将会在一定程度上继承和反映原子轨道的性质,所以可用原子轨道的线性组合

$$\psi = c_a \psi_a + c_b \psi_b$$

作为 ψ 的变分函数,式中 c_a 和 c_b 为待定参数,而

$$\psi_a = \frac{1}{\sqrt{\pi}} \mathrm{e}^{-r_a}, \ \psi_b = \frac{1}{\sqrt{\pi}} \mathrm{e}^{-r_b}$$

将 ψ 代入 $E = \dfrac{\int \psi^* \hat{H} \psi \mathrm{d}\tau}{\int \psi^* \psi \mathrm{d}\tau}$ 中,得

$$E(c_a, c_b) = \frac{\int (c_a \psi_a + c_b \psi_b) \hat{H} (c_a \psi_a + c_b \psi_b) \mathrm{d}\tau}{\int (c_a \psi_a + c_b \psi_b)^2 \mathrm{d}\tau} \tag{3.7}$$

通过一系列求解久期方程,得 E 的两个解

$$E_1 = \frac{H_{aa} + H_{ab}}{1 + S_{ab}} \tag{3.8}$$

$$E_2 = \frac{H_{aa} - H_{ab}}{1 - S_{ab}} \tag{3.9}$$

将 E_1 值代入式(3.5)~式(3.6)的 E,得 $c_a = c_b$,相应的波函数

$$\psi_1 = c_a (\psi_a + \psi_b) \tag{3.10}$$

将 E_2 值代入式（3.5）～式（3.6）的 E，得 $c_a = -c_b$，相应的波函数

$$\psi_2 = c_a'(\psi_a - \psi_b) \tag{3.11}$$

3.2.4 关于特殊积分的讨论和 H_2^+ 能量曲线

（1）重叠积分

S_{ab} 称重叠积分，或简称 S 积分。

$$S_{ab} = \int \psi_a \psi_b d\tau \tag{3.12}$$

$$1 > S_{ab} > 0$$

S 的大小反映 ψ_a、ψ_b 的重叠程度。它与核间距离 R 有关：当 $R = 0$ 时，$S_{ab} = 1$；当 $R = \infty$ 时，$S_{ab} \rightarrow 0$，R 为其他值时，S_{ab} 的数值可通过具体计算得到。

（2）库仑积分

通常把 H_{aa} 和 H_{bb} 称为库仑积分，又称 α 积分。根据 $\hat{H}$ 算符表达式，可得

$$H_{aa} = \int \phi_a^* \hat{H} \phi_a d\tau$$

$$= E_H + J \tag{3.13}$$

式中，E_H 表示孤立氢原子的能量：

$$J \equiv \frac{1}{R} - \int \frac{1}{r_b} \psi_a^2 d\tau \tag{3.14}$$

式中，$\frac{1}{R}$ 为两核间的库仑排斥能；$-\int \frac{1}{r_b} \psi_a^2 d\tau$ 为电子处在 ψ 轨道时受到核 B 作用的平均吸引能。由于 ψ_a 为球形对称，它的平均值近似等于电子在 A 核处受到的 B 核吸引能，其绝对值与两核排斥能 $1/R$ 相近，因符号相反，几乎可以抵消。据计算，H_2^+ 的 R 等于平衡核间距 R_e 时，J 值只是 E_H 的 5.5%，所以 $H_{aa} \approx E_H$。说明单凭各微粒间的库仑作用是不能使体系能量显著降低的。

（3）交换积分

H_{ab} 和 H_{ba} 叫交换积分，或 β 积分。β 积分与 ψ_a 和 ψ_b 的重叠程度有关，因而是与核间距 R 有关的函数。

$$H_{ab} = E_H S_{ab} + \frac{1}{R} S_{ab} - \int \frac{1}{r_a} \psi_a \psi_b d\tau = E_H S_{ab} + K \tag{3.15}$$

$$K \equiv \frac{1}{R} S_{ab} - \int \frac{1}{r_a} \psi_a \psi_b d\tau \tag{3.16}$$

在分子的核间距条件下，K 为负值，S_{ab} 为正值，$E_H = -13.6\text{eV}$，这就使 H_{ab} 为负值。所以当两个原子接近成键时，体系能量降低，H_{ab} 项起重大作用。

所以这些积分都是与 R 有关的数量，R 值给定后，可具体计算其数值。例如当 $R = 2a_0$ 时，$J = 0.0275\text{au}$，$K = -0.1127\text{au}$，$S = 0.5863\text{au}$，而

$$\frac{J+K}{1+S} = -0.0537\,\text{au}$$

$$\frac{J+K}{1-S}=0.3388\,\mathrm{au}$$

可见，$E_1 < E_H < E_2$。

（4）H_2^+的能量曲线、波函数及概率密度的讨论

图 3.2 给出 H_2^+ 的能量随核间距的变化曲线（即 $E\text{-}R$ 曲线）。由图可见，E_1 随 R 的变化出现一最低点，它从能量的角度说明 H_2^+ 能稳定地存在。但计算所得的 E_1 曲线的最低点为 $170.8\,\mathrm{kJ\cdot mol^{-1}}$，$R=132\mathrm{pm}$，与实验测定的平衡解离能 $D_e = 269.0\,\mathrm{kJ\cdot mol^{-1}}$，$R=106\mathrm{pm}$ 相比较，还有较大差别。

E_2 随 R 增加而单调地下降，当 $R \to \infty$ 时，E_2 值为 0，即 $H+H^+$ 的能量。

将上述关系代入式（3.8）～式（3.9），可得

$$E_1 = E_H + \frac{J+K}{1+S} \tag{3.17}$$

$$E_2 = E_H + \frac{J+K}{1-S} \tag{3.18}$$

由上述结果可见，用变分法近似解 H_2^+ 的薛定谔方程，可得两个波函数 ψ_1 和 ψ_2，以及相应的能量 E_1 和 E_2。

$$\psi_1 = \frac{1}{\sqrt{2+2S}}\left(\psi_a + \psi_b\right),\ E_1 = \frac{\alpha+\beta}{1+S} \tag{3.19}$$

$$\psi_2 = \frac{1}{\sqrt{2-2S}}\left(\psi_a - \psi_b\right),\ E_2 = \frac{\alpha-\beta}{1-S} \tag{3.20}$$

相应的概率密度函数（即电子云）分别为

$$\psi_1^2 = \frac{1}{2+2S}\left(\psi_a^2 + \psi_b^2 + 2\psi_a\psi_b\right) \tag{3.21}$$

$$\psi_2^2 = \frac{1}{2-2S}\left(\psi_a^2 + \psi_b^2 - 2\psi_a\psi_b\right) \tag{3.22}$$

ψ_1 的能量比 1s 轨道低，当电子从氢原子的 1s 轨道进入 ψ_1 时，体系的能量降低，ψ_1 为成键轨道。相反，电子进入 ψ_2 时，H_2^+ 的能量就要比原来的氢原子和氢离子的能量高，ψ_2 称为反键轨道。图 3.3 为一个氢原子和一个氢离子的 1s 道叠加形成 H_2^+ 的分子轨道图形。

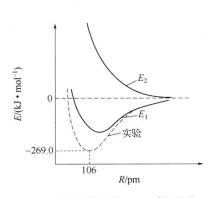

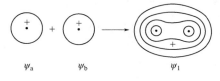

(a) 成键轨道

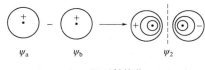

(b) 反键轨道

图 3.2　H_2^+ 的能量曲线（$H+H^+$ 能量为 0）　　图 3.3　ψ_a 和 ψ_b 叠加成分子轨道 ψ_1 和 ψ_2 的等值线

（5）共价键的本质

由上述讨论可见，当原子互相接近时，它们的原子轨道互相同号叠加，组合成成键分子轨道。电子填充在成键轨道上，聚集在核间运动的电子，同时受两核的吸引，与原子中单独受一个核的吸引相比，体系能量降低，因而键合形成稳定的分子，即共价键的本质。

3.3　分子轨道理论

3.3.1　简单分子轨道理论

H_2^+是最简单的分子，其他分子的电子数较多，要复杂一些，但 H_2^+成键的一般原理和概念对其他分子还是适用的，这已被量子力学计算和实验所证实。将 H_2^+成键的一般原理推广，可得适用于一般分子的分子轨道理论。

（1）分子轨道的概念

分子中每个电子都是在由各个原子核和其余电子组成的平均势场中运动，第 i 个电子的运动状态用波函数 ψ_i描述，ψ_i 称为分子中的单电子波函数，又称分子轨道。$\psi_i^*\psi_i$ 为电子 i 在空间分布的概率密度，即电子云分布；$\psi_i^*\psi_i \mathrm{d}\tau$ 表示该电子在空间某点附近微体积元 $\mathrm{d}\tau$ 中出现的概率。当把其他电子和核形成的势场当作平均场来处理时，势能函数只与电子本身的坐标有关，分子中第 i 个电子的 Hamilton 算符 $\hat{H}_i$ 可单独分离出来，ψ_i 服从 $\hat{H}_i\psi_i = E_i\psi_i$，式中 $\hat{H}_i$ 包含第 i 个电子的动能算符项、这个电子和所有核作用的势能算符项，以及它与其他电子作用的势能算符项的平均值。解此方程，可得一系列分子轨道 $\psi_1,\psi_2,\cdots,\psi_n$，以及相应能量 $E_1,E_2,\cdots,E_n$。分子中的电子根据 Pauli 原理、能量最低原理和 Hund 规则增填在这些分子轨道上。分子的波函数 ψ 为各个单电子波函数的乘积，分子的总能量为各个电子所处分子轨道的分子轨道能之和。

（2）分子轨道的形成

分子轨道 ψ 可以近似地用能级相近的原子轨道线性组合（linear combination of atomic orbital，LCAO）得到。这些原子轨道通过线性组合成分子轨道时，轨道数目不变，轨道能级改变。两个能级相近的原子轨道组合成分子轨道时，能级低于原子轨道的称为成键轨道，高于原子轨道的称为反键轨道，等于原子轨道的称为非键轨道。

由两个原子轨道有效地组合成分子轨道时，必须满足能级高低相近、轨道最大重叠、对称性匹配三个条件。能级高低相近，能够有效地组成分子轨道；能级差越大，组成分子轨道的成键能力就越小。一般原子中最外层电子的能级高低是相近的。另外，当两个不同能级的原子轨道组成分子轨道时，能级降低的分子轨道必含有较多成分的低能级原子轨道，而能级升高的分子轨道则含有较多成分的高能级原子轨道。所谓轨道最大重叠，就是使 β 积分增大，成键时体系能量降低较多，这就给两个轨道的重叠方向以一定的限制，此即共价键具有方向性的根源。所谓对称性匹配，就是指原子轨道重叠时，必须有相同的符号，以保证 β 积分不为 0。

3.3.2　分子轨道的分类和分布特点

按照分子轨道沿键轴分布的特点，可以分为 σ 轨道、π 轨道和 δ 轨道三种，图 3.4 显示出沿键轴一端观看时三种轨道的特点。

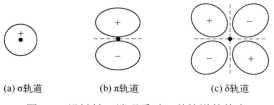

(a) σ轨道   (b) π轨道   (c) δ轨道

图 3.4   沿键轴一端观看时三种轨道的特点
虚线表示节面

（1）σ 轨道和 σ 键

从 H_2^+ 分子的结构知道，两个氢原子的 1s 轨道线性组合成两个分子轨道，这两个轨道的分布是圆柱对称的，对称轴就是连接两个原子核的键轴。任意转动键轴，分子轨道的符号和大小都不改变，这样的轨道称为 σ 轨道。由 1s 原子轨道组成的成键 σ 轨道用 $σ_{1s}$ 表示，反键轨道用 $σ_{1s}^*$ 表示；由 2s 原子轨道组成的成键 σ 轨道以 $σ_{2s}$ 表示，反键轨道则以 $σ_{2s}^*$ 表示。

除 s 轨道相互间可组成 σ 轨道外，p 轨道和 p 轨道，p 轨道和 s 轨道也可组成 σ 轨道。图 3.5 是各种 σ 轨道的示意图。

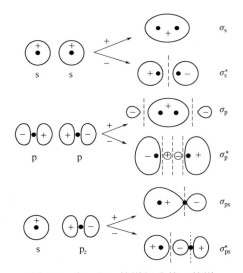

图 3.5   由 s 和 p 轨道组成的 σ 轨道

在 σ 轨道上的电子称为 σ 电子。在 σ 轨道上由于电子的稳定性而形成的共价键，称为 σ 键。图 3.6 表示 H_2^+、H_2 和 He_2^+ 通过 σ 键形成分子的情况。在 H_2^+ 中由 1 个 σ 电子占据成键轨道，称为单电子 σ 键。H_2^+ 不如 H_2 稳定，因为它只有 1 个电子占据低能级轨道，容易接受外来电子形成 H_2。而在 He_2^+ 中，2 个电子在成键轨道，1 个电子在反键轨道，成键电子数超过反键电子数，故能够存在。光谱实验证明确实有 He_2^+，这种由相应的成键和反键两个轨道中的 3 个电子组成的 σ 键称为三电子 σ 键。三电子键的稳定性和单电子键相似，因为一个反键电子抵消了一个成键电子。He_2 是不存在的，因为它有 4 个电子，成键轨道的 2 个电子能级降低和反键轨道的 2 个电子能级升高互相抵消了。由此可以推论，原子的内层电子在形成分子时成键作用与反键作用抵消，它们基本上仍在原来的原子轨道上。

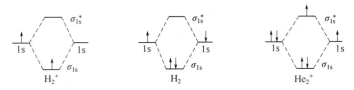

图 3.6　H_2^+、H_2 和 He_2^+ 的电子排布图

（2）π 轨道和 π 键

取键轴沿 z 轴方向，原子的 p_x 和 p_y 轨道的极大值方向均和键轴垂直。当有两个原子沿 z 轴靠近时，两个 p_x 轨道沿键轴方向肩并肩地重叠，组成 π 轨道。图 3.7（a）显示出乙烯分子中两个 C 原子的 $2p_x$ 轨道的大小形状和数值以及沿 z 轴叠加的图形；图 3.7（b）简单地表示两轨道符号相同叠加（上方），以及符号相反叠加（下方）的情况。

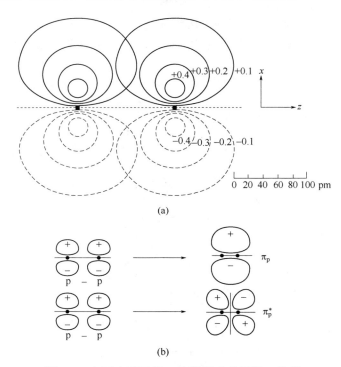

图 3.7　由两个原子的 p 轨道组成分子的 π 轨道
（a）乙烯分子中两个 C 原子的 $2p_x$ 轨道的大小形状和数值以及沿 z 轴的叠加；
（b）两个 $2p_x$ 轨道肩并肩、符号相同叠加（上方）以及符号相反叠加（下方）

当符号相同叠加时，通过键轴有一个节面，但在键轴两侧电子云比较密集。这个分子轨道的能级较相应的原子轨道低，为成键轨道，以 π_p 表示。当两轨道相减时，不仅通过键轴有一个节面且在两核之间波函数互相抵消，垂直键轴又出现一节面，这种轨道能级较高，称为反键轨道，以 π_p^* 表示。凡是通过键轴有一个节面的轨道都称为 π 轨道。在 π 轨道上的电子称为 π 电子，由成键 π 电子构成的共价键叫作 π 键。同样，根据 π 电子数是 1 个、2 个或 3

个，分别称为单电子 π 键、π 键（即二电子 π 键）和三电子 π 键。一对 π 电子和一对 π^* 电子不能构成共价键，因为成键作用互相抵消，没有能量降低效应。

（3）δ 轨道和 δ 键

通过键轴有两个节面的分子轨道称为 δ 轨道。δ 轨道不能由 s 或 p 原子轨道组成。若键轴方向为 z 轴方向，则两个 d_{xy} 或两个 $d_{x^2-y^2}$ 轨道重叠可形成 δ 轨道。在某些过渡金属化合物（如 $Re_2Cl_8^{2-}$）中就有这种分子轨道。图 3.8 为两个 d_{xy} 轨道互相重叠形成 δ 轨道的示意图。

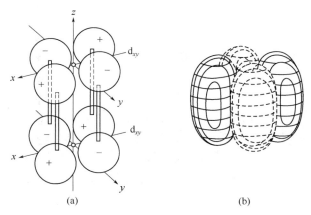

图 3.8　由两个 d_{xy} 轨道重叠而成的 δ 轨道

分子轨道还可用对称性来区分。对于同核双原子分子，若以键轴中心为坐标原点，当对原点中心对称时，以符号"g"表示；对该点中心反对称时，以符号"u"表示。对于由同种原子轨道组合成的分子轨道，σ 轨道是中心对称的，σ^* 轨道是中心反对称的；π 轨道是中心反对称的，π^* 轨道是中心对称的。

在讨论化学键性质时，还引进键级概念，以表达键的强弱。对定域键：

$$键级 = \frac{1}{2}（成键电子数 - 反键电子数）$$

键级高，键强。H_2 的键级为 1，H_2^+ 为 1/2（参见图 3.6）。He_2 的键级为 0，故不成键。键级可近似地看作两原子间共价键的数目。

3.3.3　同核双原子分子的结构

（1）H_2 分子的结构

H_2 分子基态的电子组态为 $(\sigma_{1s})^2$，如图 3.6 所示。图中表示两个电子均处在 σ_{1s} 轨道，而自旋状态不同，设一个为 α，另一个为 β，描述 H_2 分子轨道运动的波函数为

$$\varphi_{轨道} = \sigma_{1s}(1)\sigma_{1s}(2)$$

对于多电子体系，必须考虑 Pauli 原理。对称的 $\varphi_{轨道}$ 必须乘以反对称的自旋函数：

$$\frac{1}{\sqrt{2}}\left[\alpha(1)\beta(2) - \alpha(2)\beta(1)\right]$$

使波函数 $\varphi_{\text{全}}$ 为反对称，即

$$\varphi_{\text{全}} = \sigma_{1s}(1)\sigma_{1s}(2)\frac{1}{\sqrt{2}}\left[\alpha(1)\beta(2) - \alpha(2)\beta(1)\right]$$

若用 Slater 行列式表示，则为

$$\varphi_{\text{全}} = \frac{1}{\sqrt{2}}\begin{vmatrix} \alpha_{1s}(1)\alpha(1) & \alpha_{1s}(1)\beta(1) \\ \alpha_{1s}(2)\alpha(2) & \alpha_{1s}(2)\beta(2) \end{vmatrix}$$

用上述分子轨道求得 H_2 分子能量最低值对应的核间距离为 73pm，能量降低值（相对于两个 H 原子）为 336.7kJ·mol^{-1}。而实验测定的平衡核间距为 74.12pm，平衡解离能 D_e 为 458.0kJ·mol^{-1}，能量数值符合得不太好。

（2）其他双原子分子

对其他同核双原子分子的结构，需要考虑各个分子轨道能级的高低。分子轨道的能级由下面两个因素决定，即构成分子轨道的原子轨道类型和原子轨道的重叠情况。从原子轨道的能级考虑，在同核双原子分子中，能级最低的分子轨道是由 1s 原子轨道组合成的 σ_{1s} 和 σ_{1s}^{*}，其次是由 2s 轨道组合成的分子轨道 σ_{2s} 和 σ_{2s}^{*}，再次是由 2p 原子轨道组合成的三对分子轨道。这是由于 1s 能级低于 2s，第二周期元素 2s 的能级低于 2p。从价层轨道的重叠情况考虑，在核间距离不是相当小的情况下，一般两个 2s 轨道或两个 2p 轨道之间的重叠比两个 $2p_x$ 或两个 $2p_y$ 轨道之间的重叠大，即形成 σ 键的轨道重叠比形成 π 键的轨道重叠大，因此成键和反键 π 轨道间的能级间隔比成键和反键 σ 轨道间的能级间隔小。根据这种分析，第二周期同核双原子分子的价层分子轨道能级顺序为

$$\sigma_{2s} < \sigma_{2s}^{*} < \sigma_{2p_x} < \pi_{2p_x} = \pi_{2p_y} < \pi_{2p_y}^{*} = \pi_{2p_y}^{*} < \sigma_{2p_x}^{*}$$

然而这种顺序不是固定不变的，由于 s-p 混杂会使能级高低发生改变。s-p 混杂是指当价层 2s 和 $2p_z$ 原子轨道能级相近时，由它们组成的对称性相同的分子轨道，能进一步相互作用，混杂在一起组成新的分子轨道。这种分子轨道间的相互作用称为 s-p 混杂。它和原子轨道的杂化概念不同，原子轨道的杂化是指同一个原子能级相近的原子轨道线性组合而成新的原子轨道的过程。

图 3.9 为 s-p 混杂对同核双原子分子的分子轨道形状及能级的影响。图中左边是可以忽略 s-p 混杂时分子轨道的能级和形状；右边是对称性相同的 σ_{2s} 和 σ_{2p_z}，以及 σ_{2s}^{*} 和 $\sigma_{2p_z}^{*}$ 相互作用后所得的分子轨道的能级和形状。由于各个分子轨道已不单纯是相应原子轨道的叠加，不能再用 σ_{2s}、σ_{2p} 等符号表示，而改用 $1\sigma_g$、$1\sigma_u$ 等符号表示。分子轨道能级高低的次序为

$$1\sigma_g < 1\sigma_u < 1\pi_u(2\uparrow) < 2\sigma_g < 1\pi_g(2\uparrow) < 2\sigma_u$$

分子轨道轮廓形状也明显地改变，$1\sigma_u$ 和 $2\sigma_g$ 在核间已变得很小，轨道性质相对地分别变为弱反键和弱成键了。

根据第二周期元素的价轨道能级高低数据，F、O 等元素，其 2s 和 2p 轨道能级差值大，s-p 混杂少，不改变原有由各相应原子轨道组成的分子轨道的能级顺序；而 N、C、B 等元

素，其 2s 和 2p 轨道能级差值小，s-p 混杂显著，出现能级高低变化，$2\sigma_g$ 高于 $1\pi_u$。

根据分子轨道的能级次序，就可以按 Pauli 原理、能量最低原理和 Hund 规则排出分子在基态时的电子组态。

对于由主量子数为 3 或 3 以上的原子轨道组合成的分子轨道，其能级高低次序难以简单地预言，需要根据更多的实验数据来确定。

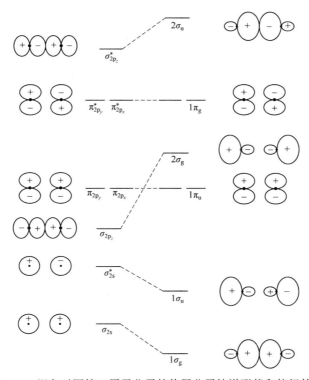

图 3.9 s-p 混杂对同核双原子分子的价层分子轨道形状和能级的影响

下面以几种同核双原子分子为例，分别根据其电子结构，讨论它们的性质。

【例 3.3.1】F_2

F_2 的价电子组态为 $\left(\sigma_{2s}\right)^2\left(\sigma_{2s}^*\right)^2\left(\sigma_{2p_z}\right)^2\left(\pi_{2p}\right)^4\left(\pi_{2p}^*\right)^4$。除了 $\left(\sigma_{2p_z}\right)^2$ 形成共价单键外，尚有 3 对成键电子和 3 对反键电子，它们互相抵消，不能有效成键，相当于每个 F 原子有 3 对孤对电子，可作为孤对电子的提供者。

【例 3.3.2】O_2

O_2 的价电子组态为 $\left(\sigma_{2s}\right)^2\left(\sigma_{2s}^*\right)^2\left(\sigma_{2p_z}\right)^2\left(\pi_{2p_x}\right)^2\left(\pi_{2p_y}\right)^2\left(\pi_{2p_x}^*\right)^1\left(\pi_{2p_y}^*\right)^1$，$O_2$ 比 F_2 少 2 个电子，因为 2 个反键 π^* 轨道能级高低一样，按照 Hund 规则电子尽可能分占两个轨道，且自旋平行。实验证明氧是顺磁性的，证实 O_2 确有自旋平行的电子。根据氧分子的分子轨道，O_2 相当于生成 1 个 σ 键和 2 个三电子 π 键，可记作如下（此处以小圆点表示参与成键的电子，以虚线表示形成的 π 键，这种表示方法在离域 π 键中还将应用）。

$$\ddot{O}\!\!=\!\!\!=\!\!\!=\!\!\underline{\dot{O}}$$

每个三电子 π 键在能量上只相当于半个键。O_2 分子的键级为 2，相当于 O=O 双键。

【例 3.3.3】N_2

N_2 的价电子组态为 $(1\sigma_g)^2(1\sigma_u)^2(1\pi_u)^4(2\sigma_g)^2$（见图 3.9）。由光电子能谱数据可以证明，$N_2$ 的三重键为 1 个 σ 键 $[(1\sigma_g)^2]$，2 个 π 键 $[(1\pi_u)^4]$，键级为 3。而 $(1\sigma_u)^2$ 和 $(2\sigma_g)^2$ 分别具有弱反键和弱成键性质，实际上成为参加成键作用很小的两对孤对电子，可记为:N≡N:。所以 N_2 的键长特别短，只有 109.8pm；键能特别大，达 942kJ·mol^{-1}，是惰性较大的分子。

【例 3.3.4】C_2

C_2 的价电子组态为 $(1\sigma_g)^2(1\sigma_u)^2(1\pi_u)^4$。由于 s-p 混杂，$1\sigma_u$ 为弱反键轨道，C_2 的键级应在 2～3 之间，这与 C_2 的键能（602kJ·mol^{-1}）和键长（124pm）的实验数据一致。

【例 3.3.5】B_2

B_2 的价电子组态为 $(1\sigma_g)^2(1\sigma_u)^2(1\pi_u)^2$。其中为 $1\sigma_u$ 弱反键轨道，在 $1\pi_u$ 上的两个电子应处在两个能级简并的轨道上，自旋平行，形成两个单电子键。从这些情况可预见 B_2 为顺磁性分子，B—B 间键级介于 1～2 之间。实验测定 B_2 为顺磁性分子，B—B 键长为 159pm，较 B—B 单键共价半径和（164pm）短，键能为 274kJ·mol^{-1}。

3.3.4 异核双原子分子的结构

异核双原子分子不能像同核双原子分子那样可利用相同的原子轨道进行组合，但是组成分子轨道的条件仍须满足。异核原子间内层电子的能级高低可以相差很大，但最外层电子的能级高低总是相近的。异核原子间可利用最外层轨道组合成分子轨道。下面分别以 CO、NO 和 HF 为例说明异核双原子分子的结构。

【例 3.3.6】CO

CO 和 N_2 是等电子分子，它们在分子轨道、成键情况和电子排布上大致相同。基态 CO 分子的价层电子组态为 $(1\sigma)^2(2\sigma)^2(1\pi)^4(3\sigma)^2$，和 N_2 的差别在于由氧原子提供给分子轨道的电子比碳原子提供的电子多 2 个，可记为:C≡C:，箭头代表由氧原子提供一对电子形成的配键，两边黑点表示孤对电子。

氧原子的电负性比碳原子高，但在 CO 分子中，由于氧原子单方面向碳原子提供电子，抵消了碳原子和氧原子之间由电负性差引起的极性，所以 CO 分子偶极矩 $\mu=0.37\times10^{-30}$C·m，是个偶极矩较小的分子；而且氧原子端显正电性，碳原子端显负电性，在羰基配合物中 CO 基表现出很强的配位能力，以碳原子端和金属原子结合。

CO 分子的结构、性质及用途是碳化学和化工领域中的重要研究内容。

【例 3.3.7】NO

NO 分子比 CO 分子多 1 个电子，它的价电子组态为 $(1\sigma)^2(2\sigma)^2(1\pi)^4(3\sigma)^2(2\pi)^1$。由于 2π 轨道是反键轨道，因而 NO 分子中出现一个三电子 π 键，键级为 2.5，分子为顺磁性。

一氧化氮是美国《科学》杂志 1992 年选出的明星分子。在大气中，NO 是有害的气体，它破坏臭氧层、造成酸雨、污染环境等。但是在人体中，NO 能容易地穿过生物膜，氧化外来物质，在受控制的小剂量情况下，却是极有益的成分。NO 作用在大脑、血管、免疫系统、肝脏、肺、子宫、末梢神经等，可以在体内起多方面的作用：调整血压、抵抗微生物入侵、促进消化、传递性兴奋信息、治疗心脏病、帮助大脑学习和记忆等。NO 是非常重要并正在受到人们关注的分子。

【例 3.3.8】HF

根据能级相近和对称性匹配条件。氢原子 1s 轨道（$-13.6eV$）和氟原子的 2p 轨道（$-17.4eV$）形成 σ 轨道，价层电子组态为 $(\sigma_{2s})^2(\sigma)^2(\pi_{2p})^4$，有 3 对非键电子，在 F 原子周围形成 3 对孤对电子，故可记为 H—$\ddot{\text{F}}$:。由于 F 的电负性比 H 大，所以电子云偏向 F，形成极性共价键，$\mu=6.60\times10^{-30}$C·m。分子轨道能级如图 3.10 所示。

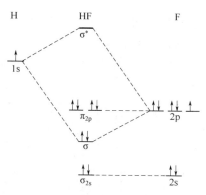

图 3.10　HF 分子轨道能级

3.3.5　双原子分子的光谱项

原子结构中角动量和角动量耦合的知识，可用于双原子分子。原子呈球形对称，双原子分子只是键轴对称，分子轨道角动量只有在键轴方向（z 方向）才有意义。分子轨道中单电子角动量轴向分量值是量子化的，即其值为 $mh/(2\pi)$（h 为普朗克常数），$m=0$，±1，±2，…。由于电子运动的方向正转和反转能量相同，分子轨道能量只和 $|m|$ 有关，令 $\lambda=|m|$ 为分子轨道角动量轴向分量量子数。表 3.1 列出分子轨道的单电子角动量。

表 3.1　分子轨道的单电子角动量

分子轨道	m	λ	角动量轴向分量	轨道简并性
σ 轨道	0	0	0	非简并
π 轨道	±1	1	$\pm h/(2\pi)$	二重简并
δ 轨道	±2	2	$\pm 2h/(2\pi)$	二重简并
ϕ 轨道	±3	3	$\pm 3h/(2\pi)$	二重简并

根据角动量耦合规则，分子总的轨道角动量在 z 方向分量 $Mh/(2\pi)$ 应是各个电子 z 方向分量 $mh/(2\pi)$ 的代数和，即

$$Mh/(2\pi) = \sum_i m_i h/(2\pi)$$

M 的绝对值通常用大写 Λ 表示

$$\Lambda = |M| = \left|\sum_i m_i\right|$$

Λ 不同，双原子分子能量不同，用大写字母 Σ，Π，Δ，Φ 表示 $\Lambda = 0, 1, 2, 3$ 等不同的状态，$\Lambda \neq 0$ 的状态是二重简并态。

分子中电子的自旋角动量的耦合方式和原子的情况相同，总的自旋角动量为

$$\sqrt{S(S+1)}\frac{h}{2\pi}$$

式中，S 是总自旋量子数，$S=n/2$，n 为未成对电子数。总自旋角动量在 z 方向分量的量子数可取 $S, S-1, \cdots, -S$，共有 $2S+1$ 个值，$2S+1$ 称为自旋多重度。所以双原子分子的电子光谱项可用 $^{2S+1}\Lambda$ 表示。

双原子分子的光谱项，可根据该分子的能级最高占据轨道（HOMO）电子的排布来

定。因为基态时能级低于 HOMO 的价层分子轨道都已被自旋相反的成对电子占据，$S=0$。若轨道为 σ 轨道，$m=0$；若为 π 轨道，因它为二重简并，一对电子取值 $+m$，另一对电子取值 $-m$。正好抵消，所以 $M=0$，$S=0$。表 3.2 列出双原子分子基态的光谱项。

表 3.2 双原子分子基态的光谱项

分子	HOMO 组态	电子排布	M	Λ	S	谱项
H_2^+	σ_{1s}^1	↑	0	0	1/2	$^2\Sigma$
H_2	σ_{1s}^2	↑↓	0	0	0	$^1\Sigma$
F_2	$\left(\pi_{2p}^*\right)^4$	↑↓ ↑↓	0	0	0	$^1\Sigma$
$O_2^①$	$\left(\pi^*\right)^2$	↑ ↑	0	0	1	$^3\Sigma$
		↑↓ __	2	2	0	$^1\Delta$
		↑ ↓	0	0	0	$^1\Sigma$
N_2	$\left(2\sigma_g\right)^2$	↑↓	0	0	0	$^1\Sigma$
C_2	$\left(1\pi_u\right)^4$	↑↓ ↑↓	0	0	0	$^1\Sigma$
$B_2^①$	$\left(1\pi_u\right)^2$	↑ ↑	0	0	1	$^3\Sigma$
CO	$\left(3\sigma\right)^2$	↑↓	0	0	0	$^1\Sigma$
NO	$\left(2\pi\right)^1$	↑ __	1	1	1/2	$^2\Pi$
HF	$\left(\pi_{2p}\right)^4$	↑↓	0	0	0	$^1\Sigma$

①O_2 分子的基态谱项为 $^3\Sigma$，是三重态，B_2 分子也有类似情况。

表 3.2 中列出 $^1\Delta$ 为第一激发态，$^1\Sigma$ 为第二激发态，它们都是单重态，和 O_2 的化学反应性能密切相关，常在文献中出现，故列出以供参考。

3.4 双原子分子光谱

 【思政案例】

勇于创新——光谱分析的起源故事

3.4.1 分子光谱简介

分子光谱是把由分子发射出来的光或被分子所吸收的光进行分光得到的光谱，是测定和鉴别分子结构的重要实验手段，是分子轨道理论发展的实验基础。

分子光谱和分子内部运动密切相关。它既包括分子中电子的运动，也包括各原子核的运动。一般所指的分子光谱，涉及分子运动的方式主要为分子的转动、分子中原子间的振动、分子中电子的跃迁运动等。核自旋和电子自旋在分子光谱中一般不考虑。分子平动的能级间隔大约只有 10^{-18}eV。在光谱上反映不出来，因此常常将分子的平动能看作是连续的。

孤立分子的状态可由分子的转动态、振动态和电子状态表示。分子中电子的运动状态由分子轨道及其能级描述。在用 Born-Oppenheimer 近似处理时，将核和电子分开，分子轨道及其能量是在固定核间距条件下计算的。分子的转动及分子中原子间的振动和原子核的运动相联系，需要用薛定谔方程描述。例如描述双原子分子的转动和振动的薛定谔方程为：

$$\left(-\frac{h^2}{8\pi^2\mu}\nabla^2+V\right)\psi_N=E_{Vr}\psi_N \tag{3.23}$$

式中，μ 为双原子分子的折合质量；括号中第一项为动能算符项，包括振动和转动的动能，第二项 V 包括振动和转动的势能；ψ_N 为原子运动的波函数，它包括原子间振动的波函数 ψ_V 和分子转动的波函数 ψ_r

$$\psi_N=\psi_V\psi_r \tag{3.24}$$

方程中不包括分子的平移运动，坐标系原点是分子的质心。转动、振动及电子运动的能量都是量子化的，分子运动的能量 E 是这三种运动能量之和，即

$$E=E_e+E_V+E_r \tag{3.25}$$

三种运动的 ΔE、波数 $\tilde{\nu}$ 及波长 λ 的大致范围列于表 3.3。

表 3.3　三种运动的 ΔE、$\tilde{\nu}$ 及 λ 值

运动方式	$\Delta E / \mathrm{eV}$	$\tilde{\nu} / \mathrm{cm^{-1}}$	$\lambda / \mathrm{\mu m}$
转动	$10^{-4}\sim0.05$	$1\sim400$	$10^4\sim25$
振动	$0.05\sim1$	$400\sim10^4$	$25\sim1$
电子运动	$1\sim20$	$10^4\sim10^5$	$1\sim0.1$

下面对分子内部运动密切相关转动、振动、电子运动分别进行介绍。

（1）转动

分子的转动是指分子绕质心进行的运动，其能级间隔较小，相邻两能级差值为 $10^{-4}\sim0.05$eV。当分子由一种转动状态跃迁至另一种转动状态时，就要吸收或发射和上述能级差相应的光。这种光的波长处在远红外或微波区，称为远红外光谱或微波谱。当光谱仪的分辨能力足够高时，可观察到和转动能级差相应的一条条光谱线。

（2）振动

分子中的原子在其平衡位置附近小范围内振动，分子由一种振动状态跃迁至另一种振动状态，就要吸收或发射与其能级差相应的光。相邻两振动能级的能量差为 $0.05\sim1$eV。振动能级差较转动能级差大，振动光谱包括转动光谱在内，通常振动光谱在近红外和中红外区，一般称红外光谱。若仪器记录范围较宽、分辨率较低，则分辨不出振动能级差相应的谱线中转动能级的差异，每一谱线呈现一定宽度的谱带，是带状光谱。

（3）电子运动

分子中的电子在分子范围内运动，当电子由一种分子轨道（即一种状态）跃迁至另一分子轨道时吸收或发射光的波长范围在可见、紫外区。由于电子运动的能级差（1～20eV）较振动和转动的能级差大，实际观察到的是电子-反动-转动兼有的谱带，由于这种光谱位于紫外光和可见光范围，因而称为紫外可见光谱。

研究分子光谱的方法主要是吸收光谱法。所用光谱仪品种很多，其主要部件通常包括光源、样品池、分光器、检测记录器等。光源产生波长连续变化的光，样品池是装样品的设备，分光器则将各种波长的光分开，检测记录器测量记录不同波长的光的强度。红外光谱仪的红外光源可使用碳化硅棒，它通过电热发光。样品池和棱镜等需用透红外线的材料（如 NaCl、KBr、LiF 等）制作，也可用光栅分光。用热电偶或热敏电阻探测器将信号传送给放大记录系统。

红外光谱图中纵坐标表示透射光强与入射光强之比，即透射比 $T(T = I/I_0)$ 或吸光度 $A(A = -\lg T)$ 的大小。横坐标表示波数（$\tilde{\nu}$）或波长（λ）。这在后面红外光谱一节会详细讲解。

在分子光谱中，谱线存在与否（即选律），通常从分子是否有偶极矩出发进行讨论：

① 同核双原子分子，偶极矩为 0，分子在转动和振动时偶极矩也为 0，没有转动和振动光谱。但电子跃迁时会改变分子中电荷的分布，即产生偶极矩，故有电子光谱，并伴随有振动、转动光谱产生。

② 极性双原子分子有转动、振动和电子光谱。

③ 转动过程保持非极性的多原子分子，如 CH_4、BCl_3、CO_2 等没有转动光谱，而有振动光谱和电子光谱。

3.4.2 双原子分子的转动光谱

下面以双原子分子的转动光谱为例来举例说明。由两个质量分别为 m_1 和 m_2，核间距离为 r 的原子组成双原子分子，若近似地认为分子在转动时核间距不变，原子质量集中在原子核上，这样的模型称为刚性转子。

设质量为 m_1 的原子到质心的距离为 r_1，质量为 m_2 的原子到质心的距离为 r_2；分子绕质心转动，选质心为坐标原点。根据经典力学，转动惯量为

$$I = m_1 r_1^2 + m_2 r_2^2 = \frac{m_1 m_2}{m_1 + m_2} r^2 = \mu r^2 \tag{3.26}$$

式中，折合质量 $\mu = \dfrac{m_1 m_2}{m_1 + m_2}$。

将经典的平动和转动进行对比，可得：

① 平动：质量 m，速度 v，动量 $p = mv$，动能 $T = mv^2/2$。

② 转动：转动惯量 I，角速度 ω，角动量 $M = I\omega$，动能 $T = I\omega^2/2$。

由于刚性转子只有动能，它的 Hamilton 算符为

$$\hat{H} = \frac{1}{2I}\hat{M}^2 \tag{3.27}$$

刚性转子薛定谔方程为

$$\frac{1}{2I}\hat{M}^2\psi = E\psi \tag{3.28}$$

根据角动量平方算符的意义及本征值，可得

$$M^2 = J(J+1)\frac{h^2}{4\pi^2}, J = 0, 1, 2, \cdots \qquad （3.29）$$

$$E = J(J+1)\frac{h^2}{8\pi^2 I} \qquad （3.30）$$

式中，J 为转动量子数。由能量公式可得刚性双原子分子的转动能级图，如图 3.11 所示。极性分子有转动光谱，跃迁条件为：

$$\Delta J = \pm 1 \qquad （3.31）$$

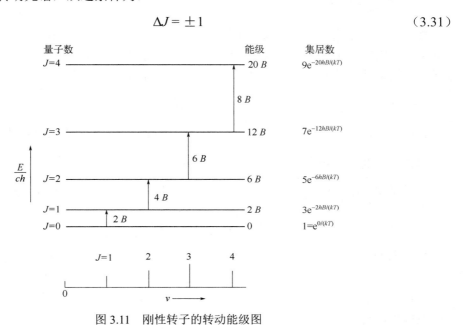

图 3.11　刚性转子的转动能级图

就吸收光谱而言，分子只能由量子数为 J 的状态跃迁到 $J+1$ 的状态，跃迁时吸收光的波数为

$$\tilde{\nu} = \frac{\Delta E}{ch} = \frac{E_{J+1} - E_J}{ch} \qquad （3.32）$$

$$
\begin{aligned}
&= \frac{h}{8\pi^2 Ic}\left[(J+2)(J+1) - (J+1)J\right] \\
&= 2 \times \frac{h}{8\pi^2 Ic}(J+1) \\
&= 2B(J+1)
\end{aligned}
\qquad （3.33）
$$

式中，$B = h/(8\pi^2 Ic)$，称为转动常数，它表征分子的特性。实验时使用样品的分子数目总是很大的，在一定温度下，各能级上分布的分子数目服从 Boltzmann 分布定律。由于转动能级间隔很小，在室温下各转动能级的分子数目差不多。这样，处在 $J=0$ 状态的分子可跃迁到 $J=1$ 的状态；处在 $J=1$ 状态的分子可跃迁到 $J=2$ 的状态等。由此可得一系列距离相等（$\Delta \tilde{\nu} = 2B$）的谱线。谱线相对强度与电子跃迁轨道上的相对集居数成正比，如图 3.11 下部

所示。实验所得结果与理论分析一致。

利用远红外光谱，可以测定异核双原子分子的键长和同位素效应等性质。

3.4.3 双原子分子的振动光谱

下面以双原子分子的振动光谱为例来举例说明。在讨论双原子分子的振动光谱时，为了简化问题的处理，先将双原子分子的振动当作简谐振子的振动，然后，在简谐振子模型的基础上，进一步做非谐性的修正，并结合转动能研究振动谱带的精细结构。

（1）简谐振子模型

在双原子分子内，原子核与原子核之间，原子核与各电子之间都有相互作用，其结果使得两原子核有一平衡距离 r_e。两原子核可在平衡位置附近做微小振动，它们的实际距离为 r。描述振动运动状态的波函数为 r 的函数 $\psi = \psi(r)$。体系的势能

$$V = \frac{1}{2}k(r - r_e)^2 \tag{3.34}$$

式中，k 为弹力常数或力常数。它标志化学键的强弱（k 愈大，键愈强）。今以 q 代表分子核间距和平衡核间距之差：$q = r - r_e$，则 $V = \frac{1}{2}kq^2$。

关于谐振子的动能 T，取分子的质心作为坐标原点，两原子的动能分别为

$$T_1 = \frac{m_1}{2}\left(\frac{dr_1}{dt}\right)^2, \quad T_2 = \frac{m_2}{2}\left(\frac{dr_2}{dt}\right) \tag{3.35}$$

总动能为

$$T = T_1 + T_2 = \frac{\mu}{2}\left(\frac{dr}{dt}\right)^2 \tag{3.36}$$

经推求，得出第 ν 项厄米多项式 H_ν 为

$$H_\nu\left(\alpha^{\frac{1}{2}}q\right) = (-1)^\nu \exp\left(\alpha q^2\right) \frac{d^\nu}{d\left(\alpha^{\frac{1}{2}}q\right)^\nu} \exp\left(-\alpha q^2\right) \tag{3.37}$$

式中，$\alpha = \frac{4\pi^2 \mu \nu}{h}$；$\nu = 0, 1, 2, \cdots$，为振动能量量子数。

分子的振动能量是量子化的。其能量最小值为 $h\nu/2$，称振动零点能。也就是说即使处在绝对零度的基态上，也还有零点能存在。

根据上述结果，可得简谐振子的波函数和能级图（图 3.12）。图中曲线表示 $\psi_0, \psi_1, \psi_2, \cdots$ 及 $\psi_0^2, \psi_1^2, \psi_2^2, \cdots$ 的分布形状。水平线段表示振动能级的高低，能级间隔是相等的。

对于双原子分子振动的谐振子模型，光谱的选律为：非极性分子没有振动光谱，极性分子 $\Delta\nu = \pm 1$，由振动状态 ψ_ν 跃迁至 $\psi_{\nu+1}$ 时，不论 ν 值如何，吸收光的波数均相等，因为振动能级是等间隔的。所以对于符合简谐振子条件的双原子分子。谱线只有一条，波数为 $\tilde{\nu}_e$，$\tilde{\nu}_e$ 叫作谐振子经典振动波数。在经典力学中，质量为 μ、弹力常数为 k 的谐振子，它的振动频率为 $\nu_e = \frac{1}{2\pi}\sqrt{\frac{k}{\mu}}$，$\nu_e$ 为经典振动频率。

由简谐振子模型所得的结论与双原子分子振动光谱的实验数据近似地相符。图 3.13 显示出 HCl 的红外光谱，由图可见，波数为 2885.9cm^{-1} 的谱带强度最大，是 HCl 的基本谱带 $(\tilde{\nu}_1)$。其他谱带的波数接近 $2\tilde{\nu}_1,3\tilde{\nu}_1,\cdots$，它们分别称为第一泛音带、第二泛音带等，它们是由 $\nu=0$ 到 $\nu=2$ 和 $\nu=0$ 到 $\nu=3$ 等跃迁的结果，而各线强度只有相邻前一条线的 20% 左右。

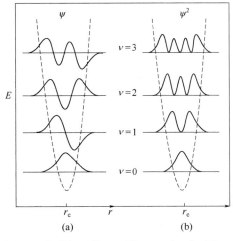

图 3.12　简谐振子的 ψ-r 图（a）和 ψ^2-r 图（b）

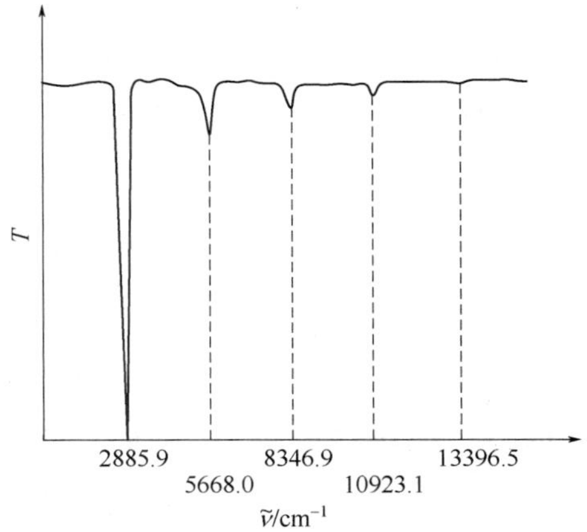

图 3.13　HCl 的红外光谱

（2）非谐振子模型

由 HCl 振动光谱可见，简谐振子模型只能近似地反映出双原子分子的振动情况。实际能级不是等间隔，还出现泛音频率谱带。分析它的势能函数 $k(r-r_\text{e})^2/2$，有明显不合理处：势能随 r 的增大而增大。实际情况是当核间距离增大到一定程度时，双原子分子分离为 2 个原子，两原子的引力等于零，势能应趋于一常数。双原子分子的实际势能曲线与简谐振子模型表达的势能曲线的关系如图 3.14 所示。

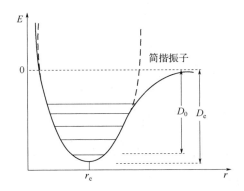

图 3.14　双原子分子的简谐振子势能曲线（虚线）与实际势能曲线（实线）

鉴于上述情况，对简谐振子势能曲线有必要加以校正。常用的校正方法是用 Morse（摩斯）势能函数：

$$V = D_\text{e}\left\{1-\exp\left[-\beta\left(r-r_\text{e}\right)\right]\right\}^2 \tag{3.38}$$

代替谐振子的势能函数。将此势能经转化变形代入薛定谔方程，可解得分子的振动能级为

$$E_\nu = \left(\nu + \frac{1}{2}\right)h\nu_e - \left(\nu + \frac{1}{2}\right)^2 xh\nu_e, \quad \nu = 0, 1, 2, \ldots \quad (3.39)$$

式中，x 为非谐性常数，其值可由实验求得。振动光谱的选律为

① 分子偶极矩有变化的振动。

② $\Delta\nu = \pm 1, \pm 2, \pm 3, \cdots$

由于在室温下大多数分子处于最低能级，即 $\nu = 0$，因而它的振动光谱对应于从 $\nu = 0(E = E_0)$ 的状态跃迁至 $\nu = \nu(E = E_\nu)$ 的状态。

$$\tilde{\nu} = \frac{E_\nu - E_0}{ch}$$

$$\tilde{\nu} = \left[\left(\nu + \frac{1}{2}\right) - \left(\nu + \frac{1}{2}\right)x - \left(\frac{1}{2} - \frac{1}{4}x\right)\right]\tilde{\nu}_e$$

$$= \left[1 - (\nu + 1)x\right]\nu\tilde{\nu}_e \quad (3.40)$$

这样，当 $\nu = 1, 2, 3, 4$ 时，$\tilde{\nu}$ 值分别为

$$0 \rightarrow 1, \quad 基本谱带, \quad \tilde{\nu}_1 = \tilde{\nu}_e(1 - 2x)$$

$$0 \rightarrow 2, \quad 第一泛音带, \quad \tilde{\nu}_2 = 2\tilde{\nu}_e(1 - 3x)$$

$$0 \rightarrow 3, \quad 第二泛音带, \quad \tilde{\nu}_3 = 3\tilde{\nu}_e(1 - 4x)$$

$$0 \rightarrow 4, \quad 第三泛音带, \quad \tilde{\nu}_4 = 4\tilde{\nu}_e(1 - 5x)$$

通过实验，从光谱中测得 $\tilde{\nu}_1$，$\tilde{\nu}_2$，$\tilde{\nu}_3$ 等数值，利用上述公式即可求得常数 $\tilde{\nu}_e$ 和非谐性常数 x。例如从图 3.13 的 HCl 红外光谱，可得下面联立方程组：

$$\begin{cases} \tilde{\nu}_e(1 - 2x) = 2885.9\,\text{cm}^{-1} & (3.41) \\ 2\tilde{\nu}_e(1 - 3x) = 5668.0\,\text{cm}^{-1} & (3.42) \end{cases}$$

由此解得 $\tilde{\nu}_e = 2989.7\,\text{cm}^{-1}$，$x = 0.0174$。

根据 $\tilde{\nu}_e$ 值，可算出力常数 k

$$k = 4\pi^2 c^2 \tilde{\nu}_e^2 \mu = 516.3\,\text{N} \cdot \text{m}^{-1} \quad (3.43)$$

现将若干分子基态时的数据列于表 3.4 中。

表 3.4 若干分子基态时的数据

分子	$\tilde{\nu}_e$ /cm^{-1}	x	k/(N·m^{-1})	r_e/pm
HF	4138.2	0.0218	965.7	91.7
HCl	2989.7	0.0174	516	127.4
HBr	2649.7	0.0171	411.5	141.4
HI	2309.5	0.0172	313.8	160.9
CO	2169.7	0.0061	1902	113.0
NO	1904.0	0.0073	1595	115.1

注：双原子分子光谱数据可查阅参考文献。许多书中将 $\tilde{\nu}_e$ 用 ω_e 表示。而有些书将 ω 当作圆频率（$\omega = 2\pi\nu$），本书不用 ω。

利用 Morse（摩斯）势能函数表达时，D_e 和 β 两个常数与非谐性常数 x 的关系如下

$$D_e = \frac{h\nu_e}{4x}, \quad \beta = \left(\frac{8\pi^2 \mu x \nu_e}{h}\right)^{\frac{1}{2}} \tag{3.44}$$

对于非谐振子

$$D_0 = D_e - \frac{1}{2}h\nu_e + \frac{1}{4}h\nu_e x \tag{3.45}$$

3.4.4 双原子分子的振动–转动光谱

用高分辨的红外光谱仪观察双原子分子的振动谱带时，发现每条谱带都是由许多谱线组成的，例如 HCl 的基本频带 [$\tilde{\nu}=2885.9\text{cm}^{-1}$，其精细结构如图 3.15（a）所示]。这是由于振动能级的改变必然伴随着转动能级的改变。

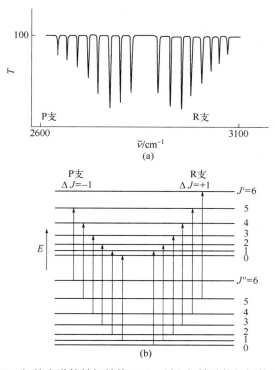

图 3.15　HCl 红外光谱的精细结构（a）及振动-转动能级间的跃迁（b）

振动能级和转动能级间隔差别很大。作为一级近似，可以认为双原子分子的振动和转动是完全独立的。从而可以把振动与转动的总能量看作两种能量的简单加和。如果我们对振动采用非谐振子模型，转动采用刚性转子模型，振动和转动的总能量可表达为：

$$E_{\nu,J} = \left(\nu + \frac{1}{2}\right)h\nu_e - \left(\nu + \frac{1}{2}\right)^2 xh\nu_e + BchJ(J+1) \tag{3.46}$$

振转光谱选律：非极性分子没有振动-转动光谱。对于极性分子

$$\Delta v = \pm 1, \pm 2, \cdots$$

$$\Delta J = \pm 1$$

根据选律，从 $\tilde{v} = 0$ 到 $v = 1$ 的基本谱带由一系列谱线组成。这些谱线可按 $\Delta J = +1$ 和 -1 分为两组。$\Delta J = +1$ 的一支，波数比 $\tilde{v}_1$ 大，排列在右边，称为 R 支；$\Delta J = -1$ 的一支，波数比 $\tilde{v}_1$ 小，排列在左边，称为 P 支。各谱线的距离均为 $2B$。由于 $\Delta J = 0$ 不符合跃迁选律要求，波数为 $\tilde{v}_1$ 的中心线不出现，即 Q 支不出现，所以两支之间的间隔为 $4B$。图 3.15（b）显示出双原子分子振动-转动能级间的跃迁。

3.5　多原子分子的结构和性质

绝大多数分子为多原子分子，在其中，1 个原子可和 1 个或多个原子成键，也可由多个原子共同组成化学键。分子结构的内容有两个方面。

① 组成分子的原子在三维空间的排布次序和相对位置，通常由键长、键角、扭角等参数描述它的几何构型和构象。分子的几何结构可用衍射方法（包括 X 射线衍射、电子衍射和中子衍射）测定。

② 分子的电子结构，包括化学键型式和相关的能量参数，通常由分子轨道的组成、性质、能级高低和电子排布描述。分子的电子结构可用谱学方法（包括分子光谱、电子能谱和磁共振谱等）测定。

分子结构的这两方面内容互相关联并共同决定分子的性质。

3.5.1　价电子对互斥理论（VSEPR）

价电子对包括成键电子对（bp）和孤对电子对（lp）。价电子对互斥理论（valence shell electron pair repulsion，VSEPR）认为：原子周围各个价电子对之间由于相互排斥，在键长一定的条件下，互相间距离愈远愈稳定。这就要求分布在中心原子周围的价电子对尽可能离得远些。由此可以说明许多简单分子的几何构型。虽然这个理论是定性的，但对判断分子构型很有用。

价电子对之间斥力的根源有两个方面：① 各电子对之间的静电排斥作用；②Pauli 斥力，即价电子对之间自旋相同的电子互相回避的效应。

当中心原子 A 周围存在 m 个配位体 L 及 n 个孤对电子对 E 时，根据斥力效应，并考虑多重键中多对电子集中在同一键区，可当作一个键处理，又考虑孤对电子的空间分布比较肥大及电负性大小因素等，提出判断分子几何构型的规则。

① 为使价电子对间斥力最小，可将价电子对看作等距离地排布在同一球面上，形成规则的多面体形式。例如：当 $m+n = 2$ 时，取直线形；当 $m+n = 3$ 时，取三角形；当 $m+n = 4$ 时，取四面体形；当 $m+n = 5$ 时，取三方双锥形；当 $m+n = 6$ 时，取八面体形；等等。

② 中心原子 A 与 m 个配位体 L 之间所形成的键可能是单键，也可能是双键和三键等多重键，多重键中键的性质比较复杂。价电子对互斥理论仍按照经典的共价单键、双键和三键结构式加以处理，将双键和三键按一个键区计算原子间互斥作用。

由于双键中的 4 个电子或三键中的 6 个电子占据的空间大于单键中的 2 个电子所占据的空间，所以排斥力的大小次序可定性地表示为

叁键-叁键＞叁键-双键＞双键-双键＞双键-单键＞单键-单键

这样，多重键的存在将进一步影响分子构型。例如在 $O = CCl_2$ 分子中，单键-双键间键角为 124.3°，而单键-单键键角为 111.3°。

③ 成键电子对和孤对电子对的分布情况并不相同。前者由于受两个成键原子核的吸引，比较集中在键轴的位置。而孤对电子对没有这种限制，显得比较肥大。

孤对电子对的肥大，使它对相邻电子对的排斥作用要大一些。由此可将价电子对间的排斥力大小次序表示为

$$lp\text{-}lp ＞ lp\text{-}bp ＞ bp\text{-}bp$$

根据分子中各种价电子的可能排布方式，对比在它们之中价电子对排斥作用的大小，对判断分子构型很有帮助。由于电子对间排斥力随角度的增加迅速地下降，当夹角≤90°时，lp-lp 斥力很大，这种构型不稳定。lp 和 lp 必须排列在相互夹角＞90°的构型中，这样排斥作用小，分子稳定。

④ 电负性高的配体，吸引价电子能力强，价电子离中心原子较远，占据空间角度相对较小。

利用价电子对互斥理论判断分子的构型时，等电子原理常能给予一定的启发和预见。等电子原理是指两个或两个以上的分子，它们的原子数相同（有时不算 H 原子）、分子中电子数也相同，这些分子常具有相似的电子结构、相似的几何构型，物理性质也相近。价电子对互斥理论对极少数化合物判断不准。例如 CaF_2、SrF_2、BaF_2 是弯曲形而不是预期的直线形。价电子对互斥理论不能应用于过渡金属化合物，除非金属具有充满的、半充满的或全空的 d 轨道。

3.5.2 杂化轨道理论

原子在化合成分子的过程中，根据原子的成键要求，在周围原子影响下，将原有的原子轨道进一步线性组合成新的原子轨道。这种在一个原子中不同原子轨道的线性组合，称为原子轨道的杂化。杂化后的原子轨道称为杂化轨道。杂化时，轨道的数目不变，轨道在空间的分布方向和分布情况发生改变，能级改变。组合所得的杂化轨道一般均和其他原子形成较强的 σ 键或安排孤对电子，而不会以空的杂化轨道的形式存在。在某个原子的几个杂化轨道中，参与杂化的 s、p、d 等成分若相等，称为等性杂化轨道；若不相等，称为不等性杂化轨道。表 3.5 列出一些常见的杂化轨道的性质。表中两个 dsp^3 是不等性杂化轨道，但可分别看作由等性杂化轨道组合而成，即三方双锥形：sp^2 和 $p_z d_z^2$；四方锥形：dsp^2 和 p_z。

表 3.5 一些常见的杂化轨道

杂化轨道	参加杂化的原子轨道	构型	对称性	实例
sp	s, p_z	直线形	$D_{\infty h}$	CO_2, N_3^-
sp^2	s, p_x, p_y	平面三角形	D_{3h}	BF_3, SO_3
sp^3	s, p_x, p_y, p_z	四面体形	T_d	CH_4
dsp^2或 sp^2d	$d_{x^2-y^2}, s, p_x, p_y$	平面四方形	D_{4h}	$Ni(CN)_4^{2-}$
dsp^3 或 sp^3d	$d_{z^2}, s, p_x, p_y, p_z$	三方双锥形	D_{3h}	PF_5
dsp^3	$d_{x^2-y^2}, s, p_x, p_y, p_z$	四方锥形	D_{4v}	IF_5
d^2sp^3或 sp^3d^2	$d_{z^2}, d_{x^2-y^2}, s, p_x, p_y, p_z$	正八面体形	O_h	SF_6

3.5.3　离域分子轨道理论

用分子轨道（MO）理论处理多原子分子时，最一般的方法是用非杂化的原子轨道进行线性组合，构成分子轨道，它们是离域化的，即这些分子轨道中的电子并不定域在多原子分子中的两个原子之间，而是在几个原子间离域运动。这种离域分子轨道对于讨论分子的激发态、电离能以及分子的光谱性质等方面可起很大作用，理论分析所得的结果与实验的数据符合。

3.5.4　休克尔分子轨道法（HMO 法）

共轭分子以其中有离域的 π 键为特征，它有若干特殊的物理化学性质：分子多呈平面构型；有特征的紫外吸收光谱；具有特定的化学性能，例如丁二烯倾向于 1,4-加成，苯分子取代反应比加成反应容易；键长均匀化，如苯分子中 6 个 C—C 键是相等的，分不出单键与双键的区别等。共轭分子的这些性质，用单、双键交替的定域键来解释比较困难。一种简单有效的方法是 Hückel（休克尔）分子轨道法（Hückel molecular orbital method，HMO 法），它已有数十年的历史（1931 年由 E.Hückel 提出）。HMO 法是经验性的近似方法，定量结果的精确度不高，但在预测同系物的性质、分子的稳定性和化学反应性能，解释电子光谱等一系列问题上，显示出高度概括能力，至今仍在广泛应用。

HMO 法的基本内容为如下。

有机平面构型的共轭分子中，σ 键是定域键，它们和原子核一起构成分子的骨架。每个 C 原子余下的一个垂直于分子平面的 p 轨道，通常不是形成定域的双中心 π 键，而是一并组合起来形成多中心 π 键，又称离域 π 键。所有 π 电子在整个分子骨架的范围内运动。

用 HMO 法处理共轭分子结构时，有如下假定。

① 由于 π 电子在核和 σ 键所形成的整个分子骨架中运动，可将 σ 键和 π 键分开处理。

② 共轭分子具有相对不变的 σ 键骨架，而 π 电子的状态决定分子的性质。

③ 用 φ_k 描述第 k 个 π 电子的运动状态，其薛定谔方程为 $\hat{H}_\pi \varphi_k = E_k \varphi_k$。

HMO 法规定各个 C 原子的 α 积分相同，各相邻 C 原子的 β 积分也相同，而不相邻原子的 β 积分和重叠积分 S 均为 0。这就不需要考虑势能函数 V 及 $\hat{H}_\pi$ 的具体形式。

3.6　多原子分子光谱概论

【思政案例】

爱国奉献——青春中国，光谱计划　

多原子分子光谱是研究多原子分子结构的重要工具，有关分子的能级、电子结构、几何构型的知识很多都源于它们的分子光谱。此外，分子光谱还是分析和鉴定样品组分的重要手段，在生产和科学研究中获得了广泛的应用。近 20 年来，测定分子光谱的仪器有了很大的发展，仪器准确度和分辨率大大提高，这不但扩大了它的应用范围，而且促进了分子光谱学本身的发展。

3.6.1　多原子分子光谱的分类

多原子分子光谱和双原子分子光谱一样，也可以按照分子能级跃迁的不同，分为下列三种。

① 电子光谱：由多原子分子价电子的跃迁产生的分子光谱称为电子光谱。电子光谱在紫外及可见光区，仅有极少数分子的电子光谱延伸到近红外区，所以通常称电子光谱为紫外及可见光谱。研究分子对紫外及可见光吸收情况的称为紫外及可见吸收光谱，通常简称为紫外及可见光谱；研究受激分子发射紫外及可见光情况的称为紫外及可见发射光谱，按照发光机制不同又细分为荧光光谱、磷光光谱和化学发光。由于电子跃迁常常伴随有分子振动和转动能级的改变，电子光谱往往有精细结构。如果仪器分辨率不高或存在其他使谱形展宽的原因，吸收（或发射）谱形为扩散的宽峰。

② 振动-转动光谱：由分子的振动-转动能级的跃迁产生的光谱称为振动-转动光谱。可用红外分光光度计（或称红外光谱仪）或拉曼光谱仪来研究，由前者得到的称为红外光谱，由后者得到的称为拉曼光谱。

③ 转动光谱：由分子的转动能级跃迁产生的光谱称为转动光谱。多原子分子的转动能级跃迁一般在微波区，所以要用微波谱仪来研究。

3.6.2　多原子分子的振动光谱

用谐振子模型处理双原子分子时，双原子分子的振动光谱应只有一条谱线，其频率与分子本性有关，且与双原子分子的经典振动频率一致。

这一结论与实验测到的振动光谱中最强的一条谱线基本吻合。这就给我们启发，作为近似处理，是否也可用经典方法来讨论多原子分子的振动，而其经典振动频率就是该分子振动光谱中的几条强度最强的谱线的频率呢？实验结果说明确实如此。

一个由 n 个原子组成的分子，其自由度为 $3n$，除去 3 个平动、3 个转动（线型分子为 2 个）外，有 $3n-6$ 个振动自由度（线型分子有 $3n-5$ 个振动自由度）。每个振动自由度都有一种基本振动方式，当分子按这种方式振动时，所有的原子都有相同位相和相同频率，即简正振动。简正振动可以分为两大类：①只是键长有变化而键角不变，称伸缩振动；②键长不变而键角改变的振动，称为弯曲振动。分子的各种振动不论怎样复杂，都可表示成这些简正振动方式的叠加。

每一个红外活性的简正振动都有一个特征频率，反映在红外光谱上就可能出现一个吸收峰。简正振动方式的独立性使分析光谱问题得到简化，每个简正振动都应用简谐振子的性质去描述多原子分子的振动是很复杂的，常用经验规律进行分析。

在比较一系列化合物的光谱后，发现在不同化合物中同一化学键或官能团近似地有一共同频率，称为该化学键或基团的特征振动频率。分析各个谱带所在的频率范围，即可用以鉴定基团和化学键。化学键和基团虽有相对稳定的特征吸收频率，但受到各种因素的影响，在不同的化学环境中，将会有所变化，使用时需要仔细分析。

分子的红外光谱起源于分子的振动基态 ψ_a 与振动激发态 ψ_b 之间的跃迁。只有在跃迁的过程中有偶极矩变化的跃迁，即 $\int \psi_a \mu \psi_b \mathrm{d}\tau$ 不为零的振动才会出现红外光谱，这称为红外活性。在振动过程中，偶极矩改变大者，其红外吸收带就强；偶极矩不改变者，就不出现红外吸收，为非红外活性。这部分内容会在红外光谱一节中进行详细讲解。

思考题

1. 写出 O_2、O_2^+、O_2^-、O_2^{2-} 的键级、键长长短次序及磁性。
2. 试比较下列同核双原子分子：B_2、C_2、N_2、O_2、F_2 的键级、键能和键长的大小关系，在相邻的两个分子间填入 "＞" 或 "＜" 符号表示。
3. 按分子轨道理论写出 NF、NF^+、NF^- 的基态电子组态，说明它们的不成对电子数和磁性（提示：按类似 O_2 的能级排）。
4. 以亚甲基为例说明分子的基本振动形式。
5. 水分子和二氧化碳分子的振动自由度分别是多少？

参考文献

[1] 周公度，段连运. 结构化学基础[M]. 5 版. 北京：北京大学出版社，2017.

[2] 余焜. 材料结构分析基础[M]. 北京：科学出版社，2010.

[3] 吴刚. 材料结构表征及应用[M]. 北京：化学工业出版社，2013.

[4] 赞德纳. 表面分析方法[M]. 强俊，胡兴中，译. 北京：国防工业出版社，1984.

[5] 陆家和，陈长彦. 表面分析技术[M]. 北京：电子工业出版社，1987.

[6] 周清. 电子能谱学[M]. 天津：南开大学出版社，1995.

[7] 王建祺，吴文辉，冯大明. 电子能谱学 XPS/XAES/UPS 引论[M]. 北京：国防工业出版社，1992.

[8] 左演声，陈文哲，梁伟. 材料现代分析方法[M]. 北京：北京工业大学出版社，2000.

[9] 潘承璜，赵良仲. 电子能谱基础[M]. 北京：科学出版社，1981.

[10] Chastain J. Handbook of X-ray photoelectron spectroscopy[M]. Beijing: Perkin-Elrner corporation, Physical Electronics Division, 1992.

[11] 黄惠中. 论表面分析及其在材料研究中的应用[M]. 北京：科学技术文献出版社，2002.

[12] Briggs D, Seah M P. Practical Surface Analysis [M]. New York: Wiley, 1990.

[13] 薛奇. 高分子结构研究中的光谱方法[M]. 北京：高等教育出版社，1995, 170-195.

[14] 吴人洁. 现代分析技术在高聚物中的应用[M]. 上海：上海科学技术出版社，1979, 139-157.

[15] 汪昆华，罗传秋，周啸. 聚合物近代仪器分析[M]. 北京：清华大学出版社，1989, 20-45.

第 4 章

分子结构及光谱分析（二）

 【本章导读】

　　本章主要对典型的分子光谱如拉曼光谱、光电子能谱、紫外可见吸收光谱、红外光谱、核磁共振等进行重点分析，近 20 年来，测定分子光谱的仪器有了很大的发展，仪器准确度和分辨率大大提高，这不但扩大了它的应用范围，而且促进了分子光谱学本身的发展。此外，对这些光谱在材料研究中的应用科研实例进行了介绍，为分子光谱在材料科学研究中的应用提供借鉴和参考。

 【思维导图】

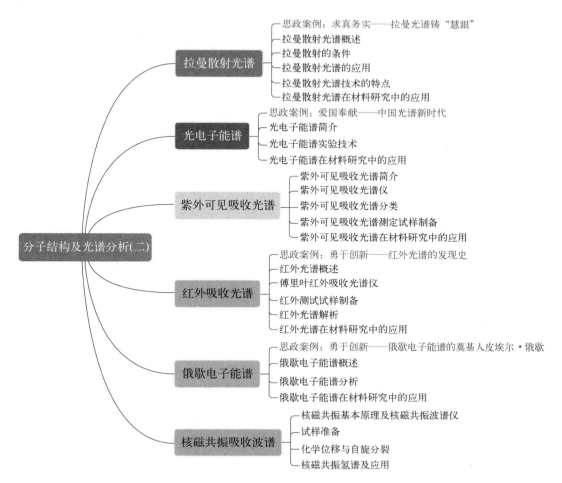

4.1 拉曼散射光谱

【思政案例】

求真务实——拉曼光谱铸"慧眼"

4.1.1 拉曼散射光谱概述

单色光照射试样，除产生与原入射光相同频率的瑞利散射外，还有一系列很弱的偏离入射光频率的拉曼（Raman）散射，包括斯托克斯散射和反斯托克斯散射。由于拉曼谱线的数目、频率位移的大小、谱线的强度直接与试样分子的振动或转动能级有关，所以拉曼散射光谱（拉曼光谱）是一种分子光谱，用于研究晶体或分子结构。

拉曼光谱图通常以拉曼位移（波数）为横坐标，散射强度为纵坐标。通常只记录斯托克斯谱带，而略去反斯托克斯谱带。

一般化合物的分子都是各向异性的，当入射光为偏振光时，分子散射出不同偏振方向的光。所以，除了波数和强度这两个参数，拉曼光谱还有一个参数为去偏振度，以它来衡量分子振动的对称性，增加了有关分子结构的信息。测量去偏振度，需要在散射光的光路中设置检偏器，当检偏器与入射光的振动方向平行时，检测器检测到的散射光强度用 $I_{//}$ 表示；当检偏器与入射光的振动方向垂直时，检测到的散射光强度用 $I_{\perp}$ 表示。那么，定义去偏振度 $\rho = I_{\perp}/I_{//}$。

拉曼散射光谱仪和红外吸收光谱仪结构类似，可以采用光栅分光，也可以采用傅里叶变换技术。拉曼散射采用单色光入射，波长范围从紫外到红外都可以；而红外吸收只能选择连续波长的红外光作为光源。

激光器的问世，提供了优质高强度单色光。激光拉曼光谱与傅里叶变换红外光谱相配合，有力地推动了拉曼散射的研究。如今，激光拉曼光谱的应用范围已经遍及化学、物理学、生物学和医学等各个领域。

4.1.2 拉曼散射的条件

散射是带电粒子在光作用下受迫振动而产生的辐射。拉曼散射产生的条件：分子的极化率随原子振动频率 v_i 做周期变化。这样，在频率为 v_0 的入射光作用下，散射光的频率会变成 (v_0+v_i) 和 (v_0-v_i)。如果分子的极化率不随原子振动而变化，那么散射光的频率就不会发生变化，依然是 v_0。

我们把能产生拉曼散射的振动方式称为是拉曼活性的；反之，不能产生拉曼散射的振动方式称为是拉曼非活性的。

可以证明，凡具有对称中心的分子，其完全对称的振动是非红外活性的，是拉曼活性的；完全非对称的振动则完全相反，是红外活性的，而不是拉曼活性的。以二氧化碳分子的振动为例，对称伸缩振动是拉曼活性的，不是红外活性的；反对称伸缩振动和弯曲振动是红外活性的，不是拉曼活性的，具体振动方式将会在 4.4.1 小节进行介绍。对于无对称中心的分子，其振动过程中分子的极化率和偶极矩都发生变化，因此同时具有拉曼活性和红外活性。

4.1.3 拉曼散射光谱的应用

拉曼光谱分析是以拉曼效应为基础建立起来的分子结构表征技术，其信号来源是分子的振动和转动。

拉曼光谱和红外光谱都是反映物质分子的振动特征的，但它们的机理不同，分子振动在两种光谱中表现的活性是不同的，其光谱也有差别。这两种光谱有时可以作为互补来确定分子的结构。

（1）定性分析

拉曼光谱分析的原理和方法与红外光谱是类似的。不同的物质具有不同的特征光谱，因此可以通过光谱进行定性分析。拉曼光谱特别适合于高聚物碳链骨架或环的测定，并能很好地区分各种异构体，如单体异构、位置异构、几何异构、顺反异构等。对含有黏土、硅藻土等无机填料的高聚物，可不经分离而直接作为分析试样。

（2）定量分析

拉曼谱线的强度与试样分子的浓度成正比，这是拉曼光谱定量分析的根据。拉曼光谱用于有机化合物和无机阴离子的分析，检出限在 $\mu g \cdot cm^{-1}$ 数量级。

在定量分析中，入射光的功率，试样池厚度和光学系统的参数对拉曼信号强度有很大的影响，故多选用能产生较强拉曼信号并且其拉曼峰不与待测拉曼峰重叠的基质或外加物质的分子作内标加以校正。

4.1.4 拉曼散射光谱技术的特点

拉曼光谱技术最近发展很快，已经在界面和表面科学、材料乃至生命科学研究中发挥越来越重要的作用。其原因，一方面是激光技术的发展；另一方面是纳米科技的迅猛发展，推动拉曼光谱成为迄今很少可达到单分子检测水平的技术。

（1）拉曼光谱用于分析的优点

① 因为激光束在它的聚焦部位的直径通常只有 0.2～2mm，而且，拉曼显微镜物镜可将激光束进一步聚焦至 20μm 甚至更小。所以，拉曼光谱可分析很小面积的试样，这是拉曼光谱相对常规红外光谱一个很大的优势。

② 拉曼光谱是一种无损伤的分析方法，不需要对试样进行处理，可直接通过玻璃、光纤对试样进行测量，操作简便，快速。

③ 由于水的拉曼散射很微弱，所以拉曼光谱是研究水溶液中的生物试样和化合物的理想工具。

④ 拉曼散射一次可以覆盖 50～4000cm^{-1}。

⑤ 当激发光频率与待测分子的某个电子的吸收峰接近或重合时，这一分子的某个或几个特征拉曼谱带强度可达到正常拉曼谱带的百倍以上，这就是共振拉曼效应，有利于低浓度和微量试样的检测。

（2）拉曼光谱用于分析的不足

① 拉曼散射谱线的强度容易受光学系统参数等因素的影响。

② 荧光容易对拉曼光谱的分析形成干扰。

③ 由于拉曼的信号很弱，只有入射光强度的 $10^{-8} \sim 10^{-6}$。相对来说，红外的信号要强得多，所以在目前的实际应用中，红外更广泛一些。

4.1.5　拉曼散射光谱在材料研究中的应用

4.1.5.1　在高分子材料结构研究中的应用

（1）在高分子构象研究中的应用

根据互相排斥规则，凡具有对称中心的分子，它们的红外吸收光谱与拉曼散射光谱没有频率相同的谱带。

上述原理可帮助推测聚合物的构象。例如聚硫化乙烯（PES）分子链的重复单元为 *—(CH₂—CH₂—S)—*，与 CH₂—CH₂，CH₂—S，S—CH₂，CH₂—CH₂，CH₂—S 及 S—CH₂ 有关的构象分别为反式、右旁式、右旁式、反式、左旁式和左旁式。倘若 PES 的这一结构模式是正确的，那它就具有对称中心，从理论上可以预测 PES 的红外及拉曼光谱中没有频率相同的谱带。假如 PES 采取像聚氧化乙烯（PEO）那样的螺旋结构，那就不存在对称中心，它们的红外及拉曼光谱中就有频率相同的谱带。实验测量结果发现，PEO 的红外及拉曼光谱有 20 条频率相同的谱带。而 PES 的两种光谱仅有二条谱带的频率比较接近。因而可以推论 PES 具有与 PEO 不同的构象：在 PEO 中—CH₂—CH₂—链是旁式构象，CH₂—O 为反式构象；而在 PES 中 CH₂—CH₂ 链是反式构象，CH₂—S 为旁式构象。

分子结构模型的对称因素决定了选择原则。比较理论结果与实际测量的光谱，可以判断所提出的结构模型是否准确。这种方法在研究小分子的结构及大分子的构象方面起着很重要的作用。

（2）高分子的红外二向色性及拉曼去偏振度

图 4.1 为拉伸 250% 的聚酰胺-6 薄膜的红外偏振光谱。图 4.2 为拉伸 400% 的聚酰胺-6 薄膜的偏振拉曼散射光谱。在聚酰胺-6 的红外光谱中。某些谱带显示了明显的二向色性特性。它们是 NH 伸缩振动（3300cm⁻¹）、CH₂ 伸缩振动（3000～2800cm⁻¹）、酰胺 I（1640cm⁻¹）及酰胺 II（1550cm⁻¹）和酰胺 III（1260cm⁻¹ 和 1201cm⁻¹）吸收谱带。其中 NH 伸缩振动、CH₂ 伸缩振动及酰胺 I 谱带的二向色性比较清楚地反映了这些振动的跃迁距在样品被拉伸后向垂直于拉伸

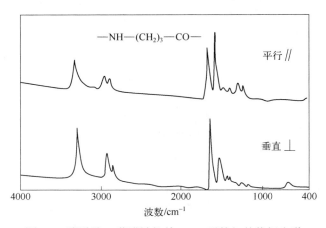

图 4.1　聚酰胺-6 薄膜被拉伸 250% 后的红外偏振光谱

方向取向。酰胺Ⅱ及Ⅲ谱带的二向色性显示了 C—N 伸缩振动向拉伸方向取向。聚酰胺-6 的拉曼光谱（图4.2）的去偏振度研究结果与红外二向色性完全一致。拉曼光谱中 1081cm^{-1} 谱带（C—N 伸缩振动）及 1126cm^{-1} 谱带（C—C 伸缩振动）的偏振度显示了聚合物骨架经拉伸后的取向。

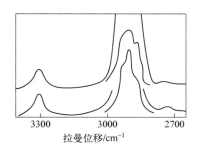

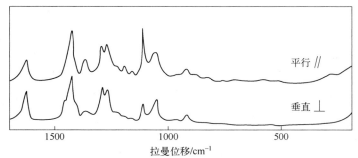

图 4.2　聚酰胺-6 薄膜被拉伸 400% 后的偏振拉曼散射光谱

∥表示偏振激光电场矢量与拉伸方向平行；⊥表示偏振激光电场矢量与拉伸方向垂直

（3）聚合物形变的拉曼光谱研究

纤维状聚合物在拉伸形变过程中，链段与链段之间的相对位置发生了移动，从而使拉曼线发生了变化。下面举例说明。

近年来发展一种所谓的"分子复合材料"，它是由纳米级直径的棒状分子增强树脂基体构成的。"分子复合材料"可以制成各种形状的一维、二维或三维增强体系，并从分子水平上进行增强。在这类材料中较为成功的例子是聚对亚苯基苯并二噻唑（PBTZ）棒状聚合物分散在半柔顺性的聚 2, 5(6)-苯并咪唑（ABPBI）基体中，它们的分子式为：

PBTZ　　　　　　ABPBI

纯 PBTZ 的杨氏模量为 270GPa。质量分数为 30% 的 PBTZ 及 70% 的 ABPBI 树脂制成薄膜，杨氏模量可达 88GPa，将 10mm 宽的膜横向拉宽至 11mm，用激光拉曼测定其中的 PBTZ 的形变状态，如图 4.3 所示。图 4.3 中的拉曼线呈现了明显的荧光效应。但 PBTZ 的特征谱带依然十分清晰。如 1175cm^{-1}、1480cm^{-1} 和 1600cm^{-1} 拉曼线等。其中以 1480cm^{-1} 谱带最为强烈，这是由 PBIZ 分子中共轭结构引起的共振散射效应。1550cm^{-1} 谱带及 1440cm^{-1} 肩峰则是 ABPBI 分子的拉曼线。图 4.4 则为 PBTZ 纤维及 PBTZ/ABPBI 分子复合材料发生 2% 形变前后的谱带变化。1480cm^{-1} 拉曼线是 PBTZ 分子中杂环的伸缩振动引起的。

棒状 PBTZ 受拉伸时分子发生畸变，分子力场发生非谐效应，导致这一拉曼线向低波数区移动，且变得更宽。

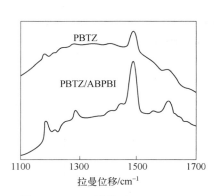

图 4.3 PBTZ 纤维及 PBTZ/ABPBI
分子复合薄膜的拉曼光谱图

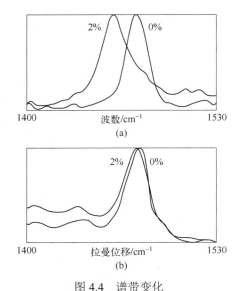

图 4.4 谱带变化

（a）PBTZ 纤维；（b）PBTZ/ABPBI 分子复合材料形变前后的 1480cm^{-1} 谱带

（4）医用高分子材料

　　高分子材料常用于药物传递系统。在许多情况下，药物可通过体液对高分子膜内药物的浸取及药物自身的扩散逐渐被人体吸收，药物分子的大小及高分子膜的交联程度影响药物释放的速度。另一种药物被吸收的方法是高分子生物材料受体液的溶解及水解而逐渐磨耗并放出药物，一系列合成高分子材料具有生物降解的化学键，它通过生物体液水解而断裂，即所谓生物降解。FT-Raman 光谱（傅里叶变换拉曼光谱）是研究此类体系的较好技术，因为水的干扰小。如图 4.5 为高聚脂肪酸酐水解过程的 FT-Raman 光谱图，图中 1808cm^{-1} 和 1739cm^{-1} 处的二条谱带为酸酐的特征峰。随着不断水解，这两条谱带的强度不断减弱，这说明随着高聚脂肪酸酐的水解，其酸酐含量在逐渐降低。

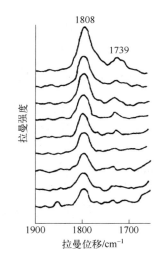

图 4.5 高聚脂肪酸酐水解过程
FT-Raman 光谱

4.1.5.2 在材料表面化学研究中的应用

　　高分子材料表、界面的结构变化或化学反应常常影响材料的性能。聚合物的表面结构及复合物的界面结构研究，对于工程材料、黏合剂及涂料工业都有重要意义。近来出现的表面增强拉曼散射（sur face enhanced Raman scattering，SERS）技术可以使与金属直接相连的分子层的散射信号增强 $10^5 \sim 10^6$ 倍。这一惊人的发现使激光拉曼成为研究表面化学、表面催化等领域的重要检测手段。下面简要概述复合材料界面相的结构研究。

（1）用 SERS 技术研究聚丙烯腈与银片相连的界面区的反应

图 4.6 为聚丙烯腈（PAN）涂在光滑银片表面的红外反射吸收光谱和普通拉曼光谱，以及涂在硝酸刻蚀后的粗糙的银表面的 SERS 谱。由图可见，红外反射吸收光谱与 PAN 的普通透射谱（见图 4.7）没有明显的区别，但普通拉曼谱并未给出明显的拉曼线，这是样品太薄的缘故。SERS 具有强烈的增强效应，图 4.6（c）呈现了清晰的拉曼谱带，但与 PAN 的拉曼光谱完全不同，拉曼线 $1600cm^{-1}$、$1080cm^{-1}$、$1000cm^{-1}$ 是典型的芳环的振动。因此可以推测，PAN 在银表面已经被催化环化了。而红外光谱显示的聚合膜本体仍然是 PAN，因而可以推测，只有与银直接相连的界面相是环化了的产物。

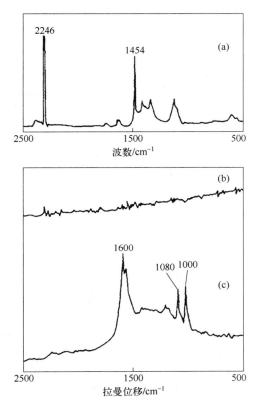

图 4.6　聚丙烯腈在金属银表面的光谱（厚度为 30nm）

（a）红外-反射吸收光谱；（b）光滑银表面的普通拉曼光谱；（c）粗糙银表面的 SERS 谱

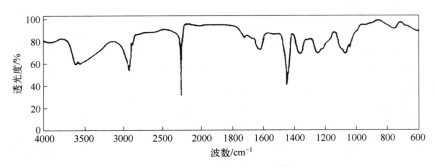

图 4.7　聚丙烯腈的红外光谱

图 4.8 为涂在银表面的厚度约为 300nm 的 PAN 的光谱。样品在测试光谱之前，曾在 80℃分别加热 24h 和 6h。

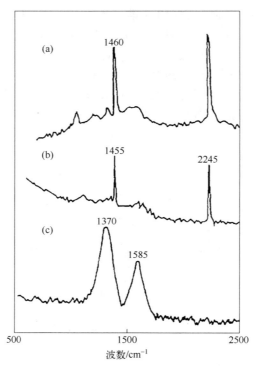

图 4.8　涂在银表面的 PAN 的光谱
（a）PAN 在粗糙银表面加热 80℃，24h 后的漫反射红外光谱；
（b）PAN 在光滑银表面加热 80℃，24h 后普通拉曼光谱；
（c）PAN 在粗糙银表面加热 80℃，6h 后的 SERS 谱上述样品厚度均为 300nm

图 4.8（a）和图 4.8（c）分别为粗糙银表面的漫反射红外及 SERS 谱，图 4.8（b）为光滑银表面的普通拉曼谱。图 4.8（a）和图 4.8（b）基本上是 PAN 的本体光谱，而图 4.8（c）则完全是石墨光谱，表示 PAN 在粗糙银表面的界面区域中已完全转化为石墨，而本体区域依然 PAN。这一结果是非常奇特的，因为工业上用 PAN 纤维制造碳纤维至少要在 1000℃加热 24h，而 SERS 观察到粗糙的银表面只需在 80℃加热 6h 即可实现 PAN 向石墨的转化。图 4.9 为 PAN 向石墨低温转化的示意图。当 PAN 从稀溶液中沉积到金属表面，C≡N 侧基与金属配位。薛奇等人用 SERS 跟踪了这一过程，观察到在吸附初期 C≡N 拉曼线由 2245cm^{-1} 向 2160cm^{-1} 移动，表示 C≡N 是通过 π 键与银表面配位的。图 4.9 中的 SERS 谱呈现了典型的芳杂环的拉曼线，表示 PAN 在界面区域已经环化，由于银的催化效应，通常需 200～300℃才能实现的 PAN 环化，只需在室温下即能完成。图 4.9 中的 SERS 谱呈现了典型的石墨化的拉曼线，这说明稍加热后，实现了石墨化的过程。

由上述例子可以看出，红外反射吸收光谱及漫反射光谱都只能观察 PAN 的结构；而 SERS 技术由于具有对第一层分子最强烈的增强效应（可达 10^6 倍），离金属表面越远，增强效应逐次降低，所以实验中即使银表面的 PAN 涂层有几十到几百纳米厚，但得到的 SERS 光谱仍然只反映了银表面接触的 1 至数纳米的结构，可观察银表面的芳环、石墨结构。通过这一例子可以看到 SERS 在研究复合材料界面的微观结构方面，具有很高的灵敏度，可以有效地避开本体信息的干扰。

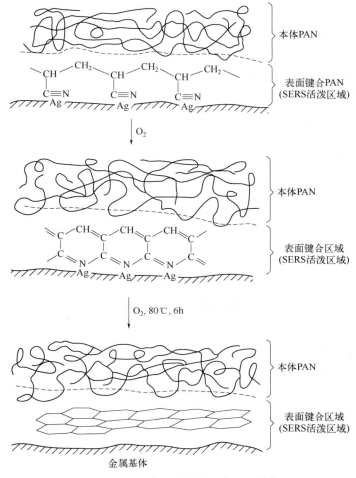

图 4.9　PAN 在界面相的环化、石墨化

（2）用 SERS 研究聚合物对金属表面的防蚀性能

氮杂环化合物在铜及其合金的防腐蚀方面有着广泛的用途。这是因为在共吸附氧的作用下，咪唑类化合物在铜或银等表面形成了致密的抗腐蚀膜。由于 SERS 可以对靠近基底的单分子层进行高灵敏度的检测。因此可用来观测覆盖在聚合物膜下面的氧化物的生成过程。因而 SERS 可作为一种原位判断表面膜耐蚀性能的手段。图 4.10 为苯并三氮唑及聚苯并咪唑在铜表面加热下的原位 SERS 谱。虽然这两种化合物在常温下具有优良的防蚀性能，但在高温下可以清楚地观察到在 $480 \sim 630 cm^{-1}$ 之间出现的氧化铜及氧化亚铜的拉曼谱线。SERS 谱中出现的氧化物拉曼谱线，表示在覆盖膜下金属的高温氧化过程。但是用 SERS 研究发现，当用聚苯并三氮唑及聚苯并咪唑混合溶液处理铜片之后，金属表面呈现优良的耐高温氧化性能。

图 4.10 中的原位 SERS 光谱表明，铜片经苯并三氮唑和聚苯并咪唑混合溶液处理后，比用单一化合物处理，具有优良得多的耐高温腐蚀性。

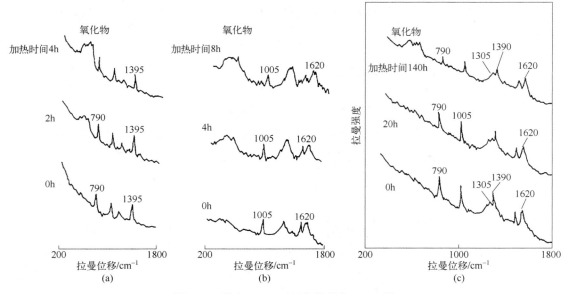

图 4.10　铜在 200℃下氧化的原位 SERS 谱

（a）用苯并三氮唑预先处理过的铜片；（b）用聚苯并咪唑预先处理过的铜片；
（c）用苯并三氮唑与聚苯并咪唑混合液预处理的铜片在 200℃原位 SERS 光谱

（3）拉曼光谱在生物大分子研究中的应用

激光拉曼光谱是研究生物大分子结构的有力工具之一。例如要研究像酶、蛋白质、核酸等这些具有生物活性的物质的结构，必须研究它在与生物体环境（水溶液、温度、酸碱度等）相似情况下的分子的结构变化信息及各相中的结构差异。显然用红外光谱研究是比较困难的。而用激光拉曼光谱研究生物大分子则在近 20 年来获得很大进展。已有数十种酶、蛋白质、肽抗体、毒素等用拉曼光谱进行了研究。图 4.11 是人体碳酸酐酶-B 的拉曼光谱。由图可以观察到构成人体碳酸酐酶-B 的各种氨基酸，以及特征化学键基团的拉曼谱带。如果能进一步对谱带进行详细的解析则可在构象、氢键和氨基酸残基周围环境等方面提供大量的结构信息。

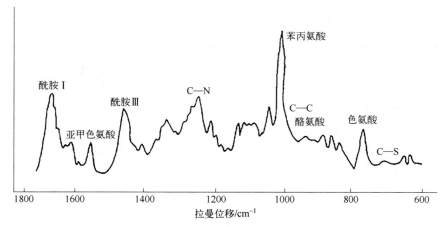

图 4.11　人体碳酸酐酶-B 的拉曼光谱

在生物领域中共振拉曼光谱具有显著的优越性。所谓共振拉曼光谱是当激光频率和生色团的电子运动的特征频率相等时，就会发生共振拉曼散射。共振拉曼散射的强度比正常的拉曼散射大好几个数量级。由于共振拉曼散射技术有很高的灵敏度，因而对研究在很稀的溶液中的生物生色基团提供了一个很灵敏的方法。

4.1.5.3　在无机材料体系研究中的应用

对于无机体系，拉曼光谱比红外光谱要优越得多，因为在振动过程中，水的极化度变化很小，因此其拉曼散射很弱，干扰很小。此外，络合物中金属-配位体键的振动频率一般都在$100 \sim 700 cm^{-1}$范围内，用红外光谱研究比较困难。然而这些键的振动常具有拉曼活性，且在上述范围内的拉曼谱带易于观测，因此适合于对络合物的组成、结构和稳定性等方面进行研究。

Tudor 测定了无机生物陶瓷材料羟基磷灰石粉末及其在金属表面涂层的 FT-Raman 光谱以及植入人体后表面涂层的光谱变化。还研究了不同温度下羟基磷灰石的 FT-Raman 光谱，以及它在热喷涂于金属表面过程中结构变化的情况。

FT-Raman 光谱是陶瓷工业中快速而有效的测量技术。陶瓷工业中常用原料如高岭土、多水高岭土、地开石和珍珠陶土的 FT-Raman 光谱如图 4.12（a）所示。由图可知，它们都有各自的特征谱带，而且比红外光谱［图 4.12（b）］更具特征性。

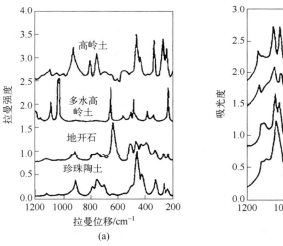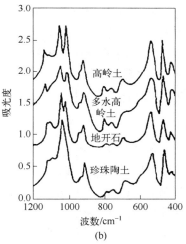

图 4.12　高岭土组 FT-Raman 光谱（a）及高岭土组傅里叶变换红外光谱（b）

4.2　光电子能谱

光电子能谱主要指 X 射线光电子能谱（X-ray photoelectron spectroscopy，XPS）和紫外光电子能谱（ultraviolet photoelectron spectroscopy，UPS）。UPS 主要用于测量固体表面价电子和价带分布、气体分子与固体表面的吸附，以及化合物的化学键。XPS 亦称化学分析电子能谱（electron spectroscope for chemical analysis，ESCA），主要用于分析表面化学元素的组成、化学态及其分布，特别是原子的价态、表面原子的电子密度、能级结构。

爱国奉献——中国光谱新时代

4.2.1 光电子能谱简介

4.2.1.1 概述

光具有波、粒二象性，当它照射物体时，会与物体表面发生相互作用。物体除了对光的吸收、反射、透射外，还会发生光电发射、干涉、衍射及光致脱附等现象，因此可以用光作为探束对物体进行分析。与其他探束（电子、离子）相比，光束有 3 个特点：一是光子的质量为 0，所以对试样表面的破坏或干扰最小；二是光子是中性的，对样品附近的电场或磁场没有限制要求，也能极大地减小样品带电问题，很适合于表面研究；三是光不仅能在真空中传播，也能在大气及其他介质中传播，本身不受真空条件的限制。光电子能谱就是用 X 光和紫外光作为探束的分析技术。

（1）光电效应

光电效应是一种偶极子的相互作用，即光子的所有能量消耗于结合电子的激发。它是光子能谱的物理基础。在外界光的作用下，物体（主要指固体）中的原子吸收光子的能量，使某一层的电子摆脱其所受的束缚，在物体中运动，直到这些电子到达表面。如果能量足够，方向合适，便可离开物体的表面而逸出，成为光电子。

从能量方面看，光电效应过程的能量关系要满足爱因斯坦方程：

$$E_c = h\nu - E_B - (-w + r_e) \tag{4.1}$$

式中，E_c 为光电子能量（动能）；$h\nu$ 为光子能量；E_B 为结合能；括弧内的量可看成一个校正因子；r_e 为光电子的反冲能，根据守恒定律 $r_e = M_e/M_i$，M_e 和 M_i 分别是电子和离子的质量，可见 r_e 小得可以忽略。即使对 H_2 这种极端情况，$r_e = M_e/M_i = 0.03\%$。因此，r_e 可以忽略。只有在特殊情况下，比如要分辨转动状态时，才考虑反冲能的影响，而一般不考虑。$-w$ 表示样品的逸出功，是比较重要的，它会使结合能变化几电子伏。式（4.1）的物理意义如图 4.13 所示。

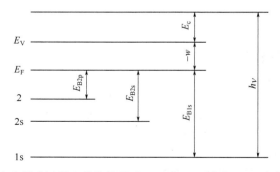

图 4.13　光电效应过程中的能量关系（E_F 为 Femi 能级，E_V 为真空能级）

（2）光源

在光电子能谱中常用的光源有两种：一种是单色 X 光；另一种是真空紫外光。由于两者的能量不同，所产生的光电子的能级也不同。紫外光一般只能使价电子成为光电子，固体中价电子能级展宽成为能带，光电子能谱 $N(E)$-E 是连续的，它可以反映价带中电子占有的能级密度分布，如图 4.14 所示。X 射线能量高，不仅可以电离价电子，也可以电离内层电子，此时能谱是孤立的峰，如图 4.15 所示。

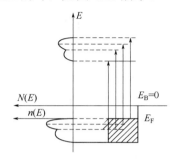

图 4.14 UPS 探测价电子能态

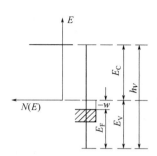

图 4.15 XPS 电离内层电子产生谱峰

① X 射线源。

通常用电子束轰击适当的靶，在特定的内壳中引起空位，通过辐射跃迁，原子的一个电子填充此空位，产生特征 X 射线。此过程的阈值能即是内壳电子的结合能。当轰击电子的能量刚好高于阈值时，产生的 X 射线的强度是很低的，但随着电子能量的提高，强度迅速增加，一般要求 3～5 倍于阈值能。例如，要产生 Cu 的 K_α-X 射线（K 结合能=8979eV），要求电压高于 30kV。对于较轻的元素（如铝和镁）电子束能应为阈值能的 5～10 倍，因为随着电压的升高，对设备的要求和价格急剧上升，所以要按需要购买合适的电源。

Mg 和 Al 的特征 K_α-X 射线是最重要的，它们有较好而实用的自然宽度（半高峰线宽，Al 是 0.9eV，Mg 是 0.8eV）。对于原子序数 Z 更高的元素（高于 13），K 壳的自然宽度增加，如 Cu(Z=29)为 2.5eV。除了 K 层 X 射线以外，也曾用 L 和 M 层 X 射线做过一些工作，由于它们的谱线较复杂，不如 K-X 射线满意，所以很少用。

② 真空紫外源。

真空紫外灯是外壳光电子谱中最重要的辐射源，由于受激自由原子或离子的激发产生鲜明的谱线。这些线强度大，自然宽度仅几 mV，对大多数分子轨道的研究有足够的能量。一般这种源可以不用单色器，因为强线附近没有其他辐射产生。

真空紫外区中最广泛应用的是 He-I 线（58.4nm，21.22eV），这种光子是将氦原子激发到共振态后，由 2p→1s 跃迁产生的，自然宽度只有几 mV。在适宜的条件下，这种小宽度产生的光电子谱，不仅能分开不同电子状态的能级，而且能分辨振动结构，某些情况中甚至能看到转动能级。表 4.1 列出与 He-I 源有关谱线的能量和近似强度，表 4.2 给出了常见杂质的谱线能量。

表 4.1 He-I 源有关谱线的能量和近似强度

线	能量/eV	$\lambda/10^{-1}$nm	近似相对强度
He- I 2p→1s	21.22	584.3	100
He- I 3p→1s	23.08	537.0	2
He- I 4p→1s	23.74	522.2	0.2
He- II 2p→1s	40.80	303.8	依赖于电压

表 4.2　常见的杂质的谱线能量

元素	能量/eV	$\lambda/10^{-1}$nm
O	9.52	1302.2
H	10.20	1215.7
N	10.92	1135.0

（3）靶样

原则上，固体和气体都可以用电子能谱法研究，但液体要用很特殊的技术来研究。为了分析从样品靶打出的电子的动能，能谱仪应在低压下工作，以使光电子在从靶到探测器的路程上不发生碰撞。对固体样品的研究，应使环境压强尽可能低（假定样品不升华）；气体样品的研究可用差分抽气法使源室维持于中等压强（0.1～100Pa）。液体样品可蒸发后进行测量。如有适当的差分抽气，也可以气体形式研究低蒸气压的液体（实际限度约 100Pa）。电子能谱法虽然不可能研究所有的问题，但它确实涉及了相当广泛的化学领域，包括气体、固体、凝聚的蒸气和液体。

4.2.1.2　光电子能谱的测量原理

X 射线光电子能谱的测量原理很简单，它是建立在 Einstein 光电效应方程基础上的，对于孤立原子，忽略光电子的反冲能 r_e，光电子动能为：

$$E_c = h\nu - E_B - (-w) \tag{4.2}$$

式中，$h\nu$ 和 $-w$ 是已知的，E_c 可以用能量分析器测出，于是 E_B 就知道了。同一种元素的原子，不同能级上的电子 E_B 不同，所以在相同的 $h\nu$ 和 $-w$ 下，同一元素会有不同能量的光电子，在能谱图上，就表现为不止一个谱峰。其中最强而又最易识别的就是主峰，主要用主峰来进行分析。不同的元素，E_c 和 E_B 不同，元素各支壳层的 E_B 具有特定值，所以用能量分析器分析光电子的 E_c，便可得出 E_B，对材料进行表面分析。

实际上，用能量分析器分析光电子动能时，分析器与样品相连，两者间存在着接触电位差 φ，于是进入分析器的光电子的动能为

$$E_{c1} = h\nu - E_B - (-w_1) \tag{4.3}$$

式中，$-w_1$ 为分析器材料的逸出功，$-w_1 = -w + \varphi$。

这些能量关系可以清楚地从图 4.16 看出。在式（4.3）中，如 $h\nu$ 和 $-w_1$ 已知，测出 E_{c1}，便可知 E_B，从而可进行表面分析。X 射线光电子谱仪最适于研究内层电子的光电子谱，如果要研究价电子结构，则利用紫外光电子能谱仪更合适。

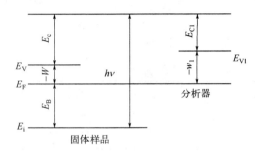

图 4.16　样品光电子与分析器光电子动能的比较

原子内壳层电子的结合能受核内电荷和核外电荷分布的影响，任何引起电荷分布发生变化的因素都能使原子内壳层电子的结合能产生变化。在光电子能谱上可以看到光电子谱峰的位移，这种现象称为电子结合能位移。由于原子处于不同的化学环境里而引起的结合能位移称为化学位移。化学位移可正可负，位移量值一般可达束缚能的百分之几。化学位移可以这样来认识，原子核附近的电子受核的引力和外层价电子的斥力，排斥力可看作是核和电子间的屏蔽效应，当失去价电子而氧化态升高时，屏蔽效应便减弱，电子与原子核的结合能增加，射出的光电子动能必然减少。化学位移的量值与价电子所处氧化态的程度和数目有关。氧化态愈高，则化学位移愈大。

在金属元素的光电子能谱中，最容易出现的是由于氧化而发生的 1s 电子结合能位移。例如铍（Be），它经氧化后生成 BeO，其光电子谱峰比纯铍的 1s 电子结合能向高能方向移动了 2.9eV。当铍与氟（F）生成 BeF_2 时，虽然它同 BeO 具有相同的价数，但却处在更高的氧化态，这是因为氟具有更高的电负性。因此在 BeF_2 中，由氟所引起的位移比 BeO 中氧所引起的还要大，如图 4.17 所示。这种化学位移与氧化态有关的现象，在其他化合物中也是存在的，利用这一信息可研究化合物的组成。

根据测得的光电子能谱就可以确定表面存在什么元素以及该元素原子所处的化学状态，这就是 X 射线光电子谱的定性分析。根据具有某种能量的光电子的数量，

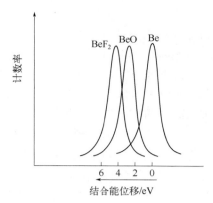

图 4.17 Be、BeO、BeF_2 中 Be 的 1s 电子结合能的位移

便可知道某种元素在表面的含量，这就是 X 射线光电子谱的定量分析。因为只有深度极浅范围内产生的光电子，才能够能量无损地输运到表面，用来进行分析，所以只能得到表面信息。

如果用离子束溅射剥蚀样品表面，然后用 X 射线光电子谱进行分析，两者交替进行，还可得到元素及其化学状态的深度分布，这就是深度剖面分析。光电子能谱仪的最大特点是可以获得丰富的化学信息，它对样品的损伤是最轻微的，定量也是最好的。它的缺点是由于 X 射线不易聚焦，因而照射面积大，不适于微区分析。不过近年来这方面取得一定进展，分析者已可用约 100μm 直径的小面积进行分析。最近英国某公司制成可成像的 X 射线光电子谱仪，称为 "ESCASCOPE"，除了可以得到 ES-CA 谱外，还可得到 ESCA 像，其空间分辨率可达到 10μm，被认为是表面分析技术的一项重要突破。

4.2.2 光电子能谱实验技术

4.2.2.1 光电子能谱仪

（1）X 射线光电子能谱仪

X 射线光电子能谱仪由 X 光源（激发源）、样品室、电子能量分析器、信息放大检测器和记录（显示）系统等组成，如图 4.18 所示。激发源能量范围为 0.1～10keV。一般常用 Mg 或 Al 的 $K_{\alpha 1}$ 和 $K_{\alpha 2}$ 复合线，它们的 $K_{\alpha 1}$ 和 $K_{\alpha 2}$ 双线间隔很近，可视为一条线。Mg 的 K_α 线能量为 1253.6eV，线宽（半宽度）为 0.7eV；Al 的 K_α 线能量为 1486.6eV，线宽约为 0.85eV。使用单色器可使线宽变窄去除 X 射线伴线产生的伴峰，及减弱连续 X 射线（韧致辐射）造成的连续背底，从而提高信噪比和提高分辨率。但单色器的使用显著减弱 X 射线强度，影响检测灵敏度。

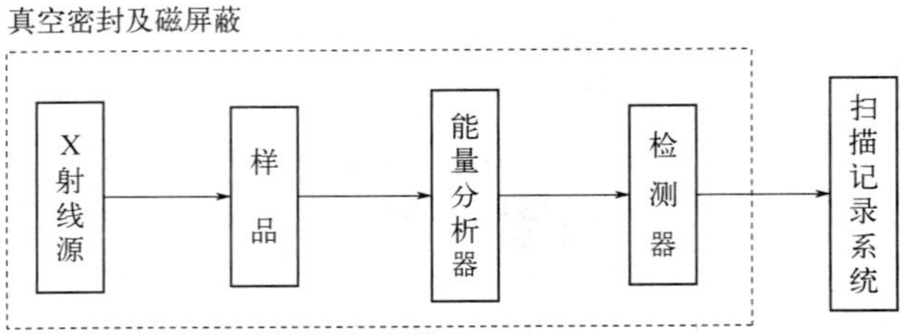

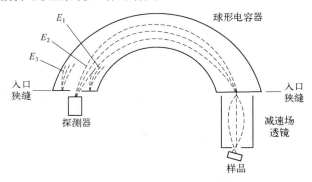

图 4.18 X 射线光电子能谱仪方框图

为保证光电子的无碰撞运动和保持试样表面的清洁状态，样品室（包括送样机构及样品台）必须处于超高真空（$10^{-7} \sim 10^{-9}$Pa）中。样品经原子级表面清洁处理（如氢离子清洗）后由送进系统送入样品室，置于能精确调节位置的样品台上，样品台具有三维移动、绕法线转动和倾斜 5 个自由度。

X 射线不容易偏转和聚焦，只能利用光阑来缩小其光斑尺寸。但光阑孔太小，光强将很弱，光电子数量太少，要求检测灵敏度过高，所以 X 射线照射样品的面积较大，使能量分辨率下降。而球偏转型电子能量分析器允许源面积较大，聚焦特性也很好。

能量分析器用于测定样品发射的光电子能量分布，如图 4.19 所示。光电子谱仪常用半球形静电式偏转型能量分析器，它由内外两个同心半圆球构成，进入分析器各入口的电子，在电场作用下发生偏转，沿圆形轨道运动。当控制电压一定时，电子运动轨道半径取决于电子的能量。具有某种能量（E_2）的各个电子以相同半径运动并在出口处的探测器上聚焦，而具有其他能量（如 E_3 与 E_1）的电子则不能聚焦在探测器上。如此连续改变扫描电压，则可以依次使不同能量的电子在探测器上聚焦，从而得到光电子能量分布。在能量分析器中，经能量（或动量）"分析"的光电子被探测器（常用通道式电子倍增器）接收并经放大后以脉冲信号的方式进入数据采集和处理系统，给出谱图。

图 4.19 半球偏转型能量分析器

（2）紫外光电子能谱仪

紫外光电子能谱仪与 X 射线光电子能谱仪非常相似，只需把激发源变换一下即可。目前采用的光源为光子能量小于 100eV 的真空紫外光源（常用 He、Ne 等气体放电中的共振线）。这个能量范围的光子与 X 射线光子可激发样品芯层电子不同，只能激发样品中原子、分子的外层价电子或固体的价带电子，因此紫外光电子能谱与 X 射线光电子能谱相比，具有其自身的应用特点。对于气体样品而言，紫外光电子发射方程为

$$h\nu = E_B + E_c + E_V + E_r \tag{4.4}$$

在紫外光电子能谱的能量分辨率下，分子转动能（E_r）太小，不必考虑；而分子振动能（E_V）可达数百毫电子伏特（0.05～0.5eV），且分子振动周期约为 10^{-13}s，而光电离过程发生在 10^{-16}s 的时间内，故分子的（高分辨率）紫外光电子能谱可以显示振动状态的精细结构。

由于紫外光电子能谱提供分子振动（能级）结构特征信息，因而与红外光谱相似，可用于一些化合物的结构定性分析。通常采用未知物（样品）谱图与已知化合物谱图进行比较的方法鉴定未知物。紫外光电子谱图还可用于鉴定某些同分异构体，确定取代作用和配位作用的程度和性质，检测简单混合物中各种组分等。

紫外光电子谱的位置和形状与分子轨道结构及成键情况密切相关，紫外光电子谱中一些典型的谱带形状如图 4.20 所示。紫外光电子能谱法能精确测量物质的电离电位，对于气体样品，电离电位近似对应于分子轨道能量。

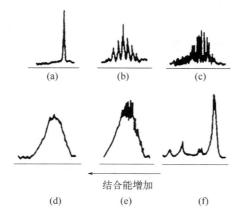

图 4.20　紫外光电子谱中典型的谱带形状
（a）非键或弱键轨道；（b）、（c）成键或反键轨道；
（d）非常强的成键或反键轨道；（e）振动叠加在离子的连续谱上；（f）组合谱带

由上述可知，依据紫外光电子能谱可以进行有关分子轨道和化学键性质的分析工作，如测定分子轨道能级顺序（高低），区分成键轨道、反键轨道与非键轨道等，因而为分析或解释分子结构、验证分子轨道理论的结果等工作提供了依据。图 4.21 所示为一些典型轨道的电离电位及其相应紫外光电子谱带出现的位置。如 π（键）轨道，其电离电位在 10eV 左右，此图有助于分析谱峰所对应轨道的性质。

在固体样品中，紫外光电子有最小逸出深度，因而紫外光电子能谱特别适合于固体表面状态分析。可应用于表面能带结构分析（如聚合物价带结构分析）、表面原子排列与电子结构分析及表面化学研究（如表面吸附性质、表面催化机理研究）等方面。显然，紫外电子能谱法不适于进行元素定性分析。由于谱峰强度的影响因素太多，因而紫外光电子能谱法尚难以准确进行元素定量分析。

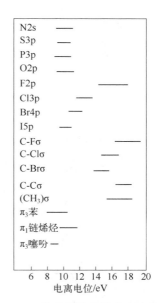

图 4.21　一些典型的轨道电离电位范围

4.2.2.2 样品的测定

（1）样品的制备与安装

一般情况下，尤其在分析样品自然表面时，无须制备，不然任何制备方法均易改变样品表面组分。但分析前，样品表面必须去除易挥发的污染物。一般的制样方法如下。

① 在另外的真空系统中除气或用合适的溶剂（正己烷或其他低碳氢溶剂，如无水乙醇等）清洗。如样品对 O_2 敏感，还需在 N_2 气氛（手套箱等）中操作。

② Ar^+ 刻蚀。但要注意，Ar^+ 刻蚀可能会改变表面化学性质（常发生还原反应），以及产生择优溅射效应，以致不能正确反映表面初始状态和组分。

③ 打磨。用 600 号碳化硅砂纸打磨表面，也可以去除样品表面明显的沾污物。不过这样做时，会局部生热，使表面与周围气体可能发生反应（如空气中会氧化，氮气中生成氮化物等）。打磨时还会引起表面粗糙，会降低 XPS 的信号强度。此法不能满意地用于碱金属或碱土金属。

④ 断裂或刮削。有些能谱仪，带有合适的装置，能在超高真空下，对许多材料进行真空断裂或刮削，以得到新鲜的清洁表面。

⑤ 研磨成粉末。用氧化铝（刚玉）研钵，把样品研磨成粉末，可以测得体相组分。研磨时，会局部升温，故应缓慢地研磨，以减小新鲜样品的化学变化。研磨前后，应保持研钵的清洁（如用硝酸擦洗、砂纸打磨、无水乙醇清洗、脱水干燥等）。

粉末样品的安装常用以下几种方法。

① 常用双面胶带沾上粉末样品后，轻轻抖落多余部分。在沾粉末样品时，样品台（面上已粘有双面胶带）不能在粉末样品上平移，只能上、下触压，以免把胶带上的高聚物翻滚到样品表面，妨碍测试。注意选用适宜超高真空工作的胶带。要求尽可能不要在真空中放气，并且组分尽量简单（如只含 C、H 等）。

② 样品也可以直接压在 In 箔上（借助清洁的 Ni 片压板等）。

③ 以金属栅网做骨架压片，常用的栅网以金、银或铜等材质为好。

④ 直接压片。

（2）仪器校正

为了对样品进行准确测量，得到可靠数据，必须对仪器进行校正，最好的方法是用标样来校正谱仪的能量标尺，常用的标样是 Au、Ag 和 Cu，纯度须在 99.8%以上；采用窄扫描（小于等于 20eV）以及高分辨率（分析器的通过能量约为 20eV）的收谱方式。目前国际上公认的清洁 Au、Ag 和 Cu 的谱峰位置见表 4.3。由于 Cu2$p_{3/2}$、CuL$_3$MM 和 Cu3p 三条谱线的能量位置几乎覆盖常用的能量标（0～1000eV），所以 Cu 样品可提供较快和简单的对谱仪能量标尺的检验。

表 4.3　清洁 Au、Ag 和 Cu 各谱线的结合能 E_g　　　　　　　　　　单位：eV

标样	Al K$_\alpha$	Mg K$_\alpha$
Cu3p	75.14	75.13
Au4f$_{7/2}$	83.98	84.00
Ag3d$_{5/2}$	368.26	368.27
CuL$_3$MM	567.96	334.94
Cu2p$_{3/2}$	932.67	932.66
AgM$_4$NN	1128.78	895.75

（3）收谱

首先接收宽谱，扫描范围为 E_B=0～1000eV 或更高，它应包括可能元素的最强峰。能量分析器的通能约 100eV，接收狭缝选最大，尽量提高灵敏度，以减少接收时间，增大检测能力。

其次接收窄谱，用以鉴别化学态、定量分析和峰的解迭。必须使峰位和峰形都能准确测定，扫描范围小于 25eV，分析器通过能量（pass energy）选用小于等于 25eV，并减小接收狭缝，以提高分辨率；可减小步长，增加接收时间。对辐射敏感或较短时间内才存在的峰应先收，接收时间长短以 X 射线辐照下不影响样品化学态变化为原则。

（4）识别谱图

① 谱线的种类

从样品发射的光电子，若没有经历能量损失，在电子能谱图中，就以峰的形式出现。若经历随机的多重能量损失，就会在峰的高结合能侧，以连续的升高的背景形式出现。常见的谱线有三类：一类为技术上的基本谱线（如 C、O 等污染线）；二类为与样品物理、化学本质有关的谱线；三类为仪器效应的结果（如 X 射线非单色化产生的卫星伴线等）。

a. 光电子谱线　在能谱图中最强的光电子谱线较对称也最窄。高结合能侧的光电子峰要比低结合能侧的宽 1～4eV。对绝缘样品而言，其光电子峰要比导体样品的宽约 0.5eV。

b. Auger 线　具有较复杂样式的线组。XPS 中可观察到 4 种主要系列：KLL、LLM、MNN 和 NOO。Auger 电子的本质决定了 Auger 线在谱图中的特点：Auger 线的结合能峰位随不同 X 射线源而不同（对 Al K_α 和 Mg K_α 两种不同的 X 射线源，其差值为 233.0eV，Al K_α 源时的结合能大）。最终空位处于价能级的内层型 Auger 线，常常至少有一个强峰，并且峰宽类似于最强的光电子谱峰。主要的 Auger 线峰位常与光电子峰位一起汇编。

c. X 射线的卫星伴线　若使用非单色化 X 射线源，还有一些光子能量较高的次要 X 射线分量。因此在 XPS 谱图中，会在主峰的低结合能侧出现伴峰。对 Mg 和 Al 靶而言，这些卫星峰的能量与强度见表 4.4。

表 4.4　卫星峰的能量与强度

		α1、α2	α3	α4	α5	α6	β
Mg	间距/eV	0	8.4	10.2	17.5	20.0	48.5
	相对高度	100	8.0	4.1	0.55	0.45	0.5
Al	间距/eV	0	9.8	11.8	20.1	23.4	69.7
	相对高度	100	6.4	3.2	0.4	0.3	0.55

偶尔不是来自阳极靶材的一些X射线也会辐照到样品上,在谱图上会出现一些小的强峰,但与标准峰有一定能量间隔。这些谱线来自 Al 靶中的杂质 Mg，或相反的情况，或阳极 Cu 基底，或阳极氧化物，或 X 射线窗口的 Al 箔。这些线会搅乱对谱线的分析，尽管非单色化的谱图很少出现或单色化源的谱图不可能出现，但在排除所有其他可能性后，应考虑这些"鬼线"。

d. 携上线（shake-up）　在光电离过程中，若离子不处在基态，而处在激发态（比基态高出几个 eV），则此时这部分原子发射的光电子动能将有所减小。减小量恰为基态与激发态间的能量差。这种效应就会在谱图上比主峰结合能高几个 eV 处出现伴峰（即携上峰）。对顺磁化合物而言，携上峰的强度可接近主光电子峰。有时携上峰还不止一个，有时也会在 Auger

线的轮廓中，出现携上峰。通过对携上峰间距与相对强度的测量来鉴别化学态是很有用的。

e. 多重裂分　从 s 轨道电离发射一个电子后，留下新的未配对电子与原子中其他未配对电子的耦合，会产生具有不同终态构型因而是不同能量的离子。这会引起一个光电子峰不对称地裂分成几个组分。多重裂分也可发生在 p 能级的电离，会产生更复杂的结果。在合适情况下，会增加自旋双线间距，如在第一排过渡金属中 $2p_{3/2}$ 和 $2p_{1/2}$ 谱线间隔所表明的那样，以及会产生组分峰形不显眼的不对称性，不过这种对 p 双线的影响常被携上峰弄模糊。

f. 能量损失线　对有些材料，由于光电子和样品表面区电子间的相互作用，会引起特定的能量损失。通常在主峰高结合能侧 $20 \sim 25 \mathrm{eV}$ 处出现明显的不怎么尖的驼峰。而在绝缘体中，这种现象弱得多。对金属，这种现象非常明显。出现等离子体激元（plasmon）源自传导电子的基团振荡。它们分为体相等离子体激元（较强）和表面等离子体激元（较弱），并且 $E_{sp} = E_{bp}/1.414$（E_{sp} 为表面等离子体激元能量，E_{bp} 为体相等离子体激元能量）。在非导体中不易看到，也不是所有导体都很明显，只在 I A 和 II A 族金属中才有明显的等离子体激元线。

g. 价电子线和谱带　指 E_F 以下 $10 \sim 20 \mathrm{eV}$ 区间内强度较低的谱图。这些谱线是由分子轨道和固体能带发射的光电子产生的。当内层电子的 XPS 在形状和位置上十分类似时，有时可应用价带及价电子谱线来鉴别化学态和不同材料。

② 谱线识别

a. 首先要识别存在于任一谱图中的 C1s、O1s、C(KLL) 和 O(KLL) 谱线。有时它们还较强。

b. 识别谱图中存在的其他较强的谱线。识别与样品所含元素有关的次强谱线。同时注意有些谱线会受到其他较强谱线的干扰，尤其是 C 和 O 谱线的干扰。如 Ru3d 受 C1s，V2p 及 Sb3d 受 O1s、I(MNN)，Cr(LMM) 受 O(KLL) 和 Rn(MMN) 受 C(KLL) 的干扰等。

c. 识别其他和未知元素有关的最强、但在样品中又较弱的谱线，此时要注意可能谱线的干扰。

d. 对自旋裂分的双重谱线，应检查其强度比以及裂分间距是否符合标准值。一般地，对 p 线，双重裂分之比应为 1:2；对 d 线，应为 2:3，对 f 线，应为 3:4（也有例外，尤其是 4p 线，可能小于 1:2）。

e. 对谱图背底的说明。在谱图中，明确存在的峰均由来自样品中出射的未经非弹性碰撞没有能量损失的光电子组成。而经非弹性碰撞、能量损失的那些电子就在结合能比特征峰高的一侧形成背底。由于能量损失是随机和多重散射，故背底是连续的。并且非单色化谱中的背底要高于单色化的，这是由韧致（bremsstrahlung）辐射所致。谱中的噪声主要不是仪器造成的，而是计数中收集的单个电子在时间上的随机性造成的。在任何通道上收集的计数标准偏差等于计数平方根的倒数，故峰叠加其上的背底表示样品、激发源和仪器传输性能的特性。

4.2.3　光电子能谱在材料研究中的应用

（1）元素及其化学态的定性分析

元素（及其化学状态）的定性分析即以实测光电子谱图与标准谱图相对照，根据元素特征峰位置（结合能及其化学位移）确定样品（固态样品表面）中存在哪些元素及这些元素存在于何种化合物中。标准谱图载于相关手册、资料中，常用某公司的（X 射线光电子谱手册）载有从 H 开始的各种元素的标准谱图（以 AlK_α 和 MgK_α 为激发源），谱图中有光电子谱峰与俄歇谱峰位置并附有化学位移数据。图 4.22 为 Fe_2O_3 标准谱图示例。定性分析原则上可以鉴定除氢、氦以外的所有元素，分析时首先通过对样品（在整个光电子能量范围）进行全扫描，以确定样品中存在的元素；然后再对所选择的谱峰进行窄扫描，以确定化学状态。

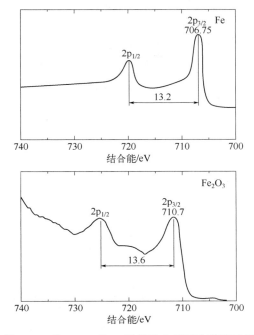

图 4.22   为 Fe_2O_3 的 X 射线光电子标准谱图示例

图 4.23 为电解不同时间的 $CaTiO_3$ 阴极的 Ti2p 峰的价带谱。由于电子的自旋-轨道耦合作用，电解后的 $CaTiO_3$ 阴极中钛离子的 Ti2p 轨道被分解为 $Ti2p_{1/2}$ 和 $Ti2p_{3/2}$ 两个能级峰。$CaTiO_3$ 阴极在烧结后的钛离子价态依然为+4 价，这表明烧结后的 $CaTiO_3$ 阴极没有发生变化，电解产物中钛离子价态降低的行为是由加电压引起的还原反应所导致的。电解 2h 之后的钛离子价态为+3 价，即 Ti_2O_3，第一阶段的还原速度比较快，Ti_2O_3 还没有向更低价还原。电解 6h 之后的钛离子价态为+4、+3、+2 和+1 价，随着 Ti_2O_3 的进一步还原，出现了+2 和+1 价钛离子，即 TiO 和 Ti_2O。电解 24h 后的 $CaTiO_3$ 阴极中出现了 0 价，表明 $CaTiO_3$ 阴极还原为了金属钛，进一步证实了 $CaTiO_3$ 的还原历程。

定性分析时，必须注意识别伴峰和杂质、污染峰（如样品被 CO_2、水分和尘埃等污染，谱图中出现 C、O、Si 等的特征峰）。定性分析时一般利用元素的主峰（该元素最强最尖锐的特征峰）。显然，自旋轨道分裂形成的双峰结构情况有助于识别元素，特别是当样品中含量少的元素的主峰与含量多的另一元素非主峰相重叠时，双峰结构是识别元素的重要依据。联合利用光电子谱峰和俄歇峰进行定性分析的方法通常是有效的，相关内容可查阅参考文献。

（2）材料的定量分析

X 射线光电子谱用于元素定量分析有理论模型法、灵敏度因子法、标样法等各种方法，已有多种定量分析理论模型。但由于实际问题的复杂性（如样品表面的污染、谱仪结构、操作条件的不同等），目前理论模型法的实际应用及其准确性还受到很大的限制，所以下面简单介绍目前应用最广的元素（原子）灵敏度因子法。灵敏度因子 S 定义为

$$S = eAfy\sigma\theta T\lambda_e \tag{4.5}$$

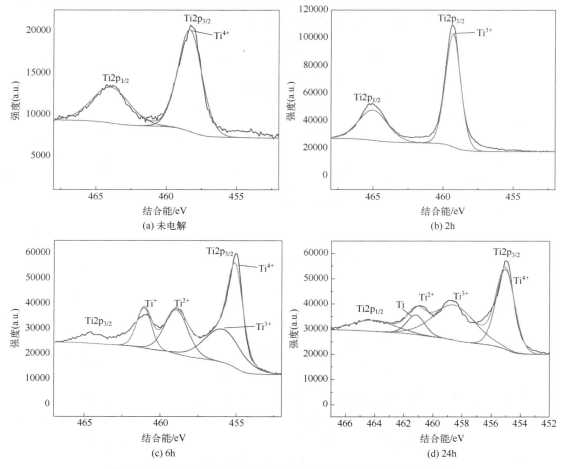

图 4.23　电解不同时间的 CaTiO$_3$ 阴极的 Ti2p 的 X 射线光电子谱图

式中，e 为电子电荷；A 为被探测光电子的发射面积；f 为 X 射线的通量；y 为产生额定能量光电子的光电过程的效率，指从某能级光电离的光电子其能量未因某种原因（如振激、振离等）受到损失者（具有额定能量者）占从此能级电离出去的所有光电子的百分数；σ 为一个原子特定能级的光电离截面，描述这个能级上的一个电子光致电离发射出去的概率；θ 为角度因子，与 X 射线入射方向及接收光电子方向有关的因子；T 为谱仪检测出自样品的光电子的检测效率，T 与光电子能量有关；λ_e 为非弹性散射平均自由程。

设在样品"表面区域"内（约 $3\lambda_e\cos\theta$ 深度范围），各元素密度均匀，且在此范围内入射的 X 射线强度保持不变，则某元素光电子峰强度（I）与 S 的关系为

$$I = nS \tag{4.6}$$

式中，n 为原子密度，即单位体积原子数。

根据式（4.6），对于样品中任意两元素 i 和 j 有

$$\frac{n_i}{n_j} = \left(\frac{I_i}{I_j}\right)\left(\frac{S_i}{S_j}\right) \tag{4.7}$$

而元素 i 的原子分数为

$$C_i = \left.n_i\middle/\sum n_j\right. = \left.\left(\frac{I_i}{S}\right)\middle/\sum\left(\frac{I}{S_j}\right)\right. = \left.1\middle/\sum\left[\left(\frac{I_j}{I_i}\right)\left(\frac{S_i}{S_j}\right)\right]\right. \tag{4.8}$$

由以上两式可知，因 I_i/I_j 可测，故只要求得 S_i/S_j，则 n_i/n_j 及 C_i 均可求，S 可通过计算或实验获得，完全理论计算 S 误差很大，最好实测。通常设 F1s 的灵敏度因子为 1，其他元素的灵敏度因子是与 F1s 灵敏度因子相比较的相对值。部分元素灵敏度因子值可从有关文献中查到。一般 X 射线光电子谱仪生产厂家均针对具体仪器给出灵敏度因子值。

X 射线光电子能谱采用灵敏度因子法定量结果的准确性比俄歇能谱相对灵敏度因子法定量好，一般误差可以不超过 20%。由于在一定条件下谱峰强度与其含量成正比，因而可以采用标样法（与标准样品谱峰相比较的方法）进行定量分析，精确度可达 1%～2%，但由于标样制备困难费时，且应用具有一定的局限性，故标样法尚未得到广泛采用。

（3）材料化学结构分析

通过谱峰化学位移的分析不仅可以确定原子存在于何种化合物中，还可以研究样品的化学结构。图 4.24 所示分别为 1,2,4,5-苯四甲酸、1,2-苯二甲酸以及苯甲酸钠的 C1s 光电子谱图。这些化合物中的碳原子分别处于两种不同的化学环境中（一种是苯环上的碳，一种是羧基碳），因而它们的 C1s 谱是两条分开的峰。谱图中两峰的强度比 4∶6、2∶6 和 1∶6 恰好符合 3 种化合物中羧基碳和苯环碳的比例。由此种比例可以估计苯环上取代基的数目，从而确定其结构。图 4.25 所示为聚乙烯与聚氟乙烯的 C1s 谱图，由图可知，与聚乙烯相比，聚氟乙烯 C1s 对应于不同的基团—CFH—与—CH$_2$—，成为两个部分分开且等面积的峰。

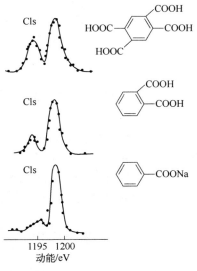

图 4.24　1,2,4,5-苯四甲酸
1,2-苯二甲酸以及苯甲酸钠的 C1s 光电子谱图

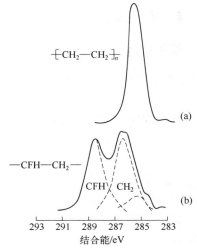

图 4.25　聚乙烯与聚氟
乙烯的 C1s 谱图

4.3 紫外可见吸收光谱

4.3.1 紫外可见吸收光谱简介

连续光照射试样时，光被有选择地吸收，透射光经过展谱就是吸收光谱。物质的吸收光谱曲线也可以这样获得：令不同波长的单色光依次通过被分析的物质，测得不同波长下的透射光强度，然后绘制吸收光谱。

由于空气强烈吸收波长小于 190nm 的紫外光，故人们把波长为 10～190nm 称为真空紫外光区，或远紫外光区，在光谱仪中很少使用。光谱分析主要使用近紫外光和可见光，波长为 190～800nm。

紫外可见吸收光谱图通常以波长 λ(nm)作横坐标，以吸光度 A 或摩尔吸收系数 ε(L·mol^{-1}·cm^{-1}) 作纵坐标。

紫外吸收光谱的产生是分子或原子对紫外光子选择性俘获的过程，是电子跃迁的结果。吸收光谱描述了物质对不同波长的光的吸收能力，它反映了物质原子和分子的能级结构，所以可以对物质结构进行定性、定量分析，特别是进行官能团鉴定、分子量测定、配合物的组分及稳定常数的测定等。

4.3.2 紫外可见吸收光谱仪

在紫外可见分光光度计中配置光源及吸收池（安放试样的透明容器），即构成紫外可见吸收光谱仪，所以紫外可见吸收光谱仪往往称为紫外可见分光光度计。吸收光谱仪有单光束和双光束两种类型。

吸收谱带可以用光谱图显示，另外也常用谱带中最大吸收处的波长 λ_{max} 和摩尔吸收系数 ε_{max} 来表示，或记作 $\lambda_{max}(\varepsilon_{max})$。例如，CH$_3$I 的吸收谱带记作 λ_{max}= 258nm(ε_{max} =387)，其中，ε 的单位往往被略去。

4.3.3 紫外可见吸收光谱分类

（1）有机化合物的紫外可见吸收光谱

有机化合物的紫外可见吸收光谱取决于分子的结构、分子轨道上电子的性质（化学键的性质）。

从化学键的性质来看，有机化合物与紫外可见吸收光谱有关的电子主要有 3 种，即形成单键的 σ 电子、形成双键的 π 电子以及未成键的 n 电子（孤对电子）。对于位于周期表第 2、3 周期的元素来说，n 电子是 p 电子。根据分子轨道理论，分子中这 3 种电子的能级从低到高的次序是：σ$<$π$<$n$<$π*$<$σ*。图 4.26 显示了几种分子轨道能量的相对大小，可能发生的电子跃迁所需要吸收的能量大小以及相应的吸收峰的波长范围。

在近紫外区和可见光区，有机化合物分子有几个谱带系，不同的谱带系相当于不同电子能级的跃迁。

在一定的测试条件下，谱带的 ε_{max} 近似地表示跃迁概率的大小。对有机分子而言，通常认为 $\varepsilon_{max}>$5000 为强吸收带；ε_{max} =200～5000 为中等强度吸收带；ε_{max} =10～200 为弱吸收带。

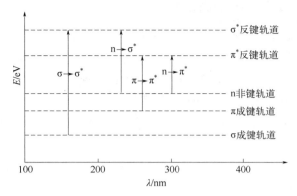

图 4.26　几种电子跃迁相应吸收的能量及吸收峰波长范围

（2）饱和烃化合物吸收带

① 远紫外吸收带（σ→σ*吸收谱带）。

饱和烷烃分子只有 σ 键，产生 σ→σ*跃迁需要较大的能量，波长范围在 190nm 以下，属于远紫外区，如 CH_4 的吸收峰在 125nm、C_2H_6 在 135nm。

② 尾端吸收带（n→σ*吸收谱带）。

当饱和短分子中的氢被氧、氮、卤素、硫等杂原子取代时，因有 n 电子，可能发生 n→σ*跃迁。吸收波长为 150～250nm，位于远紫外区末端，以及到近紫外的交界处。例如，碘甲烷 σ→σ*吸收峰在 150～210nm，n→σ*的吸收峰在 259nm。n→σ*属禁阻跃迁，故吸收弱，$\varepsilon_{max} = 100～3000$。

n→σ*所需要的能量主要取决于 n 电子所属原子的性质，而与分子结构的关系较小。例如，O、Cl 的电负性大，含 O、Cl 的饱和化合物比含 S、N、Br、I 的饱和化合物 n→σ*的吸收谱带出现在更短波长处。

（3）不饱和烃化合物吸收带

① 生色团。

如果有机化合物含有不饱和基团，则提供 π 键电子。由于 π→π*、n→π*跃迁所需能量较小，可吸收波长 200nm 以上的光而显色。将这种不饱和基团称为生色团，也称发色基。生色团是吸收近紫外光或可见光的结构单元。常见的生色团有碳碳双键、羰基、偶氮基、硝基、亚硝基等。

② 助色团。

某些有机化合物中有一些基团本身没有生色作用，但却能增强生色团的生色能力，这类基团称为助色团，它们都含有孤对电子。由于 n 轨道与生色团中的 π、π*轨道相互混合产生 π_1、π_2、π_3 轨道，而 $\pi_2 \to \pi_3$ 跃迁能量低于 π→π*跃迁能量，如图 4.27 所示，所以生色团的吸收峰向长波方向移动并增加其强度。常见的助色团如—OH、—OR、—NH_2、—NR_2、—SH、—SR、—Cl、—Br 等。

③ 红移与蓝移。

生色团的吸收峰波长因为引入某些取代基，或者因为相邻基团的影响而向长波方向移动，这种效应称为红移，或深色移动。与红移相反，吸收峰的波长向短波方向移动的效应称为蓝移，或浅色移动。

（4）具有共轭双键的化合物的吸收带

如果一个化合物的分子含有数个生色团，但它们并不发生共轭作用，那么该化合物的吸收光谱包含这些生色团原有的吸收带。如果多个生色团彼此形成了共轭体系，即相间的 π 键与 π 键相互作用（双键共轭效应）产生 π_1、π_2、π_3、π_4 轨道。那么，原来各个生色团的吸收谱就会消失，而产生新的吸收带，如图 4.28 所示。含有这种共轭体系的化合物分子称为共轭分子，如共轭二烯（环状二烯，链状二烯）、α,β-不饱和酮、α,β-不饱和酸、多烯、芳香核与双键或碳基的共轭等。

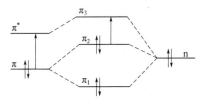

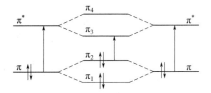

图 4.27　n-π 共轭形成的分子轨道能级图　　　图 4.28　π-π 共轭形成的分子轨道能级图

由于 $\pi_2 \rightarrow \pi_3$ 跃迁能量较小，所以吸收峰红移，有的可能进入可见光区，生色作用大为加强。例如，乙烯吸收峰为 171nm(ε_{max}=15530)；而丁二烯的吸收峰移动到 217nm，吸收强度也显著增加（ε_{max}=21000）。

生色团越多，共轭双键越多，红移越显著。共轭体系的吸收谱带通常有以下几种。

① K 吸收带。

K 吸收带以德文 konjugation（共轭作用）得名，是共轭双键中 $\pi \rightarrow \pi^*$ 跃迁所产生的吸收带。共轭烯烃、烯酮等化合物有此吸收带。K 带的特点是吸收强度大，ε_{max} 一般大于 10000；吸收峰位置一般为 217～280nm。K 吸收带的波长及强度与共轭体系的数目、位置、取代基的种类等有关。

② E 吸收带。

E 吸收带是芳香族化合物的特征吸收带，由苯环结构中三个乙烯的环状共轭体系的 $\pi \rightarrow \pi^*$ 跃迁所产生，分为 E_1 带和 E_2 带。E_1 带吸收峰约在 180nm，E_2 带吸收峰约在 200nm，都属于强吸收带，ε_{max} 一般都大于 10000。

③ B 吸收带。

B 吸收带因 benzenoid（苯环型的）得名，是芳香和杂环化合物的特征吸收带。苯蒸气在 230～270nm 出现包含有多重峰的宽吸收带，称为精细结构吸收带，也称 B 吸收带，是由 $\pi \rightarrow \pi^*$ 跃迁和苯环的振动的重叠引起的。

若在苯环上引入助色团，吸收强度增加，同时发生红移，但 B 带精细结构往往会消失。

④ R 吸收带。

R 吸收带因德文 radikal（基团）得名，是共轭分子中含杂原子的不饱和基团 $n \rightarrow \pi^*$ 跃迁产生的吸收带。醛、酮类等化合物有此吸收带。R 带处于较长的波长范围（约 300nm），当吸收带的波长移至可见光区域时，该物质就有了颜色。$n \rightarrow \pi^*$ 为禁阻跃迁，故 R 带属于弱吸收带，ε_{max} 一般小于 100。

上述几个吸收带具有共轭双键的化合物的紫外光谱的主要特点，特别是强烈的 K 吸收带，ε_{max} 往往大于 10^4。

（5）溶剂效应

极性化合物在极性溶剂中发生吸收光谱的红移或蓝移，称为溶剂效应。

在 $\pi \rightarrow \pi^*$ 跃迁中，激发态的极性大于基态，当使用极性大的溶剂时，溶剂与溶质相互作用，激发态 π^* 比基态 π 的能量下降更多，因而激发态与基态之间的能量差减小，导致吸收谱带红移。而在 $n \rightarrow \pi^*$ 跃迁中，基态 n 电子与极性溶剂形成氢键，降低了基态能量，使激发态与基态之间的能量差变大，导致吸收谱带蓝移。

（6）无机化合物的紫外可见吸收光谱

无机化合物主要有两类紫外可见吸收带，一类是电荷转移吸收带，波长范围为 200～450nm；另一类是配位体场吸收带，波长范围为 300～500nm。

① 电荷转移吸收带（p→d 跃迁）。

某些分子同时具有电子给予体部分和电子接受体部分，它们会强烈吸收紫外光或可见光，使电子从给予体外层轨道向接受体跃迁，这样产生的光谱称为电荷转移光谱，许多无机化合物能产生这种光谱。例如：

$$Fe^{3+}—SCN^- \xrightarrow{h\nu} Fe^{2+}—SCN$$

电子从 SCN⁻ 跃迁到 Fe^{3+}，这样的激发态是一种内氧化还原过程的产物。一般情况下，电子还会迅速地回到其原来状态，但是有时候也可能发生激发配合物的解离。

电荷转移吸收带不仅谱带宽，而且强度大，一般 $\varepsilon_{max} > 10^4$，因此，用这类谱带进行定量分析可获得较高的测定灵敏度。

② 配位体场吸收带（d→d、d→f 跃迁）。

配位体场吸收带指的是过渡金属水合离子或过渡金属离子与配位体所形成的配合物吸收紫外或可见光所形成的吸收光谱。

以三价钴的六配位配合物 CoA_6 为例，配位体 A 分布在以 Co^{3+} 为中心的八面体晶体场中，使 Co 离子的 5 个简并的 d 轨道发生分裂。由于 d 轨道未充满，就会发生电子在这些能级之间的跃迁，即 d→d 跃迁。

4.3.4 紫外可见吸收光谱测定试样制备

紫外可见吸收光谱测定通常在溶液中进行，因此，需要选用合适的溶剂将各种试样转变为溶液。选择溶剂的一般原则如下。

① 对试样有良好的溶解能力，但必须不和被测组分发生化学反应。

② 在溶解度允许范围内，极性较弱。

③ 溶剂对紫外光的吸收波长应该小于 210nm，或者至少在试样的吸收范围内无吸收（透明）。烷烃化合物的吸收带在远紫外区，故常用作溶剂。

④ 被测组分的浓度宜控制在吸光度为 0.2～0.8，这时测量精度最好。

⑤ 挥发性小、不易燃、无毒性以及价格便宜。

⑥ 在可见光区进行测量时，还需要选择合适的显色剂将被测组分转变成有色化合物。

4.3.5 紫外可见吸收光谱在材料研究中的应用

紫外可见吸收光谱显示分子中生色团和助色团及其附近环境的结构特性，而不能反映整个分子的特性。所以，紫外可见吸收光谱并不适用于有机化合物的鉴定，但适用于有机化合物的结构分析，尤其是不饱和有机化合物共轭体系的鉴定。此外，紫外可见吸收光谱还能测定某些化合物的物理化学参数，如摩尔质量、配合物的配合比和稳定常数以及酸、碱电离常数等。

紫外可见吸收光谱分析法的灵敏度较高，准确度好，分析速度快，仪器简单和操作简便，易于普及，现已广泛地应用于地质、冶金、材料、医药、环境、化学等各个领域。仅以药物分析来说，一些国家已将数百种药物的紫外吸收光谱的 λ_{max} 和 ε_{max} 载入药典，作为定量分析的依据。紫外可见吸收光谱检测抗坏血酸，其最低检出浓度可达 $1\mu g/mL$。

紫外可见吸收光谱法主要用于有机化合物的结构分析，对无机物的结构分析应用较少。下面举例说明紫外可见吸收光谱的一些应用。

（1）化合物纯度检查

如果某化合物在紫外区没有吸收峰，而杂质有较强吸收，或者如果某化合物在紫外区有较强的吸收带，而杂质没有强吸收，这时可用吸光系数来检查其纯度。例如，要检定甲醇或乙醇中的杂质苯，可利用苯在 256nm 处的 B 吸收带。再如，已知菲的氯仿溶液在 296nm 处有强吸收（$\varepsilon_{max}=12500$）。用某法精制的菲，用紫外光谱测得 $\varepsilon_{max}=11500$，表明其纯度不会超过 90%、其余很可能是蒽等杂质。

（2）未知试样的鉴定

在相同溶剂和相同浓度的条件下，把未知试样的紫外吸收光谱图与标准试样（或与标准图谱）做比较，若两者的谱图相同，说明它们是同一个化合物。例如，图 4.29 为维生素的合成产品与天然产品的吸收光谱，它们的吸收光谱可以认为是相同的。

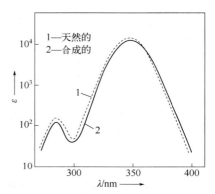

图 4.29　合成的维生素 A2 与天然产品的紫外光谱

但应注意，如果物质组成的变化不影响生色团及助色团，就不会显著地影响其吸收光谱。因为紫外吸收光谱常常只有 2～3 个较宽的吸收峰，有相同生色团而分子结构不同的情况是很常见的，如甲苯和乙苯，它们的紫外吸收光谱可能十分相似，但它们的吸光系数是有差别的，所以在比较 λ_{max} 的同时，还要比较它们的 ε_{max}。

（3）有机化合物分子结构的推断

紫外吸收光谱可以提供分子中可能具有的生色团、助色团以及共轭程度的一些信息，这对有机化合物结构的推断和鉴别往往是很重要的。以下是几个常用的推断依据。

① 如果化合物在紫外区没有吸收峰，说明不存在共轭体系，没有醛、酮或溴、碘等基团，它可能是脂肪族碳氢化合物、胺、腈、醇、羧酸等不含双键或环状共轭体系的化合物。

② 如果化合物在 210～250nm 有强吸收的 K 带，则可能含有两个双键共轭体系。如果在 250～300nm 有中强吸收的 K 带，则可能含有 3～5 个共轭系统。

③ 如果化合物在 250～300nm 有中等强度的 B 带，表示可能有苯环。

④ 如果化合物在 260～350nm 出现很弱的 R 带而无其他强吸收峰，说明只含非共轭的、具有 n 电子的生色团，如羰基。

⑤ 300nm 以上的高强度吸收，说明化合物具有较大的共轭体系。若高强度具有明显的精细结构，说明为稠环芳烃、稠环杂芳烃或其衍生物。

（4）定量分析

紫外可见吸收光谱法定量分析的基本依据是朗伯-比尔定律，即溶液的吸收度 A 与吸光物质浓度 c 和液层厚度 t 成正比。

① 单组分溶液的浓度测量。

a．校准曲线法：配制一系列被测组分含量不同的标准溶液（包括不含被测组分的空白溶液），在相同条件下测量这些标准溶液的吸光度，绘制吸光度-浓度曲线作为校准曲线。然后，在相同条件下测量未知试样的吸光度，从校准曲线上就可以找到与之对应的未知试样的浓度。

b．标准对比法：在相同条件下测量试样溶液的吸光度 A_x 和标准溶液的吸光度 A_s，由标准溶液的浓度 c_s 可计算出试样中被测物的浓度 c_x 即

$$c_x = \frac{A_s}{A_x} \times c_s \tag{4.9}$$

② 多组分溶液的浓度测量。

多组分溶液的紫外吸收光谱中包含各组分的吸收峰，或多或少是互相重叠的。以两个组分的溶液为例，溶液中组分 1 和组分 2 的浓度分别用 c_1、c_2 表示，液层厚度用 t 表示。选定两个合适的波长 λ_1 及 λ_2，分别测定混合溶液的吸光度，用 $A(\lambda_1)$、$A(\lambda_2)$ 表示，根据式（4.10）、式（4.11），可得式（4.12）：

$$A = \lg \frac{I_0}{I} = \varepsilon t \tag{4.10}$$

$$\varepsilon = \varepsilon_1 + \varepsilon_2 + \varepsilon_3 + \cdots = \sum_{j=1}^{n} (\varepsilon_m)_j c_j \tag{4.11}$$

$$\begin{aligned} A(\lambda_1) &= \varepsilon_1(\lambda_1) c_1 t + \varepsilon_2(\lambda_1) c_2 t \\ A(\lambda_2) &= \varepsilon_1(\lambda_2) c_1 t + \varepsilon_2(\lambda_2) c_2 t \end{aligned} \tag{4.12}$$

式中，ε 为组分的摩尔吸收系数；ε_1、ε_2 分别为组分 1 和组分 2 的摩尔吸收系数，它们是波长的函数，故记作 $\varepsilon_1(\lambda_1)$、$\varepsilon_1(\lambda_2)$、$\varepsilon_2(\lambda_1)$、$\varepsilon_2(\lambda_2)$。

选择合适的 λ_1 及 λ_2 主要是希望解方程所得的 c_1、c_2 的误差比较小。

例如，测定混合物中磺胺噻唑（ST）及氨苯磺胺（SN）的含量，应先做出 ST 及 SN 两个纯物质的吸收光谱，如图 4.30 所示。选择 $\lambda_1=262\text{nm}$，$\lambda_2=293\text{nm}$，然后分别在 λ_1 及 λ_2 处测定混合物的吸光度 A。

图 4.31 为利用紫外可见光吸收光谱鉴定天然和合成红色绿柱石，室温下测得的天然红色绿柱石（NB-001）及水热法合成红色绿柱石（HB-001，HB-002）样品的紫外可见吸收光谱。将这三组可见吸收光谱进行比较后发现，天然红色绿柱石与合成红色绿柱石的紫外可见吸收光谱在 372nm 和 560nm 左右各有一个强的吸收带。

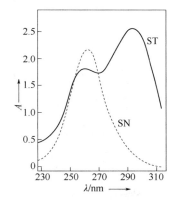

图 4.30　ST 及 SN 在乙醇中的紫外光谱

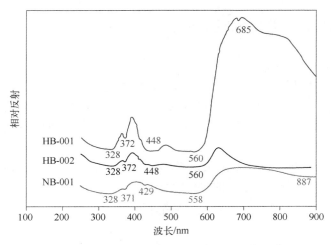

图 4.31　红色绿柱石样品的 UV-Vis 吸收光谱

硝酸银水溶液在 PVP（聚乙烯吡咯烷酮）-去离子水体系制备银纳米粒子过程中，利用紫外可见光吸收光谱对制备的不同 PVP 浓度下的纳米银颗粒进行测试，在图 4.32 中可以看出，在反应时间为 5h 时，随着 PVP 量的增加，吸收峰位没有明显变化，但强度明显增强，说明在 420～430nm 处得到银纳米粒子，而且在 PVP 量增加的情况下反应速率随之加快。

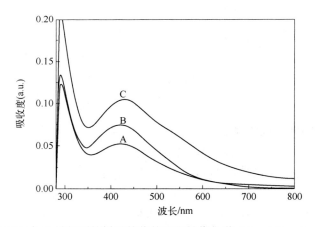

图 4.32　不同 PVP 加入量得到的样品的紫外可见吸收光谱（A—0.5g，B—1g，C—2g）

图 4.33 为不同铝掺杂量的 AZO（Al 掺杂 ZnO）薄膜的透射光谱。从图可知：铝掺杂量为 2%时，在可见光区平均透射率大约 70%，铝源掺杂量（原子百分比）为 4%、5%、6%和8%样品在可见光波段的平均透射率大于 80%，铝掺杂量为 5%时，部分波长区域（绿光波长区 550nm 左右）透射率可达到 90%以上。但从框图可以看出：在紫外波段，随着铝掺杂量的增加，薄膜的吸收边，先向短波方向移动，而后长波方向移动，也就是说先蓝移后红移。相应的吸收限波长先减小后增大，AZO 薄膜的光学禁带宽度 E_g 值随掺杂量的增加，先增大后减小。

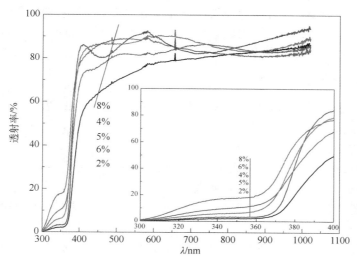

图4.33　不同 Al 掺杂量下 AZO 薄膜的透射光谱

4.4　红外吸收光谱

对物质自发发射或受激发射的红外射线进行分光，可得到红外发射光谱。物质的红外发射光谱主要取决于物质的温度和化学组成。对通过某物质的红外射线进行分光，可得到该物质的红外吸收光谱。每种分子都有由其结构决定的独有的红外吸收光谱。

红外发射光谱由于测试比较困难，实验技术尚不成熟，目前仍处于发展阶段。现在使用的红外光谱技术主要是吸收光谱方法。红外吸收光谱图，除了用波长 λ 作为横坐标外，更常使用波数作为横坐标，用透射光的强度或者吸光度为纵坐标。

 【思政案例】

勇于创新——红外光谱的发现史　

4.4.1　红外光谱概述

当具有连续波长的红外光通过物质时，如某频率的光子能量与分子两能级的能量差相等，该频率的光被该分子吸收，宏观表现为透射光强度变小。

红外吸收光谱又称为分子振动转动光谱。红外光谱法实质上是一种根据分子内原子间的相对振动和分子转动等信息来确定物质分子结构和鉴别化合物的分析方法。

红外光谱的最大特点是具有特征波数，红外吸收峰的位置与强度反映了分子结构上的特点。在研究了大量化合物的红外光谱后发现，不同化合物中，同一类型基团（官能团）的吸收谱带总是出现在一个很窄的波数范围内，这种吸收谱带的波数称为基团波数或特征波数。这种基团波数不是一个固定不变的值，而是有一定变化范围。引起基团波数位移的因素是多方面的：分子中邻近基团的相互作用（如溶剂效应、配位作用、共轭效应），使同一基团在不同分子中所处的化学环境产生差别，此外还有环境温度的影响等。根据基团波数以及基团波数位移特征，不但可以用来鉴别物质的结构组成或确定其化学基团，还可以用来进行定量分析和纯度鉴定。另外，红外光谱有时也用在化学反应的机理研究上。

（1）红外吸收的条件

红外光谱是由于分子振动能级（同时伴随转动能级）跃迁而产生的，物质分子吸收红外辐射应满足两个条件。

① 辐射光子具有的能量与发生振动能级跃迁所需的能量相等。

② 分子振动必须伴随偶极矩的变化。偶极矩在电磁场作用下振动而吸收电磁场的能量。所以，并非所有的分子振动都会产生红外吸收，偶极矩等于零的分子振动就不能产生红外吸收。将能吸收红外光的振动方式称为是红外活性的；反之，不能产生红外吸收的振动方式称为是红外非活性的。

二氧化碳分子的振动，可作为直线形分子振动的一个例子。其基本振动自由度数等于4，如图 4.34 所示。

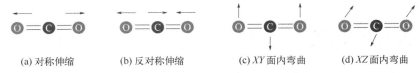

(a) 对称伸缩 　　 (b) 反对称伸缩 　　 (c) XY 面内弯曲 　　 (d) XZ 面内弯曲

图 4.34　二氧化碳分子振动的四种形式

图 4.34（c）和（d）表示的弯曲振动是同一种类型（仅方向不同），故实际上 CO_2 分子的振动只有三种基本振动形式。其中，对称伸缩振动不发生偶极矩的变化，是非红外活性的，不吸收红外光；反对称伸缩振动和弯曲振动发生偶极矩的变化，是红外活性的，它们吸收红外光的波数分别为 $2349cm^{-1}$ 和 $667cm^{-1}$。

（2）基频跃迁及其谱线数量

分子某种形式的振动的固有频率称为该振动的基频，基频振动相邻能级之间的跃迁称为基频跃迁，这是最主要的振动跃迁形式。我们知道，一般的振动都包含一系列的频率成分，除基频之外，还有二倍频、三倍频等。不过，倍频跃迁的概率很低，相应的吸收带自然很弱。

分子的基频吸收带中所含振动谱线的数量应该等于该分子中所有原子的振动自由度，即线性分子（$3n-5$）、非线性分子（$3n-6$）。但实际上，绝大多数化合物在红外光谱图上出现的谱线数没有那么多。这主要有以下几个原因。

① 没有偶极矩变化的振动，不产生红外吸收。

② 相同频率的振动可能包含若干个自由度，即简并。

③ 仪器分辨率不高，不能区别频率十分接近的振动。

④ 有些吸收带很弱，仪器检测不出，或有些吸收带落在检测范围之外。

⑤ 液体和固体的分子间相互作用较强，谱峰增宽，相邻谱线重叠，一个谱带有时只显示一个峰。

（3）影响吸收峰强度的因素

红外谱带的强度是一个振动跃迁概率的量度。跃迁概率与基团极性有关。基团极性越强，振动时偶极矩变化越大，吸收谱带越强。例如，C═O 基的吸收非常强，常是红外谱图中最强的吸收带，就是因为 C=O 基极性强，在伸缩振动时偶极矩变化很大。

跃迁概率也与基团的振动形式有关，如反对称伸缩的偶极矩变化大于对称伸缩的偶极矩变化，伸缩的偶极矩变化大于弯曲的偶极矩变化，而偶极矩变化越大，吸收谱带就越强。

（4）红外光区的划分

通常将红外光谱分为三个区域：近红外（12800～4000cm^{-1}）、中红外（4000～400cm^{-1}）、远红外（400～10cm^{-1}）。分述如下。

① 近红外区　一般说来，近红外光谱是由分子的倍频、合频吸收产生的。近红外的振动能级间距较大，有的还和电子能级跃迁有关，因而跃迁概率比中红外的基频跃迁少 1～2 个数量级，谱峰一般弱且宽。单靠这个区域的谱峰进行定性分析比较困难，但常利用它们来做定量分析。

② 中红外区　绝大多数有机物和无机物分子振动的基频吸收带都出现在中红外区，因此中红外区是红外吸收谱中信息最丰富的区域，研究和应用最多，仪器技术最为成熟。通常所说的红外光谱实际上是中红外光谱。

③ 远红外区　远红外光谱主要是分子的转动能级跃迁及分子中重原子的伸缩振动、弯曲振动和金属有机化合物中金属原子的振动跃迁。分子晶体的晶格振动也大都出现在这一区域。因此远红外光谱对研究分子的转动光谱、分子缔合及晶格振动特别有用。

4.4.2　傅里叶红外吸收光谱仪

红外光谱仪用于对通过试样的红外光进行分光，获得该试样的红外吸收光谱。20 世纪 40 年代诞生的以棱镜为色散元件的红外分光光度计称为第一代红外光谱仪器。第二代则是以光栅为色散元件的光谱仪。20 世纪 60 年代后出现的傅里叶变换红外光谱仪为第三代光谱仪器。傅里叶变换测量光谱的特点如下。

与采用分光的红外光谱仪相比，傅里叶红外光谱仪具有快速、高信噪比和高分辨率等特点。这主要有以下几个原因。

① 色散型分光计靠狭缝将不同波长的辐射依次分离出来。扫描整个波长范围需要相当长的时间；傅里叶变换红外光谱仪则同时接收所有波长的辐射，在不到 ls 时间内即可完成时域范围的扫描，因此，可以用于动态分析。

② 色散型分光计由于受狭缝的限制，到达探测器上的只是某个范围内的辐射能量。而傅里叶变换光谱仪的光束没有狭缝限制，因而光通量高，提高了仪器的灵敏度，可用于微量试样等弱光谱条件下的测量。

③ 傅里叶变换红外光谱仪不像色散型分光光度计受色散元件等的限制，因此其光谱范围宽得多，遍及整个红外区域（10000～10cm^{-1}）。

④ 傅里叶变换红外光谱仪的分辨能力取决于两束干涉光的光程差。当 δ_{max}=5cm 时，波长分辨能力可达到 0.1cm^{-1}。高分辨的傅里叶变换红外光谱仪甚至可达 0.005cm^{-1}。

上述这些优点使傅里叶变换红外光谱仪的应用越来越广泛。

4.4.3　红外测试试样制备

（1）气体、液体和溶液试样

气态或液态的物质可以直接注入试样池中检测，厚度一般为 0.01～1mm，试样也可以用适当的溶剂制成溶液后注入试样池。

沸点较高的试样，直接滴在两块盐片之间，形成液膜。

（2）固体试样

固态物质制成分析试样的常用方法有以下几种。

① 压片法。

将 1～2mg 试样与 200mg 纯 KBr 研细混匀，置于模具中，以（5～10）×10^{7}Pa 在油压机上压成薄片即可。试样和 KBr 都应经干燥处理，研磨到粒度小于 2μm，以免散射光影响。

② 石蜡糊法。

将干燥后的试样研细，与液体石蜡或全氟代烃混合，调成糊状，夹在盐片之中。要注意的是石蜡油糊法会带来 CH$_3$、CH$_2$ 吸收峰的干扰。

③ 薄膜法。

薄膜法主要用于高分子化合物，可将它们加热熔融后涂制成膜。也可将试样溶解在低沸点的易挥发溶剂中，涂在盐片上，待溶剂挥发后成膜。

4.4.4 红外光谱解析

分子的红外光谱与其结构的关系，是通过实验手段在比较了大量已知化合物的红外吸收光谱后，总结出来的规律。实验表明，组成分子的各种基团，如 O—H、N—H、C—H、C≡C、C≡OH 和 C≡C 等，都有自己特定的红外吸收区域，分子的其他部分对其吸收频率的影响较小。通常把这种与一定的结构单位相联系的振动频率称为基团频率，相应的吸收谱带有时也称为特征吸收峰。

基团频率主要是由基团中原子的质量和原子间的化学键力常数决定的，因此红外光谱的特征性与化学键是分不开的。有机化合物的种类有很多，但大多数都由 C、H、O、N、S、卤素等元素构成，而其中大部分又是仅由 C、H、O、N 四种元素组成。所以说有机物质的红外光谱基本上是由这四种元素所形成的化学键的振动贡献的。同一类型的化学键的振动频率非常相近，但是它们又有差别，因为同一类型的基团在不同的物质中所处的环境各不相同，这种差别常常能反映出结构上的特点。因此，只要掌握了各种基团的振动频率及其位移规律，就可应用红外光谱来检定化合物中存在的基团及其在分子中的相对位置。

在 4000～400cm^{-1} 的中红外光谱图中，按吸收峰的来源，常以 1330cm^{-1} 分界，把高频区称为特征频率区，把低频区称为指纹区。

（1）特征频率区

特征频率区中的吸收峰基本由基团的伸缩振动产生，数目不是很多，但具有很强的特征性，因此在基团鉴定工作上很有价值。为便于对光谱进行解释，这里介绍一些常见的主要吸收带。

① X—H 伸缩振动区（4000～2500cm^{-1}）。

主要包括 O—H、N—H、C—H、S—H 等的伸缩振动。

O—H 的伸缩振动出现在 3650～3200cm^{-1}，它可以作为判断有无醇类、酯类和有机酸类的重要依据。

酰胺和胺的 N—H 伸缩振动也出现在 3500～3100cm^{-1}，因此可能与 O—H 基伸缩振动相互干扰。

C—H 键的伸缩振动可分为饱和的和不饱和的。饱和 C—H 伸缩振动出现在 3000cm^{-1} 以下（3000～2800cm^{-1}）；不饱和 C—H 伸缩振动出现在 3000cm^{-1} 以上。一般有机化合物中所含 C—H 键是很多的，无论是气态、液态或固态，都出现在这个范围之内，并且取代基对它们的影响也很小。

② 三键伸缩振动区（2500～1900cm^{-1}）。

主要包括炔键—C≡C—、腈键—C≡N 等三键的伸缩振动，以及丙二烯基—C=C=C—、烯酮基—C=C=O、异氰酸酯基—N=C=O 等累积双键的反对称伸缩振动。

对于炔类化合物，可以分成 R—C≡CH 和 R′—C≡C—R 两种类型，前者出现在 2140～2100cm^{-1}，后者出现在 2260～2190cm^{-1}。如果 R′ 与 R 相同，则分子结构对称，无红外活性。

腈—C≡N 的伸缩振动出现在 2260～2240cm^{-1}。如果分子中只含 C、H、N 原子，—C≡N 基吸收比较强而尖锐。如果分子中含有氧原子，—C≡N 基的吸收减弱，且氧原子离—C≡N 基越近，吸收越弱，甚至观察不到。

③ 双键伸缩振动区（1900～1200cm^{-1}）。

主要包括 C=C、C=O、C=N 等的伸缩振动，以及芳环的骨架振动等。

烯烃的 C=C 伸缩振动出现在 1680～1620cm^{-1}，其吸收强度与分子结构的对称性有关，对称性越好，吸收越弱，甚至是非红外活性的。单核芳烃的 C=C 伸缩振动出现在 1620～1450cm^{-1}，这是芳环的骨架振动，主要有四个吸收带，其中 1500cm^{-1} 附近的吸收带最强，1600cm^{-1} 附近的吸收带居中，1580cm^{-1} 的吸收带较弱，常被 1600cm^{-1} 附近的吸收带所掩盖；1450cm^{-1} 的吸收带最弱，常观察不到。

羰基 C=O 伸缩振动出现在 1850～1650cm^{-1}，是红外光谱中很有特征的波数，往往是最强的吸收，以此很容易判断酮类、醛类、酸类、酯类以及酸酐等有机化合物。

当 C=O 基团相连接的原子是 C、O、N 时，C=O 谱带分别出现在 1715cm^{-1}、1735cm^{-1}、1680cm^{-1} 处，根据这一差别可以区分酮、酯和酰胺。

醛的 C=O 基和酮的 C=O 基的吸收波数差不多。然而，在 C—H 伸缩振动的低频侧，醛有两个中等强度的特征吸收峰，分别位于 2820cm^{-1} 和 2720cm^{-1} 附近，和其他 C—H 伸缩振动吸收不相混淆。因此根据 C=O 伸缩振动吸收以及 2720cm^{-1} 峰就可判断有无醛基存在。

④ 某些弯曲振动的倍频吸收。

基团弯曲振动的频率一般比较低，但其倍频是可能出现在特征频率区的。例如，苯衍生物的吸收出现在 2000～1650cm^{-1}，来源于 C—H 面外和 C=C 面内弯曲振动的倍频吸收，虽然强度很弱，但它们在表征芳核取代类型上有一定的意义。

（2）指纹区

该区峰多，没有强的特征性，除单键的伸缩振动外，还有因弯曲振动产生的谱带和 C—C 骨架的振动。这些振动以及它们之间的相互耦合，使这个区域里的吸收带变得非常复杂，并且对结构上的微小变化非常敏感，因此当分子结构稍有不同时，该区的吸收就有细微的差异。这种情况就像每个人都有不同的指纹一样，因而称为指纹区。

指纹区的图谱复杂，有些谱峰无法确定是否为基团频率，但其主要价值在于表示整个分子的特征。因此指纹区对于区别结构类似的化合物很有帮助。

① 单键伸缩振动区（1330～900cm^{-1}）。

主要是 C—O、C—N、C—F、C—P、C—S、P—O、Si—O 等单键的伸缩振动和 C=S、S=O、P=O 等双键的伸缩振动吸收区域。

甲基的对称弯曲振动出现在 1380～1370cm^{-1}，这个吸收带的位置很少受取代基的影响，且干扰也较少，因此甲基的对称弯曲振动是一个很特别的吸收带，可作为判断有无甲基存在的依据。

C—O 的伸缩振动在 1300～1000cm^{-1}，是该区域最强的峰，也较易识别。

② 弯曲振动区（900～650cm^{-1}）。

该区域的某些吸收峰可用来确定化合物的顺反构型或苯环的取代类型。例如，烯烃的 =CH— 面外弯曲振动出现的位置，很大程度上取决于双键取代情况。对于反式构型和顺式构型，前者出现在 990～970cm^{-1}，而后者则出现在 690cm^{-1} 附近。

芳烃的 C—H 弯曲振动的吸收峰位置取决于环上的取代形式，即与环上相邻的 H 原子数有关，而与取代基的性质无关。谱带的位置，为决定取代类型提供了很好的依据。例如，苯环一元取代，C—H 面外弯曲振动在 770～730cm^{-1} 和 710～690cm^{-1}；1,2-二元取代，在 770～735cm^{-1}；1,3-二元取代，在 900～860cm^{-1} 和 810～750cm^{-1} 等。

以上按区域讨论了一些基团的红外吸收谱带，表 4.5 进行了简要的总结。有关基团的更为详细的红外光谱性质可参看有关书籍。

表 4.5　红外光谱中一些基团的吸收谱带

基团	吸收波数/cm^{-1}	振动形式	吸收强度	基团	吸收波数/cm^{-1}	振动形式	吸收强度
OH（游离）	3650～3580	伸缩	中	=CH—	3010～3040	C—H 伸缩	强
—NH$_2$，—NH（游离）	3500～3300	伸缩	中	—CH$_3$	2975～2950	反对称伸缩	强
—OH（缔合）	3400～3200	伸缩	强	—CH$_2$—	2940～2915	反对称伸缩	强
—NH$_2$，—NH（缔合）	3400～3100	伸缩	强	—C—H	2900～2880	C—H 伸缩	弱
≡C—H	3300 附近	C—H 伸缩	强	—CH$_3$	2885～2850	对称伸缩	中
末端=C—H$_2$	3085 附近	C—H 伸缩	中	—CH$_2$—	2870～2845	对称伸缩	中
三元环中的—CH$_2$	3050 附近	反对称伸缩	强	—SH	2600～2500	伸缩	弱
苯环中 C—H	3030 附近	C—H 伸缩	强	—N≡N	2310～2135	伸缩	中
—C≡N	2260～2220	伸缩	强	—C—H	约 1340	弯曲	弱
R'—O=C—R	2260～2190	伸缩	中	—NO$_2$	1300～1250	对称伸缩	中
R—O≡CH	2140～2100	伸缩	弱	C—O	1300～1000	伸缩	强
—C=C=C—	1950 附近	伸缩	可变	S=O	1220～1040	伸缩	强
芳环中 C=C	1600，1580，1500，1450	伸缩	可变	醚类中 C—O—C	1050～1150	反对称伸缩	强
—C=O	1850～1600	伸缩	强	=CH—（反式）	990～970	面外弯曲	强
C=C	1680～1620	伸缩	可变	C—O—C	900～1000	对称伸缩	弱
—NH$_2$	1650～1560	弯曲	可变	=CH$_2$	910～890	面外摇摆	强
—NO$_2$	1600～1500	反对称伸缩	强	C—Cl	800～600	伸缩	强
—CH$_3$	1470～1440	反对称弯曲	中	C—Br	600～500	伸缩	强
—CH$_2$—	1470～1450	弯曲	中	=CH—（顺式）	730～665	面外弯曲	强
C—F	1400～1000	伸缩	强	C—I	500～200	伸缩	强
—CH$_3$	1380～1370	对称弯曲	中	—(CH$_2$)$_n$—（$n>4$）	720	面内摇摆	可变

（3）基团的组峰

基团频率可用于鉴定基团，但很多情况下，一个基团有好几种振动形式，而每一种红外活性振动，相应产生一个吸收峰，有时还能观测到倍频峰。可见，用一组相关峰可更确定地鉴别基团。

例如，图 4.35 中的 1-辛烯 $CH_3—C(CH_2)_5—CH=CH_2$ 的红外光谱图。其中—$CH=CH_2$ 基团至少应该包括这样的一组特征峰：$C=C$ 伸缩振动（$1640cm^{-1}$）；不饱和=C—H 伸缩振动（$3040cm^{-1}$）；=CH—面外摇摆振动（$990cm^{-1}$）；=CH_2 面外摇摆振动（$910cm^{-1}$）。

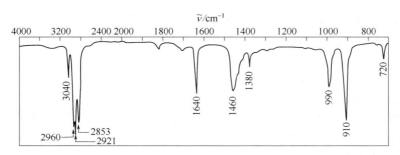

图 4.35　烯烃（1-辛烯）的红外光谱图

—CH_3 基团的组峰应包括：饱和 C—H 伸缩振动（$2960\sim2853cm^{-1}$）；CH_3 基反对称弯曲振动（$1460cm^{-1}$）；CH_2 基剪式弯曲振动（$1468cm^{-1}$）；CH_3 基对称弯曲振动（$1380cm^{-1}$）。—$(CH_2)_5$ 基团的组峰应包括：饱和 C—H 伸缩振动（$2960\sim2853cm^{-1}$）；—$(CH_2)_5$ 的面内摇摆振动（$720cm^{-1}$）。

（4）影响基团频率位移的因素

基团的振动频率不仅与其性质有关，还受分子的内部结构和外部因素影响。相同基团的特征吸收并不总在一个固定频率上。影响基团频率位移的大致有如下一些因素。

① 取代基诱导效应　取代基具有不同的电负性，通过静电诱导作用，引起分子中电子分布的变化。从而改变键力常数，使基团的特征频率发生了位移。

例如，当烷基酮 $C=O$ 基上的烷基被 Cl 取代后形成酰氯，由于 Cl 对电子的诱导，电子云由氧原子转向双键的中间，增加了 $C=O$ 键的力常数，使 $C=O$ 的振动频率升高，吸收峰向高波数移动。

② 共轭效应　如果多个基团彼此形成了共轭体系，共轭效应使共轭体系中的电子云密度平均化，则双键上的电子云密度降低，力常数减小，使吸收频率向低波数位移。含有孤对电子的原子（O、S、N 等）与具有多重键的原子相连时，也会有类似的共轭作用。

例如，腈基—$C≡N$ 的伸缩振动在非共轭的情况下出现在 $2260\sim2240cm^{-1}$，当与不饱和键或芳核共轭时，该峰位移到 $2230\sim2220cm^{-1}$。

③ 氢键的影响　氢键的形成使电子云密度平均化，从而使伸缩振动频率降低。例如，游离羧酸 $C=O$ 键的吸收出现在 $1760cm^{-1}$ 左右，在固体或液体中，羧酸形成二聚体，由于氢键作用，$C=O$ 键的吸收出现在 $1700cm^{-1}$。

④ 振动耦合　当两个振动频率相近的基团相邻且具有一公共原子时，这两个基团振动相互作用的结果是使振动频率一个向高频移动，另一个向低频移动，谱带分裂。例如，当一个碳原子上存在两个甲基时，由于两个甲基的对称弯曲振动相互耦合而使 $1370cm^{-1}$ 附近的吸收带发生分裂，从而出现两个峰。

再如，C—O 的伸缩振动能与其他的振动产生强烈的耦合，因此 C=O 伸缩振动的吸收频率变动很大（1300～1000cm^{-1}）。但由于它的吸收强度很大，因而易于判断 C—O 键的存在。

⑤ 费米共振　当一振动的倍频与另一振动的基频接近时，二者发生相互作用而产生强的吸收峰发生分裂的现象称为费米共振。例如，⬡—COCl 中 C=O 键的伸缩振动（1774cm^{-1}）和 C—C 键的弯曲振动（880～860cm^{-1}）的倍频发生费米共振，使 C=O 的吸收峰分裂成 1773cm^{-1} 和 1736cm^{-1} 两个峰。

⑥ 物质的状态与溶剂效应　分子在气态时，其相互作用力很弱，可以观察到伴随振动光谱的转动精细结构。液态和固态分子间作用力较强，导致特征吸收带频率、强度和形状的变化。例如，丙酮在气态时的 C—H 为 1742cm^{-1}，而在液态时为 1718cm^{-1}，同时转动精细结构消失。

在溶液中，由于溶剂的种类、浓度和温度不同，产生的光谱也不同。在极性溶剂中，可能发生分子间的缔合或形成氢键，溶质分子的极性基团的伸缩振动频率随溶剂极性的增加而向低波数方向移动，并且强度增大。例如，醇和酚溶于 CCl$_4$，低浓度（0.01mol·L^{-1} 以下）时，游离 OH 基的伸缩振动吸收出现在 3650～3580cm^{-1}，峰形尖锐。当溶液浓度增加时，羟基化合物产生缔合现象，一个宽而强的吸收峰出现在 3400～3200cm^{-1}。

因此，红外光谱分析若制备试样溶液，应尽量采用非极性的溶剂。

4.4.5　红外光谱在材料研究中的应用

红外光谱法的试样适用性广，固、液、气态试样都可检测，而且具有快速灵敏、使用方便等特点。因此，它已成为结构化学、分析化学最常用的分析工具。红外光谱在材料中的应用大体分为两个方面：用于分子结构的基础研究和用于化学组成的分析。前者，可以测定分子的键长、键角、键的强弱，以此推断分子的立体构型；后者，可以用于试样的定性，也可以得到较高精度的定量结果。下面从高分子聚合物材料、无机材料及半导体材料等分析红外光谱在材料研究中的应用。

4.4.5.1　在高分子材料研究中的应用

（1）定性分析——谱图检索

红外光谱是物质定性的重要的方法之一。与紫外光谱比较，红外光谱定性分析的特征性很高，紫外光谱不具有红外光谱那样的精细结构，故不如红外光谱那样广泛用于有机化合物的鉴定。

利用红外光谱法鉴定物质通常采用比较法，就是把试样的谱图与已知物的谱图进行对照。已知物的谱图可以通过实验获取，也可以查询已有的资料。

Sadtler 标准光谱集是一套连续出版的大型综合性活页图谱集，收集了十万多个化合物的红外光谱图。此外，还有 Aldrich 红外图谱库和 Sigma Fourier 红外光谱图库。有了这些图谱库，红外定性工作就成了谱图检索。

谱图检索的主要优点是只要根据未知物的光谱图就能识别化合物而无需其他数据（如分子式等），它的程序也比较简单。显然，谱图检索的前提是谱图库存储了足够数量的化合物。

近年来，已将各种标准图谱储存在计算机中，并利用计算机解析红外光谱，大大提高了解谱的速度。然而，依靠各种计算机检索系统也会受到各种限制，如谱图库中的数据有限，具体实验条件与标准图谱所用的条件不同而造成的数据差异。所以谱图检索不能作为结构鉴定的一种完整手段。

如果在谱图库中无法检索到一致的谱图，则只能人工解谱。谱图解析除了要有必要的理论知识外，主要凭借经验。大多数化合物的红外谱图是复杂的，即使是有经验的专家，也难以从一张孤立的红外谱图上得到全部分子结构信息。尽管如此，红外谱图仍是提供官能团信息最方便快捷的方法。

图 4.36 为实验合成的联苯型苯腈单体（DABP-CN）和双酚 A 型苯腈单体（BPA-CN）的红外谱图，特征官能团频率在图中已标明，典型官能团特征频率如下。联苯型苯腈单体，FT-IR(KBr，cm^{-1})：3076(ArC-H)，2233(—CN)，1590 和 1561(ArC≡C)，1250(C—O—C)。双酚 A 型苯腈单体，FT-IR(KBr, cm^{-1})：3075(ArC—H)，2973(CH$_3$—H)，2233(—CN)，1591和 1562(ArC≡C)，1251(C—O—C)。图谱中官能团与购买的原料官能团一致，说明已经成功合成出 DABP-CN 和 BPA-CN。

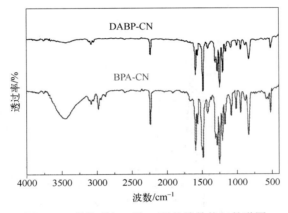

图 4.36　联苯型和双酚 A 型苯腈单体红外谱图

必须指出，要判断物质的分子结构，应选择与纯物质试样对比，否则谱图分析极难进行。其次，应尽可能详尽地了解试样，如试样来源、元素组成、分子量、熔点、沸点、溶解度等。有必要的话，还应采用其他的材料分析方法。这对图谱的解析有很大的帮助，并可验证光谱解析结果的合理性。

目前，红外光谱仪器与其他光谱仪器的联用得到较快发展，大大拓宽了红外技术的应用领域。

（2）定量测定聚合物的链结构

由于红外光谱法具有操作简单方便、重复性好和精确度高等优点，它在高聚物的定量工作中得到广泛的应用。在定量分析工作中，有时需要用核磁共振谱、紫外光谱等分析手段的数据作标准。以聚丁二烯微观结构的测定为例简述定量分析方法。

定量分析的基础是光的吸收定律——朗伯-比尔定律：

$$A = kcl = \lg \frac{1}{T} \tag{4.13}$$

式中　A——吸光度；

　　　T——透光度；

k——消光系数，$L \cdot mol^{-1} \cdot cm^{-1}$；

c——样品浓度，$mol \cdot L^{-1}$；

l——样品厚度，cm。

聚丁二烯微观结构的测定分三步：

① 选择特征峰作为分析谱带。

图 4.37 为聚丁二烯指纹区的吸收谱图。聚丁二烯中有顺式 1,4、反式 1,4 及 1,2 结构，分别用峰高法量取峰的高度：

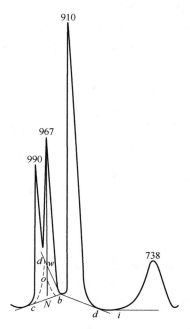

图 4.37　聚丁二烯指纹区吸收峰

A_c——$738cm^{-1}$ 处顺式 1,4 的峰高；

A_t——$967cm^{-1}$ 处反式 1,4 的峰高；

A_v——$910cm^{-1}$ 处 1,2 结构的峰高。

② 摩尔消光系数的确定。

可由纯物质测得摩尔消光系数：

顺式 1,4 结构　$k_{738}=31.4 L \cdot mol^{-1} \cdot cm^{-1}$；

反式 1,4 结构　$k_{967}=117 L \cdot mol^{-1} \cdot cm^{-1}$；

1,2 结构　$k_{910}=151 L \cdot mol^{-1} \cdot cm^{-1}$。

③ 直接计算。

$$c = \frac{A}{kl} \tag{4.14}$$

$$c_c = \frac{A_{738}}{k_{738}l}; \quad c_t = \frac{A_{967}}{k_{967}l}; \quad c_v = \frac{A_{910}}{k_{910}l} \tag{4.15}$$

它们的含量分别为：

$$c_c = \frac{c_c}{c_c + c_t + c_v} \times 100\% \qquad (4.16)$$

$$c_t = \frac{c_t}{c_c + c_t + c_v} \times 100\% \qquad (4.17)$$

$$c_v = \frac{c_v}{c_c + c_t + c_v} \times 100\% \qquad (4.18)$$

用红外光谱做定量分析，由于试样池窗片对辐射的反射和吸收，以及试样的散射会引起辐射损失，故必须对这种损失予以补偿，或者对测量值进行必要的校正。此外，必须设法消除仪器的杂散辐射和试样的不均匀性。

（3）聚合物反应的研究

用傅里叶变换红外光谱仪可直接对聚合物反应进行原位测定来研究聚合物反应动力学，包括聚合反应动力学和降解、老化过程的反应机理等。要研究反应过程必须解决下述三个问题：首先是样品池，既能保证按一定条件进行反应，又能进行红外检测；其次是选择一个特征峰，该峰受其他干扰小，而且又能表征反应进行的程度；最后是能定量地测定反应物（或生成物）的浓度随反应时间（或温度、压力）的变化。根据比尔定律，只要能测定所选特征峰的吸光度（峰高或峰面积）就能换算成相应的浓度，例如双酚 A 型环氧-616(EP-616)能与固化剂 4,4′-二氨基二苯基砜（DDS）发生交联反应，形成网状高聚物，这种材料的性能与其网络结构的均匀性有很大的关系，因此可用红外光谱法研究这一反应过程，了解交联网络结构的形成过程。图 4.38 是未反应的 EP-616 的局部红外光谱图，其中 913cm^{-1} 的吸收峰是环氧基的特征峰，随着反应进行，该峰逐渐减小，这表征了环氧反应进行的程度。在反应过程中还观察到 1150～1050cm^{-1} 范围内的醚键吸收峰不变，3410cm^{-1} 的仲胺吸收峰逐渐减小而3500cm^{-1} 的羟基吸收峰逐渐增大，说明固化过程中主要不是醚化反应，而是由胺基形成交联点。在固化过程中一级胺的反应可由 1628cm^{-1} 伯胺特征峰的变化来表征，而二级胺的生成与反应，因为可以不考虑醚化反应，可由下式导出：

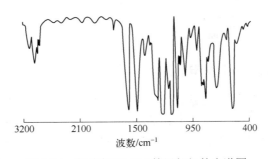

图 4.38　未反应 EP-616 的局部红外光谱图

$$2P = P_I + P_{II} \qquad (4.19)$$

式中　P——环氧反应程度；

　　　P_I——一级胺的反应程度；

　　　P_{II}——二级胺的反应程度。

4.4.5.2 在无机材料研究中的应用

（1）陶瓷超导材料的红外光谱

Bednorz 和 Muller 首次发现 La-Ba-Cu-O 体系在 35K（为零电阻转变温度）时具有超导性质，从而引起了人们对陶瓷超导材料的极大兴趣。在研制高镝（Tc）超导材料的同时，也对这类材料的超导机理做了大量的实验研究和理论计算。红外光谱也是研究超导生成机理的重要手段，下面举一例加以说明。

刘会洲、吴瑾光等人研究了组成为 $YBa_2Cu_3O_x$ 超导样品的红外光谱。X 射线衍射结果表明，当 $x \leqslant 0.69$ 时，$YBa_2Cu_3O_{7-x}$ 为正交晶相；当 $0.80 \leqslant x \leqslant 0.85$ 时为四方晶相。图 4.39 表示 $YBa_2Cu_3O_{7-x}$ 随 x 变化的红外光谱。不难看出，随着 x 值增大，高频区的背景吸收减小，见图 4.39（a）；从四方晶相到正交晶相的相变过程中，$650 \sim 500 cm^{-1}$ 范围内的吸收谱带的强度和位置都发生变化，见图 4.39（b）。当 $x \geqslant 0.69$ 时，$YBa_2Cu_3O_{7-x}$ 在室温下是半导体，导带和价带间的能量间隙约为 1.2eV，因此与能隙有关的背景消失。对四方晶相（$x=0.85$ 时）在 $591 cm^{-1}$ 的吸收带的归属还有分歧，有人认为是 $Cu_{(2)}-O_{(2,3)}$ 的反对称伸缩振动，而有的人认为可能与 $Cu_{(1)}-O_{(1)}$ 和 $Cu_{(1)}-O_{(5)}$ 的伸缩振动有关。

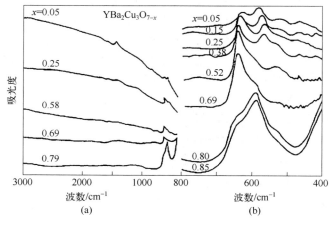

图 4.39 $YBa_2Cu_3O_{7-x}$ 室温下的红外光谱
（a）$3000 \sim 800 cm^{-1}$ 范围；（b）$800 \sim 400 cm^{-1}$ 范围

（2）在半导体材料研究中的应用

红外光谱分析在半导体材料的结构、成分分析和杂质缺陷特性的研究等许多方面起到了较大的作用。尤其随着红外低温技术和显微技术的发展，对一些半导体材料的低温特性、低温效应进行观察，从而为分析材料的结构、杂质原子的组态及晶格位置提供了有利的实验依据。

在半导体材料中硅材料是用量最大的重要材料。硅中氧含量、碳含量、氮含量、磷含量等均可用红外光谱法来测定和研究。下面介绍硅中氮含量的测定和研究的方法。

室温时，硅中 N—N 对会呈现 $963 cm^{-1}$ 和 $764 cm^{-1}$ 两个特征吸收峰。$764 cm^{-1}$ 峰吸收系数比 $963 cm^{-1}$ 吸收系数要大一些，但 $963 cm^{-1}$ 谱带基线较为容易确定，故定量分析均选择 $963 cm^{-1}$ 峰为特征吸收峰。

计算公式如下：

$$N = 5 \times 10^{18} a_{963} \quad （原子数/cm^3）\tag{4.20}$$

式中，a_{963} 为 963cm^{-1} 处的吸收系数。

由于硅中所掺入的 N 杂质含量很低，一般都使用厚度为 10～20nm 的样品测量。在 78K 时氮峰的吸收系数比室温时增加约 1 倍，故在低温下的测量可以提高检测灵敏度。

随着温度的降低，963cm^{-1} 和 764cm^{-1} 峰分别移至 968cm^{-1} 和 770cm^{-1}。温度进一步降低，光谱仍有所变化，图 4.40 给出区熔硅中氮的红外吸收光谱。

（3）宝石、玉石的红外光谱研究

传统的宝石鉴定主要靠鉴定人的经验，使用简单的测试手段如放大镜、显微镜、折光仪、比重计等非破坏手段。近十几年来人们越来越重视用紫外可见光谱、荧光光谱、阴极发光谱、热发光谱及红外光谱等方法来研究鉴定宝、玉石。

过去一直认为寿山石（福建）是一种以叶蜡石为主的矿物集合体。红外光谱研究表明，其主要矿物不是叶蜡石而是高岭石族矿物，它们的形成环境是不同的。

天然产出的矿石有的颜色不好，有的难免有些瑕疵（如裂缝），影响质量。于是市场上出现了各种用人工方法染色或粘接填补处理的赝品。用红外光谱可以无损伤地鉴定这些赝品中的人工添加物，图 4.41 是用树脂类处理的翡翠红外光谱，纯翡翠应由 SiO$_2$、Al$_2$O$_3$、Na$_2$O 等组成，但在 3200～2600cm^{-1} 区间出现了一组谱带，它们属于 C—H 伸缩振动带，是有机物的特征谱带，由此可确定赝品中添加了树脂。高分子材料的无机填料如玻纤、二氧化硅、碳酸钙、滑石粉等和建筑材料中的玻璃、砖、灰、石等多在中红外的长波区域有特征吸收，可用红外谱来鉴定材料的结构。

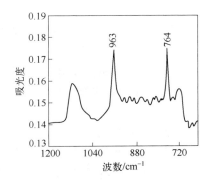

图 4.40　区熔硅中氮的红外吸收光谱

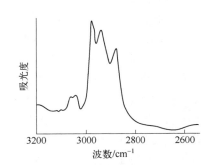

图 4.41　翡翠中树脂充填物的红外光谱

（4）水泥材料的红外光谱研究

在硫酸盐侵蚀环境下混凝土材料和结构性能严重劣化，过早地退出服役。水化硅酸钙（C-S-H）作为水泥基材料水化产物的主体，是混凝土材料的基本单元，因此从分子构造尺度诱导和调控 C-S-H 微结构，是提升混凝土耐久性和服役寿命的重要技术途径。然而，C-S-H 极易受到矿物掺合料、温度、侵蚀离子等因素影响而复杂多变，从而定量描述多因素影响下 C-S-H 微结构的演变规律，探明 C-S-H 硅氧四面体聚合机理，是实现 C-S-H 微结构可设计和可调控的基础和关键。

C-S-H 结构主要为[SiO$_4$]$^{4-}$四面体链状结构，通过红外光谱测定硅氧四面体中 Si—O 基团伸缩振动的波数位移变化，进行定性分析 C-S-H 聚合状态的变化规律。图 4.42 为不同 Ca/Si（Ca 与 Si 的摩尔比）和 Al/Si（Al 与 Si 的摩尔比）的 C-S-H 凝胶 FTIR 图谱。图谱中 3440cm^{-1} 和 1640cm^{-1} 处波谱分别归属于 H$_2$O 中 O—H 基团的伸缩振动和弯曲振动；在 1490cm^{-1}、1410cm^{-1} 处谱带归属于 CO$_3^{2-}$ 中 C—O 基团的伸缩振动，说明在样品制备过程中略有碳化；在 1060cm^{-1} 处波谱对应碱铝硅凝胶（N-A-S-H）中 Si—O 基团的伸缩振动；在 972cm^{-1} 处波谱对应 C-S-H 中 Si—O 基团的伸缩振动；在 453cm^{-1} 处波谱对应 C-S-H 中 Si—O 基团的弯曲振动。

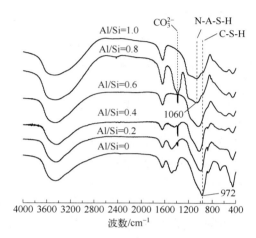

图 4.42　Ca/Si 为 1∶7 的 C-S-H 凝胶的红外光谱图谱

4.4.5.3　有机金属化合物的研究

有机金属化合物化学属于有机和无机相互渗透的边缘学科，近年来一直是化学科学中一个十分活跃的研究领域。有机金属化合物之所以引起广泛的注意，一方面在于它们的结构和化学键有许多独特之处；另一方面，它们有许多重要的用途。例如属于烷基卤化镁类的格氏试剂，已广泛用于有机合成；烷基铝类的 Ziegler-Natta 催化剂已在烯类均相聚合中得到广泛应用。

有机金属化合物可按化学键的性质分为三类。

① 金属原子 M 与碳原子 C 之间形成 σ 键，如烷基铝化合物 Al$_2$(CH$_3$)$_6$ 等。

② 金属原子 M 与碳原子 C 之间形成 σ-π 键，这类化合物以金属羰基化合物最为典型。

③ 碳原子为 π 电子给体。这类化合物中最著名的是蔡斯（Zeise）盐和二茂铁。

下面讨论茂基配位化合物中的二茂铁（Cp$_2$Fe）和二茂镍（Cp$_2$Ni）的红外光谱。

二茂铁的合成反应如下：

$$2 \ \text{MgBr} \ + \ \text{FeCl}_2 \ \longrightarrow \ \text{Cp}_2\text{Fe} \ + \ \text{MgBr}_2 \ + \ \text{MgCl}_2$$

Wilkinson 根据二茂铁的红外光谱在 3076cm^{-1} 处出现 C—H 伸缩振动单吸收峰，认为在 Cp$_2$Fe 分子中 10 个 H 所处的位置环境完全一样。结合对磁化率、偶极矩的测定，Wilkinson 判断二茂铁具有 D_{5h} 对称性的夹心结构。为此，他于 1973 年和 Fischer 共享了诺贝尔奖。

二茂铁和二茂镍的红外光谱显示于图 4.43 中。比较 Cp₂Fe 和 Cp₂Ni 的红外光谱不难看出，除了 3076cm⁻¹ 处的 C—H 伸缩振动吸收峰外，在 1420cm⁻¹ 和 1000cm⁻¹ 附近出现的 C—C 伸缩振动和 C—H 面内弯曲振动吸收峰也非常特别，C—H 面外弯曲振动位于 850～650cm⁻¹，随金属原子不同而有很大变化。

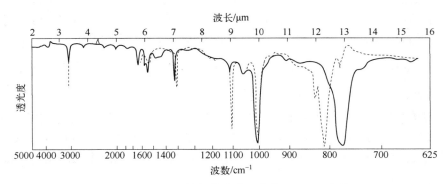

图 4.43　Cp₂Fe 和 Cp₂Ni 的红外光谱（实线 Cp₂Ni，虚线 Cp₂Fe）

4.5　俄歇电子能谱

【思政案例】

勇于创新——俄歇电子能谱的奠基人皮埃尔·俄歇

4.5.1　俄歇电子能谱概述

俄歇电子能谱（Auger electron spectroscopy，AES）可以用作物体表面的化学分析、表面吸附分析、断面的成分分析。俄歇电子能谱主要是依靠俄歇电子的能量来识别元素的，因此准确了解俄歇电子的能量对俄歇电子能谱的解析是非常重要的。通常有关元素的俄歇电子能量可以从俄歇手册上直接查得，不需要进行理论计算。但为了更好地理解俄歇电子能量的物理概念以及理解俄歇效应的产生，下面简单介绍俄歇电子动能的半经验计算方法。

从俄歇电子跃迁过程可知，俄歇电子的动能只与元素激发过程中涉及的原子轨道的能量有关，而与激发源的种类和能量无关。俄歇电子的能量可以从跃迁过程涉及的原子轨道能级的结合能来算。对于 WXY 俄歇跃迁过程所产生的俄歇电子的能量可以用下面的方程表示：

$$E_{WXY}(Z)=E_W(Z)-E_X(Z)-E_Y(Z+\varDelta) \tag{4.21}$$

式中，$E_{WXY}(Z)$ 为原子序数为 Z 的原子在 WXY 跃迁过程中俄歇电子的动能，eV；$E_W(Z)$ 为内层 W 轨道能级的电离能，eV；$E_X(Z)$ 为外层 X 轨道能级的电离能，eV；

$E_Y(Z+\varDelta)$为双重电离态的 Y 轨道能级的电离能，eV。

通过半经验的简化，俄歇电子的能量表达式（4.21）简化为表达式（4.22）。

$$E_{WXY}(Z) = E_W(Z) - 1/2\left[E_X(Z) + E_X(Z+1) - 1/2\left[E_Y(Z) + E_Y(Z+1)\right]\right] \qquad (4.22)$$

式中，$E_X(Z+1)$为原子序数为 Z+1 的元素的原子外层 X 轨道能级的电离能，eV；$E_Y(Z+1)$为原子序数为 Z+1 的元素的原子外层 Y 轨道能的电离能，eV。对于固体发射的俄歇电子，还需要考虑逸出功，因此可以用下式来表示俄歇电子的能量。

$$E_{WXY}(Z) = E_W(Z) - 1/2\left[E_X(Z) + E_X(Z+1)\right] - 1/2\left[E_Y(Z) + E_Y(Z+1)\right] - (-W) \qquad (4.23)$$

式中，$-W$ 为电子的逸出功，eV。

俄歇电子的强度是俄歇电子能谱进行元素定量分析的基础。由于俄歇电子在固体中激发过程的复杂性，到目前为止还难以用俄歇电子能谱来进行绝对的定量分析。俄歇电子强度除与元素的量有关外，还与原子的电离截面、俄歇产率以及逃逸深度因素有关，下面分别介绍。

（1）电离截面

所谓电离截面是指当原子与外来粒子（光子、电子或离子）发生作用时，发生电子跃迁产生空位的概率。根据半经验方法计算，电离截面可以用下式来进行计算。

$$Q_W = \alpha f(U)E_w^{-1} \qquad (4.24)$$

式中，Q_W 为原子的电离截面，cm^2；E_W 为 W 能级电子的电离能，eV；U 为激发源能量与能级电离能之比，E_p/E_W，E_p 为激发源入射电子的能量，eV；不同近似条件下公式 $f(U)$ 的形式略有区别，但是变化趋势基本相同。

从式（4.24）可以看出电离截面（Q_W）是激发能与电离能之比（U）的函数。图 4.44 揭示了电离截面与 U 的关系。

（2）俄歇跃迁概率与 X 射线荧光概率

在激发原子的去激发过程中，存在两种不同的退激发方式：一种是前面所介绍的电子填充空位产生二次电子的俄歇跃迁过程；另一种则是电子填充空位产生 X 射线的过程，定义为荧光过程。俄歇跃迁概率（P_A）与荧光产生概率（P_X）之和为 1，可用下式来表示：

$$P_A + P_X = 1 \qquad (4.25)$$

根据半经验计算，K 能级激发的 P_A、P_X 的关系可以用图 4.45 表示。从图中可以看出，当元素的原子序数小于 19 时（即轻元素），俄歇跃迁概率（P_A）在 90 以上。直到原子序数增加到 33 时，荧光概率才与俄歇概率相等。根据俄歇电子能量分布图和俄歇概率分布图，原则上对于原子序数小于 15 的元素，应采用 K 系列的俄歇峰；而原子序数在 16～41 间的元素，L 系列的荧光概率为零，应采用 L 系列的俄歇峰；而当原子序数更高时，考虑到荧光概率为零，应采用 M 系列的俄歇峰。在实际分析中，选用哪个系列的俄歇线还必须考虑到信号强度的问题。如 Si 元素，虽然 K 系俄歇线的荧光概率几乎为零，但由于 Si KLL(1380eV)线的信号较弱，最常用的分析线则是 Si LMM(89eV)。

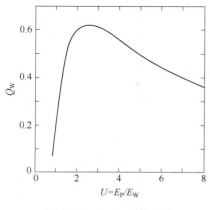

图 4.44　Q_W 与 U 的关系

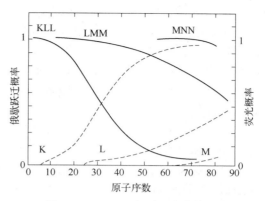

图 4.45　P_A、P_X 与原子序数的关系

（3）平均自由程与平均逃逸深度

俄歇电子的强度还与俄歇电子的平均自由程有关。因为激发过程产生的俄歇电子在向表面输运过程中，俄歇电子的能量由于弹性和非弹性散射而损失，最后成为二次电子背景。而只有在表面产生的俄歇电子才能被检测到，这也是俄歇电子能谱应用于表面分析的基础。逃逸出的俄歇电子的强度与样品的取样深度存在指数衰减的关系。

$$N = N_0 e^{-Z/\lambda} \tag{4.26}$$

式中，N 为到达表面的俄歇电子数；N_0 为所有的俄歇电子数；Z 为样品取样深度，nm；λ 为非弹性散射平均自由程，nm。

一般来说，当 Z 达到 3λ 时，能逃逸到表面的电子数仅占 5%，这时的深度称为平均逃逸深度。平均自由程并不是一个常数，它与俄歇电子的能量有关。图 4.46 表示平均自由程 λ 与俄歇电子能量的关系。从图上可见，在 75~100eV 处存在一个最小值。俄歇电子能量在 100~2000eV 之间，λ 与 $E^{1/2}$ 成正比关系。这一能量范围正是进行俄歇电子能谱分析的范围。平均自由程 λ 不仅与俄歇电子的能量有关，还与元素材料有关。

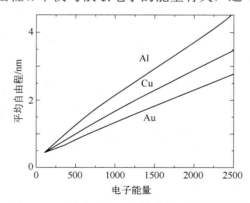

图 4.46　平均自由程 λ 与俄歇电子能量的关系

（4）俄歇谱

常用的俄歇电子能谱有直接谱和微分谱两种。直接谱即俄歇电子强度［密度（电子数）］$N(E)$ 对其能量 E 的分布［$N(E)$-E］。而微分谱由直接谱微分而来，是 $dN(E)/dE$ 对 E 的分布

[$dN(E)/dE$-E]。微分改变了谱峰的形状（直接谱上的一个峰，到微分谱上变成一个"正峰"和一个"负峰"），大大提高了信噪比（使本底信号平坦，俄歇峰清楚地显示出来），便于识谱。用微分谱进行分析时，一般以负能量值作为俄歇电子能量，用以识别元素（定性分析），以峰-峰值（正负峰高度差）代表俄歇峰强度，用于定量分析。常见的俄歇谱如图 4.47 所示。

　　原子化学环境指原子的价态或在形成化合物时，与该元素原子相结合的其他元素原子的电负性等情况的变化，不仅可能引起俄歇峰的位移（称化学位移），也可能引起其强度的变化，这两种变化的交叠，则将引起俄歇谱（图）形状的改变。比如原子发生电荷转移（如价态变化）引起内层能级变化，从而改变俄歇跃迁能，导致俄歇峰位移；又比如不仅引起价电子的变化（导致俄歇峰位移），还形成新的化学键（或带结构）以致电子重新排布的化学环境改变，将导致谱图形状的改变（称为价电子谱）等。图 4.48 为 Mo(110)清洁表面与氧化表面俄歇谱，可以看出氧化后俄歇峰发生了明显的变化。

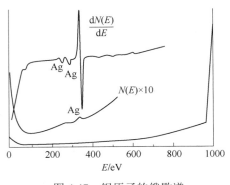
图 4.47　银原子的俄歇谱

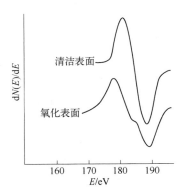
图 4.48　Mo(110)面的俄歇谱

　　除化学环境变化引起俄歇谱（图）变化外，由于俄歇电子逸出固体表面，有可能产生不连续的能量损失，从而造成在主峰的低能端产生伴峰的现象，这类峰与入射电子能量有关，产生机理也很复杂。如入射电子引起样品闪亮层电子电离而产生伴峰（称为电离损失峰）；又如入射电子激发样品（表面）中结合较弱的价电子产生类似等离子体振荡的作用而损失能量，形成伴峰（称等离子体伴峰）等。

4.5.2　俄歇电子能谱分析

　　俄歇电子能谱仪包括以下几个主要部分：电子枪、能量分析器、二次电子探测器、样品分析室、溅射离子枪和信号处理与记录系统等。样品和电子枪装置需置于 $10^{-9} \sim 10^{-7}$Pa 的超高真空分析室中。俄歇电子能谱仪中的激发源一般都用电子束。由电子枪产生的电子束容易实现聚焦和偏转，并获得所需的强度。近年来由于电子枪技术的发展，用场发射或高亮度热发射代替传统的热阴极发射，并用磁透镜代替静电聚焦，可以得到直径小于 30nm 的入射束，从而使真正的微区分析成为可能。

（1）俄歇电子能谱分析中样品的制备

　　俄歇电子能谱仪对分析样品有特定的要求，在通常情况下只能分析固体导电样品。经过特殊处理，绝缘体固体也可以进行分析。粉体样品原则上不能进行俄歇电子能谱分析，但经过特殊制样处理后也可以进行一定的分析。由于涉及样品在真空室中的传递和放置，待分析的样品一般都需要经过一定的预处理。主要包括样品大小，挥发性样品的处理，表面污染样品及带有微弱磁性的样品等的处理。

① 样品大小。

由于在实验过程中样品必须通过传递杆，穿过超高真空隔离阀，送到样品分析室。因此，样品的尺寸必须符合一定的大小规范，以利于真空系统的快速进样。对于块状样品和薄膜样品，其长宽最好小于 10mm，高度小于 5mm。对于体积较大的样品则必须通过适当方法制备成大小合适的样品。但在制备过程中，必须考虑处理过程可能对表面成分和化学状态所产生的影响。由于俄歇电子能谱具有较高的空间分辨率，因此，在样品固定方便的前提下，样品面积应尽可能地小，这样可以在样品台上多固定一些样品。

② 粉末样品。

对于粉体样品有两种常用的制样方法：一种是用导电胶带直接把粉体固定在样品台上；另一种是把粉体样品压成薄片，然后再固定在样品台上。前者的优点是制样方便，样品用量少，预抽到高真空的时间较短，缺点是胶带的成分可能会干扰样品的分析。此外，荷电效应也会影响俄歇电子能谱的采集。后者的优点是可以在真空中对样品进行处理，如加热、表面反应等，其信号强度也要比胶带法高得多。缺点是样品用量太大，抽到超高真空的时间太长。并且对于绝缘体样品，荷电效应会直接影响俄歇电子能谱的录谱。目前比较有效的方法是把粉体样品或小颗粒样品直接压到金属钢或锡的基材表面。这样可以很方便地固定样品和解决样品的荷电问题。对于需要用离子束溅射的样品，建议使用锡作为基材，因为在溅射过程中金属钢经常会扩散到样品表面而影响样品的分析结果。

③ 含有挥发性物质的样品。

对于含有挥发性物质的样品，在样品进入真空系统前必须清除掉挥发性物质。一般可以通过对样品进行加热或用溶剂清洗等方法。如含有油性物质的样品，一般依次用正己烷、丙酮和乙醇超声清洗，然后经红外烘干，才可以进入真空系统。

④ 表面有污染的样品。

对于表面有油等有机物污染的样品，在进入真空系统前必须用油溶性溶剂如环己烷、丙酮等清洗掉样品表面的油污，最后再用乙醇清洗掉有机溶剂，为了保证样品表面不被氧化，一般采用自然干燥。而对于一些样品，可以进行表面打磨等处理。

⑤ 带有微弱磁性的样品。

由于俄歇电子带有负电荷，在微弱的磁场作用下，也可以发生偏转。当样品具有磁性时，由样品表面出射的俄歇电子就会在磁场的作用下偏离接收角，最后不能到达分析器，得不到正确的 AES 谱。此外，当样品的磁性很强时，还存在导致分析器头及样品架磁化的危险，因此，绝对禁止带有强磁性的样品进入分析室。对于具有弱磁性的样品，一般可以通过退磁的方法去掉样品微弱磁性，然后就可以像正常样品一样分析。

⑥ 离子束溅射技术。

在俄歇电子能谱分析中，为了清洁被污染的固体表面和进行离子束剥离深度分析，常常利用离子束对样品表面进行溅射剥离。利用离子束可定量控制剥离一定厚度的表面层，然后再用俄歇电子能谱分析表面成分，这样就可以获得元素成分沿深度方向的分布图。

⑦ 样品荷电问题。

对于导电性能不好的样品，如半导体材料、绝缘体薄膜，在电子束的作用下，其表面会产生一定的负电荷积累，这就是俄歇电子能谱中的荷电效应。样品表面荷电相当于给表面自由的俄歇电子增加了一定的额外电压，使测得的俄歇电子的动能比正常的要高。在俄歇电子能谱中，由于电子束的束流密度很高，样品荷电是一个非常严重的问题。有些导电性不好的样品，经常因为荷电严重而不能获得俄歇谱。但由于高能电子的穿透能力以及样品表面二次电子的发射作用，对于一般在 100nm 厚度以下的绝缘体薄膜，如果基体材料能导电的话，其荷电效应几乎可以自身消除。因此，对于普通的薄膜样品，一般不用考虑其荷电效应。对于绝缘体样品，可以通过在分析点（面积越小越好，一般应小于 1mm）周围镀金的方法来解决荷电问题。此外，还有用带小窗口的 Al、Sn、Cu 箔等包覆样品等方法。

⑧ 俄歇电子能谱采样深度。

俄歇电子能谱的采样深度与出射的俄歇电子的能量及材料的性质有关。一般定义俄歇电子能谱的采样深度为俄歇电子平均自由程的 3 倍。根据俄歇电子的平均自由程的数据可以估计出各种材料的采样深度。一般对于金属为 0.5~2nm，对于无机物为 1~3nm，对于有机物为 1~3nm。从总体上来看，俄歇电子能谱的采样深度比 XPS 的要浅，更具有表面灵敏性。

（2）俄歇电子能谱分析

① 定性分析。

定性分析的任务是根据实际测得的直接谱（俄歇峰）或微分谱上的负峰的位置识别元素，其方法是与标准谱进行对比。主要元素的俄歇电子能量图和各种元素的标准谱图可在俄歇电子谱子册（L.E. Davis 等编）等资料中查到。图 4.49 所示为主要俄歇电子能量图。图中给出每种元素所产生的（各系）俄歇电子能量及其相对强度（以实心圆圈代表强度高的俄歇电子），由于能级结构强烈依赖于原子序数，用确定能量的俄歇电子来鉴别元素是明确而不易混淆的。因此，从谱峰位置可鉴别元素。由于电子轨道之间可实现不同的俄歇跃迁过程，所以每种元素都有丰富的俄歇谱，由此导致不同元素俄歇峰的干扰。对于原子序数（Z）为 $3 \leqslant Z \leqslant 14$ 的元素，最显著的俄歇峰是由 KLL 跃迁形成的；对于原子序数 $14 < Z \leqslant 40$ 的元素，最显著的俄歇峰则是由 LMM 跃迁形成的。

定性分析的一般步骤为：利用主要俄歇电子能量图，确定实测谱中最强峰可能对应的几种（一般为 2、3 种）元素；实测谱与可能的几种元素的标准谱对照，确定最强峰对应的元素，并标明属于此元素的所有峰；反复重复上述步骤识别实测谱中尚未标志的其余峰。

化学环境对俄歇谱的影响造成定性分析的困难（但又为研究样品表面状况提供了有益的信息），应注意识别由于可能存在化学位移，实测谱上峰能量（位置）与标准谱上相对应峰能量（位置）可能相差几个电子伏特。

② 定量分析。

影响俄歇信号强弱（俄歇电流大小）的因素有很多，俄歇能谱的定量分析比较复杂，因此，俄歇能谱分析精度较低，基本上是半定量的水平（常规情况下，相对精度仅为 30% 左右）。如果能对俄歇电子的有效深度估计比较正确，并充分考虑表面以下基底材料的背散射对俄歇电子产额的影响，则精度可能提高到与电子探针相近（约 5%）。俄歇电子计数率（I_A）与单位体积中原子数（N）的关系可用下述简化式表达：

$$I_A = G(1+r)I_P N \lambda_e (1-\omega_w) \varphi(E_p / E_w) \tag{4.27}$$

式中，G 为与实验装置有关的仪器因子；r 为背散射因子；I_p 为入射电子束流强度；λ_e 为俄歇电子在固体中的非弹性散射平均自由程；ω_w 为 W 空位的荧光 X 射线产额；

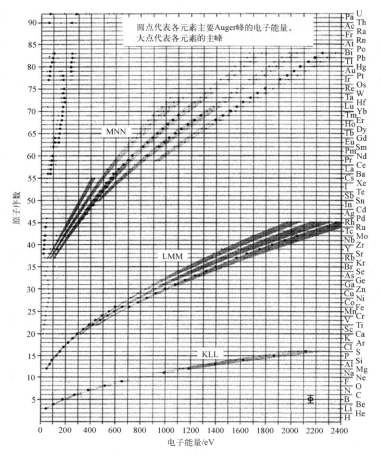

图 4.49　主要俄歇电子能量图

$\varphi(E_p/E_W)$为能量为E_p的入射电子对E_W能级的电离概率。

由于此式过于简化以及G因子包含多种因素等，采用此式进行定量分析是困难的。

相对灵敏度因子法是常用的定量分析方法，其分析依据为

$$G_x = (I_x/S_x)/\left(\sum I_i/S_i\right) \tag{4.28}$$

式中，G_x为待测元素（x）的原子质量分数；I_i元素（i）的俄歇信号（主峰）强度，i代表样品中各种元素；S_i为元素（i）的相对灵敏度因子，即I_i与银元素俄歇信号（主峰）强度（I_{Ag}）的相对比值；I_x和S_x分别为待测元素（x）俄歇信号强度及相对灵敏度因子。相对灵敏度因子法准确性较低，但不需标样，因而应用较广。

③ 化学价态分析。

虽然俄歇电子的动能主要由元素的种类和跃迁轨道所决定，但由于原子内部外层电子的屏蔽效应，芯能级轨道和次外层轨道上的电子的结合能在不同的化学环境中是不一样的，有一些微小的差异。这种轨道结合能上的微小差异可以导致俄歇电子能量的变化，这种变化就称作元素的俄歇化学位移，它取决于元素在样品中所处的化学环境。一般来说，由于俄歇电子涉及三个原子轨道能级，其化学位移要比 XPS 的化学位移大得多。利用这种俄歇化学位移可以分析元素在该物质中的化学价态和存在形式。

由于俄歇电子能谱的分辨率低以及化学位移理论分析的困难，俄歇化学效应在化学价态研究上的应用未能得到足够的重视。随着俄歇电子能谱技术和理论的发展，俄歇化学效应的应用也受到了重视，甚至可以利用这种效应对样品表面进行元素的成像分析。与 XPS 相比，俄歇电子能谱虽然存在能量分辨率较低的缺点，但却具有 XPS 难以达到的微区分析优点。此外，某些元素的 XPS 化学位移很小，难以鉴别其化学环境的影响，但它们的俄歇化学位移却相当大，显然后者更适合于表征化学环境的作用。同样在 XPS 中产生的俄歇峰其化学位移也比相应的 XPS 结合能的化学位移要大得多。因此俄歇电子能谱的化学位移在表面科学和材料科学的研究中具有广阔的应用前景。

以上几种分析方法都可进行点、线、面分析。点分析可以给出电子束束斑大小范围内表面元素的组成，并可根据谱峰的形状变化来判断有无化学位移，了解其相应的化学状态。通过分析器的能量值固定某种元素的俄歇峰，使入射电子束沿试样表面做一维（线）或二维（面）扫描，便可得到该元素在表面沿该线或扫描区域内的分布图像，二维的面分布常称俄歇图。

4.5.3 俄歇电子能谱在材料研究中的应用

俄歇电子能谱法是材料科学研究和材料分析的有力工具，它具有如下特点。①作为固体表面分析法，其信息深度取决于俄歇电子逸出深度（电子平均自由程），对于能量为 50eV～2keV 范围内的俄歇电子，逸出深度为 0.4～2nm，深度分辨率约为 1nm，横向分辨率取决于入射束斑大小；②可分析除 H、He 以外的各种元素；③对于轻元素 C、O、N、S、P 等有较高的分析灵敏度；④可进行成分的深度剖析或薄膜及界面分析。因此，在材料科学研究中，俄歇电子能谱的应用有：①材料表面偏析、表面杂质分布、晶界元素分析；②金属、半导体、复合材料等界面研究；③薄膜、多层膜生长机理的研究；④表面的力学性质（如摩擦、磨损、黏着、断裂等）研究；⑤表面化学过程（如腐蚀、钝化、催化、晶间腐蚀、氢脆、氧化等）研究；⑥集成电路掺杂的三维微区分析；⑦固体表面吸附、清洁度、沾染物鉴定等。下面介绍 AES 的几种应用。

（1）压力加工和热处理后的表面偏析

含 Ti 仅 0.5%（质量分数）的 18Cr-9Ni 不锈钢热轧成 0.05mm 厚的薄片后，俄歇谱仪分析发现，表面 Ti 的浓度大大高于它的平均成分。随后，把薄片加热到 998K 和 1118K 时 Ti 的偏析又稍有增高。当温度提高到 1373K 时，发现表面层含 Ti 竟高达 40%（摩尔分数）左右，特别是极低能量（28eV）的 Ti 俄歇峰也被清楚地检测到了，间接地证明在最外表层中确实含有相当多的 Ti 原子。进一步加热到 1473K，表面含 Ti 量下降，硫浓度增高，氧消失，而镍、磷和硅出现。

在热处理过程中，金属与气氛之间的界面，由于从两侧发生元素的迁移而成分发生变化。例如，成分为 60Ni-20Co-10Cr-6Ti-4Al 的镍基合金，在真空热处理前后表面成分很不相同。原始表面沾染元素有 S、Cl、O、C、Na 等；热处理后，表面 Al 的浓度明显增高，而其他基体元素（Ni、Co、Cr 等）的俄歇峰都很小，离子轰击剥层 30nm 左右后，近似成分为 Al_2O_3。这表明，如果热处理时真空较差，表面铝的扩散和氧化将生成相当厚的氧化铝，可能导致它与其他金属部件焊接时发生困难。

（2）金属和合金的晶界脆断

钢在 550℃ 左右回火时的脆性、难熔金属的晶界脆断、镍基合金的硫脆、不锈钢的脆化敏感性、结构合金的应力腐蚀和腐蚀疲劳等，都是杂质元素在晶界偏析引起脆化的典型例子。引起晶界脆性的元素可能有 S、P、Sb、Sn、As、O、Te、Pb、Se、Cl、I 等，有时它们的平均含量仅为 $10^{-6} \sim 10^{-3}$，在晶界附近的几个原子层内浓度竟富集到 $10 \sim 10^4$ 倍。为了研究晶界的化学成分，必须在超高真空样品室内用液氮冷却，直接敲断试样，以便提供未受污染的原始晶界表面进行分析。低温晶间断裂得到的晶界表面俄歇谱见图 4.50。图中看到，在脆性状态（曲线 2），锑（Sb）浓度比平均成分高两个数量级；利用氢离子轰击剥层 0.5nm 以后，锑的含量即下降，说明脆性状态下它的晶界富集层仅为几个原子层的厚度。在不脆的状态，则晶界上未检测到 Sb 的俄歇峰，如曲线 1 所示。

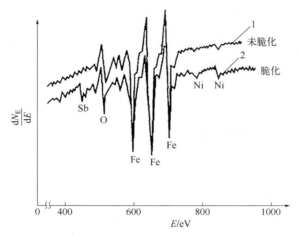

图 4.50　合金钢（C—0.39%、Ni—3.5%、Cr—1.6%、Sb—0.06%）的俄歇电子能谱曲线

（3）表面扩散研究

由于俄歇电子能谱具有很高的表面灵敏度和空间分辨率，非常适合于表面扩散过程的研究。图 4.51 是在单晶硅基底上制备的 Ag-Au 合金的俄歇线扫描图。从图上可见 Ag、Au 薄膜线的宽度约为 250μm，Ag、Au 的分布是很均匀的。在经过外加电场进行电迁移后，其合金的俄歇线扫描结果见图 4.52。从图上可见，在电场作用下，Ag、Au 的迁移方向是相反的。Ag 沿电场方向迁移，而 Au 则逆电场方向迁移。其迁移的机理与金属的性质以及与基底材料的界面相互作用有关。在迁移后其分布相对集中。

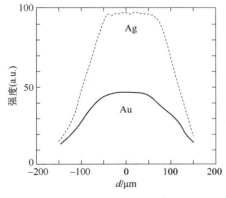

图 4.51　原始 Ag-Au 合金的俄歇线扫描图

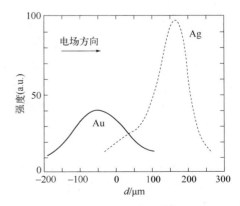

图 4.52　处理后 Ag-Au 合金的俄歇线扫描图

4.6 核磁共振吸收波谱

核磁共振波谱（NMR）是射频电磁液（频率在 MHz 量级）照射置于强磁场下的原子核而产生的一种吸收光谱。

核磁共振是测定有机化合物结构的一个十分重要的工具。到目前为止，核磁共振与其他仪器分析方法相配合，已经鉴定了十几万种化合物。

4.6.1 核磁共振基本原理及核磁共振波谱仪

在外磁场 B_0 中，核能级分裂成（$2I+1$）个能级。如果再加一个射频场，就可能引起相邻能级间的跃迁。核磁共振吸收的条件由式（4.29）给出，即

$$v = \frac{\gamma B_0}{2\pi} \tag{4.29}$$

式中，v 为射频场频率；γ 为核的旋磁比。所以，除了 $I=0$ 的原子核之外，对一定磁场，不同的原子核都有不同的核磁共振吸收频率。

式（4.29）给出的 NMR 条件是指"裸露"核的共振条件，在一定外磁场强度 B_0 中，同一种核只有一个共振频率。然而，化合物分子中原子核的周围分布着电子云，电子云的运动也产生磁场，其强度和方向取决于电子云的状态，而电子云状态又取决于分子的结构状态。所以说，核的共振频率不完全取决于核本身，还与核在分子中所处的化学环境有关。但是，核的微环境不同所导致附加磁场强度是很小的，相应的频率变化范围一般不会超过 1kHz。

由上所述，我们知道，核磁共振吸收的频率取决于外磁场的强度和核的微环境，共振吸收的强度与产生核磁共振原子核的数目有关。所以说，NMR 谱提供了有关分子的结构与含量的信息。

H、C 是构成有机化合物的基本元素，所以 ^1H、^2H、^{13}C 的核磁共振谱对确定有机结构分子有很大作用，是核磁共振研究的主要对象。至今，核磁共振技术发展最成熟、应用最广泛的是氢核共振谱，核磁共振仪器也多以 ^1H 的工作频率为指标。

用来获取核磁共振谱图的仪器称为核磁共振波谱仪。根据核磁共振条件可知，NMR 仪器必须具备一个强磁场、一个射频源以及一台射频波谱仪。

NMR 仪器根据射频源的类型分为两种类型：连续波核磁共振波谱仪（CW-NMR）和脉冲傅里叶变换核磁共振波谱仪（PFT-NMR）。

核磁共振波谱仪主要部件有磁体和探头。外磁场的磁体分为永磁铁、电磁铁和超导磁体三种。永磁铁磁场强度固定不变，通常 B_0=1.4092T，在该磁场强度下 ^1H 核的共振频率为60MHz。目前大多数仪器采用电磁铁，B_0 最高一般定在 2.3490T，这时 ^1H 核的共振频率为100MHz。超导磁体是用超导材料制成的，需浸在液氮中，B_0 可高达十几个 T，100MHz 以上的仪器均采用超导磁体，由于价格昂贵，目前还不普及。

探头是核磁共振仪器的心脏部件。探头位于磁铁间隙，探头中装有试样管和向试样发射以及从试样接收射频波的线圈。外磁场、线圈发射的磁场和线圈接收的磁场，三者方向相互垂直。射频源向发射线圈提供射频电流，发射线圈向试样辐射电磁波，接收线圈感应到的信号输出至射频波谱仪。

工作时试样管以一定的速率旋转以消除由磁场的不均匀性产生的影响。

CW-NMR 波谱仪的射频振荡器发射射频波的频率由低于共振频率开始向高于共振频率的方向连续扫描，称为扫频；也可以采用固定射频波频率而改变外磁场强度，使它从低于共振条件的磁场强度连续地向高于共振条件的磁场强度方向扫描，称为扫场。在扫频或扫场的过程中，射频波接收器将得到的电信号放大，送入记录器，记录的信号是频率（或磁场）的函数，就是 NMR 谱图。

以扫场方式绘制的 NMR 谱图习惯上是低场在左，高场在右，所以以扫频方式绘制的谱图是高频在左，低频在右。

PFT-NMR 波谱仪和 CW-NMR 类似，区别在于射频发生器采用射频脉冲发生器，射频接收器采用傅里叶变换射频波谱仪。不再需要扫描发生器，但需要由计算机系统控制射频发射的时间、能量和脉冲形状。

与 CW-NMR 仪相比，PFT-NMR 仪有以下优点。

① 提高了仪器的灵敏度。这样使自然丰度小的 ^{13}C 核的测定成为可能。

② 测量速度快。PFT 仪每发射一次脉冲，相当于 CW-NMR 仪的一次扫场（或扫频），故 PFT-NMR 仪记录一次全谱，所需时间短，便于多次累加。

4.6.2　试样制备

试样制备是 NMR 技术的基础，往往是 NMR 分析测试的关键。

NMR 仪器目前限于液态试样。对固体试样，要选择合适的溶剂制成试液。这是因为固体试样的弛豫时间很长，所以谱线非常宽，因此，要得到高分辨的共振谱，须先配成溶液。

测定 ^{1}H-NMR 谱时，最理想的溶剂是 CCl_4 和 CS_4，因为其中不含氢，不会产生干扰信号。但由于极性化合物在其中溶解度很小，常需用氯仿（$CHCl_3$）、丙酮（CH_3COCH_3）、水为溶剂。为了避免其中氢的共振信号的干扰，一般采用氘代衍生物，即用同位素 ^{2}H（氘）将溶剂中的 ^{1}H 取代，如用氘代氯仿。

现在通常使用 5mm 的核磁试样管，0.5mL 的溶剂量在核磁管中的深度约 4cm。一般对于 ^{1}H-NMR 来说，需要准备的试样量比较小，几毫摩尔就可以了，对于碳谱，试样量最好有几十毫摩尔。

4.6.3　化学位移与自旋分裂

应用 NMR 谱图进行结构分析主要依据的信息是吸收峰的位置、强度和精细结构（谱峰的分裂情况）等。

4.6.3.1　化学位移

（1）化学位移及其产生的原因

由于核外电子的运动在外磁场作用下会产生抗磁性，抵消一部分外磁场，原子核实际感受到的磁场强度小于外磁场强度，这就是电子云对外磁场的屏蔽效应。因此，分子中原子核共振条件可改写成如下形式：

$$\nu = \frac{\gamma}{2\pi} B_0 (1 - \sigma) \tag{4.30}$$

式中，σ 为屏蔽常数。核周围的电子云密度越大，屏蔽效应越强，屏蔽常数越大，其共振频率越低，在谱图上吸收峰的位置就越向低频方向移动。这种由磁屏蔽作用引起吸收峰位置的变化称为化学位移。

（2）化学位移的相对值表示

从理论上讲，某核的化学位移应该以它的裸核为基准进行比较，但由于磁屏蔽常数 σ 值很小，^{1}H 核的 σ 一般在 10^{-5} 以内，要通过准确测定某核的共振频率来计算其化学位移，误差较大。所以在实际应用中都采用某个适当的化合物作标准，测量它们的化学位移之差。最常用的标准物质是四甲基硅烷（TMS）。因为 TMS 中的所有氢核所处的化学环境相同，其共振信号只有一个峰。化学位移用频率差 $\Delta\nu$ 表示，即

$$\Delta\nu = \nu_s - \nu_{TMS} \tag{4.31}$$

式中，ν_s 为试样物质中待测氢核的共振频率。由于化学位移与磁场强度有关，为了统一标定化学位移的数据，化学位移的表示宜采用相对值，用符号 δ 表示（单位 1ppm 表示 1×10^{-6}），即

$$\delta = \frac{\nu_s - \nu_{TMS}}{\nu_{TMS}} \times 10^6 \text{(ppm)} \tag{4.32}$$

δ 值与磁场强度的选择无关，不同仪器测得的结果是一致的。

TMS 中的 ^{1}H 核所受的磁屏蔽效应比绝大多数化合物中的 ^{1}H 核都要大，其共振频率最小。规定 TMS 的化学位移 $\delta=0$，所以其他 ^{1}H 核的化学位移一般都为正。在 ^{1}H-NMR 谱中，一般 δ 为 0～10ppm。图 4.53 给出 B_0=1.4092T 时，^{1}H 核频率位移与化学位移的对应值。

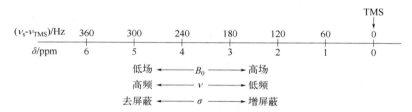

图 4.53　^{1}H 核频率位移与化学位移的对应值（B_0=1.4092T）

熟悉各化学基团出现的化学位移范围，对分析 NMR 谱图来说是十分重要的。

（3）氢核化学位移的影响因素

任何影响电子云分布的因素都将影响其化学位移，常见的影响因素如下。

① 诱导效应。一些电负性较大的原子（如氧、氮原子、卤素原子等）具有较强的吸电子能力，它们诱导 H 原子中的 s 电子云发生偏移，H 核受到的屏蔽减弱，化学位移加大。其中，氢键的形成对—OH、—NH、—NH$_2$ 中 H 的化学位移的影响是很大的，如羧酸的—COOH 的 δ=12ppm。

② 磁各向异性效应。分子中的电子磁矩产生的局部感应磁场 $\boldsymbol{B}_1$ 叠加在外加磁场强度 $\boldsymbol{B}_0$ 上。当 $\boldsymbol{B}_1$ 与 $\boldsymbol{B}_0$ 同向时，相当于去屏蔽效应，使化学位移增加；反之，当 $\boldsymbol{B}_1$ 与 $\boldsymbol{B}_0$ 反向时，则相当于增屏蔽效应，使化学位移减少。这就是磁各向异性效应。

例如，苯环的 π 电子环流产生磁感应强度 $\boldsymbol{B}_1$，苯环中 ^{1}H 处在该感应磁场与外加磁场 $\boldsymbol{B}_0$ 同方向的位置，使该处微环境的磁感应强度得以增强，产生去屏蔽效应，使苯的化学位移达到 7.3ppm。

③ 溶剂效应。在溶液中，各种 ^{1}H 受到不同溶剂的影响而引起化学位移的变化称为溶剂效应。

4.6.3.2 自旋-自旋耦合

低分辨的乙醇的 ^{1}H-NMR 谱只出现三个吸收峰，但如果用高分辨的仪器，则可以发现，NMR 谱中的一些吸收峰进一步裂分成多重峰。乙醇分子中 CH_3 峰被分裂为三重峰，CH_2 峰被分裂为四重峰。这种谱峰分裂的现象是 CH_2 中的 H 核和 CH_3 中的 H 核之间的自旋相互作用引起的，称为自旋-自旋耦合，简称自旋耦合。自旋耦合也可以这样理解：核的自旋磁矩会给邻近的核造成一个附加磁场，从而对邻近核产生影响。

由于自旋耦合使谱峰增多的现象称为自旋分裂，分裂所产生的谱线间距与核磁矩的耦合强弱有关，用自旋耦合常数 J 表示。

现以乙醇分子为例进行说明自旋耦合现象。CH_2 对 CH_3 的耦合：^{1}H 核的自旋量子数为 $I=1/2$，磁量子数 $m=\pm 1/2$，所以 ^{1}H 核在外磁场中有两种自旋取向，用 ↑ 与 ↓ 表示，两种取向的概率几乎相同。CH_2 中的两个 ^{1}H 核，自旋取向可以相同也可以相反，共有四种排列方式，即 ↑↑、↓↑、↑↓、↓↓，但第二种和第三种排列由于两个 ^{1}H 核的等价性可归为一种，即表现上只有 3 种排列方式，它们出现的机会是 1∶2∶1。同向取向使 CH_3 的 ^{1}H 核感受到外磁场强度稍增强，其共振吸收稍向高频端位移，反向取向使 CH_3 的 ^{1}H 核感受到的外磁场强度稍降低，其共振吸收稍向低频端位移，故 CH_2 使 CH_3 分裂为三峰，强度比为 1∶2∶1。同理 CH_3 对 CH_2 的耦合，使 CH_2 的谱峰分裂为四重峰，强度比为 1∶3∶3∶1。OH 中的 ^{1}H 核由于远离其他 ^{1}H 核，仍然只出现单峰。类推可知，如果某氢核相邻的碳原子上有 n 个状态相同（化学等价）的 H 核，那么，此核的吸收峰将被分裂为 $(n+1)$ 个，通常称 $(n+1)$ 规则，分裂峰的强度比为二项式 $(a+b)^n$ 展开的各项系数比。

自旋分裂的大小是由分子结构决定的，与外磁场强度无关。自旋分裂的间距用耦合常数 J 表示，单位为 Hz。一般来说，长程耦合和同碳耦合的 J 很小，主要是邻碳耦合。从耦合常数和谱峰的分裂数，可了解氢在分子中所处的部位和它的邻近官能团的性质。

4.6.3.3 积分强度

NMR 谱中峰的积分强度是指强度对频率的积分值，即谱图中峰的面积。

谱峰的积分强度对应着处于某种化学环境的 ^{1}H 核的数目。各峰的面积比等于相应的 H 原子数之比，这个关系可作为 ^{1}H-NMR 谱中定量分析的基础。这里所讲的谱峰是指由化学位移引起的共振吸收峰以及由于自旋耦合形成的分裂峰。

化学位移值和耦合常数，在 NMR 波谱学各专著中都列有详细数据表，供谱图解析和研究分子结构使用。如果要鉴定的化合物的谱峰数目、峰形、相对强度与标准谱图完全相符合，则认为验证完成。假如鉴定的化合物是新化合物，无标准谱图可对照时，则必须对每个谱峰及其分裂峰进行解析，还要尽可能多地收集由其他方法得来的信息，进行综合分析，以便推断新化合物的分子结构。必要时还要进行化学性质试验，甚至进行合成试验来验证。

4.6.4 核磁共振氢谱及应用

（1）简单核磁共振氢谱

简单 NMR 谱称为一级 NMR 谱，其相互耦合的两组（或几组）^{1}H 核的化学位移 $\Delta\nu$ 比其耦合常数 J 大得多（如 $\Delta\nu/J \leqslant 10$），简单的 ^{1}H-NMR 谱通常具有以下特征和信息。

① 吸收峰的组数说明分子中处于不同化学环境的 ^{1}H 核的组数。

② 各组峰的中心为该组 ^{1}H 核的化学位移 δ，其数值说明分子中基团的情况；各峰之间的裂距相等，等于耦合常数 J，其数值与化学结构密切相关。

③ 各组峰的分裂符合（$n+1$）规律，分裂后各峰的强度比符合（$a+b$）^{n} 展开式的系数比。峰的分裂个数说明各基团的连接关系。

④ 吸收峰的面积与引起该吸收峰的 ^{1}H 核的数目成正比。

（2）复杂 ^{1}H-NMR 谱及简化

如果化学位移 $\Delta\nu$ 较小，而耦合常数 J 值较大（如 $\Delta\nu/J<10$），会使峰发生畸变而使谱图变得复杂，这样的谱图称为二级（或高级）谱图。要对它进行解释比较困难，通常可用一些措施使谱图简化以利于解析，如加大 B_0、使用同位素代换、采用去耦技术等。

① 增大 B_0　由于耦合常数 J 不受磁场影响，而化学位移却会因此而增加，所以增大 B_0 可使 $\Delta\nu/J$ 增大，从而把复杂光谱变为便于解释的一级谱。

② 去耦技术　去耦技术又称双共振技术。当用一个射频 ν_1 正常扫描观测一个核共振的同时，用另一个强射频 ν_2 来激发与观测核有耦合作用的核，使之产生强的共振吸收而"饱和"，不再对观测核产生耦合作用，故而可以大大简化谱图。

③ 氘同位素取代　由于 ^{2}H 核共振频率与 ^{1}H 相差很远，在氢谱中无 ^{2}H 核的信号峰，用 ^{2}H 核取代分子中的部分 ^{1}H 核可以去掉部分波谱。同时由于 ^{2}H 核与 ^{1}H 核间的耦合作用小而使谱图进一步简化。

（3）^{1}H-NMR 谱的解析实例

依据化学位移、自旋耦合造成的谱峰分裂和解析谱的积分面积就可以解析许多简单的 ^{1}H-NMR 谱。^{1}H-NMR 氢谱主要应用于结构鉴定、定量分析以及动力学方面的研究。^{1}H-NMR 谱是有机物结构鉴定的重要方法，在有机物结构鉴定前应该尽量多地了解待鉴定试样的物理、化学性质，最好能确定其化学式。一般来说，^{1}H-NMR 图谱解析的大致过程如下。

① 根据分子式计算不饱和数，初步确定化合物的环和双键的情况。

每一个双键或一个苯环相当于 1 个不饱和数，三键相当于 2 个不饱和数。不饱和数通常用 Ω 表示，不同类型的分子有不同的计算式。

对于含有碳、氢、氧、硫的分子通式为 $C_nH_hO_pS_q$，它的不饱和数为：

$$\Omega = n - \frac{h}{2} + 1$$

② 根据积分面积确定各基团中氢核数的比值，决定各基团的氢原子数。

③ 根据 NMR 峰的化学位移确定基团类型。对于一级 NMR 谱，首先可以确定没有自旋分裂的峰所对应的基团，这些基团常含有氧、氮及苯环。需要注意的是—OH 与—NH$_2$，因为容易产生氢键从而使化学位移发生很大的变化，但这类氢可用氘代办法确定。

④ 根据自旋分裂的峰数并结合耦合常数值以确定基团之间的连接顺序，确定可能的结构式。

⑤ 谱图指认。各基团都应在谱图上找到相应的峰，且峰的化学位移、分裂数、J 值都应和结构式相符，去除不合理的结构式，确定最可能的结构式。

例如，已知某化合物的分子式为 $C_5H_{10}O_2$，其 ^{1}H-NMR 谱如图 4.54 所示。我们以此例说明 NMR 图谱解析的过程。

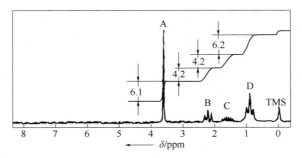

图 4.54　化合物 $C_5H_{10}O_2$ 的 ^{1}H-NMR

① 该化合物的一个分子中有 5 个碳原子，10 个氢原子，所以其不饱和数 $\Omega=1$，该化合物的分子应该有 1 个双键。由于所有峰的 δ 都小于 4，故不会是 C＝C，而可能是 C＝O。

② 四个峰的积分强度由积分曲线可以直接看出，即 A：B：C：D=6.1：4.2：4.2：6.2，可知各基团中 ^{1}H 核数的比值=3：2：2：3。

③ A 峰为单峰，$\delta=3.6$，推断可能是 CH_3—O—基团中的甲基峰。其余 ^{1}H 核数的分布为 2：2：3。推测分子的结构式可能是 CH_3O—CO—$CH_2CH_2CH_3$。

④ 其余三组峰的位置和分裂情况符合这一推测：D 峰为三重峰，$\delta=0.9$，是典型的和 —CH_2—基相邻的甲基峰；B 峰为三重峰，$\delta=2.2$，是和羰基相邻的 CH_2 基的两个 ^{1}H 核产生的峰；另一个 CH_2 基在 $\delta=1.6$ 处产生 12 个峰，这是由受两边的 CH_2 及 CH_3 的耦合分裂所致。但是图中的 C 峰只有 6 个峰，这是仪器分辨率不够的缘故。

⑤ 确定可能的结构式为 CH_3O—$\overset{\displaystyle O}{\overset{\|}{C}}$—$CH_2CH_2CH_3$（丁酸甲酯）。

思考题

1．何谓助色团及生色团?试举例说明。

2．何为拉曼散射?

3．简述电子能谱谱峰化学位移的定义，AES 与 XPSD 化学位移对材料表面分析工作有什么作用?

4．XPS 的主要功能是什么?它能检测样品的哪些信息?举例说明其用途。

5．哪些类型的电子跃迁能在紫外吸收光谱中反映出来?

6．有机化合物的紫外吸收光谱中有哪几种类型的吸收带?有什么特点?

7．在有机化合物的鉴定及结构推测上，紫外可见吸收光谱所提供的信息具有什么特点?

8．何谓基团频率?影响基团频率的因素有哪些?

9．举例说明紫外可见吸收光谱在分析上有哪些应用。

10．红外光谱分析中如何进行试样的处理和制备?

11．红外吸收光谱定性分析的基本原理是什么?进行定性分析时有哪几种方法?

12．如何判断物质结构中是否含有苯环?

13．产生红外吸收的条件是什么?是否所有的分子振动都会产生红外吸收?

14．何谓"指纹区"? 它有什么特点和用途?

15．利用俄歇电子能谱仪对银样品表面进行分析，得到微分形式的谱图，主要元素的俄歇峰峰高如下：356eV(Ag)为76、271eV(C)为13、508eV(O)为8、154eV(S)为2.5，分析样品的表面组成。

16．比较 AES、XPS、UPS 分析方法应用范围与特点。

参考文献

[1] 周公度，段连运．结构化学基础[M]．5 版 北京：北京大学出版社，2017.

[2] 余焜．材料结构分析基础[M]．北京：科学出版社，2010.

[3] 吴刚．材料结构表征及应用[M]．北京：化学工业出版社，2013.

[4] 赞德纳．表面分析方法[M]．强俊，胡兴中，译．北京：国防工业出版社，1984.

[5] 陆家和，陈长彦．表面分析技术[M]．北京：电子工业出版社，1987.

[6] 周清．电子能谱学[M]．天津：南开大学出版社，1995.

[7] 王建祺，吴文辉，冯大明．电子能谱学 XPS/XAES/UPS 引论[M]．北京：国防工业出版社，1992.

[8] 左演声，陈文哲，梁伟．材料现代分析方法[M]．北京：北京工业大学出版社，2000.

[9] 潘承璜，赵良仲．电子能谱基础[M]．北京：科学出版社，1981.

[10] Chastain J. Handbook of X-ray photoelectron spectroscopy[M]. Beijing: Perkin-Elrner corporation, Physical Electronics Division, 1992.

[11] 黄惠中．论表面分析及其在材料研究中的应用[M]．北京：科学技术文献出版社，2002.

[12] Briggs D, Seah M P. Practical Surface Analysis [M]. New York: Wiley, 1990.

[13] 薛奇．高分子结构研究中的光谱方法[M]．北京：高等教育出版社，1995: 170-195.

[14] 林水水，吴平平，周文敏．实用傅里叶变换红外光谱学[M]．北京：中国环境科学出版社，1991.

[15] 吴人洁．现代分析技术在高聚物中的应用[M]．上海：上海科学技术出版社，1979: 139-157.

[16] 吴瑾光．近代傅里叶变换红外光谱技术及应用[M]．北京：科学技术文献出版社，1994.

[17] 汪昆华，罗传秋，周啸．聚合物近代仪器分析[M]．北京：清华大学出版社，1989: 20-45.

[18] 徐端夫，沈德言，杜雪，等．非晶态全同立构聚丙烯玻璃的结晶过程与玻璃化转变[J]．高分子通讯．1981, 1(5):350-354.

[19] Lee Y L, Bretzlaff R S, Wool R P. Fourier-transform infrared studies of polypropylene during mechanical deformation[J]. Journal of Polymer Science: Polymer Physics Edition, 1984, 22(4):681-698.

[20] Coleman M M, Varnell D F. Fourier-transform infrared studies of polymer blends. Ⅲ. Poly(β-propiolactone)-poly(vinyl chloride) system[J].Journal of Polymer Science: Polymer Physics Edition, 1980, 18(6):1403-1412.

[21] 沈德言．红外光谱在高分子研究中的应用[M]．北京：科学出版社，1982.

[22] 刘会洲，许振华，翁诗甫，等．Y-Ba-Cu-O 超导体系的远红外光谱[J]．科学通报．1988, 17: 1313.

[23] 李光平，何秀坤，王琴，等．SI-GaAs 中 EL2、Cr 杂质低温近红外吸收带[J]．稀有金属，1988, 4：275.

[24] 郭立鹤，张维睿．中国地质科学院"七五"对外科合作成果选编[M]．北京：地质出版社，1993.

[25] 董雪，亓利剑，周征宇，等．水热法合成红色绿柱石的光谱特征研究及应用[J]．光谱学与光谱分析，2019, 39(2): 517-521.

[26] 孙莉．Ag 和 ZnO 纳米粒子制备及抗菌性能研究[D]．沈阳：沈阳工业大学，2020.

[27] 赵国立．熔盐电解钛酸钙短流程制备金属钛及钛合金的研究[D]．唐山：华北理工大学，2022.

晶体结构与表征

【 本章导读 】

　　本章主要讲解关于晶体结构的基础知识，如晶体的定义、晶面与晶向等，并且通过介绍 X 射线衍射的几何条件，将晶体结构与 X 射线衍射原理建立联系，进而了解 X 射线衍射分析在晶体结构表征方面的理论和方法。同时，透射电子显微镜的电子衍射操作也可实现晶体结构的分析，因此通过介绍透射电子显微镜的工作原理以及电子衍射对晶体结构分析的案例，进而培养学生利用透射电子显微镜的电子衍射操作分析晶体结构的能力。利用热分析技术可以对矿物组成进行表征，建立热分析表征与矿物组成和结构的关系，进而培养学生综合利用多种测试手段分析测试结果的能力。

【 思维导图 】

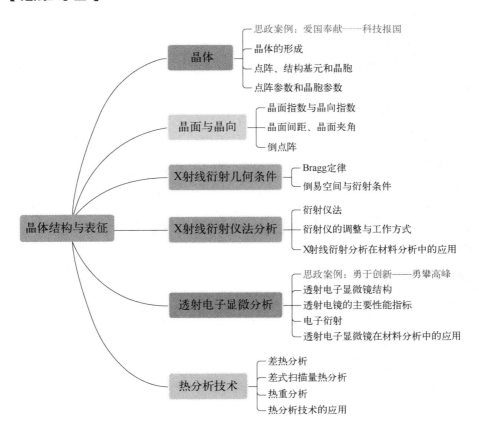

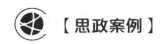

爱国奉献——科技报国

5.1 晶体

晶体是由原子或分子在空间按一定规律周期重复地排列构成的固体物质。晶体中原子或分子的排列具有三维空间的周期性，隔一定的距离重复出现，这种周期性规律是晶体结构最基本的特征。

5.1.1 晶体的形成

物质在气态时，稳定存在的粒子称为分子，可以是单原子的，也可能包含若干个原子。气态物质凝聚成液态或固态时，分子凝聚成为晶体。在分子的基础上考虑晶体构成，大致有以下两种情况。

（1）分子堆垛起来的晶体

分子凝聚依靠的是范德华力，分子由范德华键联结形成的晶体称为分子晶体。例如，NH_3、SO_2、HCl 分子等在低温下构成的晶体。单原子分子依靠范德华键形成的晶体也可称为原子晶体（单原子分子晶体），主要是惰性气体元素的晶体。

范德华键很弱，它几乎不会引起分子内部电子分布的变化，形成的晶体保留了每个分子的个性，所以称为分子晶体。分子晶体结合能低，相应地其熔点、沸点及机械强度也低。除了一些无机化合物分子会形成分子晶体外，一切有机化合物晶体多属于分子晶体。分子堆垛成晶体时，分子可以是球形、线形、链形、平面形等。

（2）原子、离子堆垛起来的晶体

分子凝聚的时候，如果分子中的原子和相邻分子中的原子之间产生较强的相互作用，那么，原来的分子结构会发生变化，而由原子之间建立起新的更强作用键，形成巨型分子。依靠共价键形成的巨型分子称为共价晶体，依靠离子键形成的巨型分子称为离子晶体，依靠金属键形成的巨型分子称为金属晶体。因此这种情况也可以把晶体看成是由原子（或离子）直接堆垛起来的。

5.1.2 点阵、结构基元和晶胞

在晶体内部，原子或分子在三维空间做周期重复排列，每个重复单位的化学组成相同、空间结构相同，若忽略晶体的表面效应，重复单位周围的环境也相同。这些重复单位可以是单个原子或分子，也可以是离子团或多个分子。如果每个重复单位用一个点表示，可得到一组点，这些点按一定规律排列在空间。研究这些点在空间重复排列的方式，可以更好地描述晶体内部原子排列的周期性。

点阵是一组无限个全同点的集合，连接其中任意两点可得一矢量，将各个点按此矢量平

移，能使它复原。注意，这里所说的平移必须是按矢量平行移动，而没有丝毫的转动。点阵中每点都具有完全相同的周围环境。

点阵结构中每个点阵点所代表的具体内容，包括原子或分子的种类、数量及其在空间按一定方式排列的结构单元，称为晶体的结构基元。结构基元是指重复周期中的具体内容，而点阵点是一个抽象的点。如果在晶体点阵中各点阵点的位置上，按同一种方式安置结构基元，就得到整个晶体的结构。所以，可以简单地将晶体结构示意表示为：

晶体结构=点阵+结构基元

在晶体的三维周期结构中，按照晶体内部结构的周期性，划分出一个个大小和形状完全相同的平行六面体，作为晶体结构的基本重复单位，称为晶胞。整块晶体就是按晶胞共用顶点并置排列、共面堆砌而成。周期重复单位的重复方式可用点阵表示。能用一个点阵点代表晶胞中全部的内容者，称为素晶胞，它即为一个结构基元。含 2 个或 2 个以上结构基元的晶胞称为复晶胞。

5.1.3 点阵参数和晶胞参数

在点阵中以直线连接各个点阵点，形成直线点阵，相邻两个点阵点的矢量 $\boldsymbol{a}$ 是这直线点阵的单位矢量，矢量的长度 $a=|\boldsymbol{a}|$，称为点阵参数，如图 5.1（a）所示。

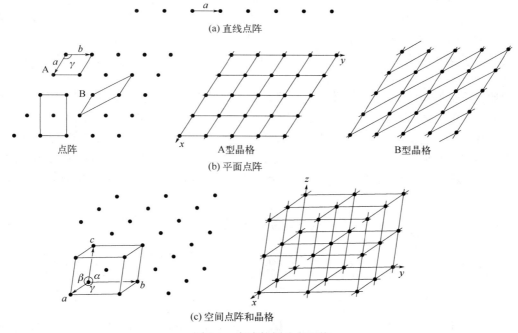

图 5.1 点阵的划分和晶格

平面点阵可划分为一组平行的直线点阵，并可选择两个不相平行的单位矢量 $\boldsymbol{a}$ 和 $\boldsymbol{b}$ 划分成并置的平行四边形单位，点阵中各点阵点都位于平行四边形的顶点上。矢量 $\boldsymbol{a}$ 和 $\boldsymbol{b}$ 的长度 $a=|\boldsymbol{a}|$，$b=|\boldsymbol{b}|$ 及其夹角 γ 称为平面点阵参数，如图 5.1（b）所示。通过点阵点划分平行四边形的方式是多种多样的，图中显示出了 3 种，虽然它们的点阵参数不同，但若它们都只含 1 个点阵点，它们的面积就一定相等。含 2 个点阵点的平行四边形，其面积一定是含 1 个点阵点的 2 倍。

空间点阵可选择 3 个不相平行的单位矢量 **a**、**b**、**c**，它们将点阵划分成并置的平行六面体单位，称为点阵单位。相应地，按照晶体结构的周期性划分所得的平行六面体单位称为晶胞。点阵单位和晶胞都可用来描述晶体结构的周期性。点阵是抽象的，只反映晶体结构周期重复的方式；晶胞是按晶体实际情况划分出来的，它包含原子在空间的排布等内容。矢量 **a**、**b**、**c** 的长度 a、b、c 及其相互间的夹角 α、β、γ 称为点阵参数或晶胞参数，且

$$a=|\boldsymbol{a}|, \quad b=|\boldsymbol{b}|, \quad c=|\boldsymbol{c}| \tag{5.1}$$

$$\alpha=\boldsymbol{b}\wedge\boldsymbol{c}, \quad \beta=\boldsymbol{a}\wedge\boldsymbol{c}, \quad \gamma=\boldsymbol{c}\wedge\boldsymbol{b} \tag{5.2}$$

通常根据矢量 **a**、**b**、**c** 选择晶体的坐标轴 x、y、z，使它们分别和矢量 **a**、**b**、**c** 平行。一般 3 个晶轴按右手定则关系安排。伸出右手的 3 个指头，食指代表 x 轴，中指代表 y 轴，大拇指代表 z 轴。如图 5.1（c）所示即为右手坐标轴系。

空间点阵可任意选择 3 个不相平行的单位矢量进行划分。由于选择单位矢量不同，划分的方式也不同，可以有无数种形式。但基本上可归纳为两类。一类是单位中包含一个点阵点者，称为素单位。注意，计算点阵点数目时，要考虑处在平行六面体顶点上的点阵点均为 8 个相邻的平行六面体所共有，每一平行六面体单位只摊到该点的一部分。另一类是每个单位中包含 2 个或 2 个以上的点阵点，称为复单位。

空间点阵按照确定的平行六面体单位连线划分，获得一套直线网格，称为空间格子或晶格。点阵和晶格分别用几何的点和线反映晶体结构的周期性，它们具有同样的意义，都是从实际晶体结构中抽象出来，表示晶体周期性结构的规律。晶体最基本的特点是具有空间点阵式的结构。点阵和晶格在英文中是同一个词 lattice。点阵强调的是按点阵单位划分出来的格子，由于选坐标轴和单位矢量有一定灵活性，它不是唯一的。

晶胞是晶体结构的基本重复单位，整个晶体就是按晶胞在三维空间周期性地重复排列，相互平行取向，按每一顶点为 8 个晶胞共有的方式堆砌而成的。晶体结构的内容，包含在晶胞的两个基本要素中：①晶胞的大小和形状，即晶胞参数 a, b, c, α, β, γ；②晶胞内部各个原子的坐标位置，即原子的坐标参数（x, y, z）。有了这两方面的数据，整个晶体的空间结构也就知道了。

原子在晶胞中的坐标参数（x, y, z）是指由晶胞原点指向原子的矢量 **r** 用单位矢量 **a**、**b**、**c** 表达，即

$$\boldsymbol{r} = x\boldsymbol{a} + y\boldsymbol{b} + z\boldsymbol{c} \tag{5.3}$$

例如在图中，Cl^-：0, 0, 0; $\quad$ $\frac{1}{2}$, 0, $\frac{1}{2}$; $\quad$ 0, $\frac{1}{2}$, $\frac{1}{2}$; $\quad$ $\frac{1}{2}$, $\frac{1}{2}$, 0;

Na^+：$\frac{1}{2}$, 0, 0; $\quad$ 0, $\frac{1}{2}$, 0; $\quad$ 0, 0, $\frac{1}{2}$; $\quad$ $\frac{1}{2}$, $\frac{1}{2}$, $\frac{1}{2}$;

注意，晶体中原子的坐标参数是以晶胞的 3 个晶轴作为坐标轴，以 3 个晶轴的长度作为坐标轴的单位。当原点位置改变或选取的晶轴改变时，原子坐标参数也会改变。

若一整块固体基本上为一个空间点阵所贯穿，称为单晶体。有些固体是由许多小的单晶体按不同的取向聚集而成，称为多晶体，金属材料及许多粉状物质是由多晶体组成的。有些固体，例如炭黑，结构重复的周期数很少，只有几个到几十个周期，称为微晶。微晶是介于晶体和非晶体物质之间的物质。在棉花、蚕丝、毛发及各种人造纤维等物质中，一般具有不完整的一维周期性的特征，并沿纤维轴择优取向，这类物质称为纤维多晶物质。

5.2　晶面与晶向

晶面和晶向是晶体学中的重要概念。晶面最初的意义是指晶体外形的平面，而晶棱的指向则称为晶向。在明确了晶体结构的周期性及引入了晶体点阵概念之后，晶面被定义为点阵的结点面，而晶向则被定义为结点线的指向。

晶体点阵中，相互平行的结点面都具有同样的结点排列。因此，晶面通常是指一簇平行等距的结点面，而不限于只指单一结点面。同样地，相互平行的结点线都具有同样的结点排列，晶向通常表示的是一簇平行的结点线，并不只是表示一条结点线。

应该指出，晶体中作为等同点的结点位置是任选的，并非一定位于某类原子的中心。所以，表征晶面主要特点的是结点面的取向及结点面间距（晶面距），而不是某个原子面。同样，表征晶向主要特点的是结点线的取向及结点线上结点间距，而不是某个原子列。

5.2.1　晶面指数与晶向指数

5.2.1.1　晶面指数

晶体学中用晶面指数表示晶面特征，主要是晶面的取向及其面间距。晶面指数的确定方法为：任选距结点面最近的一个结点为原点 O，此结点面在晶轴 a、b、c 上截距（以 a、b、c 为单位度量）的倒数即定义为晶面指数，也称为米勒指数。当结点面与某晶轴平行时，则认为晶面与该轴的截距为 ∞，其倒数为 0。

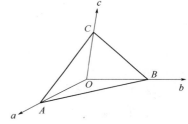

图 5.2　晶面指数的确定

晶面指数用圆括号括起表示，指数若为负值，负号加在指数上方。当泛指某一晶面指数时，一般用 (hkl) 代表。例如，图 5.2 中的晶面 ABC，在坐标轴上的截距分别为 x、y、z，则 $h=1/x$，$k=1/y$，$l=1/z$。

在图 5.3 中绘出晶体的几个主要晶面，并标出了晶面指数。

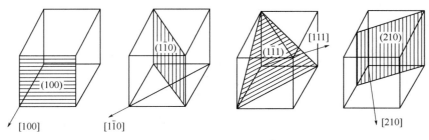

图 5.3　晶体中的几个主要晶面和晶向指数

① 这样定义的晶面指数，只可能是整数，不会是分数，更不会是无理数。

② 这样定义的晶面指数，既表示晶面的取向，也表示晶面距。不过，在许多场合，如果只要求表示取向，也可以把它们简化为同比例的三个互质整数。

③ 晶体中的某些晶面可能是完全相同的，它们能借助对称元素的作用相互替换，而不会使晶体有任何变化。这样的一组晶面称为等同晶面族，用 $\{hkl\}$ 表示。在同一晶面族中，各

晶面上原子排列相同，晶面距也相同。

等同晶面族所含晶面的个数与晶体对称性高低及晶面指数有关。以立方晶体为例，（100）、（010）、（001）、（$\bar{1}$00）、（0$\bar{1}$0）、（00$\bar{1}$）共 6 个晶面属于一个等同晶面族，表示为 {100}。正方晶体的{100}晶面族，包括（100）、（010）、（$\bar{1}$00）、（0$\bar{1}$0）四个晶面；它的（001）、（00$\bar{1}$）晶面属于{001}晶面族。

5.2.1.2　晶向指数

晶体学中用晶向指数表示晶向特征。晶向指数的确定方法为：在结点线上任选相邻的两个结点，以其中一个结点作为原点 O，则另一点的三个坐标值（用点阵周期 a、b、c 度量）即为该结点线的晶向指数。

晶向指数用方括号括起来表示。当泛指某晶相指数时，用[uvw]表示。如果结点的某个坐标值为负值，则在相应的指数上加一负号来表示。

这样定义晶向指数，既能表示结点线取向，也能表示结点线上结点的距离。晶向[uvw]的方向，即矢量 $u\boldsymbol{a}+v\boldsymbol{b}+w\boldsymbol{c}$ 的方向，结点距等于 $|u\boldsymbol{a}+v\boldsymbol{b}+w\boldsymbol{c}|$。如果只要求表示取向，可以把这三个数简化为同比例的三个互质整数。

5.2.1.3　六方晶系的晶面、晶向指数

六方晶系的晶面、晶向指数除了上面介绍的三指数法外，还有四指数法。

如图 5.4 所示，是专门为六方点阵定义的六方体阵胞，它实际上包含了三个单位平行六面体。如果取 a、b 和 c 为晶轴，按上述三轴定向的方法确定面指数，求出六个柱面的晶面指数为（100）、（010）、（$\bar{1}$10）、（$\bar{1}$00）、（0$\bar{1}$0）、（1$\bar{1}$0），显然，这样的晶面指数不能显示出六次对称及等同面的特征，晶向指数也存在同样的问题。因此，在晶体学中对六方晶系有时采用四轴坐标标定指数的方法，称为米勒-布拉维指数。

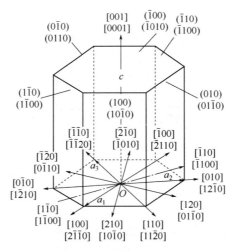

图 5.4　六方晶系的晶面及晶向指数

六方晶系的四坐标轴，即 a_1、a_2、a_3、c，其中 a_1、a_2、a_3 在同一平面上，它们之间的夹角为 120°，c 轴与这个平面垂直。这样求出的晶面指数由四个数字组成，用（$hkil$）表示。其中 hkl 就是三轴坐标中的晶面指数，第三个数字 i 与 h、k 的关系为 $i=-(h+k)$。

在四轴坐标系中，六个柱面的晶面指数记作：$(10\bar{1}0)$、$(01\bar{1}0)$、$(\bar{1}100)$、$(\bar{1}010)$、$(0\bar{1}10)$、$(1\bar{1}00)$。它们都是由"1、$\bar{1}$、0、0"四个数字以不同的方式排列而成。这样的晶面指数可以明显地显示出六次对称及等同晶面的特征。

六方晶系中四轴坐标晶向指数的确定，稍许麻烦些。如果三轴晶向指数是$[uvw]$，那么，四轴晶向指数为$[(2u{-}v)/3(2v{-}u)/3(-u{-}v)/3w]$。四轴指数纯粹是为了凑指数在形式上的对称性，但给有些计算带来不便。

5.2.2　晶面间距、晶面夹角

（1）晶面间距

晶面（hkl）的晶面间距通常用 d_{hkl} 表示，或简写为 d。为求得晶面间距的计算公式，假定图 5.5 中的 ABC 面为某平行晶面族中最靠近坐标原点的一个晶面（hkl）。根据晶面指数的定义，可知，ABC 面在晶轴 a、b、c 上截距分别为 $1/h$、$1/k$、$1/l$。显然，a/h 在晶面法线 n_{hkl} 上的投影就等于这个晶面的面间距 d，即

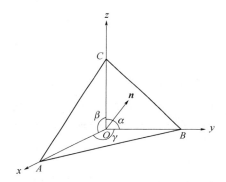

图 5.5　晶面间距的计算

$$d_{hkl} = \frac{a}{h}n_{hkl} = \frac{b}{h}n_{hkl} = \frac{c}{h}n_{hkl} \tag{5.4}$$

由图 5.5 可知，ABC 面的单位法向量表示为

$$\boldsymbol{n}_{hkl} = \frac{\boldsymbol{AB} \times \boldsymbol{BC}}{\left| \boldsymbol{AB} \times \boldsymbol{BC} \right|} \tag{5.5}$$

$$\boldsymbol{AB} \times \boldsymbol{BC} = \left(\frac{\boldsymbol{b}}{k} - \frac{\boldsymbol{a}}{h} \right) \times \left(\frac{\boldsymbol{c}}{l} - \frac{\boldsymbol{b}}{k} \right) = \frac{h(\boldsymbol{b} \times \boldsymbol{c}) + k(\boldsymbol{c} \times \boldsymbol{a}) + l(\boldsymbol{a} \times \boldsymbol{b})}{hkl} \tag{5.6}$$

$$\boldsymbol{n}_{hkl} = \frac{h(\boldsymbol{b} \times \boldsymbol{c}) + k(\boldsymbol{c} \times \boldsymbol{a}) + l(\boldsymbol{a} \times \boldsymbol{b})}{\left| h(\boldsymbol{b} \times \boldsymbol{c}) + k(\boldsymbol{c} \times \boldsymbol{a}) + l(\boldsymbol{a} \times \boldsymbol{b}) \right|} \tag{5.7}$$

$$d_{hkl} = \frac{V_0}{\left| h(\boldsymbol{b} \times \boldsymbol{c}) + k(\boldsymbol{c} \times \boldsymbol{a}) + l(\boldsymbol{a} \times \boldsymbol{b}) \right|} \tag{5.8}$$

$$V_0 = \boldsymbol{a} \cdot (\boldsymbol{b} \times \boldsymbol{c}) = \boldsymbol{b} \cdot (\boldsymbol{c} \times \boldsymbol{a}) = \boldsymbol{c} \cdot (\boldsymbol{a} \times \boldsymbol{b}) \tag{5.9}$$

各种晶体的晶面间距如表 5.1 所示。

表 5.1　各种晶体的晶面间距

晶系	d
立方	$\dfrac{a}{\sqrt{h^2+k^2+l^2}}$
正方	$\dfrac{a}{\sqrt{\left(h^2+k^2\right)+\left(\dfrac{a}{c}\right)^2 l^2}}$
正交	$\dfrac{1}{\sqrt{\left(\dfrac{h}{a}\right)^2+\left(\dfrac{k}{b}\right)^2+\left(\dfrac{l}{c}\right)^2}}$
六方	$\dfrac{a}{\sqrt{\dfrac{4}{3}\left(h^2+hk+k^2\right)+\left(\dfrac{a}{c}\right)^2 l^2}}$
菱方	$\dfrac{a}{\sqrt{\dfrac{(1+\cos\alpha)\left(h^2+k^2+l^2\right)-2\cos(hk+kl+lh)}{1+\cos\alpha-2\cos^2\alpha}}}$
单斜	$\dfrac{1}{\sqrt{\dfrac{h^2}{a^2\sin^2\beta}+\dfrac{k^2}{b^2}+\dfrac{l^2}{c^2\sin^2\beta}-\dfrac{2lh\cos\beta}{ac\sin^2\beta}}}$
三斜	$\sqrt{\dfrac{1-\cos^2\alpha-\cos^2\beta-\cos^2\gamma-2\cos\alpha\cos\beta\cos\gamma}{\dfrac{h^2}{a^2}\sin^2\alpha+\dfrac{k^2}{b^2}\sin^2\beta+\dfrac{l^2}{c^2}\sin^2\gamma+\dfrac{2hk}{ab}(\cos\alpha\cos\beta-\cos\gamma)+\dfrac{2kl}{bc}(\cos\gamma\cos\beta-\cos\alpha)+\dfrac{2lh}{ac}(\cos\alpha\cos\gamma-\cos\beta)}}$

（2）晶面夹角

晶面夹角 φ 可以用晶面法线的夹角来表示。若晶面 $(h_1k_1l_1)$ 和 $(h_2k_2l_2)$ 的单位法向量为 $\boldsymbol{n}_1$、$\boldsymbol{n}_2$，则

$$\cos\varphi=\boldsymbol{n}_1\cdot\boldsymbol{n}_2 \tag{5.10}$$

将式（5.10）代入，可得

$$\cos\varphi=\frac{h_1\left(\boldsymbol{b}\times\boldsymbol{c}\right)+k_1\left(\boldsymbol{c}\times\boldsymbol{a}\right)+l_1\left(\boldsymbol{a}\times\boldsymbol{b}\right)}{\left|h_1\left(\boldsymbol{b}\times\boldsymbol{c}\right)+k_1\left(\boldsymbol{c}\times\boldsymbol{a}\right)+l_1\left(\boldsymbol{a}\times\boldsymbol{b}\right)\right|}\cdot\frac{h_2\left(\boldsymbol{b}\times\boldsymbol{c}\right)+k_2\left(\boldsymbol{c}\times\boldsymbol{a}\right)+l_2\left(\boldsymbol{a}\times\boldsymbol{b}\right)}{\left|h_2\left(\boldsymbol{b}\times\boldsymbol{c}\right)+k_2\left(\boldsymbol{c}\times\boldsymbol{a}\right)+l_2\left(\boldsymbol{a}\times\boldsymbol{b}\right)\right|} \tag{5.11}$$

由式（5.11）可以求得各晶系的晶面夹角公式，参见表 5.2。式（5.11）及其所推导的公式也可以用来计算晶向夹角及晶向与晶面间的夹角。在计算晶向夹角时，只要把公式中的晶面指数换成晶向指数就可以了。

表 5.2　各种晶体的晶面夹角

晶系	$\cos\varphi$
立方	$\dfrac{h_1h_2+k_1k_2+l_1l_2}{\sqrt{h_1^2+k_1^2+l_1^2}\sqrt{h_2^2+k_2^2+l_2^2}}$
正方	$\dfrac{h_1h_2+k_1k_2+\left(\dfrac{a}{c}\right)^2 l_1l_2}{\sqrt{h_1^2+k_1^2+\left(\dfrac{a}{c}\right)^2 l_1^2}\sqrt{h_2^2+k_2^2+\left(\dfrac{a}{c}\right)^2 l_2^2}}$

晶系	$\cos\varphi$
正交	$\dfrac{h_1h_2+\left(\dfrac{a}{b}\right)^2 k_1k_2+\left(\dfrac{a}{c}\right)^2 l_1l_2}{\sqrt{h_1^2+\left(\dfrac{a}{b}\right)^2 k_1^2+\left(\dfrac{a}{c}\right)^2 l_1^2}\cdot\sqrt{h_2^2+\left(\dfrac{a}{b}\right)^2 k_2^2+\left(\dfrac{a}{c}\right)^2 l_2^2}}$
六方	$\dfrac{h_1h_2+k_1k_2+\dfrac{1}{2}(k_1h_2+h_1k_2)+\dfrac{3}{4}\left(\dfrac{a}{c}\right)^2 l_1l_2}{\sqrt{(h_1^2+h_1k_1+k_1^2)+3\left(\dfrac{a}{c}\right)^2 l_1^2}\cdot\sqrt{(h_2^2+h_2k_2+k_2^2)+3\left(\dfrac{a}{c}\right)^2 l_2^2}}$

5.2.3　倒点阵（倒格子）

倒点阵又称为倒格子，实际上纯粹是一种虚构的数学工具。但利用倒点阵解释衍射图的成因，比较直观而易于理解。

（1）倒点阵的两种定义方式

若以 a、b、c 表示正点阵的基矢，则与之对应的倒格子基矢 a^*、b^*、c^* 可以用下列两种方式来定义。

第一种方式是按下式决定 a^*、b^* 和 c^* 的：

$$a^*=\frac{b\times c}{a\cdot(b\times c)}\tag{5.12}$$

$$b^*=\frac{c\times a}{b\cdot(c\times a)}\tag{5.13}$$

$$c^*=\frac{a\times b}{c\cdot(a\times b)}\tag{5.14}$$

第二种方式是按下式决定 a^*、b^* 和 c^* 的：

$$a^*\cdot a=b^*\cdot b=c^*\cdot c=1\tag{5.15}$$

$$a^*\cdot b=a^*\cdot c=b^*\cdot a=b^*\cdot c=c^*\cdot a=c^*\cdot b=0\tag{5.16}$$

实际上，上述两种定义方式是完全等效的。因为，从式（5.12）～式（5.14）可导出式（5.15）和式（5.16），反之亦然。按照上述定义方式，可以以 a、b、c 唯一地求出 a^*、b^*、c^*（包括长度和方向），也即从正点阵得到了唯一的倒点阵。

从倒点阵的定义式还可看出，实际上正点阵和倒点阵是互为倒易的，这是因为式中的 a、b、c 和 a^*、b^*、c^* 是完全等效的。另外还可通过矢量运算证明，正点阵的原胞体积 $V_p=a\cdot(b\times c)$ 和倒点阵的原胞体积 $V_p^*=a^*\cdot(b^*\times c^*)$ 具有互为倒数关系，即：

$$V_p^*=\frac{1}{V_p}\tag{5.17}$$

续表

第 5 章　晶体结构与表征

155

从倒点阵的定义经运算后还可得出倒点阵原胞参数 a^*、b^*、c^*、α^*、β^*、γ^*和正点阵原胞参数 a、b、c、α、β、γ 之间的关系如下：

$$a^* = bc \sin\alpha / V_p \tag{5.18}$$

$$b^* = ca \sin\beta / V_p \tag{5.19}$$

$$c^* = ab \sin\gamma / V_p \tag{5.20}$$

$$\cos\alpha^* = \frac{\cos\beta\cos\gamma - \cos\alpha}{\sin\beta\sin\gamma} \tag{5.21}$$

$$\cos\beta^* = \frac{\cos\alpha\cos\gamma - \cos\beta}{\sin\alpha\sin\gamma} \tag{5.22}$$

$$\cos\gamma^* = \frac{\cos\alpha\cos\beta - \cos\gamma}{\sin\alpha\sin\beta} \tag{5.23}$$

图 5.6 中显示出了简单单斜点阵在（010）面上的投影和它的一部分倒易点阵。

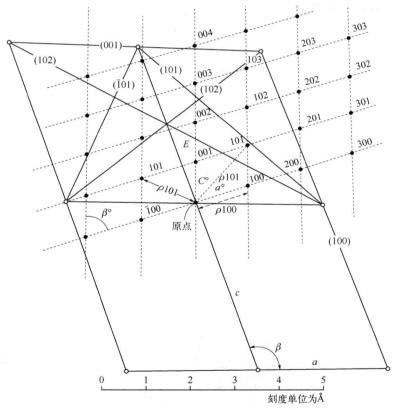

图 5.6　一个简单单斜点阵在（010）面上的投影和它的一部分倒易点阵

1Å=10^{-10}m

（2）倒点阵矢量（倒格矢）的重要性质

倒点阵矢量即从倒点阵原点到另一倒点阵结点的矢量，又称为倒格矢。在 X 射线晶体学中常用到它，这是因为它具有以下两个重要性质。

① 倒点阵矢量和相应正点阵中同指数晶面相互垂直，并且它的长度等于该平面族的面间距的倒数。

若用 $\boldsymbol{R}^*_{HKL}$ 表示从倒点阵原点到坐标为 H、K、L 的倒结点的倒点阵矢量，则有：

$$\boldsymbol{R}^*_{HKL} = H\boldsymbol{a}^* + K\boldsymbol{b}^* + L\boldsymbol{c}^* \tag{5.24}$$

这里的 H、K、L 称为衍射指数，它与米勒指数的不同点是可以有公约数，例如可以是（333）、（202）等。若 h、k、l 为米勒指数（是互质的），而 H=nh、K=nk、L=nl，则可认为（HKL）平面族是与（hkl）平面平行，但面间距为其 1/n 的平面族。若用 d_{HKL} 和 d_{hkl} 分别表示（HKL）和（hkl）平面族的面间距，则有：

$$d_{HKL} = \frac{1}{n} d_{hkl} \tag{5.25}$$

而
$$\begin{aligned} \boldsymbol{R}^*_{HKL} &= H\boldsymbol{a}^* + K\boldsymbol{b}^* + L\boldsymbol{c}^* \\ &= n\left(h\boldsymbol{a}^* + k\boldsymbol{b}^* + l\boldsymbol{c}^*\right) \\ &= n\boldsymbol{R}^*_{hkl} \end{aligned} \tag{5.26}$$

下面证明性质①，即：

$$\boldsymbol{R}^*_{HKL} \perp (HKL) \text{ 或 } \boldsymbol{R}^*_{hkl} \perp (hkl) \tag{5.27}$$

$$\left|\boldsymbol{R}^*_{HKL}\right| = 1/d_{HKL} \text{ 或 } \left|\boldsymbol{R}^*_{hkl}\right| = 1/d_{hkl} \tag{5.28}$$

从结晶学可知，简单点阵中指数为（hkl）的面网族中离原点最近的面网与三晶轴的截距 OA、OB 和 OC（见图 5.7）分别等于：

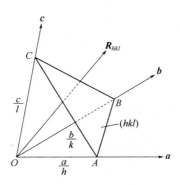

图 5.7　倒矢量 $\boldsymbol{R}^*_{hkl}$ 垂直于晶面（hkl）

$$OA = \frac{\boldsymbol{a}}{h}, \quad OB = \frac{\boldsymbol{b}}{k}, \quad OC = \frac{\boldsymbol{c}}{l} \tag{5.29}$$

据矢量运算法则，有

$$AB = OB - OA = \frac{\boldsymbol{b}}{k} - \frac{\boldsymbol{a}}{h} \tag{5.30}$$

$$BC = OC - OB = \frac{c}{l} - \frac{b}{k} \tag{5.31}$$

由此得：

$$R_{hkl}^{*} \cdot AB = \left(ha^{*} + kb^{*} + lc^{*}\right) \cdot \left(\frac{b}{k} - \frac{a}{h}\right) = 0 \tag{5.32}$$

这说明 R_{hkl}^{*} 垂直于 AB，同理可得：

$$R_{hkl}^{*} \cdot BC = \left(ha^{*} + kb^{*} + lc^{*}\right) \cdot \left(\frac{a}{l} - \frac{b}{k}\right) = 0 \tag{5.33}$$

即 R_{hkl}^{*} 也垂直于 BC，由于 R_{hkl}^{*} 同时垂直于 AB 和 BC，所以也必定垂直于 AB 和 BC 所在的（hkl）平面族，即 $R_{hkl}^{*} \perp$（hkl）。

由于 ABC 面是（hkl）平面族中离原点最近的一个面，因此从原点到该面的距离就是（hkl）平面族的面间距 d_{hkl}，故有：

$$d_{hkl} = OA \cdot \frac{R_{hkl}^{*}}{\left| R_{hkl}^{*} \right|} = \frac{a}{h} \cdot \frac{ha^{*} + kb^{*} + lc^{*}}{\left| R_{hkl}^{*} \right|}$$

$$= \frac{1}{\left| R_{hkl}^{*} \right|} \tag{5.34}$$

从上可知，倒点阵中的每一个倒结点代表正点阵中一个同指数的晶面，此面的法线就是该倒结点矢量，而面间距就是此矢量的模的倒数。

② 倒点阵矢量与正点阵矢量的标积必为整数。若以 R_{hkl}^{*} 代表正点阵原点至（l，m，n）结点的矢量，而以 R_{HKL}^{*} 代表倒点阵原点至（H，K，L）倒结点的矢量，则有：

$$R_{lmn} \cdot R_{HKL}^{*} = \left(la + mb + nc\right) \cdot \left(Ha^{*} + Kb^{*} + Lc^{*}\right)$$

$$= lH + mK + nL \tag{5.35}$$

因 l、m、n 和 H、K、L 均为整数，所以上式也等于整数。

5.3 X射线衍射几何条件

如果让一束连续 X 射线照到一薄片晶体上，而在晶体后面放一黑纸包着的照相底片来探测 X 射线，则将底片显影定影以后，我们可看到除了连续的背景和透射光束造成的斑点以外，还可发现有其他许多斑点存在，如图 5.8 所示。这些斑点的存在表明有部分 X 射线遇到晶体后，改变其前进的方向，与原来的入射方向不一致了，这些 X 射线实际上是晶体中各个原子对 X 射线的相干散射波干涉叠加而成的。我们称之为衍射线。这种现象与可见光经过光栅后发生的衍射现象是极为相似的。本节主要

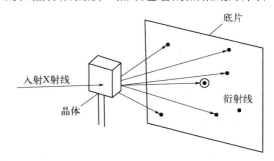

图 5.8 晶体对 X 射线的衍射

内容是由波的干涉加强的条件出发，推导出衍射线的方向与点阵参数、点阵相对于入射线的方位及 X 射线波长之间的关系。

在推导三个衍射方程时，做三点假设。

① 入射线和衍射线都是平面波。一般情况下，由于晶体与衍射线源及观察地点的距离远比原子间距大，因此实际上球面波可以近似地看成平面波。

② 晶胞中只有一个原子，即晶胞是简单的。

③ 原子的尺寸忽略不计，原子中各电子发出的相干散射是由原子中心点发出的。

5.3.1 Bragg 定律

晶体的空间点阵可划分为一族平行且等间距的平面点阵（hkl）。1912 年英国物理学家布拉格父子导出了一个决定衍射线方向的形式简单、使用方便的公式，常称为布拉格公式。下面介绍该公式及其有关问题。

晶体是由许多平行等距的原子面层层迭合而成的。例如可认为晶体是由晶面指数为（hkl）的晶面堆垛而成的，晶面之间的距离为 d_{hkl}（简写为 d），如图 5.9 所示，其中阿拉伯数字 1，2，3，…表示第 1，2，3，…个原子面（晶面）。

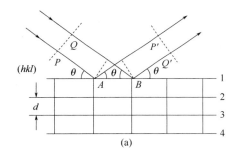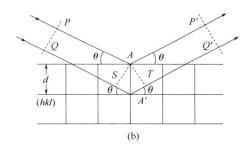

图 5.9　布拉格定律的推导

（a）一个晶面的反射；（b）相邻晶面的"反射"

首先看晶面 1 上的情况。可证明，当散射线方向满足"光学镜面反射"条件（即散射线、入射线与原子面法线共面，且在法线两侧，散射线与原子面的夹角等于入射线与原子面的夹角）时，各原子的散射波将具有相同的位相，因而干涉加强，这是因为当满足"反射"条件时，相邻两原子 A 和 B 的散射波的光程差 δ 为零：

$$\delta = PAP' - QBQ' = AB\cos\theta - AB\cos\theta = 0 \qquad (5.36)$$

可见原子 A 和 B 的散射波在"反射"方向是同位相的，同样可以证明，其他各原子的散射波也将是同位相的，因此它们将互相干涉加强，形成衍射光束。

由于 X 射线具有相当强的穿透能力，它可以穿透成千上万个原子面，因此我们必须考虑各个平行的原子面间的"反射"波的相互干涉问题。图 5.9（b）中的 PA 和 QA'分别为射到相邻的两个原子面上的入射线，它们的"反射"线分别为 AP' 及 $A'Q'$。显然，它们之间的光程差为：

$$\delta = QAQ' - PAP' = SA' + A'T' \qquad (5.37)$$

因为

$$SA' = A'T = d\sin\theta \qquad (5.38)$$

所以 $$\delta = 2d \sin \theta \qquad (5.39)$$

只有当此光程差为波长 λ 的整数倍时，相邻晶面的"反射"波才能干涉加强形成衍射线，所以产生衍射的条件是：

$$2d \sin \theta = n\lambda \qquad (5.40)$$

其中的 n 为整数，这就是著名的布拉格公式，是 X 射线晶体学中最基本的公式。它与光学反射定律加在一起，就是布拉格定律。其中的 θ 角称为布拉格角或半衍射角（因通常将入射线与衍射线的交角 2θ 称为衍射角）。要能产生衍射，则入射线与晶面的交角必须满足布拉格公式。

布拉格公式中的整数 n 称为衍射级数。当 $n=1$ 时，相邻两晶面的"反射线"的光程差为一个波长，这时所成的衍射线称为一级衍射线，其衍射角由下式决定：

$$\sin \theta_1 = \frac{\lambda}{2d} \qquad (5.41)$$

当 $n=2$ 时，相邻两晶面的反射波的光程差为 2λ，产生二级衍射，其衍射角由下式决定：

$$\sin \theta_2 = \frac{\lambda}{d} \qquad (5.42)$$

依次类推，第 n 级衍射的衍射角由下式决定：

$$\sin \theta_n = \frac{n\lambda}{2d} \qquad (5.43)$$

但是 n 可取的数值不是无限的。因为 $\sin\theta$ 的值不可能大于 1：

$$\sin \theta = \frac{n\lambda}{2d} \leqslant 1 \qquad (5.44)$$

即 $$n \leqslant \frac{2d}{\lambda} \qquad (5.45)$$

当 X 射线的波长和衍射面选定以后，λ 和 d 的值就都确定了。可能有的衍射级数 n 也就确定了。所以一组晶面只能在有限的几个方向"反射"X 射线。

在日常工作中，为方便，往往将晶面族 (hkl) 的 n 级衍射作为设想的晶面族 (nh, nk, nl) 的一级衍射来考虑。实际上，布拉格公式 $2d\sin\theta=n\lambda$ 可以改写为：

$$2\left(\frac{d_{hkl}}{n}\right)\sin \theta = \lambda \qquad (5.46)$$

而根据晶面指数的定义，可知指数为 (nh, nk, nl) 的晶面是与 (hkl) 面平行且面间距为 d_{hkl}/n 的晶面族。所以布拉格方程又可写为：

$$2d_{nh,nk,nl} \sin \theta = \lambda \qquad (5.47)$$

指数 (nh, nk, nl) 称为衍射指数，用 (HKL) 来表示它，与晶面指数的不同点是可以有公约数。应用了衍射指数的概念后，布拉格公式中的衍射级数 n 就可省掉了。实际上：为书写方便，往往把式（5.47）中的衍射指数也省略了，布拉格公式就简化为：

$$2d\sin\theta=\lambda \qquad (5.48)$$

由于布拉格定律中包含了光学反射定律，因此常把某族晶面对 X 射线的衍射称为该族晶面对 X 射线的反射，实际上，X 射线在晶面上的"反射"与可见光在镜面上的反射是有不同的，因为：

① 可见光的反射仅限于物体的表面，而 X 射线的反射实际上是受 X 射线照射的所有原子（包括晶体内部）的散射线干涉加强而形成的。

② 可见光的反射无论入射光线以任何入射角入射都会产生。而 X 射线只在满足布拉格公式的某些特殊角度下才能"反射"，因此 X 射线的反射是选择反射。

还须强调一点，对于一定波长的 X 射线而言，晶体中能产生衍射的晶面数是有限的。根据布拉格公式 $\sin\theta=\lambda/(2d)$，因为 $\sin\theta$ 的值不能大于 1，故有：

$$\lambda/(2d)\leqslant 1 \text{ 即 } d\geqslant\lambda/2$$

即，只有晶面间距大于 $\lambda/2$ 的晶面才能产生衍射，实际上，对于面间距小于 $\lambda/2$ 的那些晶面，即使衍射角 θ 增大到 90°，相邻两晶面的反射线的光程差仍不到一个波长，从而始终干涉削弱，故不能产生衍射。

对于一定面间距 d 的晶面而言，由于 $\sin\theta\leqslant 1$，因此 λ 必须满足 $\lambda\leqslant 2d$ 才能产生衍射。然而当 $\lambda/(2d)\ll 1$ 时，由于 θ 太小而不容易观察到（与入射线重叠），因此实际上，衍射分析用的 X 射线波长应与晶体的晶格常数相差不多。

5.3.2　倒易空间与衍射条件（厄瓦尔德图解）

图 5.10 中，O 为晶体点阵原点上的原子，A 为该晶体中另一任意原子，其位置可用位置矢量 OA 来表示：

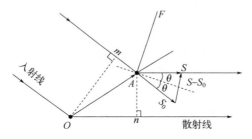

图 5.10　光程差的计算

$$OA=l\boldsymbol{a}+m\boldsymbol{b}+n\boldsymbol{c} \qquad (5.49)$$

其中 $\boldsymbol{a}$、$\boldsymbol{b}$ 和 $\boldsymbol{c}$ 为点阵的三个基矢，而 l、m、n 为任意整数。假如一束波长为 λ 的 X 射线，以单位矢量 $\boldsymbol{S}_0$ 的方向照射在晶体上，我们来考察单位矢量 $\boldsymbol{S}$ 的方向产生衍射的条件。一般说来 $\boldsymbol{S}_0$、$\boldsymbol{S}$ 和 OA 是不在同一平面上的。

为此必须首先确定由原子 O 和 A 的散射光线之间的位相差，如图 5.10 所示，以 O_m 和 A_n 分别表示垂直于 $\boldsymbol{S}_0$ 和 $\boldsymbol{S}$ 的波阵面，则经过 O 和 A 的散射波的光程差为：

$$\delta = O_n - A_m = OA\cdot\boldsymbol{S} - OA\cdot\boldsymbol{S}_0 = OA\cdot\left(\boldsymbol{S}-\boldsymbol{S}_0\right) \qquad (5.50)$$

而位相差为：

$$\varphi = \frac{2\pi\delta}{\lambda} = 2\pi\left(\frac{\boldsymbol{S} - \boldsymbol{S}_0}{\lambda}\right) \cdot \boldsymbol{OA} \tag{5.51}$$

根据光学原理，两个波互相干涉加强的条件为位相差 φ 等于 2π 的整数倍，即要求：

$$\boldsymbol{OA} \cdot \left(\frac{\boldsymbol{S} - \boldsymbol{S}_0}{\lambda}\right) = \mu\left(\mu = 0, \pm 1, \pm 2, \cdots\right) \tag{5.52}$$

如果将矢量（$\boldsymbol{S}_0$–$\boldsymbol{S}$）$/\lambda$ 表示在倒空间中，那么当下式

$$\left(\frac{\boldsymbol{S} - \boldsymbol{S}_0}{\lambda}\right) = \boldsymbol{R}^*_{HKL} = H\boldsymbol{a}^* + K\boldsymbol{b}^* + L\boldsymbol{c}^* \left(H、K、L为整数\right) \tag{5.53}$$

成立时式（5.49）必成立。这是因为把式（5.53）代入式（5.52）有：

$$\boldsymbol{OA} \cdot \left(\frac{\boldsymbol{S} - \boldsymbol{S}_0}{\lambda}\right) = \left(l\boldsymbol{a} + m\boldsymbol{b} + n\boldsymbol{c}\right) \cdot \left(H\boldsymbol{a}^* + K\boldsymbol{b}^* + L\boldsymbol{c}^*\right)$$
$$= lH + mK + nL = \mu \tag{5.54}$$

令 $\boldsymbol{K} = \boldsymbol{S}/\lambda$，$\boldsymbol{K}_0 = \boldsymbol{S}_0/\lambda_0$。$\boldsymbol{K}$、$\boldsymbol{K}_0$ 表示衍射方向和入射方向的波矢量，于是式（5.53）变成：

$$\boldsymbol{K} - \boldsymbol{K}_0 = \boldsymbol{R}^*_{HKL} \tag{5.55}$$

这是一个衍射条件的波矢量方程，亦就是倒易空间衍射条件方程，它的物理意义是：当衍射波矢和入射波矢相差一个倒格矢时，衍射才能产生。

劳厄方程、布拉格定律及倒空间的衍射方程是从三个不同角度推导出来的衍射条件方程。实际上，它们是统一的。这可用倒易空间衍射方程能够推导出其他两个方程来说明。

以晶体的晶胞基矢 $\boldsymbol{a}$、$\boldsymbol{b}$ 和 $\boldsymbol{c}$ 分别与式（5.53）的两边作标积，可以导出劳厄方程的矢量形式：

$$\boldsymbol{a} \cdot \left(\frac{\boldsymbol{S} - \boldsymbol{S}_0}{\lambda}\right) = \boldsymbol{a} \cdot \left(H\boldsymbol{a}^* + K\boldsymbol{b}^* + L\boldsymbol{c}^*\right) = H$$
$$\boldsymbol{a} \cdot \left(\boldsymbol{S} - \boldsymbol{S}_0\right) = H\lambda \tag{5.56}$$
$$\boldsymbol{b} \cdot \left(\boldsymbol{S} - \boldsymbol{S}_0\right) = K\lambda$$
$$\boldsymbol{c} \cdot \left(\boldsymbol{S} - \boldsymbol{S}_0\right) = L\lambda$$

上面三式即是劳厄方程的矢量形式。

从图 5.10 可知，矢量（$\boldsymbol{S} - \boldsymbol{S}_0$）实际上垂直于矢量 $\boldsymbol{S}$ 和 $\boldsymbol{S}_0$ 的夹角的角平分线方向，也就是（HKL）面的法线方向，而它的长度为 $\sin\theta$ 的两倍，即：

$$\left|\boldsymbol{S} - \boldsymbol{S}_0\right| = 2\sin\theta \tag{5.57}$$

于是有：

$$\left|\frac{\boldsymbol{S} - \boldsymbol{S}_0}{\lambda}\right| = \frac{2\sin\theta}{\lambda} = \left|\boldsymbol{R}^*_{HKL}\right| = \frac{1}{d_{HKL}} \tag{5.58}$$

另一方面，当衍射条件满足时，

$$\frac{\boldsymbol{S} - \boldsymbol{S}_0}{\lambda} = \boldsymbol{R}^*_{HKL}，\quad 所以 \left|\frac{\boldsymbol{S} - \boldsymbol{S}_0}{\lambda}\right| = \left|\boldsymbol{R}^*_{HKL}\right| \tag{5.59}$$

即

$$\frac{2\sin\theta}{\lambda} = \frac{1}{d_{HKL}}$$

或

$$2d\sin\theta = \lambda$$

这就是布拉格公式。

方程式（5.55）所表示的衍射条件，还可以用图解方法表示。这种图解方法是德国物理学家厄瓦尔德首先提出来的。用这种图解方法可以更形象地理解产生衍射的条件，对于 X 射线衍射图像成因的解释是非常方便和有效的。以下对厄瓦尔德图解法做简要介绍。

如图 5.11，作一长度等于 $1/\lambda$ 的矢量 $\boldsymbol{K}_0$，使它平行于入射光束，并取该矢量的端点 O 作为倒点阵的原点。然后用与矢量 $\boldsymbol{K}_0$ 相同的比例尺作倒点阵。以矢量 $\boldsymbol{K}_0$ 的起始点 C 为圆心，以 $1/\lambda$ 为半径作一球，则从（HKL）面上产生衍射的条件是对应的倒结点 HKL（图中的 P 点）必须处于此球面上，而衍射线束的方向即为 C 至 P 点的连接线方向，即图中的矢量 $\boldsymbol{K}$ 的方向。当上述条件满足时，矢量（$\boldsymbol{K}$-$\boldsymbol{K}_0$）就是倒点阵原点 O 至倒结点 P（HKL）的联结矢量 $\boldsymbol{OP}$，即倒格矢 $\boldsymbol{R}^*_{HKL}$。于是衍射方程式（5.55）得到了满足。以 C 为圆心，$1/\lambda$ 为半径所作的球称为反射球，这是因为只有在这个球面上的倒结点所对应的晶面才能产生衍射（反射），有时也称此球为干涉球。

以 O 为圆心，$2/\lambda$ 为半径的球称为极限球，如图 5.12 所示。当入射线波长确定后，不论晶体相对于入射线如何旋转，可能与反射球相遇的倒结点都局限在此球体内。实际上凡是在极限球之外的倒结点，它们所对应的晶面的面间距都小于 $\lambda/2$，因此是不可能产生衍射的。

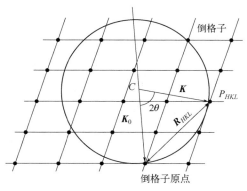

图 5.11　厄瓦尔德图解法

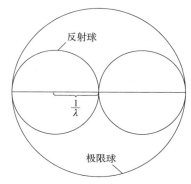

图 5.12　$2/\lambda$ 为半径的极限球

5.4　X 射线衍射仪法分析

5.4.1　衍射仪法

衍射仪按其结构和用途，主要可分为测定粉末试样的粉末衍射仪和测定单晶结构的四圆衍射仪，此外还有微区衍射仪和双晶衍射仪等特种衍射仪。本节主要叙述粉末衍射仪。

5.4.1.1　粉末衍射仪的构造及衍射几何

原则上来说，衍射仪可根据任何一种照相机的结构来设计。常用粉末衍射仪的结构是与德拜相机类似的，只是用一个绕轴转动的探测器代替了照相底片。但它应用了一种不断变化聚焦圆半径的聚焦法原理，采用了线状的发散光源和平板状试样，使衍射线具有一定的聚焦作用，增强了衍射线的强度。

图 5.13 是衍射仪的总体框图和它的核心部件测角仪的示意图。测角仪上有两个同轴的转盘。小转盘中心装有试样台 H；大转盘上装有摇臂 E。探测器 D 及其前端的接收狭缝 RS 固定在摇臂上。大小转盘都可绕它们的共同轴线 O 转动，此轴称为衍射仪轴。X 射线源 S 是固定的，它与接收狭缝 RS 都处在以 O 为中心的圆上，此圆称为衍射仪圆，其半径通常为 185mm。试样台和探测器都可随转盘转动，转动的角度可从角度读出装置上看出，一般可精确到 0.01° 以上。

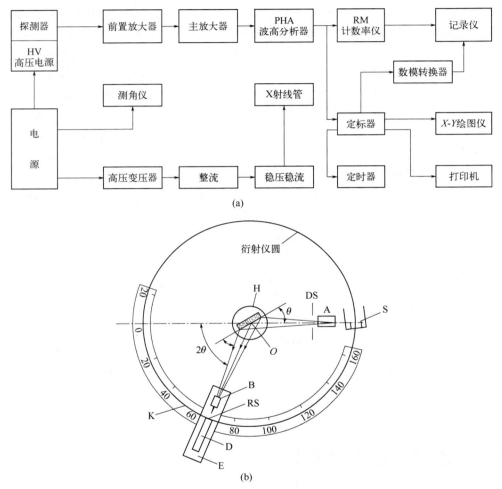

图 5.13　衍射仪总体框图及测角仪
（a）衍射仪总体框图；（b）测角仪

衍射仪通常使用线焦点 X 射线源发出的发散光束。为控制水平发散度，在 X 射线管窗口前装有发散狭缝 DS。线焦点和各狭缝光栏的长度方向都调节得与衍射仪轴严格平行。所用试样一般是由粉末填压在特制框架中制得的平板状试样，放置在试样台中心，且试样表面经过测角仪轴线。从线焦点 S 发出的 X 射线，经发散狭缝 DS 后，成为扇形光束照射在平板试样上，衍射线通过接收狭缝 RS 进入探测器，然后被转换成电信号记录下来。图 5.14 是衍射仪光路图。其中 A 与 B 称为梭拉光栏，它们是由很多金属薄片平行排列而成的。两片本身的厚度为 0.05mm，两片之间的距离 δ 约为 0.5mm，每片的长度约为 30mm。由于这些片子都与衍射仪圆所在平面平行，这样它们就限制了入射线和衍射线沿衍射仪轴向的垂直发散度，有利于提高衍射仪分辨率。垂直发散度常用 δ/l 来表示。为防止散射 X 射线进入探测器，降低背底强度，光路中还设有防散射狭缝 SS。各狭缝高度大致与线焦点长度相同。

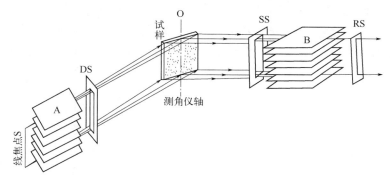

图 5.14　衍射仪光路图

衍射仪中采用发散光束和平板试样，主要是为使衍射线束具有一定的聚焦作用，从而增加衍射线强度。扇形发散光束照到平板试样上后，由于同一族晶面的衍射角 2θ 对试样表面各点都相同，因而衍射线束会聚焦在狭缝 RS 处。这种聚焦原理是与聚焦相机的原理完全相似的。只是在聚焦相机中，光源至试样的距离虽然保持不变，但不同晶面的衍射线的聚焦点与试样的距离都随衍射角 2θ 而改变。在衍射仪中却是使光源和探测器至试样的距离都保持不变，始终等于测角仪圆的半径。聚焦圆是一个通过焦点 S，测角仪轴 O 和接收狭缝 RS 的假想的圆，它的大小随衍射角而变化，见图 5.15。当衍射角 2θ 接近 0° 时，聚焦圆半径接近无穷大，而 2θ 为 180° 时，聚焦圆半径最小，等于衍射仪圆半径的 1/2。因此，若要严格保持聚焦条件，则试样表面的曲率也要随聚焦圆半径而变化，这是很难实现的。为克服这一困难，将试样制成平板状，而且在衍射仪运行过程中，使入射光束中心线和衍射光束中心线的角平分线始终与试样平面法线一致。这样试样平面可始终保持与聚焦圆相切，近似满足聚焦条件。为达此目的，衍射仪运行时，试样台和探测器要始终保持 1：2 的转动速度比，这是靠专用的变速系统来实现的。测角仪可用电机连续驱动扫描，也可用手摇动。

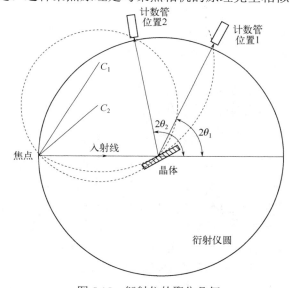

图 5.15　衍射仪的聚焦几何

探测器可正向（顺时针方向）扫描，也可反向扫描。测角仪以光源 S 至衍射仪轴 O 的入射方向为零位。探测器的扫描范围一般在 +165°～-100° 之间。扫描速度一般有每分钟 4°、2°、1°、$\frac{1}{2}$°、$\frac{1}{4}$°、$\frac{1}{8}$°、$\frac{1}{16}$° 等几档可供选择。

衍射仪除了测角仪这一核心部件外，还有高压电源系统、强度测量记录系统等。

由于衍射仪中各衍射线的强度是在不同的时间阶段记录的。为了使各条衍射线的强度可相互比较，必须使 X 射线源强度保持高度的稳定。这就要求 X 射线管的高压电源及灯丝电源有非常高的稳定度，一般要求在万分之五以上。

衍射仪的强度测量记录系统中包含有探测器、定标器、计数率仪等，将在下面做详细介绍。

衍射仪工作时，可将探测器固定在某个角位置，然后用定时计数或定数计时的办法来记录该处的衍射线强度。也可用连续扫描的办法使探测器扫过所定的角度范围，并通过电位差计在记录纸上描绘出射线强度随衍射角的变化图谱——衍射图。图 5.16 是用连续扫描法绘出的 a-SiO$_2$ 的粉末衍射图。

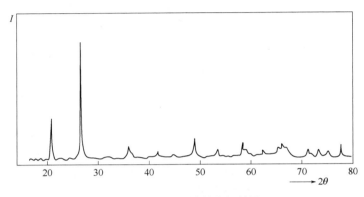

图 5.16　a-SiO$_2$ 的粉末衍射图

5.4.1.2　探测器

探测器是将 X 射线转换成电信号的部件。在衍射仪中常用的有正比计数管、盖革计数管、闪烁计数管和半导体硅（锂）探测器，简要介绍如下。

（1）正比计数管和盖革计数管

正比计数管和盖革计数管都属于充气计数管，它们是利用 X 射线能使气体电离的特性来进行工作的。图 5.17（a）是这类管子的结构。计数管常有一玻璃外壳，管内充有氩、氪等惰性气体，管内有一金属圆筒作为阴极，中心有一细金属丝作为阳极。管子的一端是用铍或云母制成的窗口，X 射线可以从此窗口射入。阴极和阳极之间加有一定的电压。X 射线进入窗口后就被气体分子吸收，并使气体分子电离成为电子和正离子。在电场作用下，电子向阳极丝移动而正离子则向圆筒形阴极移动，形成一定的电流。若阴阳极之间所加电压在 200V 以内，此电流一般很小，只有皮安的数量级。这实际上是电离室的工作情况，即被电离的分子数完全等于被 X 射线初次电离的分子数。由于电离室的电流微弱，检测困难，目前已很少应用。

若将阴阳极间的电压提高到 600～900V，这时被 X 射线电离出的电子在此强电场作用下，可获得很大动能。它们在飞向阳极途中又会与其他分子碰撞而产生次级电子。次级电子在强电场作用下，又再使其他分子电离。这种过程反复进行，形成连锁反应，使阳极周围形成局部的径向"雪崩区"。这种雪崩过程可在外电路中形成电脉冲，经放大后可输入到专用的计数电路中去。正比计数管中，雪崩区范围小，一次雪崩所需时间仅 0.2～0.5μs，因此对脉冲分辨能力高，即使计数率高达 106cps（cps 即每秒脉冲数）时，也不会有明显的计数损失。

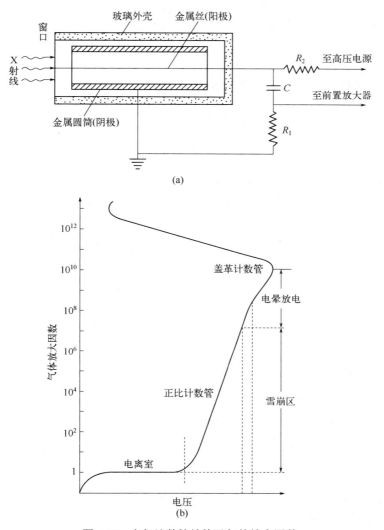

图 5.17　充气计数管结构及气体放大因数

盖革计数管是另一种充气计数管。盖革管中，阴阳极间的电压一般在 1500V 左右（具体数值依管子型号而异），这时气体放大因数可增大到 10^8 以上，X 射线光子一进入计数管，就会触发整个阳极丝上的雪崩电离，因此所得的脉冲都一样大，与入射光子能量无明显关系。盖革管中除了惰性气体外，还加入少量乙醇、二乙醚等大分子量的有机气体作为猝灭剂，否则管子中放电现象一旦发生，就不能自动停止。盖革管从放电到猝灭到再放电，所需时间长，因而反应速度慢，故计数率一般不得超过 103cps，否则计数损失严重。

图 5.17（b）是充气计数管的气体放大因数随阴阳极间电压的变化情况。电离室区域无气体放大作用，故气体放大因数等于 1。

（2）闪烁计数管

闪烁计数管是利用某些固体（磷光体）在 X 射线照射下会发出荧光的原理而制成的。把这种荧光耦合到具有光敏阴极的光电倍增管上，光敏阴极在荧光作用下会产生光电子，经光电倍增管的多级放大后，就可得到毫伏级的电脉冲信号。图 5.18 是闪烁计数管的结构。常用的发光体为铊激活的碘化钠单晶体，它在 X 射线照射下会发出蓝色荧光。由于发光体的发光量与入射光子能量成正比，所以闪烁管的输出脉冲高度也与入射 X 射线光子能量成正比。但闪烁管的能量分辨率低于正比计数管。此外闪烁管的噪声高，即使没有 X 射线照射，有时也会有计数。这是由光敏阴极中热电子发射效应造成的。闪烁管中发光过程和光电倍增过程所需的时间都很短，一般在 1μs 以下，因此闪烁管在计数率高达 105cps 时，也不会有计数损失。

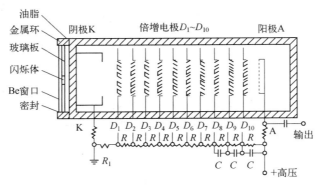

图 5.18　闪烁计数管

（3）其他探测器

目前用作 X 射线探测器的还有半导体探测器，例如硅（锂）探测器、碘化汞探测器等。它们是利用 X 射线能在半导体中激发产生电子-空穴对的原理制成的。激发产生的电子-空穴对在外电场（光导型）或内建电场（光伏型）作用下定向流动到收集电极，就可得到与 X 射线强度有关的电流信号。统计平均而言，半导体中产生一个电子-空穴对所需的能量也是一定的。例如在硅中产生一个电子-空穴对约需 3.61eV 的能量，比硅的禁带宽度 1.1eV 要大。一个 $Cu_{K\alpha}$ 光子被硅吸收后可产生 2500 个左右的电子-空穴对。目前使用效果最好的是硅（锂）探测器，它是一种硅光伏型器件，为增加探测器的灵敏区即耗尽层的厚度，采用了锂漂移技术。

5.4.2　衍射仪的调整与工作方式

衍射仪在使用前必须按以下条件仔细调整。

① 调整测角仪与 X 射线管焦点的相对位置和水平，使线焦点和各狭缝与衍射仪轴平行，焦点中心与各狭缝中心在同一水平面上。

② 使焦点中心线，试样转动轴（衍射仪轴）和发散狭缝中心线处在同一直线上。把接收狭缝转到 $2\theta=0°$ 位置时，它的中心线也应在此直线上，而焦点位于 $2\theta=180°$ 位置上。

③ 试样表面必须与衍射仪轴重合，而且当探测器处于衍射仪圆 0° 位置时，试样表面要与光束中心平行。

④ 对 2θ 的 0° 误差和刻度误差要仔细调整校对。

实际测试时，必须针对实验目的和试样情况恰当选择测定条件。表 5.3 是常用的标准测定条件。

表 5.3　衍射仪测定条件示例

条件 目的	未知试样的简单相分析	铁化合物的相分析	有机物高分子测定	微量相分析	定量	点阵参数测定
靶	Cu	Cr,Fe,Co	Cu	Cu	Cu	Cu,Co
K_β 滤波片	Ni	V,Mn,Fe	Ni	Ni	Ni	Ni,Fe
管压/kV	35～45	30～40	35～45	35～45	35～45	35～45
管波/mA	30～40	20～40	30～40	30～40	30～40	30～40
定标器量程/cps	2000～20000	1000～10000	1000～10000	200～4000	200～20009	200～4000
时间常数/s	1,0.5	1,0.5	2,1	10～2	10～2	5～1
扫描速度/(°/min)	2,4	2,4	1,2	1/2,1	1/4,1/2	1/8～1/2
走纸速度/(cm/min)	2,4	2,4	1,2	1/2,1	1/2～4	1/4～4
发散狭缝 DS/(°)	1	1	1/2,1	1	1/2,1,2	1
接收狭缝 RS/mm	0.3	0.3	0.15,0.3	0.3,0.6	0.15,0.3,0.6	0.15,0.3
扫描范围/(°)	90(70)～2	120～10	60～10	90(70)～2	需要的衍射线	需要的衍射线（尽可能高角的几条衍射光线）

衍射仪通常按下列方式工作。

① 连续扫描　使探测器以一定的角速度在选定的角度范围内进行连续扫描，并将探测器的输出通过计数率仪输入到纸带记录仪，把各个角度下的衍射强度记录在纸带上，画出衍射图谱。从衍射图上，可方便地看出衍射线的峰位、线形和强度等。

连续扫描法的优点是快速而方便。但由于机械设备及计数率仪等的滞后效应和平滑效应使记录纸上描出的衍射信息总是落后于探测器接收到的，造成衍射线峰位向扫描方向移动、分辨力降低、线形畸变等缺点。当扫描速度快时，这些缺点尤为显著。

② 步进扫描　步进扫描又称阶梯扫描，也就是使探测器以一定的角度间隔（步长）逐步移动，对衍射峰强度进行逐点测量。探测器每移动一步，就停留一定的时间，并以定标器测定该时间段内的总计数，然后再移动一步，重复测量。测得的各角位置的计数值可用打印机打出来，还可转换成记录仪上的线形高度，画出峰形来。通常工作时，取 2θ 的步长为 0.2° 或 0.5°。

与连续扫描法相比，步进扫描无滞后及平滑效应，因此衍射线峰位正确、分辨力好。而且由于每步停留时间是任选的，故可选得足够长，使总计数的值也足够大，以使计数的均方偏差足够小，减少统计涨落对强度的影响。

5.4.3　X 射线衍射分析在材料分析中的应用

（1）铝掺杂对合成水化硅酸钙（C-S-H）结构的影响

图 5.19 为不同钙硅摩尔比和铝硅摩尔比的 C-S-H 凝胶 XRD 图谱。在图中 d=0.304nm、0.281nm、0.182nm 分别对应 C-S-H 的（110）、（200）和（020）面的衍射峰，图中还发现有 $CaCO_3$ 特征衍射峰，说明样品在制备过程中略有碳化，从碳化程度看对 C-S-H 结构影响较小。由图 5.19（a）可见，当 Ca/Si（Ca 与 Si 的摩尔比）为 1.7 时，随 Al/Si（Al 与 Si 的摩尔比）的增加，C-S-H 的（110）面特征峰强逐渐降低，其中 Al/Si≥0.6 时，C-S-H 的（110）面特征峰基本消失，而凝胶漫散射峰（馒头峰）峰强明显增加，并且向低角度显著偏移（衍射角约在 25.66°），说明 Al/Si≥0.6 时，随着 Al/Si 的增加，C-S-H 结构逐渐向另一种凝胶转化。由图 5.19（b）和图 5.19（c）可见，当 Ca/Si 为 1.3 时，Al/Si 为 0、0.2 和 0.4 的 C-S-H

的（110）面衍射峰峰强较高；当 Ca/Si 为 0.8 时，Al/Si 为 0.4 的 C-S-H 特征峰基本消失。同时还可看出，Ca/Si 为 1.3 和 0.8，Al/Si≥0.6 时均出现明显的漫散射峰，其变化规律与 Ca/Si 为 1.7 的基本一致。由此说明，当 Al/Si 超过一定值后，C-S-H 结构逐渐向另外一种凝胶转化。

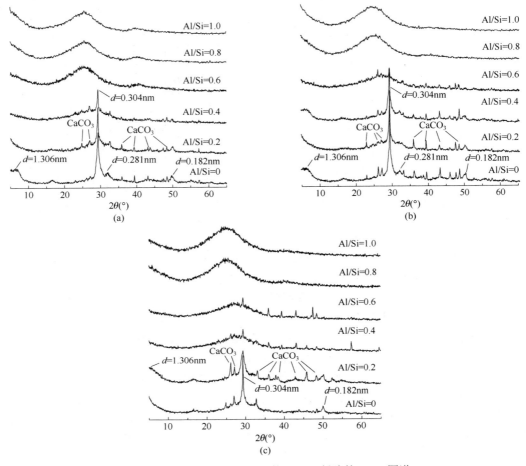

图 5.19 不同 Ca/Si 和 Al/Si 的 C-S-H 凝胶的 XRD 图谱

（a）Ca/Si=1.7；（b）Ca/Si=1.3；（c）Ca/Si=0.8

（2）萃取分离法分析钢渣在线重构过程矿物相转化

重构钢渣中主要为硅酸盐矿物相（C_3S、C_2S）、铁铝酸盐相（C_2F、C_3A、C_4AF 等）以及含镁盐相（RO 相、镁铁尖晶石）。对在线重构钢渣各进行两种方式的萃取：利用 KOSH 溶液溶解铁铝酸盐相，得到硅酸盐相和含镁盐相（K1）；利用 SAM 溶液溶解硅酸盐矿物相，得到铁铝酸盐相和含镁盐相（K2）。对不同温度在线重构钢渣、两种萃取分离矿物进行 XRD 测试，从而对钢渣在线重构过程矿物相转化进行研究。

原钢渣中 C_2S、C_3S 和 C_2F 的衍射峰有明显的重叠，不易分析，通过萃取使得钢渣的物相分离，能够有效地分析不同物相的变化规律。图 5.20 为 1150℃ 在线重构钢渣与萃取后残渣 XRD 图。在线重构温度为 1150℃ 时，钢渣中的含镁盐相以 $MgFe_2O_4$ 为主，这是由于钢渣中的 RO 相在 CaO 的作用下分解生成 $MgFe_2O_4$。同时，较多的 MgO 并未完全反应，以游离形式存在，硅酸盐矿物为 C_2S 和 C_3S。中间相矿物主要为 C_2F，通过矿物相分离还可以看出，此时重构钢渣中生成了少量的 C_4AF。对原钢渣的 XRD 进行分析可知，钢渣中主要的中间相矿物为 C_2F，不含 C_4AF，经过重构产生了 C_4AF，可能是由于原钢渣中 CaO 含量较少，钢渣与调质组分接触，与调质组分中的 CaO 反应，而且热力学计算 1150℃时，$\Delta G = -94315 \text{J} \cdot \text{mol}^{-1}$，使 $4\text{CaO} + \text{Al}_2\text{O}_3 + \text{Fe}_2\text{O}_3 = 4\text{CaO} \cdot \text{Al}_2\text{O}_3 \cdot \text{Fe}_2\text{O}_3$ 化学反应能够发生。可知，钢渣碱度提高利于 C_4AF 生成，钙含量较低时主要形成 C_2F。

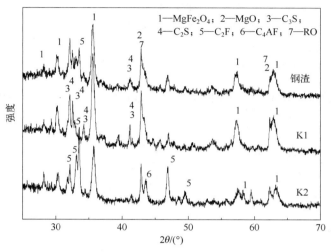

图 5.20　1150℃在线重构钢渣与萃取后残渣 XRD 图

（3）铝掺杂对 ZnO 薄膜结构性能影响

图 5.21 为未掺杂 ZnO 薄膜和不同 Al 掺杂量的 ZnO 薄膜 XRD 图谱。从图可以看出：衍射峰对应的衍射角 2θ 在 31.77°、34.42° 和 36.25° 附近，分别对应六方纤锌矿结构 ZnO 的（100）、（002）和（101）衍射峰，未观测到 Al 及其相关氧化物的衍射峰，说明 Al 没有形成新的相，实验制备的样品为六方纤锌矿结构的 ZnO 薄膜。

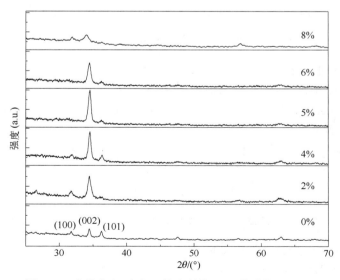

图 5.21　未掺杂和不同 Al 掺杂量的 ZnO 薄膜的 XRD 图

表 5.4 是不同 Al 掺杂量下 ZnO 薄膜（002）晶面的 XRD 测试结果，分析可知：随着 Al 掺杂量的增加，衍射峰变化不大，主要变化是在（002）这个衍射峰上。Al 掺杂量由 2% 增加到 5%（原子百分比），（002）衍射峰峰强逐渐增大，半峰宽（FWHM）逐渐变小；Al 掺杂量由 5% 增加到 8%，（002）衍射峰峰强逐渐减小，半峰宽（FWHM）逐渐变大。在 Al 掺杂量为 5% 时，衍射峰数目最少且（002）衍射峰半峰宽较小，峰形最尖锐，峰强最大，结晶质量较好；当 Al 掺杂量增至 6% 时，（101）衍射峰略有增强，（002）衍射峰峰强减小，结晶质量相应有些降低；Al 掺杂量增至 8% 时，衍射峰峰强减小很大，（002）择优取向性剧降，半峰宽增加，结晶性能下降。但此时 ZnO 薄膜的 XRD 图谱中依旧未出现 Al_2O_3 或其他锌铝化合物，这说明掺入 ZnO 薄膜中的 Al 含量还没有到达其掺杂量最大值。

表 5.4　不同 Al 掺杂量下 ZnO 薄膜（002）晶面的 XRD 测试结果

样品（原子百分比）/%	$2\theta/(°)$	择优取向	d/nm	峰强	半峰宽/(°)
0	34.44	1.35	0.26021	77	0.239
2	34.46	2.06	0.26005	165	0.457
4	34.54	2.6	0.25946	213	0.385
5	34.51	2.8	0.26001	252	0.402
6	34.47	2.77	0.26004	160	0.441
8	34.00	1.83	0.26346	100	0.487

综上可知：当掺杂量 5% 时，半峰宽（FWHM）值较小，（002）晶面择优取向性最强，薄膜性能较好。在晶胞中 Al^{3+} 替代 Zn^{2+}，由于原子半径更小，晶胞会更紧凑稳定，晶体结晶性能得以改善，但同时也会产生残余应力，导致晶格畸变，结晶性能变差。在掺杂量的增加到 6% 时，应该超过了掺杂量的最佳值，残余应力带来的晶格畸变大于掺杂带来的晶格改善，从而导致结晶性能变坏。因此 Al 最佳掺杂量为 5%。根据最佳掺杂量的晶格解释：由于在 ZnO 中，每个锌原子除了与 4 个氧原子紧密相邻外，接下来就是与 12 个锌原子次相邻，因此可以设想，若在一个铝替代原子的周围，次近邻的 12 个锌原子再有一个锌原子被铝原子所替代，即氧化锌中铝掺杂含量为（2/13）% [原子数量比 $N_{Al}/(N_{Zn}+N_{Al})$] 时，形成的 Al_2O_3 分子会消耗多余的导电电子。

（4）Zr 含量对 Ti-Nb-Zr 合金物相组成的影响

图 5.22 是在 1400℃烧结 2h 时制备的 Ti-Nb-Zr 合金的 XRD 图。表明在烧结过程中，Nb 和 Zr 元素可以固溶到 Ti 基体中，形成 α 和 β 相组织。当 Zr 含量为 0%～4%（质量分数）时，2θ 为 40.159° 处，晶面指数为（101）的 α 相衍射峰较强，β 相衍射峰强度较弱，该成分的合金为 α 钛合金。当 Zr 含量为 6% 时，分别在 2θ 为 38.413°、55.608° 和 69.683°，晶面指数分别为（110）、（200）和（211）面上的 β 相衍射峰明显增强，表明该合金的 β 相占主体地位，与出现等轴的 β 相显微组织相一致。当 Zr 含量大于 6% 时，随着 Zr 含量的逐渐增多，（100）面上的 α 相衍射峰逐渐增强。因此，当 Zr 含量为 6% 时，Z4(Ti-27Nb-6Zr)合金为 α+β 钛合金。

（5）不同 CaF_2 掺量下高铝重构钢渣物相组成

图 5.23 是不同 CaF_2 掺量下高铝重构钢渣的 XRD 图谱，图中可见高铝原钢渣中的 FeO、C_2F、$Ca_2MgFe_2O_6$ 等含铁相以及 CS 和 Al_2O_3 物质的衍射峰尖锐，随着 CaF_2 的加入，发现高铝重构钢渣中的含铁相物质以及 CS 的衍射峰减弱。在加入 1%（质量分数）CaF_2 时 CS 的衍

射峰基本消失，并出现了尖锐的 C₂S 衍射峰，在 3%CaF₂ 时没有出现 C₄AF 的衍射峰而直接出现了尖锐的 C₃A 衍射峰，而随 CaF₂ 掺量的增加，高铝重构钢渣中的 C₂S 和 C₃A 的衍射峰减弱，而 C₃S 的衍射峰逐渐增加。

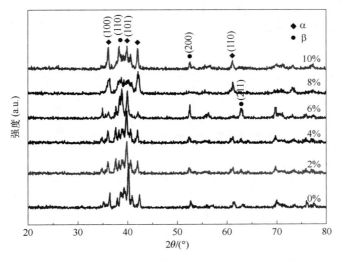

图 5.22　不同 Zr 含量的 Ti-Nb-Zr 合金的 XRD 图

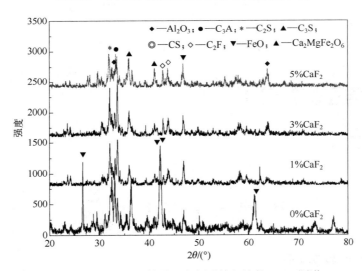

图 5.23　不同 CaF₂ 掺量下高铝重构钢渣的 XRD 图谱

出现此实验现象的原因，一方面是高铝重构钢渣中的 Al_2O_3 含量较高，使得 Al_2O_3 直接与 CaO 反应生成 C₃A；另一方面是 CaF₂ 作为网络外体氧化物，能破坏硅酸盐网络结构，可明显降低重构钢渣的黏度和熔化性温度。

（6）Ti/TiO₂/Ta 复合梯度材料在 SBF 中表面矿物变化

将医用钛金属试样（1#）、酸处理在钛片上制备的微米台阶试样（2#）、水热法在钛片上制备的 TiO₂ 纳米棒试样（3#）、等离子喷涂制备 Ti/TiO₂/Ta 复合梯度材料（4#）浸泡到模拟体液（SBF）溶液中 14d，通过表面沉积类骨磷灰石的能力来评价其生物活性。为了进一步研究试样表面的矿相组成，对四组试样进行了 XRD 分析。图 5.24 是 1#、2#、3#、4#四组样品在 SBF 中浸泡 14d 后的 XRD 图。结果显示，1#和 2#试样表面均观察不到羟基磷灰石（HA）衍射峰，说明酸处理对羟基磷灰石生成的影响较小。3#、4#试样中都出现了羟基磷灰石（HA）的特征衍射峰，而且 4#试样中 HA 的含量多于其他试样组。说明材料表面结构的不同，诱导磷灰石沉积的能力也不同，复合梯度试样具有更好的诱导磷灰石沉积的能力，可有效引导骨组织的再生，从而改善生物活性。

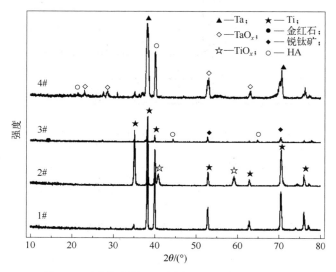

图 5.24　四组试样 SBF 浸泡 14d 后的 XRD 图谱

5.5　透射电子显微分析

 【思政案例】

勇于创新——勇攀高峰

5.5.1　透射电子显微镜结构

透射电子显微镜（简称透射电镜，TEM）是一种高分辨率、高放大倍数的显微镜，是观察和分析材料的形貌、组织和结构的有效工具。透射电子显微镜主要由光学成像系统、真空系统和电气系统三部分组成。光学成像系统：透射电镜的光学成像系统组装成一直立的圆柱体，称为镜筒。包括照明、透镜成像放大以及图像观察记录等系统。图 5.25 为透射电镜镜筒剖面图。

（1）照明部分

电子显微镜的照明部分是产生具有一定能量、足够亮度（电流密度）和适当小孔径角的稳定电子束的装置，它包括产生电子束的电子枪和使电子束会聚的聚光镜。

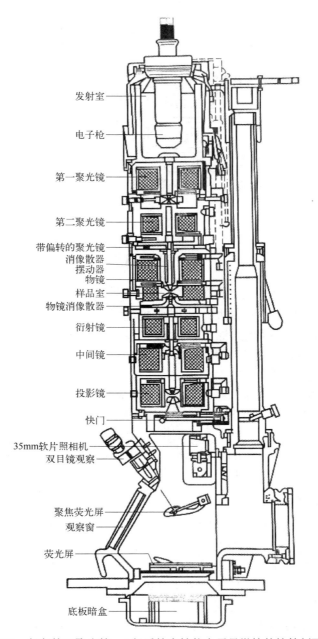

图 5.25　复杂的双聚光镜、6 级透镜高性能电子显微镜的镜筒剖面图

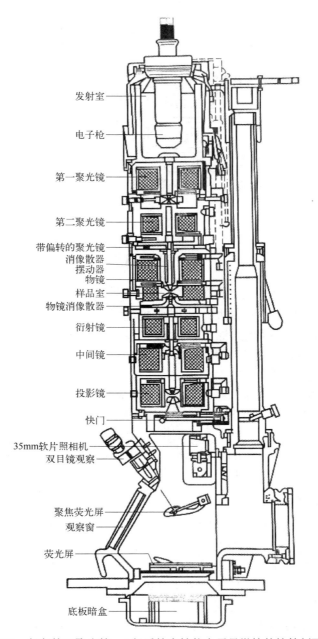
发射室
电子枪
第一聚光镜
第二聚光镜
带偏转的聚光镜
消像散器
摆动器
物镜
样品室
物镜消像散器
衍射镜
中间镜
投影镜
快门
35mm软片照相机
双目镜观察
聚焦荧光屏
观察窗
荧光屏
底板暗盒

电子枪：通常透射电镜中使用的电子枪为发叉式钨丝（丝直径为 0.1～0.15mm）阴极、控制栅板和阳极构成的三极电子枪，图 5.26 为三极电子枪工作原理图。考虑到操作安全，电子枪的阳极接地（0 电位），阴极加上负高压（−50～−200kV），控制栅板加上比阴极负几百至几千伏的偏压。整个电子枪相当于一个由阴极、栅板和阳极组成的静电透镜，栅极电位的大小决定了阴极和阳极之间的等电位面分布和形状，从而控制阴极的电子发射电流，因此称为控制栅极。电子枪工作时，由阴极发射的电子受到电场的加速穿过阳极孔照射到试样上，在穿过电场时，发散的电子束受到电场的径向分量的作用，使从栅极孔出来的电子束会聚通过一最小截面（直径为 d_c），这里电子密度最高，称为电子枪交叉点，它是电子显微镜的实际电子源。

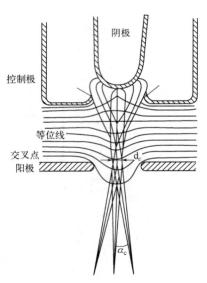

图 5.26　发叉式钨丝三极电子枪

发叉式钨丝三极电子枪的主要优点是结构简单，不需要很高的真空度（10^{-4}Torr，1Torr=133Pa），它与以后介绍的六硼化镧电子枪及场发射枪相比，缺点是使用寿命短，一般只有几十小时到上百小时，并且亮度不够高。

聚光镜：聚光镜为磁透镜，它是用来把电子枪射出的电子束会聚照射在样品上的。调节聚光镜励磁电流（即改变透镜聚焦状态）就可以调节照明强度和孔径角大小。一般中级透射电镜采用单聚光镜，高级的透射电镜则大多数采用双聚光镜。

一般中级透射电镜为垂直照明，即照明电子束轴线与成像同轴。高级透射电镜照明系统中加有电磁偏转器，既可垂直照明，也可倾斜照明，即照明电子束轴线与成像系统轴线成一定角度（一般 2°～3°），用于成暗场像。

（2）成像放大系统

成像放大系统由物镜、1～2 个中间镜和 1～2 个投影镜组成。靠近试样的为物镜，靠近荧光屏的为投影镜，二者之间的为中间镜。

物镜：物镜是成像系统的第一级放大透镜，它的分辨率对整个成像系统的分辨率影响最大，因此通常为短焦距、高放大倍数（例如 100 倍）、低像差的强磁透镜。

中间镜：中间镜为长焦距、可变放大倍数（例如 0～20 倍）的弱磁透镜。当放大倍数大于 1 时，进一步放大物镜所成的像；当放大倍数小于 1 时，缩小物镜所成的像。

投影镜：投影镜也是短焦距、高放大倍数（例如 100 倍，一般固定不变）的强磁透镜，其作用是把中间镜的像进一步放大并投射在荧光屏或照相底板上。

通过改变中间镜的放大倍数可以在相当范围（例如 2000～200000 倍）内改变电镜的总放大倍数。

三级成像放大系统：中、低级透射电镜的成像放大系统仅由一个物镜、一个中间镜和一个投影镜组成，可进行高放大倍数、中放大倍数和低放大倍数成像，成像光路图示于图 5.27。

高放大倍数成像时，物经物镜放大后在物镜和中间镜之间成第一级实像，中间镜以物镜的像为物进行放大，在投影镜上方成第二级放大像，投影镜以中间镜像为物进行放大，在荧光屏或照相底板上成终像。三级透镜高放大倍数成像可以获得高达 20 万倍的电子图像。

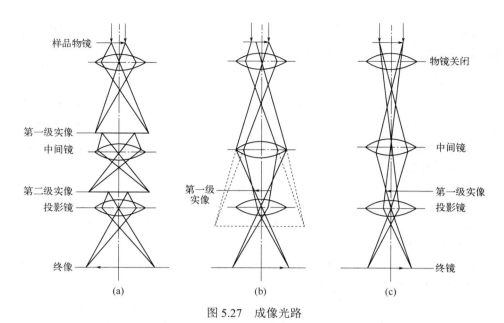

图 5.27　成像光路

（a）高放大倍数成像；（b）低放大倍数成像；（c）中放大倍数成像

中放大倍数成像时调节物镜励磁电流，经物镜成像于中间镜之下，中间镜以物镜像为"虚物"，在投影镜上方形成缩小的实像，经投影镜放大后在荧光屏或照相底板上成终像。中放大倍数成像可以获得几千至几万倍的电子图像。

低放大倍数成像的最简便方法是减少透镜使用数目和减小透镜放大倍数。例如关闭物镜，减弱中间镜励磁电流，使中间镜起着长焦距物镜的作用，成像于投影镜之上，经投影镜放大后成像于荧光屏上，获得 100～300 倍、视域较大的图像，为检查试样和选择、确定高倍观察区提供方便。

多级成像放大系统：现代生产的透射电镜其成像放大系统大多有 4～5 个成像透镜。除了物镜外，有两个可变放大倍数的中间镜和 1～2 个投影镜。成像时可按不同模式（光路）来获得所需的放大倍数。一般第一中间镜用于低倍放大；第二中间镜用于高倍放大；在最高放大倍数情况下，第一、第二中间镜同时使用或只使用第二中间镜，成像放大倍数可以在 100 倍到 80 万倍范围内调节。此外，由于有两个中间镜，在进行电子衍射时，用第一中间镜以物镜后焦面的电子衍射谱作为物进行成像（此时放大倍数就固定了），再用第二中间镜改变终像电子衍射谱的放大倍数，可以得到各种放大倍数的电子衍射谱。因此第一中间镜又称为衍射镜，而第二中间镜称为中间镜。

在镜筒的这一部分，除物镜、中间镜和投影镜外，还有样品室、物镜光阑、消像散器和衍射光阑等。

消像散器是一个产生附加弱磁场的装置，用来校正透镜磁场的非对称性，从而消除像散，物镜下方都装有消像散器。

（3）图像观察记录部分

图像观察记录部分用来观察和拍摄经成像和放大的电子图像，该部分有荧光屏、照相盒、望远镜（长工作距离的立体显微镜）。荧光屏能向上斜倾和翻起，荧光屏下面是装有照相底板的照相盒。当用机械或电气方式将荧光屏向上翻起时，电子束便直接照射在下面的照相底板上并使之感光，记录下电子图像。望远镜一般放大 5～10 倍，用来观察电子图像中更小的细节和进行精确聚焦。

（4）样品台

透射电镜观察的是按一定方法制备后置于电镜铜网（直径 3mm）上的样品。样品台用来承载样品（铜网），以便在电镜中对样品进行各种条件下的观察。它可根据需要使样品倾斜和旋转，样品台还与镜筒外的机械旋杆相连，转动旋杆可使样品在两个互相垂直的方向上平移，以便观察试样各部分细节。

样品台按样品进入电镜中的就位方式分为顶插式和侧插式两种。

对于顶插式样品台，电镜样品先冲入样品杯，然后通过传动机构进入样品室，再下降至样品台中定位，使样品处于物镜极靴中间某一精确位置。顶插式样品台的特点是物镜上、下极靴间的间隙可以比较小，因此球差小，物镜分辨本领较高，倾斜角度可达±20°，但在倾斜过程中，观察点的像稍有位移。

对于侧插式样品台，电镜样品先放在插入杆前端的样品座上，并用压环固定，插入杆从镜筒侧面插入样品台，使得样品杆的前端连同样品处于物镜上、下极靴间隙中，侧插式样品台的特点是上、下极靴间的间隙较大，因此球差较大，相对来说物镜的分辨本领要比顶插式差些，但最大倾角可达±60°，在倾斜过程中观察点的像不发生位移，放大倍数也不变。

除了上述可使样品平移和倾斜的样品台外，还有为满足各种用途的样品台。例如加热台，可以把样品加热，最高温度达 1273K；冷却台，可以将样品冷却，最低温度可接近 10K；拉伸台，可以对样品进行拉伸。应用这些特殊功能的样品台时，可以直接观察材料在各种特定条件下发生的动态变化。

（5）真空系统

电子显微镜镜筒必须具有很高的真空度，这是因为：若电子枪中存在气体，会产生气体电离和放电；炽热的阴极灯丝受到氧化或腐蚀而烧断；高速电子受到气体分子的随机散射会降低成像衬度以及污染样品。一般电子显微镜镜筒的真空度要求为 10^{-4}～10^{-8}Torr。真空系统就是用来把镜筒中的气体抽掉，它由二级真空泵组成，前级为机械泵，将镜筒预抽至 10^{-3}Torr，第二级为油扩散泵，将镜筒从 10^{-3}Torr 进一步抽至 10^{-4}～10^{-8}Torr，当镜筒内达到 10^{-4}～10^{-8}Torr 的真空度后，电镜才可以开始工作。

（6）电气系统

电气系统主要包括三部分：灯丝电源和高压电源，使电子枪产生稳定的高能照明电子束；各磁透镜的稳压稳流电源，使各磁透镜具有高的稳定度；电气控制电路，用来控制真空系统、电气合轴、自动聚焦、自动照相等。

5.5.2　透射电镜的主要性能指标

透射电镜的主要性能指标是分辨率、放大倍数和加速电压。

（1）分辨率

分辨率是透射电镜最主要的性能指标，它表征了电镜显示亚显微组织、结构细节的能力。透射电镜的分辨率以两种指标表示，一种是点分辨率，它表示电镜所能分辨的两个点之间的最小距离，另一种是线分辨率，它表示电镜所能分辨的两条线之间的最小距离。透射电镜的分辨率指标与选用何种样品台有关。目前，选用顶插式样品台的超高分辨率透射电镜的点分辨率为 0.23～0.25nm，线分辨率为 0.104～0.14nm。图 5.28（a）和（b）分别为测量点分辨率和线分辨率的照片。

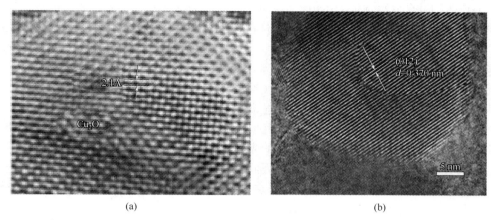

(a)　　　　　　　　　　　　　(b)

图 5.28　测量透射电镜分辨率的照片

（a）点分辨率（Cu_2O）；（b）线分辨率（碳包裹 Fe_2O_3）

（2）放大倍数

透射电镜的放大倍数是指电子图像对于所观察试样区的线性放大率。对放大倍数指标，不仅要考虑其最高和最低放大倍数，还要注意放大倍数的调节是否覆盖从低倍到高倍的整个范围。最高放大倍数仅仅表示电镜所能达到的最高放大率，也就是其放大极限。实际工作中，一般都是在低于最高放大倍数下观察，以便获得清晰的高质量电子图像。目前高性能透射电镜的放大倍数变化范围为 100 倍到 80 万倍。即使在 80 万倍的最高放大倍数下仍不足以将电镜所能分辨的细节放大到人眼可以辨认的程度。例如，人眼能分辨的最小细节为 0.2mm，若要将 0.1nm 的细节放大到 0.2mm，则需要放大 200 万倍。因此对于很小细节的观察都是用电镜放大几十万倍在荧光屏上成像，通过电镜附带的长工作距离立体显微镜进行聚焦和观察，或用照相底板记录下来，经光学放大成人眼可以分辨的照片。上述的测量点分辨率和线分辨率照片都是这样获得的。

（3）加速电压

电镜的加速电压是指电子枪的阳极相对于阴极的电压，它决定了电子枪发射电子的波长和能量。加速电压高，电子束对样品的穿透能力强，可以观察较厚的试样，同时有利于电镜的分辨率和减小电子束对试样的辐射损伤。透射电镜的加速电压在一定范围内分成多档，以便使用者根据需要选用不同加速电压进行操作，通常所说的加速电压是指可达到的最高加速电压。目前普通透射电镜的最高加速电压一般为 100kV 和 200kV，对材料研究工作，选择 200kV 加速电压的电镜更为适宜。

5.5.3　电子衍射

早在 1927 年，戴维森（Davisson）和革末（Germer）就已用电子衍射实验证实了电子的波动性，但电子衍射的发展速度远远落后于 X 射线衍射。直到 20 世纪 50 年代，随着电子显微镜的发展，把成像和衍射有机地联系起来后，为物相分析和晶体结构分析研究开拓了新的途径。

许多材料和黏土矿物中的晶粒只有几十微米大小，有时甚至小到几百纳米，不能用 X 射线进行单个晶体的衍射，但却可以用电子显微镜在放大几万倍的情况下，有目的地选择这些晶体，用选区电子衍射和微束电子衍射来确定其物相或研究这些微晶的晶体结构。薄膜器件和薄晶体透射电子显微术的发展显著地扩大了电子衍射的研究和范围，并促进了衍射理论的进一步发展。

电子衍射几何学与 X 射线衍射完全一样，都遵循劳厄方程或布拉格方程所规定的衍射条件和几何关系。

电子衍射与 X 射线衍射的主要区别在于电子波的波长短，受物质的散射强（原子对电子的散射能力比 X 射线高约一万倍）。电子波长短，决定了电子衍射的几何特点，它使单晶的电子衍射谱和晶体的倒易点阵的二维截面完全相似，从而使晶体几何关系的研究变得简单多了。散射强，决定了电子衍射的光学特点。第一，衍射束强度有时几乎与透射束相当，因此就有必要考虑它们之间的相互作用，使电子衍射花样分析，特别是强度分析变得复杂，不能像 X 射线那样从测量强度来广泛地测定晶体结构。第二，散射强度高导致电子穿透能力有限，因而比较适用于研究微晶、表面和薄膜晶体。

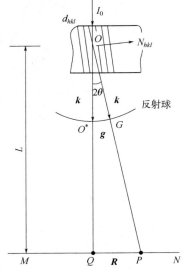

图 5.29 电子衍射几何关系

图 5.29 为透射电镜中电子衍射的几何关系图。当入射电子束 I_0 照射到试样晶体面间距为 d 的晶面组（hkl）满足布拉格条件时，与入射束交成 2θ 角度方向上得到该晶面组的衍射束。透射束和衍射束分别和距离晶体为 L 的照相底板 MN 相交，得到透射斑点 Q 和衍射斑点 P，它们间的距离为 R。

由图中几何关系得：

$$R = L \tan 2\theta$$

由于电子波波长很短，电子衍射的 2θ 很小，一般仅为 $1°\sim 2°$，所以

$$\tan 2\theta \approx \sin 2\theta \approx 2\sin\theta$$

代入布拉格公式 $2d\sin\theta = \lambda$ 得：

$$Rd = L\lambda \qquad\qquad (5.60)$$

这就是电子衍射基本公式。

试样到照相底板的距离 L 称为衍射长度或电子衍射相机长度。在一定加速电压下，λ 值确定，L 和 λ 的乘积为一常数：

$$K = L\lambda \qquad\qquad (5.61)$$

式中，K 为电子衍射的仪器常数或相机常数。它是电子衍射装置的重要参数。如果 K 值已知，即可由衍射斑点的 R 值计算出该点衍射斑点的晶面组（hkl）的 d 值：

$$d = L\lambda / R = K / R \qquad\qquad (5.62)$$

电子衍射中 R 与 $1/d$ 的正比关系是衍射斑点指标化的基础。

5.5.4 透射电子显微镜在材料分析中的应用

（1）高温处理钙钛矿透射电子显微分析

对经过高温共聚焦处理所得的样品中的钙钛矿晶体进行透射电镜分析，图 5.30 为钙钛矿样品薄片的透射电镜图，透射电镜是把经过加速和聚集的电子束投射到制备的薄样品上，形成的明暗不同的影像。此透射是在明场下的透射成像图，越薄处所成的相越亮，样品较厚处由于电子透不过来而呈灰暗色。

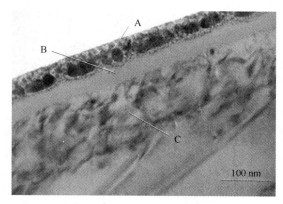

图 5.30　钙钛矿的透射电镜图

钙钛矿基体由于结构致密，电子不易透过而呈现暗色，最上层带有孔洞的区域为非晶态（A），在钙钛矿基体表面有一层很平整的过渡层（B），在过渡层下花纹状（C）的为钙钛矿的晶体结构。从图 5.31 可以看出，在透镜下钙钛矿的结构不能清晰地呈现，故对此区域进行 HRTEM 和电子衍射花样分析，以确定钙钛矿的晶态。

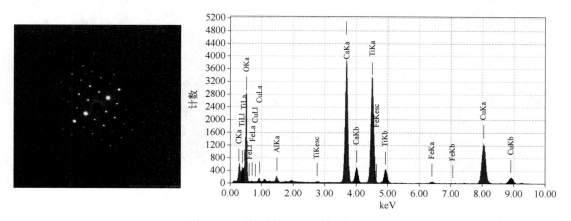

图 5.31　钙钛矿的电子衍射及能谱图

图 5.31 为钙钛矿的电子衍射图，从图中可以看出该区域的衍射花样为分布较规则的正方形，对这一区域进行了 EDS 能谱分析，发现该区域主要含 Ca、Ti 和 O 三种元素，即为钙钛矿晶体区域。接着对钙钛矿晶体区域进行 HRTEM 分析，图 5.32 为钙钛矿晶体的 HRTEM 放大图，从图中可看出此钙钛矿晶体分布着具有晶格条纹的晶态结构，对晶态结构进行晶面间距测量，判断其晶体结构主要为晶面（001）的立方体型的钙钛矿，其晶面间距为 0.76nm。

这说明当冷却速率很低时，钙钛矿晶体优先朝着（001）晶体学方向生长，并在择优取向与热流方向相反的方向上生长最快，最终生长成块状的等轴晶。

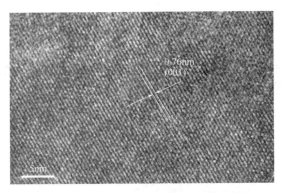

图 5.32　钙钛矿晶体的 HRTEM 放大图

（2）水泥矿物水化产物 C-S-H 凝胶的 TEM 分析

图 5.33 为普通硅酸盐水泥硬化浆体中含有 C-S-H 和 CH[Ca(OH)$_2$]的区域 TEM 图（在 20℃下水化 1 年，水灰比 0.4）。该图由一个漫射 C-S-H 环叠加在 CH 的[031]轴上组成。漫射环的范围在 2.7～3.2Å 之间。在 1.83Å 附近也经常观测到一个微弱的环。在 1.8Å 和 3Å 区域的间距对应于托勃莫来石（tobermorite）和羟基硅钙石（jennite）结构以及 CH 结构中的 Ca—O 中的重要重复距离。

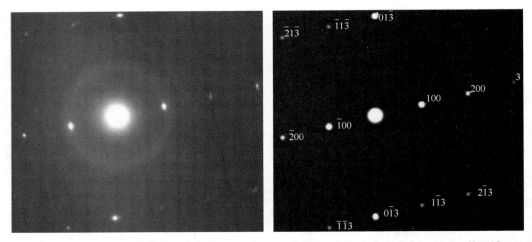

图 5.33　普通硅酸盐水泥硬化浆体（水灰比 0.4，在 20℃下水化 1 年）中含有 C-S-H 和 CH 的区域 TEM 图

5.6　热分析技术

热分析技术是利用热学原理对物质的物理性能或成分进行分析的总称。物质在温度变化过程中，往往伴随着微观结构和宏观物理、化学等性质的变化，宏观上物理、化学性质的变化过程通常与物质的组成和微观结构相关联。通过测量和分析物质在加热和冷却过程中的物理、化学性质的变化，可以对物质进行定性、定量分析，以帮助我们进行物质的鉴定，为新

材料的研究和开发提供热性能数据和结构信息。

根据国际热分析协会（International Confederation for Thermal Analysis，ICTA）对热分析法的定义：热分析是在程序控制温度下，测量物质的物理性质随温度变化的一类技术。"程序控制温度"是指用固定的速度加热或冷却，"物理性质"则包括物质的质量、温度、热焓、尺寸、力学、声学、电学及磁学性质等。ICTA 根据所测定的物理性质，将所有的热分析技术划分为 9 类 17 种，如表 5.5 所示。这些热分析技术不仅能独立完成某一方面的定性、定量测定，而且还能与其他方法互相印证和补充，成为研究物质的物理性质、化学性质及其变化过程的重要手段。其中，差热分析、差示扫描量热法、热重法和热机械分析是热分析的四大支柱，用于研究物质的晶型转变、熔化、升华、吸附等物理现象以及脱水、分解、氧化、还原等化学现象。热分析能快速提供被研究物质的热稳定性、热分解产物、热变化过程的焓变、各种类型的相变点、玻璃化转变温度、软化点、比热容、纯度、爆破温度等数据，还能为高聚物的表征及结构性能提供依据，是进行相平衡研究和化学动力学过程研究的常用手段。

表 5.5　热分析技术的分类

物理性质	分析技术名称	简称	物理性质	分析技术名称	简称
质量	热重法	TG	热焓	差示扫描量热法	DSC
	等压质量变化测定	—	尺寸	热膨胀法	TD
	逸出气体检测	EGD	力学性质	热机械分析	TMA
	逸出气体分析	EGA		动态热机械分析	DMA
	放射热分析	ETA	声学性质	热发声法	TS
	热微粒分析	TPA		热传声法	TA
	—		光学特性	热光学法	TP
温度	加热曲线测定	—	电学特性	热电学法	TE
	差热分析	DTA	磁学特性	热磁学法	TM

5.6.1　差热分析

差热分析（differential thermal analysis，DTA）是在程序控制温度下测定物质和参比物（参比物是在测量温度范围内不发生任何热效应的物质）之间的温度差和温度关系的一种技术。物质在加热或冷却过程中的某一特定温度下，往往会发生伴随吸热或放热效应的物理、化学变化，如晶型转变、沸腾、升华、蒸发、融化等物理变化，以及氧化还原、分解、脱水和解离等化学变化；另有一些物理变化如玻璃化转变，虽无热效应发生但比热容等某些物理性质会发生改变。此时物质的质量不一定改变，但是温度是必定会变化的。差热分析就是在物质这类性质基础上建立的一种技术。

（1）差热分析原理

由物理学可知，具有不同自由电子束和逸出功的两种金属接触时会产生接触电动势。如图 5.34 所示，当金属丝 A 和金属丝 B 焊接后组成闭合回路，如果两焊点的温度 T_1 和 T_2 不同就会产生接触热电势，闭合回路有电流流动，检流计指针偏转。接触电动势的大小与 T_1、T_2 之差成正比。如把两根不同的金属丝 A 和金属丝 B 以一端相焊接（称为热端），置于需测温部位；另一端（称为冷端）处于冰水环境中，并以导线与检流计相连，此时所得的热电势近似与热端温度成正比，构成了用于测温的热电偶。如将两个反极性的热电偶串联起来，就构成了可用于测定两个热源之间温度差的温差热电偶。将温差热电偶的一个热端插在被测试样中，另一个热端插在待测温度区间不发生热效应的参比物中，试样和参比物同时升温，测定升温过程中两者的温度差，就构成了差热分析的基本原理。

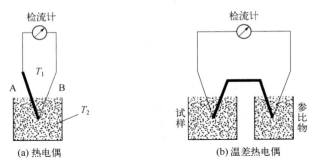

图 5.34　热电偶和温差热电偶

（2）差热分析曲线

根据 ICTA 的规定，差热分析是将试样和参比物置于同一环境中以一定的速率加热或冷却，将两者的温度差对时间或温度做记录的方法。从 DTA 获得的曲线试验数据：纵坐标代表温度差 ΔT，吸热过程显示一个向下的峰，放热过程显示一个向上的峰，横坐标代表时间或温度，从左到右表示增加，如图 5.35 所示。

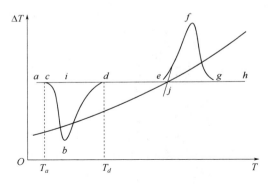

图 5.35　差热曲线形态特征

基线：指 DTA 曲线上 ΔT 近似等于 0 的区段，如图 5.35 中的 ac、de、gh。如果试样和此处的热容相差较大，则易导致基线倾斜。

峰：指 DTA 曲线上离开基线又回到基线的部分，包括放热峰和吸热峰，如图 5.35 中的 cbd、efg。

峰宽：指 DTA 曲线上偏离基线又返回基线两点的距离或温度距离，如图 5.35 中的 cd。

峰高：表示试样和参比物之间的最大温差，指峰顶至内插基线间的垂直距离，如图 5.35 中的 b。

峰面积：指峰和内插基线之间所包围的面积。

外延始点：指起始边陡峭部分的切线与外延基线的交点，如图 5.35 中的 j 点。

在 DTA 曲线中，峰的出现是连续渐变的。由于在测试过程中试样表面的温度高于中心的温度，所以放热的过程由小变大，形成一条曲线。在 DTA 的 c 点，吸热反应主要在试样表面进行，但 c 点的温度并不代表反应开始的真正温度，而仅是仪器检测到的温度，这与仪器的灵敏度有关。

峰顶温度无严格的物理意义，一般来说峰顶温度并不代表反应的终止温度，反应的终止温度在 bd 线上的某一点。最大的反应速率也不发生在峰顶而是在峰顶之前。峰顶温度仅表示试样和参比物温差最大的一点，而该点的位置受试样条件的影响较大，所以峰顶温度一般不能作为鉴定物质的特征温度，仅在试样条件相同时做相对比较。

国际热分析协会 ICTA 对大量的试样测定结果表明，外延起始温度与其他实验测得的反应起始温度最为接近，因此 ICTA 决定用外延起始温度来表示反应的起始温度。

（3）差热分析曲线的影响因素

差热分析是一种热动态技术，在测试过程中体系的温度不断变化，引起物质的热性能变化，因此许多因素都可影响 DTA 曲线的基线、峰形和温度。归纳起来，影响 DTA 曲线的主要因素有下列几方面。

1）仪器方面因素

仪器方面的因素包括加热炉的结构和尺寸，坩埚材质、大小及形状，热电偶性能及其位置，显示、记录系统精度等。对于实验人员来说，仪器通常是固定的，一般只能在某方面，如坩埚或热电偶等方面做有限选择。但在分析不同仪器获得的实验结果或考虑仪器更新时，仪器因素不容忽视。

① 炉子的结构和尺寸。炉子的均温区与炉子的结构和尺寸有关，而差热基线又与均温区的好坏有关，因此炉子的结构尺寸合理，均温区好，则差热基线直，检测性能也稳定。一般而言，炉子的炉膛直径越小，长度越长，均温区就越大，且均温区的温度梯度就越小。

② 坩埚材料和形状。坩埚材料包括铝、不锈钢、铂金等金属材料和石英、氧化铝、氧化铍等非金属材料两类，其传热性能各不相同。金属材料坩埚的热传导性能好，基线偏离小，但是灵敏度低，峰谷较小。非金属材料坩埚的热传导较差，容易引起基线偏离，但灵敏度较高，较少的样品就可获得较大的差热峰谷。坩埚的直径大，高度小，试样容易反应，灵敏度高，峰形也尖锐。

③ 热电偶性能与位置。热电偶的性能会影响差热分析的结果。热电偶的接点位置、类型和大小等因素都会对差热曲线的峰形、峰面积及峰温等产生影响。此外，热电偶在试样中的位置不同，也会使热峰产生的温度和热峰面积有所改变。这是因为物料本身具有一定的厚度，因此表面的物料其物理化学过程进行得较早，而中心部分较迟，使试样出现温度梯度。试验表明，将热电偶热端置于坩埚内物料的中心可获得较大的热效应。因此，热电偶插入试样和参比物时，应具有相同的深度。

2）试样方面因素

试样方面的因素包括试样的热容量、热导率，试样的纯度、结晶度或离子取代。试样的颗粒度、用量及装填密度，参比物等。

① 热容量和热导率。试样的热容量和热导率的变化会引起差热曲线的基线变化。一台性能良好的差热仪的基线应是一条水平线，但试样差热曲线的基线在热反应的前后往往不会停留在同一水平上。这是试样在热反应前后热容或热导率变化的缘故。反应前基线低于反应后基线，表明反应后热容减小；反应前基线高于反应后基线，表明反应后热容增大。反应前后热

导率的变化也会引起基线类似的变化。当试样在加热过程中热容和热导率都发生变化，而且加热速率较大，灵敏度较高的情况下，差热曲线的基线随温度的升高可能会有较大的偏离。

② 试样的颗粒度、用量及装填密度。粒度的影响较复杂，以采用小颗粒样品为宜，通常样品应磨细过筛并在坩埚中装填均匀。试样用量多，热效应大，峰顶温度滞后，容易掩盖邻近小峰谷。特别是反应过程中有气体放出的热分解反应，试样的用量影响气体达到试样表面的速率。试样的装填密度即试样的堆积方式，决定着等量试样体积的大小。在试样用量、颗粒度相同的情况下，装填密度不同也影响产物的扩散速度和试样的传热快慢，从而影响DTA曲线的形态。通常采用紧密填装方式。

③ 试样的结晶度、纯度。Carthew 等研究了试样的结晶度对差热曲线的影响，发现结晶度不同的高岭土的吸热脱水峰面积随样品结晶度的减小而减小，结晶度增大，峰形更尖锐。通常也不难看出，结晶良好的矿物，其结构水的脱出温度相应要高点，如结晶良好的高岭土 600℃脱出结构水，而结晶差的高岭土 560℃就可脱出结构水。天然矿物都含有各种各样的杂质，含有杂质的矿物与纯矿物相比，其差热曲线形态、温度都可能不相同。

④ 参比物。参比物是在一定温度下不发生分解、相变、破坏的物质，是在热分析过程中起着与被测物质相比较的标准物质。从差热曲线原理可以看出，只有当参比物和试样的热性质、质量、密度等完全相同时，才能在试样无任何类型能量变化的相应温度内保持温差为零，得到水平的基线，实际上这是不可能达到的。与试样一样，参比物的热导率也受许多因素的影响，例如比热容、密度、粒度、温度和装填方式等，这些因素的变化均能引起差热曲线基线的偏移。因此，为了获得尽可能与零线接近的基线，需要选择与试样热导率尽可能相近的参比物。

要获得一条高质量的被测物质的差热曲线，必须选择与试样的热传导和热容尽可能接近的物质作参比物，有时为了使试样的导热性能与参比物相近，可在试样中添加适量的参比物使试样稀释；试样和参比物均应控制相同的粒度；装入坩埚的致密程度、热电偶插入深度也应一致。

3）实验条件

实验条件包括加热速率、气氛和压力等。

① 升温速度。在差热分析中，升温速度的快慢对差热曲线的基线、峰形和温度都有明显的影响。升温越快，更多反应将发生在相同的时间间隔内，峰的高度、峰顶或温差将会越大。因此出现尖锐且狭窄的峰。同时，不同的升温速度还会明显影响峰顶温度。随着升温速度的提高，峰形变得尖而窄，形态拉长，峰温增高。升温速度降低时，峰谷宽、矮，形态扁平，峰温降低。升温速度不同还会影响相邻峰的分辨率，较低的升温速率使相邻峰容易分开，而升温速率太快容易使相邻峰谷合并。一般常用的升温速率为 1～10K/min。

② 炉内压力和气氛。压力对差热反应中体积变化很小的试样影响不大，而对于体积变化明显的试样则影响显著。在外界压力增大时，试样的热反应温度向高温方向移动；当外界压力降低或抽成真空时，热反应的温度向低温方向移动。炉内气氛对碳酸盐、硫化物、硫酸盐等矿物加热过程中的行为有很大影响，某些矿物试样在不同的气氛控制下，会得到完全不同的差热分析曲线。试验表明，炉内气氛的气体与试样的热分解产物一致时，分解反应所产生的起始、终止和峰顶温度趋向增高。气氛控制通常有两种形式。一种是静态气氛，一般为封闭系统，随着反应的进行，样品上空逐渐被分解的气体所包围，将导致反应速率减慢，反应温度向高温方向偏移。另一种是动态气氛，气氛流经试样和参比物，分解产物所产生的气体不断被动态气氛带走，只要控制好气体的流量就能获得重现性好的实验结果。

5.6.2　差示扫描量热分析

差示扫描量热分析（DSC）是在程序控制温度条件下，测量输入给样品与参比物的能量差随温度或时间变化的一种热分析方法。差热分析法只是间接以温差变化表达物质物理或化学变化过程中热量的变化（吸热和放热），且差热分析曲线影响因素很多，难以进行定量分析的问题，因此发展了差示扫描量热法。

5.6.2.1　差示扫描量热分析的原理

差示扫描量热分析按测量方式的不同分为功率补偿式差示扫描量热法和热流式差示扫描量热法两种。

（1）功率补偿式差示扫描量热法

功率补偿式差示扫描量热法采用零点平衡原理。该类仪器包括外加热功率补偿差示扫描量热计和内加热功率补偿差示扫描量热计两种。外加热功率补偿差示扫描量热计的主要特点是试样和参比物放在外加热炉内加热的同时，都附加独立的小加热器和传感器，即在试样和参比物容器中各装有一组补偿加热丝，其结构如图 5.36 所示。整个仪器由两个控制系统进行监控，其中一个控制温度，使试样和参比物在预定速率下升温或降温；另一个控制系统用于补偿试样和参比物之间所产生的温差，即当试样由于热反应而出现温差时，通过补偿控制系统使流入补偿加热丝的电流发生变化。例如，当试样吸热时，补偿系统流入试样一侧加热丝的电流增加；试样放热时，补偿系统流入参比物一侧加热丝的电流增大，直至试样和参比物二者热量平衡，差热消失。这就是零点平衡原理。这种 DSC 仪经常与 DTA 仪组装在一起，通过更换样品支架和增加功率补偿单元，达到既可做差热分析又可做差示扫描量热法分析的目的。

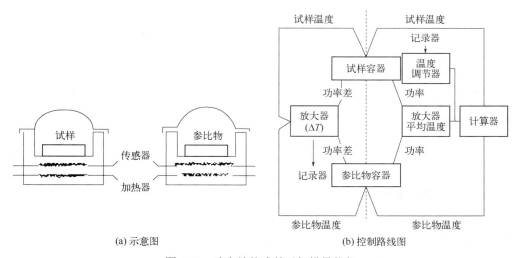

(a) 示意图　　　　　　　　　　　　　(b) 控制路线图

图 5.36　功率补偿式差示扫描量热仪

内加热功率补偿差示扫描量热计无外加热炉，直接用两个小加热器进行加热，同时进行功率补偿。由于不使用大的加热炉，因此仪器的热惰性小、功率小、升降温速度很快。但这种仪器随着试样温度的增加，样品与周围环境之间的温度梯度越来越大，造成大量热量的流失，大大降低了仪器的检测灵敏度和精度。因此，这种 DSC 仪的使用温度较低。

（2）热流式差示扫描量热法

热流式差示扫描量热法主要是通过测量加热过程中试样吸收或放出热量的流量来达到 DSC 分析的目的。该法包括热流式和热通量式，两者都采用差热分析的原理来进行量热分析。

热流式差示扫描量热仪的构造与差热分析仪相近，其结构如图 5.37 所示。它利用康铜电热片作试样和参比物支架底盘并兼作测温热电偶，该电热片与试样和参比物底盘下的镍铬丝和镍铝丝组成热电偶以检测差示热流。当加热器在程序控制单元控制下加热时，热量通过加热块对试样和参比物均匀加热。由于在高温时试样和周围环境的温差较大，热量的损失较大。因此在等速升温的同时，仪器自动改变差示放大系数，温度升高时，放大系数增大，以补偿因温度变化对试样热效应测量的影响。

热通量式差示扫描量热法的检测系统如图 5.38 所示。仪器的主要特点是检测器由许多热电偶串联成热电堆式的热流量计，两个热电偶计反向连接并分别安装在试样和参比物与炉体之间，如同温差热电偶一样检测试样和参比物之间的温差。由于热电偶堆中热电偶很多，热端均匀分布在试样和参比物容器壁上，检测信号大，检测的试样温度是试样各点温度的平均值，所以测量的 DSC 曲线重复性好，灵敏度和精确度都很高，常用于精密的热量测定。

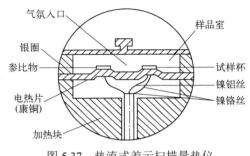

图 5.37　热流式差示扫描量热仪

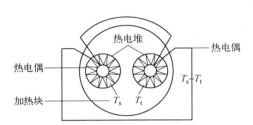

图 5.38　热通量式差示扫描量热仪

T_s—试样温度；T_t—参比物温度

无论哪一种差示扫描量热法，随着试样温度的升高，试样与周围环境温度偏差越大，造成热量损失，都会使测量精度下降。因而差示扫描量热法的测温范围通常低于 800℃。

5.6.2.2　差示扫描量热曲线

差示扫描量热曲线（DSC 曲线）是在差示扫描量热测量中记录的以热流率 dH/dt 为纵坐标，以温度或时间为横坐标的关系曲线。与差热分析一样，它也是基于物质在加热过程中发生物理、化学变化的同时伴随有吸热、放热现象。因此，差示扫描量热曲线的形态外貌与差热曲线完全一样。

5.6.2.3　差示扫描量热分析的影响因素

由于 DTA 和 DSC 都是以测量试样始变为基础，而且两者在仪器原理和结构上有许多相同或相近之处，因此影响 DTA 的各种因素也会以相同或相近的规律对 DSC 产生影响。但是由于 DSC 试样用量少，试样内的温度梯度较小且气体的扩散阻力下降，对于补偿功率型 DSC 还有热阻力影响小的特点，因而某些因素对 DSC 的影响与对 DTA 的影响程度不同。

影响 DSC 的因素主要有样品、实验条件和仪器因素。样品因素主要是试样的性质、粒度及参比物的性质。有些试样如聚合物和液晶，其热历史对 DSC 曲线也有较大的影响。实验条件因素主要是升温速率，它影响 DSC 曲线的峰温和峰形。升温速率越大，一般峰温越高，峰面积越大，峰形越尖锐，但这种影响在很大程度上还与试样种类和受热转变的类型密切相关，升温速率对有些试样相变焓的测定值也有影响。实验条件因素还有炉内气氛类型和气体性质，气体性质不同，峰的起始温度和峰温甚至过程的焓变都会不同。此外，试样用量和稀释情况对 DSC 曲线也有影响。

5.6.2.4　差示扫描量热法的温度和能量校正

DSC 是一种动态量热技术，在程序温度下，测量样品的热流率随温度变化的函数关系，常用来定量地测定熔点和热容。因此，对 DSC 仪器的校正有最重要的两项，一项为温度校正，一项为能量校正。

（1）温度校正与熔点测定

DSC 温度坐标的精确程度是衡量仪器的一项重要指标。即使出厂时调试好的仪器，在重新更换样品支架，重新调整基线，改变环境气氛时，严格说来都应进行校正。校正温度最常用的方法是选用不同温度点测定一系列标准化合物的熔点。表 5.6 列出了几种标准物质的熔融转变温度。

表 5.6　常用标准物质熔融转变温度和能量

物质	铟（In）	锡（Sn）	铅（Pb）	锌（Zn）	硫酸钾（K₂SO₄）	铬酸钾（K₂CrO₄）
转变温度/℃	150.60	231.88	327.47	419.47	585.0±0.5	670.5±0.5
转变能量/(J/g)	28.46	60.47	23.01	108.39	33.27	33.68

纯物质的熔融是一个等温的一级转变过程，因此在转变过程中样品是不变的，起始转变温度不像峰温那样明显受样品量变化的影响。

（2）能量校正与热焓测定

当测量伴随某一转变或反应的总能量（焓变，ΔH）时，需对整个 DSC 峰面积对时间 t 进行积分：

$$\Delta H = \int \frac{\mathrm{d}H}{\mathrm{d}t}\,\mathrm{d}t \tag{5.63}$$

但实际的 DSC 能量（热焓）测量包括仪器校正常数、灵敏度（量程）、记录仪扫描速率（纸速）及峰面积的测量等，通常用下式来计算反应或转变的焓变：

$$\Delta H = KAR / (Ws) \tag{5.64}$$

式中，ΔH 为试样转变的热焓，mJ/mg；W 为试样质量，mg；A 为试样焓变时扫描峰面积，mm²；R 为设置热量量程，mJ/s；s 为记录仪走纸速度，mm/s；K 为仪器校正常数。仪器校正常数 K 的测定常用已知熔融热容的高纯金属作为标准，最常用作校正标准的是铟。准确称量 5～10mg 试样，并选择适当的升温速率、灵敏度（量程）和记录仪纸速，测量出它的 DSC 曲线。可按下式求出仪器校正常数 K：

$$K = \Delta HWs / (AR) \tag{5.65}$$

由式（5.65）可知，仪器量程标度、纸速等如有误差，在上述校正中已并入校正系数 K 中，因此对于能量测量来说校正精度已足够，但对那些要求直接涉及纵坐标位移的测量，如动力学研究和比热容的测定，还需对量程标度进行精确修正。

（3）量程校正

量程标度的准确度关系到纵坐标的准确度，在需要准确动力学数据和比热容数据的测量中极为重要。量程标度的精确度测定可用铟作标准进行校正，校正方法为：在铟的记录纸上划出一块大小合适的长方形面积，如取高度为记录纸的横向全分度的 3/10，即三大格，长度为半分钟走纸距离，再根据热量量程和纸速将长方形面积转化成铟的 ΔH，按 $K = \Delta H W s /(AR)$ 计算校正系数 K'。若量程标度已校正好，则 K' 与铟的文献计算的 K 应相等。若量程标度有误，则 K' 与按文献值计算的 K 不等，这时的实际量程标度应等于 $K/(K'R)$。

5.6.3 热重分析

5.6.3.1 热重分析基本原理

热重法（TG）是对试样的质量随以恒速进行的温度变化而发生的改变量，或在等温条件下质量随时间变化而发生的改变量进行测量的一种动态技术。在热分析技术中，热重法使用最为广泛，该研究一般在静止或流动的活性或惰性气体环境下进行。所含因素如试样的质量、状态、加热速度、湿度、环境条件都是可变的，在热重分析中这些因素的变化对测得的质量、温度曲线将产生显著影响，并可用来估计热敏元件与试样间的热滞后关系，因此在表示测定结果时，所有以上条件都应被标明，以便他人进行重复实验。热重法通常有两种类型：等温热重法——在恒温下测定物质质量变化与时间的关系；非等温热重法——在程序控温下测定物质质量变化与温度的关系。

热重法所用的仪器称为热重分析仪或热天平，其基本构造如图 5.39 所示，一般由精密天平和线性程序控温的加热炉组成。热天平是根据天平梁的倾斜与质量变化的关系进行测定，通常测定质量变化的方法有变位法和零位法两种。

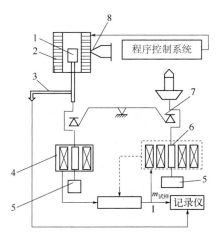

图 5.39 热天平结构图

1—试样支持器；2—炉子；3—测温热电偶；4—传感器（差动变压器）；5—平衡锤；

6—阻尼及天平复位器；7—天平；8—阻尼信号

（1）变位法

变位法主要利用质量变化与天平梁倾斜的正比关系，当天平处于零位时，位移检测器输出的电信号为零，而当样品发生质量变化时，天平梁产生位移，此时检测器相应地输出电信号，该信号可通过放大后输入记录仪进行记录。

（2）零位法

当质量变化引起天平梁的倾斜，靠电磁作用力使天平梁恢复到原来的平衡位置时，所施加的力与质量变化成正比。当样品质量发生变化时，天平梁产生倾斜，此时位移检测器所输出的信号通过调节器向磁力补偿器中的线圈输入一个相应的电流，从而产生一个正比于质量变化的力，使天平梁复位到零位。输入线圈的电流可转换成电信号输入记录仪进行记录。

热重分析仪的天平具有很高的灵敏度（可达到 0.1μg）。天平灵敏度越高，所需试样用量越少，在 TG 曲线上质量变化的平台越清晰，分辨率越高。此外，加热速率的控制与质量变化有密切的关联，因此高灵敏度的热重分析仪更适用于较快的升温速度。

近年来，在热重分析仪的研制上取得了一定进展，除了在常压和真空条件下工作的热天平之外，还研制出高压热天平。在程序控制温度方面又设计出一种新的方法，它是由炉膛内和加热炉丝附近的两根热电偶进行控制，可获得精确而灵敏的温度程序控制。

5.6.3.2 热重曲线

由热重法记录的质量变化对温度的关系曲线称热重曲线（TG 曲线），它表示过程的失重累积量，属积分型。从热重曲线可得到试样组成、热稳定性、热分解温度、热分解产物和热分解动力学等有关数据，同时还可获得试样质量变化率与温度或时间的关系曲线，即微商热重曲线（DTG 曲线）。微商热分析主要用于研究不同温度下试样质量的变化速率，此外它对确定分解的开始阶段温度和最大分解速率时的温度特别有用。尤其有竞争反应存在时，从 DTG 曲线上观察比从 TG 曲线上观察更清楚。

热重分析得到的是程序控制温度下物质质量与温度关系的曲线，即热重曲线（TG），横坐标为温度或时间，纵坐标为质量，也可用失重百分率等其他形式表示。由于试样质量变化的实际过程不是在某一温度下发生变化而瞬间完成，因此热重曲线的形状不呈直角台阶状，而是带有过渡和倾斜区段的曲线。曲线的水平部分（即平台）表示质量是恒定的，曲线斜率发生变化的部分表示质量的变化。因此从热重曲线还可以求出微商热重曲线（DTG），热重分析仪若带有微分线路就可同时记录热重和微商热重曲线。微商热重曲线的纵坐标为质量随时间的变化率 dW/dt，横坐标为温度或时间。TG 曲线在形貌上与 DTG 或 DSC 曲线相似，但 DTG 曲线表明的是质量变化速率，峰的起止点对应 TG 曲线台阶的起止点，峰的数目和 TG 曲线的台阶相等，峰位为失重（或增重）速率的最大值，它与 TG 曲线的拐点相对应，峰面积与失重量成正比。因此可从 DTG 的峰面积算出失重量。虽然微商热重曲线与热重曲线所能提供的信息相同，但微商热重曲线能清楚地反映出起始反应温度，达到最大反应速率的温度和反应终止温度，而且提高了分辨两个或多个相继发生的质量变化过程的能力。由于在某一温度下微商热重曲线的峰高直接等于该温度下的反应速率，因此，这些值可方便地用于化学反应动力学的计算。

5.6.3.3 热重曲线的影响因素

热重分析和差热分析都是一种动态技术，其实验条件、仪器的结构与性能、试样本身的物理、化学性质以及热反应特点等多种因素都会对热重曲线产生明显的影响。仪器的影响因素主要有基线、试样支持器和测温热电偶等；试样的影响因素有质量、粒度、物理化学性质和装填方式等；实验条件的影响因素有升温速率、气氛和气体速率等。下面讨论基线漂移、升温速率、炉内气氛、坩埚、热偶位置、试样等因素对热重曲线的影响。

（1）热重曲线的基线漂移

热重曲线的基线漂移是指试样没有变化而记录曲线却指示出有质量变化的现象，它造成失重或增重的假象。这种漂移主要与加热炉内气体的浮力效应和对流影响、Knudsen（克努森）力及温度与静电对天平结构作用等紧密相关。

由于气体密度随温度而变化，随着温度升高，试样周围的气体密度下降，气体对试样支持器及试样的浮力也在变小，于是出现表观增重现象。与浮力效应同时存在的还有对流影响，这时试样周围的气体受热变轻形成一股向上的热气流，这一气流的作用在天平上便引起试样的表观失重；如气体外逸受阻，上升的气流将置换上部温度较低的气体，而下降的气流势必冲击支持器，引起表观增重。不同仪器、不同气氛和不同升温速率，气体的浮力与对流的总效应也不一样。

Knudsen 力是由热分子流或热滑流形式的热气流造成的。温度梯度、炉子位置、试样、气体种类、温度和压力的范围，对 Knudsen 力引起的表观质量变化都有影响。

温度对天平性能的影响也是非常大的。数百乃至上千摄氏度的高温直接对热天平部件加热，极易通过天平臂的热膨胀效应而引起天平零点的漂移，并影响传感器和复位器的零点与电器系统的性能，造成基线漂移。

当热天平采用石英之类的保护管时，加热时管壁吸附水急剧减少，表面导电性能变坏，致使电荷滞留于管筒，形成静电力干扰，将严重干扰热天平的正常工作，并在热重曲线上出现相应的异常现象。

此外，外界磁场的改变也会影响热天平复位器的复位力，从而影响热重曲线。

为了减小热重曲线的漂移，理想的方法是采用对称加热的方式，即在加热过程中热天平两臂的支承（或悬挂）系统处于非常接近的温度，使得两侧的浮力、对流、Knudsen 力及温度影响均可基本抵消。此外，采用水平式热天平不易引起对流及垂直 Knudsen 力，减小天平的支承杆、样品支承器及增坩体积和迎风面积，在天平室和试样反应室之间增加热屏蔽装置，对天平室进行恒温控制等措施都可以减小基线的漂移。通过空白热重曲线的校正可减小来自仪器方面的影响。

（2）升温速率

升温速率对热重曲线有明显的影响，原因是升温速率直接影响炉壁与试样、外层试样与内部试样间的传热和温度梯度。但一般来说，升温速率并不影响失重量。对于单步吸热反应，升温速率慢，起始分解温度和终止温度通常均向低温移动，且反应区间缩小，但失重百分数一般不改变。

如果试样在加热过程中产生中间产物，当其他条件固定，升温速率较慢时，通常容易形成与中间产物对应的平台，即稳定区。

（3）炉内气氛

炉内气氛对热重分析的影响与试样的反应类型、分解产物的性质和装填方式等许多因素有关。在热分析中最常见的反应类型之一是

材料结构基础与表征

$$A(s) \longrightarrow B(s) + C(g)$$

这一类型的反应只在气体产物的分压低于分解压时才能发生，且气体产物增加，分解速率下降。在静态气氛中，如果气氛是惰性的，则反应不受惰性气氛的影响，只与试样周围自身分解的气体产物的瞬时浓度有关。当气氛气体含有与产物相同的气体组分时，由于加入的气体产物会抑制反应的进行，将使分解温度升高。如：

$$CaCO_3(s) \longrightarrow CaO(s) + CO_2(g) \tag{5.66}$$

其起始分解温度随气氛中 CO_2 分压的升高而增高。气氛中含有与产物相同的气体组分后，分解速率下降，反应时间延长。

静态气氛中，试样周围气体的对流、气体产物的逸出与扩散，也影响热重分析的结果。气体的逸出与扩散、试样量、试样颗粒、装填的紧密程度及坩埚的密闭程度等许多因素有关，使它们产生附加的影响。

在动态气氛中，惰性气体能把分解产物气体带走而使分解反应进行得较快，并使反应产物增加。当通入含有与产物相同的气氛时，将使起始分解温度升高并改变反应速率和产物量。所含产物气体的浓度越高，起始分解温度就越高，逆反应的速率也越大。随着逆反应速率的增加，试样完成分解的时间将延长。动态气氛的流速、气温以及是否稳定，对热重曲线也有影响。一般来说，大流速有利于传热和气体的逸出与扩散，这将使分解反应温度降低。

在热重法中还会遇到两类不可逆反应，见式（5.67）和式（5.68）。

$$A(s) \longrightarrow B(s) + C(g) \tag{5.67}$$

$$A(s) + B(g) \longrightarrow C(s) + D(g) \tag{5.68}$$

式（5.67）所示反应是一个不可逆过程，因此，无论是静态还是动态，惰性的还是含有产物气体 C 的气氛，对分解速率、反应方向和分解温度原则上均没有影响。而在式（5.68）所示反应中，气氛 B 是反应成分，所以它的浓度与反应速率和产物的量有直接关系。B（g）的种类不同，影响情况也不同。气氛 B 有时是为了研究需要加入的，有时则是作为一种气体杂质而存在。作为杂质存在时，无论与原始试样还是产物反应均使热重曲线复杂化。提高气氛压力，无论是静态还是动态气氛，常使起始分解温度向高温区移动，使分解速率有所减慢，相应的反应区间增大。

（4）坩埚形式

热重分析所用的坩埚形式多种多样，其结构及几何形状都会影响热重分析的结果。一般有无盖浅盘式坩埚、深坩埚、多层板式坩埚、带密封盖的坩埚、带有球阀密封盖的坩埚、迷宫式坩埚等。

热重分析时气相产物的逸出必然要通过试样与外界空间的交界面，深而大的坩埚或者试样充填过于紧密都会妨碍气相产物的外逸，因此反应受气体扩散速度的制约，使热重曲线向高温偏移。当试样量太多时，外层试样温度可能比试样中心温度高得多，尤其是升温速率较快时相差更大，因此会使反应区间增大。

当使用浅坩埚，尤其是多层板式坩埚时，试样受热均匀，试样与气氛之间有较大的接触面积，因此得到的热重分析结果比较准确。迷宫式坩埚由于气体外逸困难，热重曲线向高温侧偏移较严重。

浅盘式坩埚不适用于加热时发生爆裂或发泡外逸的试样，这种试样可用深的圆柱形或圆锥形坩埚，也可采用带盖坩埚。带有球阀密封盖的坩埚可将试样气氛与炉子气氛隔离，当坩埚内气体压力达到一定值时，气体可通过上面的小孔逸出。如果采用流动气氛，不宜采用迎风面很大的坩埚，以免流动气体作用于坩埚造成基线严重偏移。

（5）热电偶位置

热重分析中，热电偶的位置不与试样接触，试样的真实温度与测量温度之间存在着差别，另外升温和反应所产生的热效应往往使试样周围的温度分布紊乱，引起较大的温度测量误差。要获得准确的温度数据，需采用标准物质来校核热重分析仪的测量温度。通常利用一些高纯化合物的特征分解温度来标定，也可利用强磁性物质在居里点发生的表观失重来确定真实温度。表 5.7 列出了一些磁性材料的居里点温度。

表 5.7　一些磁性材料的居里点温度

磁性材料	铁铝合金	银	派克合金	铁	铁钴合金
居里点温度/℃	163	354	596	780	1000

（6）试样因素

影响热重曲线的试样因素主要有试样量、试样粒度和热性质以及试样装填方式等。试样量对热重曲线的影响不可忽略，它从两个方面来影响热重曲线。一方面试样的吸热或放热反应会引起试样温度发生偏差，用量越大，偏差越大。另一方面，试样用量对逸出气体扩散和传热梯度都有影响，用量大则不利于热扩散和热传递。一般用量少时热重曲线上反应热分解的中间过程的平台很明显，而试样用量多则中间过程模糊不清，因此要提高检测中间产物的灵敏度，应采用少量试样以获得较好的检测结果。

试样粒度对热传导和气体的扩散同样有较大的影响。试样粒度越细，反应速率越快，将导致热重曲线上的反应起始温度和终止温度降低，反应区间变窄。粗颗粒的试样反应较慢。如石棉细粉在 50～850℃连续失重，600～700℃热反应进行得较快，而粗颗粒的石棉在 600℃才开始快速分解，分解起始温度和终止温度都比较高。

试样的填装方式对热重曲线有影响。一般来说，装填越紧密，试样颗粒间接触就越好，也就越利于热传导，但不利于气氛气体向试样内的扩散或分解的气体产物的扩散和逸出。通常试样装填得薄而均匀，可得到重复性较好的实验结果。

试样的反应热、导热性和比热容对热重曲线也有影响，而且彼此还互相联系。放热反应总是使试样温度升高，而吸热反应总是使试样温度降低。前者使试样温度高于炉温，后者使试样温度低于炉温。试样温度和炉温间的差别，取决于热效应的类型和大小、导热能力以及比热容。由于未反应试样只有在达到一定的临界反应温度后才能进行反应，因此温度无疑将影响试样的反应。例如，吸热反应易使反应温度区扩展，且表观反应温度总比理论反应温度高。

此外，试样的热反应性、热历史、前处理、杂质、气体产物性质、生成速率及质量，固体试样对气体产物有无吸附作用等也会对热重曲线产生影响。

5.6.4　热分析技术的应用

5.6.4.1　差热分析和差示扫描量热分析的应用

差热分析（DTA）曲线以温差为纵坐标，以时间或温度为横坐标。差示扫描量热分析（DSC）

曲线则以热流量为纵坐标，以时间或温度为横坐标。DTA 曲线和 DSC 曲线的共同特点是峰在温度或时间轴上的相应位置、形状和数目等信息与物质的性质有关，因此可用来定性地表征和鉴定物质。而峰面积与反应焓有关，所以可用来定量地估计参与反应的物质的量或测定热化学参数。

（1）DTA 和 DSC 分析在无机材料中的应用

① 含水物质的脱水　几乎所有的矿物都有脱水现象，脱水时会产生吸热效应，在 DTA（DSC）曲线上表现为吸热峰。物质中的水按存在状态可以分为吸附水、结晶水和结构水。DTA（DSC）曲线的吸热峰温度和形状因水的存在形态和量而各不相同。

普通吸附水的脱水温度一般为 100～110℃。存在于层状硅酸盐结构中的层间水或胶体矿物中的胶体水多数要在 200～300℃之间脱出，个别要在 400℃以内脱出。在架状硅酸盐结构中的水则要在 400℃左右才大量脱出。结晶水在不同结构的矿物中结合强度不同，其脱水温度也不同。结构水是矿物中结合最牢的水，脱水温度较高，一般要在 450℃以上才能脱出。

② 无机物分解放出的气体　碳酸盐、硫酸盐、硝酸盐、硫化物等物质在加热过程中，由于分解放出 CO_2、NO_2、SO_2 等气体而产生吸热效应。不同结构的无机物，因其分解温度和 DTA 曲线的形态不同，可用差热分析法对物质进行区分、鉴定。

③ 氧化反应　试样或分解产物中含有变价元素，当加热到一定温度时会发生由低价元素变成高价元素的氧化反应，同时放出热量，在 DTA 曲线上表现为放热峰。如 FeO、Co、Ni 等低价元素化合物在高温下均会发生氧化反应而放热。C 和 CO 的氧化反应在 DTA 曲线上有大而明显的放热峰。

④ 非晶态物质转变为晶态物质　非晶态物质在加热过程中伴随着析晶，或不同物质在加热过程中相互化合成新物质时均会放出热量，如高岭土加热到 1000℃左右会产生 y-Al_2O_3 析晶，钙镁铝硅玻璃加热到 1100℃以上会析晶，而水泥生料加热到 1300℃以上会相互化合形成水泥熟料矿物而呈现出各种不同的放热峰。

⑤ 晶型转变　有些无机物在加热过程中会发生晶体结构变化，并伴随热效应现象。通常在加热过程中晶体由低温变体向高温变体转化，如低温型石英体加热到 573℃会转化成高温型石英，在加热过程中矿物由非平衡态晶体转变为平衡态晶体，产生热效应。

此外，固体物质的熔化、升华，液体的气化、玻璃化转变等在加热过程中都会产生吸热，在 DTA 曲线上表现为吸热峰。

钢渣用于水泥混合材料是工业废弃物资源化利用的重要方向。为明确钢渣中 RO 相的含量及种类，利用 TG-DSC 分别对重构钢渣和在原钢渣中萃取出的 RO 相进行测试，设置升温速率为 10℃/min，整个升温过程在空气气氛内进行。TG-DSC 曲线如图 5.40、图 5.41 所示，重构钢渣的 DSC 曲线在 450℃出现一个吸热峰，是由于钢渣内部层间水脱去而产生，层间水脱去引发失重；1150℃出现一个放热峰，发生的反应为 RO 相的分解，RO 相分解产物为 FeO 和 MgO；在 1320℃时出现一个较强的吸热峰，发生的主要反应为 C_2S 和 C_4AF 的生成；1350℃出现一个吸热峰，发生的是 C_2S 的生成反应。如图 5.41 所示，RO 相的 DSC 曲线在 1150℃出现由 RO 相的分解引起的放热峰；1320℃时出现一个吸热峰，此时由于 FeO 氧化不够充分，体系内 MgO 处于相对过量的状态，Mg^{2+} 通过固态扩散方式置换磁铁矿中的部分 Fe^{2+}，形成铁酸镁和磁铁矿共存的混合尖晶石群。1400℃时出现一个吸热峰，因为当反应温度上升，部分磁铁矿被氧化成赤铁矿，MgO 与 Fe₂O₃ 的反应产物为 $MgFe_2O_4$。

微晶玻璃是通过控制晶化得到的多晶材料，在强度、耐温度急变性和耐腐蚀性等方面较原始玻璃都有大幅度提高。微晶玻璃在晶化过程中会释放出大量的结晶潜热，产生明显的热效应，因而 DTA 分析在微晶玻璃研究中具有重要的作用。微晶玻璃的制备过程分核化和晶化两个阶段，一般核化温度取接近 T_g 温度而低于膨胀软化点的温度范围，而晶化温度则取放热峰的上升点至峰顶温度范围。

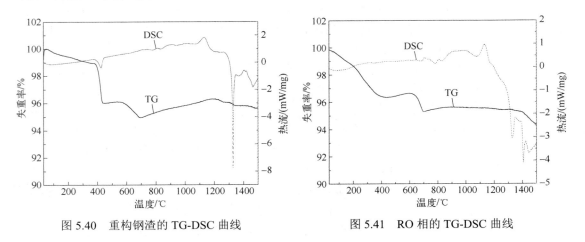

图 5.40 重构钢渣的 TG-DSC 曲线   图 5.41 RO 相的 TG-DSC 曲线

图 5.42 为将熔融高炉渣制备微晶玻璃样品分别以 5℃/min、10℃/min、15℃/min、20℃/min 的升温速率进行 DTA 检测的差热曲线，当实验升温速率为 10℃/min 时，玻璃样品的吸热峰为 880℃ 左右，即玻璃软化温度，其放热峰都为 935℃，即玻璃晶化温度。因此，在微晶玻璃的制备过程中确定 935℃ 为晶化温度。

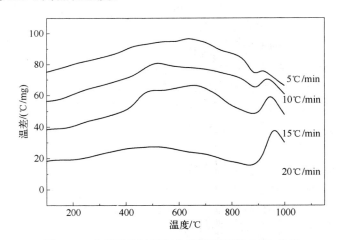

图 5.42 由熔融高炉渣制备微晶玻璃的 DTA 曲线

（2）DTA 和 DSC 分析在高分子材料中的应用

DTA 和 DSC 法在高分子材料方面的应用发展极为迅速，目前已成为高聚物材料的常规测试和基本研究手段。

① 物理性质测定 可用 DTA 和 DSC 技术测定的高聚物物理性质有：玻璃化转变温度、

熔融温度、结晶转变温度、结晶度、结晶速率、添加剂含量、热化学数据（如比热容、融化热、分解热、蒸发热、结晶热、溶解热、吸附与分解吸热、反应热等）以及分子量等。

② 高聚物玻璃化转变温度 T_g 的测定　高聚物的 T_g 温度是一个非常重要的物理性质数据，在玻璃化转变时高聚物由热容的改变而导致 DTA 和 DSC 曲线基线的平移，有时在高聚物玻璃化转变的热谱图上，会出现类似一级转变的小峰，常称为反常比热容峰。

③ 高聚物结晶行为的研究　DTA 和 DSC 法可用来测定高聚物的结晶速度、结晶度以及结晶熔点和熔融热等，与 X 射线衍射、电子显微镜等配合可作为研究高聚物结晶行为的有力工具。

利用 DSC 法测定高聚物的结晶温度和熔点可以为其加工工艺、热处理条件等提供有用的资料。最典型的例子是运用 DSC 法的测定结果确定聚酯薄膜的加工条件。聚酯熔融后在冷却时不能迅速结晶，因此经快速淬火处理，可以得到几乎无定形的材料。淬火冷却后的聚酯在升温时，无规的分子构型又可变为高度规则的结晶排列，因此会出现冷结晶的放热峰。

④ 热固性树脂固化过程的研究　利用 DSC 法测定热固性树脂的固化过程具备不少优点。例如，试样用量少，而测量精度较高（其相对误差在 10%内），适用于各种固化体系。从测定中可以得到固化反应的起始温度、峰值温度和终止温度，还可以得到单位质量的反应热以及固化后树脂的玻璃化转变温度。这些数据对于树脂加工条件的确定，评价固化剂的配方（包括促进剂）都很有意义。

利用 DSC 技术研究分别以 2-NH$_2$-CN(9-1-B2)、3-NH$_2$-CN(9-1-B3)和 4-NH$_2$-CN(9-1-B4)为催化剂的聚苯腈树脂的热固化行为和加工性能，DSC 曲线如图 5.43 所示。采用 2-NH$_2$-CN、3-NH$_2$-CN 和 4-NH$_2$-CN 为催化剂，聚苯腈树脂的固化温度分别是 241℃、235℃和 239℃。固化温度的差异表明三种自催化苯腈化合物的催化活性不同，与它们本身的分子结构有关。3-NH$_2$-CN 表现出优异的催化活性，原因是它与间苯型苯腈单体具有相似的分子结构和在三种自催化化合物中碱性最小有关。但是，采用 2-NH$_2$-CN、3-NH$_2$-CN 和 4-NH$_2$-CN 为催化剂，聚苯腈树脂的加工窗口分别是 63℃、57℃和 61℃。很明显，宽的加工窗口有利于聚苯腈树脂的加工成型。DSC 结果表明自催化型苯腈化合物的分子结构与聚苯腈树脂的固化温度和加工窗口存在密切关系。综合考虑，4-NH$_2$-CN 催化的聚苯腈树脂具备较低的固化温度和较宽的加工窗口。

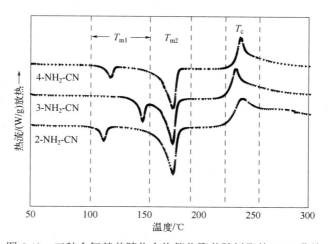

图 5.43　三种含氨基苯腈化合物催化聚苯腈树脂的 DSC 曲线

5.6.4.2 热重分析的应用

热重分析的应用非常广泛，凡是在加热过程中有质量变化的物质都可以应用。它可用于研究无机和有机化合物的热分解，不同温度及气氛中金属的抗腐蚀性，固态状态的变化，矿物的冶炼和焙烧，液体的蒸发和蒸馏，煤和石油及木材的热解、挥发灰分的含量测定，蒸发和升华速率的测定，吸水和脱水，聚合物的氧化降解，汽化热测定，催化剂和添加剂评定，化合物组分的定性和定量分析，老化和寿命评定，反应动力学研究等领域，其特点是定量性强。

（1）热重分析在无机材料中的应用

热重分析在无机材料领域中有着广泛的应用。它可以用于研究含水矿物的结构及热反应过程，测定强磁性物质的居里点温度，测定计算分解反应级数和活化能等。物质的热重曲线的每一个平台都代表了该物质的质量，它能精确地分析出二元或三元混合物各组分的含量。热重分析在玻璃、陶瓷和水泥材料的研究方面也有较好的应用价值。在玻璃工艺和结构的研究中，热重分析可用来研究高温下玻璃组分的挥发，验证伴有失重现象的玻璃化学反应等。在水泥化学研究中，热重分析可用于研究水合硅酸钙的水合作用动力学过程，它可以精确地测定加热过程中水合硅酸钙、氢氧化钙和碳酸钙的含量变化。在采用热重分析结合逸气分析研究硬化混凝土中的水含量时，可以发现在 500℃ 以下发生脱水反应，而在 700℃ 以上发生的则是脱碳过程。

为判断钢渣在升温时的反应变化，对钢渣进行 TG/DTA 热分析，如图 5.44 所示，钢渣在升温过程中，50～620℃ 温度阶段下质量减少了 2.37%，可能是钢渣中的固溶体内的结晶水不断分解而导致；之后质量减少的速度开始加快，620～765℃ 质量减少 2.13%，这可能是由于钢渣中游离的 CaO 与空气中的 H_2O、CO_2 形成的 $Ca(OH)_2$ 和 $CaCO_3$ 在此温度阶段下迅速分解。升温到 726℃ 之后质量开始增加，可能是钢渣中的低价铁离子开始被氧化成高价铁离子，从而导致了质量增加。在 243.7℃、645℃ 分别出现放热峰，两次失重可能分别对应的是矿相中结晶水和钙的化合物的分解反应，并且 $Ca(OH)_2$ 和 $CaCO_3$ 分解速度更快，尤其是 $CaCO_3$ 可以分解生成二氧化碳气体，因此质量下降更明显。

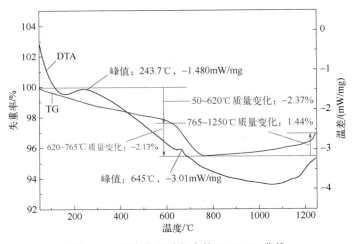

图 5.44　钢渣升温过程中的 TG/DTA 曲线

（2）热重分析在高分子材料中的应用

在高分子材料研究中，热重分析可用于测定高聚物材料中的添加剂含量和水分含量，鉴定和分析混合共聚的高聚物，研究高聚物裂解反应动力学，测定活化能，估算高聚物化学老化寿命和评价老化性能等。

采用 TG 评估 4-NH$_2$-CN 催化的聚苯腈树脂的热和热氧稳定性，TG 曲线如图 5.45 所示。结果表明，无论是在氮气气氛还是空气气氛中，聚苯腈树脂表现出高的热失重 5% 和 10% 的分解温度（$T_{d5\%}$和$T_{d10\%}$），表明聚苯腈树脂具备很好的热和热氧稳定性。由图 5.45 可知，随着交联剂含量的增加，聚苯腈树脂的热和热氧稳定性先提升后下降，当交联剂含量为 0.079时，聚苯腈树脂的热稳定性达到最优。原因是高的交联密度导致聚苯腈 9-1-B4 树脂耐热性最佳。另外，在 1000℃氮气气氛下，随着交联剂含量的增加，聚苯腈树脂的残炭率从 64% 增加至 71%，表明自催化型苯腈化合物的增加有利于促进聚苯腈树脂的充分交联固化。

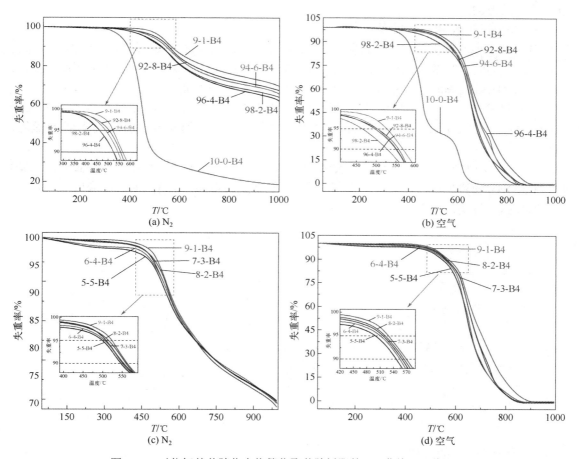

图 5.45　对位氨基苯腈化合物催化聚苯腈树脂的 TG 曲线（二维码）

值得注意的是，在空气气氛下，聚苯腈树脂的 $T_{d5\%}$和 $T_{d10\%}$高于在氮气气氛下的分解温度。原因可能是在空气气氛下，C—C 键（348kJ/mol）和 C—N 键（613kJ/mol）优先被氧化为 C—O键（360kJ/mol），造成质量增加，热失重降低。相同的热失重情况下，曲线中对应的分解温度提高。但是，随着温度进一步上升，在氮气气氛下的热分解程度明显低于在空气气氛下，原因是大量的 C—O 键（360kJ/mol）高温下分解速度快于 C—N 键（613kJ/mol），最终造成空气气氛中的分解温度低于氮气气氛。

思考题

1. 晶体的定义是什么？叙述其晶体的特点。

2. 画出六方晶系各晶面：(001)、(110)、(111)、(101)、(120)、(100)，写出晶面指数全称。画出简单立方晶系的<011>和{111}。

3. 已知 Al 为面心立方，$a = 4.045$Å，铜 $\lambda_{k\alpha} = 1.5418$Å，用 Cu 靶 X 光管照 Al，(440)晶面是否有衍射？如换成钼靶（$\lambda_{k\alpha} = 0.7107$）Å，可出现几条衍射线？

4. 用铜靶照钙（面心立方 $a = 5.882$Å），其（111）晶面可发生几条衍射线？用布拉格方程通式求其方向。

5. 分析以下 X 射线衍射图：

（1）以 30%斜发沸石岩（含斜发沸石 60%，其余除极少量石英、蒙脱石等矿物外，均为非晶态凝灰岩物质）等量取代水泥，其硬化体在龄期为 3 天、7 天、14 天和 28 天时的 XRD 表明 Ca(OH)$_2$ 峰高和斜发沸石峰高均无明显变化，斜发沸石岩是否参与水泥反应？

（2）斜发沸石岩与消石灰以质量比 1：1 混合加水搅匀成型，养护至 3 天、7 天、14 天、28 天，XRD 图表明 Ca(OH)$_2$ 随龄期峰高明显下降，而斜发沸石峰高无明显变化，为什么？

（3）分别以 10%、20%、30%的斜发沸石岩等量取代水泥，其硬化体在同一龄期时的 XRD 表明 Ca(OH)$_2$ 随掺量增加而减少，斜发沸石随掺量增加而增加，能否判断其反应情况？如否，应采取什么制样措施用 XRD 进行判断？

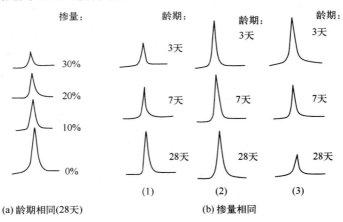

6. 透射电子显微镜由哪几大系统构成？

7. 透射电子显微镜中，指出物镜光阑、选取光阑的位置，衍射像和显微像的位置。

8. 某多晶体的电镜衍射图中，有 8 个衍射环，R 从小到大读数为 6.28mm、7.27mm、10.29mm、12.05mm、12.57mm、14.62mm、15.87mm、16.31mm，若该晶体属于立方晶系，能否判断该试样的点阵类型？

9. 对比透射电镜和扫描电镜在成像原理和仪器构造上的特点。

10. 简述差热分析和差示扫描量热分析的原理，并说明在晶体转变研究中的应用。
11. 简述热重分析的特点和影响因素。
12. 举例说明热重分析技术在玻璃和微晶玻璃材料研究中的应用。
13. 简述热分析技术在高分子材料研究中的应用。

参考文献

[1] 余焜. 材料结构分析基础[M]. 北京：科学出版社，2010.

[2] 周公度，段连运. 结构化学基础[M]. 5版. 北京：北京大学出版社，2017.

[3] 杨南如. 无机非金属材料测试方法[M]. 武汉：武汉理工大学出版社，2015.

[4] 周玉. 材料分析方法[M]. 北京：机械工业出版社，2011.

[5] 廉慧珍，童良. 建筑材料物相研究基础[M]. 北京：清华大学出版社，1996.

[6] 胡晨光. 温度和硫酸盐侵蚀对粉煤灰水泥浆体C-S-H微结构的影响研究[D]. 武汉：武汉理工大学，2014.

[7] 杨姗姗. 高活性钢渣在线重构过程矿相转化机理研究[D]. 唐山：华北理工大学，2020.

[8] 马朋华. AZO薄膜的APCVD法制备及其结构与性能研究[D]. 唐山：华北理工大学，2012.

[9] Richardson I G. Tobermorite/jennite-and tobermorite/calcium hydroxide-based models for the structure of C-S-H: applicability to hardened pastes of tricalcium silicate, β-dicalcium silicate, Portland cement, and blends of Portland cement with blast-furnace slag, metakaolin, or silica fume[J]. Cement and Concrete Research, 2004, 34(9): 1733-1777.

[10] 王欢欢. 低弹性模量生物医用钛合金的设计与研制[D]. 唐山：华北理工大学，2018.

[11] 王巧玲. 钢渣在线重构提高凝胶活性及安定性的研究[D]. 唐山：华北理工大学，2019.

[12] 王变. 医用钛基金属表面纳米结构的构建及性能研究[D]. 唐山：华北理工大学，2018.

[13] 神户博太郎. 热分析[M].刘振海，译. 北京：化学工业出版社，1982.

[14] 高家武，周福珍，刘士昕，等. 高分子材料热分析曲线集[M]. 北京：科学出版社，1990.

[15] 胡荣祖，高胜利，赵凤起，等. 热分析动力学[M]. 2版. 北京：科学出版社，2018.

[16] 丁延伟. 热分析基础[M]. 北京：中国科学技术大学出版社，2020.

[17] 刘振海，陆立明，唐远旺. 热分析简明教程[M]. 北京：科学出版社，2012.

第6章

金属的结构与表征

 【本章导读】

　　本章从化学键的角度，分别利用自由电子模型和固体能带理论讨论了金属晶体的结构。然后，把金属键看作球形原子之间的各向同性的相互作用，从几何角度出发，用等径圆球的密堆积模型讨论金属的结构。通过学习合金的结构化学，了解合金的晶体结构，并联系合金的性质，阐明它们的相互关系及规律性。通过了解固体的表面结构和性质，掌握用有场离子显微镜（FIM）、离子散射谱（ISS）、穆斯堡尔谱法等方法研究表面结构的工作原理，学会这些测试方法在材料研究中的应用。

 【思维导图】

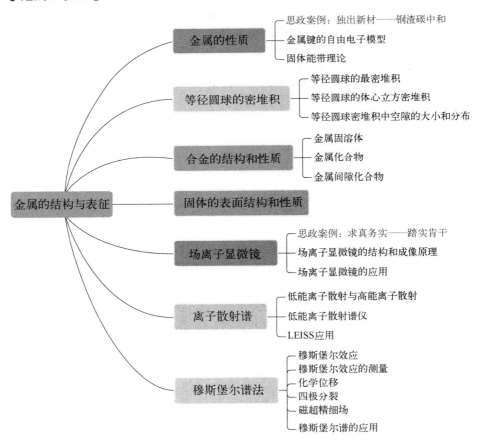

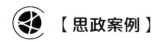

【思政案例】

独出新材——钢渣碳中和

6.1 金属的性质

与非金属相比，金属具有以下特性。①致密的质块金属表面呈现一种特有的金属光泽。除铜和金以外，所有金属都是银白色的，粉末状金属则呈灰色或黑色。②金属具有延性和展性，在应力作用下虽然可以变形，但有很大的抗断裂性。③金属具有良好的导电性和导热性，电导和热导随原子序数呈周期性的变化，以铜、银和金的导电性为最好。随着温度的升高金属的导电性和导热性下降。金属与非金属在光学、机械和传导方面的截然不同只在固态和液态时存在。

6.1.1 金属键的自由电子模型

在一百多种化学元素中，金属约占 80%，它们有许多共同的性质：不透明、有金属光泽、导电和传热性能优良、富有延展性等。金属的这些性质是金属内部结构的反映。金属元素的电负性较小，电离能也较小。金属原子的最外层价电子容易脱离原子核的束缚，而在由各个正离子形成的势场中比较自由地运动，形成自由电子（或称离域电子）。这些在三维空间中运动、离域范围很大的电子，与正离子吸引结合在一起，形成金属晶体。金属中的这种结合力称为金属键。金属的一般特性都和金属中存在着这种自由电子有关。自由电子能较自由地在整个晶粒内运动，使金属具有良好的导电和传热性；自由电子能吸收可见光并能立即放出，使金属不透明、有金属光泽；由于自由电子的结合作用，当晶体受到外力作用时，原子间容易进行滑动，所以能锤打成薄片、抽拉成细丝，表现出良好的延展性和可塑性。金属间能形成各种组成的合金，也是由金属键的性质决定的。按自由电子模型，金属键没有方向性，每个原子中电子的分布基本上是球形的，自由电子的结合作用使球形的金属原子做紧密堆积，形成能量较低的稳定体系。按自由电子模型，把金属中的自由电子看作彼此间没有相互作用，各自独立地在平均势场中运动，势能取作 0，这就相当于把金属中的电子看作在三维势箱中运动的电子。

体系处在 0K 时，电子从最低能级填起，直至 Fermi 能级 E_F，能量低于 E_F 的能级，全都填满了电子；而所有高于 E_F 的能级都是空的。对导体，E_F 就是 0K 时电子所能占据的最高能级。

当温度升高，部分电子会得到热能，所得热能的数量级为 kT。室温下，kT 约为 4.14×10^{-21}J，而大多数金属 E_F 为（3~10）$\times 10^{-19}$J，kT 比 E_F 约小 2 个数量级。由于 $kT \ll E_F$，只有其能量处在 E_F 附近，kT 范围的电子才能被激发到较高的空能级，这部分电子数目很少，即很少一部分电子对比热容有贡献，所以金属的比热容很小，而室温下 E_F 和 0K 时的数值差别不大。金属键的强度可用金属的原子化（气化焓）衡量。原子化焓是指 1mol 金属变成气态原子所吸收的能量。金属的许多性质和原子化焓有关：若原子化焓的数值较小，这种金属通常比较软，熔点比较低；若原子化焓的数值较大，这种金属通常较硬，熔点较高。

6.1.2 固体能带理论

晶体中的电子和孤立原子中的电子不同，也和自由运动的电子不同，它是在周期性重复排列的原子间运动。量子力学中的单电子近似方法，将晶体中某个电子看作在周期性排列且固定不动的原子核势场和其他大量电子的平均势场中运动。

对一维沿 x 轴排列、周期长度为 a 的晶体，在 x 位置的势能 $V(x)$ 和在（$x+na$）处的势能 $V(x+na)$ 相同，式中 n 为整数。在实际晶体中，计算 $V(x)$ 很困难，可用一些近似方法求解。在固体物理中，常对晶体中传播的平面波用波矢量 k 表示，称它为 k 空间。

$$k = |k| = 2\pi / \lambda \tag{6.1}$$

不同的 k 标志电子运动的不同状态，它的动量 p 和动能 E 与 k 的关系为

$$p = \frac{h}{\lambda} = mv = hk / (2\pi), \quad v = hk / (2\pi m) \tag{6.2}$$

$$E_k = \frac{1}{2}mv^2 = \frac{h^2 k^2}{8\pi^2 m} = \frac{n^2 h^2}{8ml^2} = E_n \tag{6.3}$$

由于晶体的周期性结构，在 k 空间中传播的电子也遵循 Bragg 方程（$2a\sin\theta = n\lambda$），当 $\theta = 90°$ 时，$\sin\theta=1$，这时 $2a= n\lambda$，即

$$k = \frac{2\pi}{\lambda} = \frac{n\pi}{a}, \quad n = 0, 1, 2, 3,\cdots \tag{6.4}$$

可见，在 k 空间中电子传播，当 $\theta = 90°$ 时，电子反向传播，能量出现不连续性，这时的状态是能量不允许存在的区域，这种能量不允许存在的区域称为禁带，能量允许存在的区域称为能带。图 6.1 显示出 E 和 k 的关系及能带。在每个能带中包含相同 k 值由周期性联系的 N 个电子。各个电子都有一个能量状态，即能级，每个能级可容纳自旋相反的两个电子，能级数目是 $N/2$。由于 N 数目很大，能级间隔极小。另外，原子的内层轨道所形成的能带较窄，外层较宽，排列成能带结构。

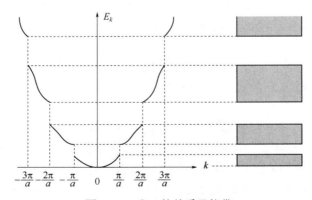

图 6.1　E 和 k 的关系及能带

根据能带的分布和电子填充情况，可分为下列几种：

① 充满电子的能带叫满带。

② 部分能级充满电子的能带叫导带。

③ 能级最高的满带和导带总称为价带。

④ 完全没有电子的能带叫空带。

⑤ 各能带间不能填充电子的区域叫带隙，又称禁带。

若一种固体只有全满和全空的能带，它不能改变电子的运动状态，不能导电。含有部分填充电子的能带，电子受外电场作用，有可能在该能带中的不同能级间改变其能量和运动状态而导电。

在金属钠由原子的价层 3s 轨道叠加形成的能带中，能级数目和电子数目相同，而每个能级可容纳自旋相反的 2 个电子，出现部分填充电子的能带，见图 6.2（a）。金属镁由原子的价层中 s 轨道和 p 轨道形成的能带，因能量高低互相接近，彼此交盖重叠，也出现部分填充电子的能带，见图 6.2（b）。其他金属也具有相似的部分填充电子的能带，所以金属具有较好的导电性。

导体的能带结构特征是具有导带。绝缘体的特征是只有满带和空带，而且能量最高的满带和能量最低的空带之间的禁带较宽，$E_g \geqslant 5\text{eV}$，在一般电场条件下，难以将满带电子激发到空带，即不能形成导带。半导体的特征，也是只有满带和空带，但最高满带和最低空带之间的禁带较窄，$E_g < 3\text{eV}$。例如，Si 的禁带宽度为 1.1eV，Ge 为 0.72eV，GaAs 为 1.4eV 等。图 6.3 显示出导体、绝缘体和半导体的能带结构特征。

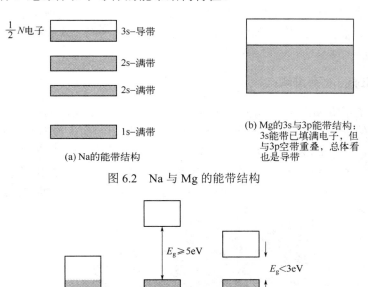

$\frac{1}{2}N$电子   3s–导带

2s–满带

2s–满带

1s–满带

(a) Na的能带结构

(b) Mg的3s与3p能带结构：3s能带已填满电子，但与3p空带重叠，总体看也是导带

图 6.2   Na 与 Mg 的能带结构

$E_g \geqslant 5\text{eV}$

$E_g < 3\text{eV}$

导体   绝缘体   半导体

图 6.3   导体、绝缘体和半导体的能带结构特征

在硅的晶体中掺入不同杂质，可以改变其半导体性质。图 6.4（a）显示出硅中掺入磷后的能级，磷的价电子较硅多，形成 n 型半导体；图 6.4（b）显示出硅中掺入镓后的能级，镓的价电子较硅少，形成 p 型半导体。利用这两种型式的半导体，可制作 p-n 结，它是生产各种晶体管的基础。

第 6 章   金属的结构与表征

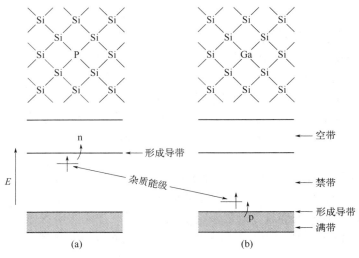

图 6.4　n 型半导体（a）和 p 型半导体（b）

6.2　等径圆球的密堆积

上一节从化学键的角度，分别利用自由电子模型和固体能带理论讨论了金属晶体的结构。把金属键看作球形原子之间的各向同性的相互作用。本节从几何角度出发，用等径圆球的密堆积模型讨论金属的结构。在金属晶体中，原子趋向于形成堆积密度大、配位数高、空间利用率大的稳定结构。

6.2.1　等径圆球的最密堆积

等径圆球的最密堆积结构可从密堆积层开始来了解。密堆积层的结构只有一种型式，如图 6.5 中底层球的排列。在层中每个球和周围 6 个球接触，即配位数为 6，每个球周围有 6 个空隙，每个空隙由 3 个球围成，这样由 N 个球堆积成的层中，有 $2N$ 个空隙，平均每个球摊到 2 个空隙。这些三角形空隙的顶点的朝向有一半和另一半相反。图 6.5 中底层球的球心位置为 A，称为 A 层；B 表示顶点向上的三角形空隙中心位置；C 表示顶点向下的三角形空隙中心位置。

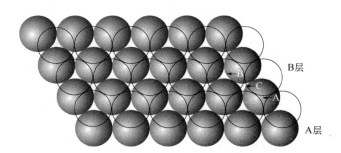

图 6.5　密堆积层（A）和密置双层（AB）的结构

由密堆积层进行堆积时，若采用最密堆积的方式，必须是密堆积层中原子的凸出部位正好处在相邻一密堆积层中的凹陷部位，即每一个原子都同时和相邻一密堆积层的 3 个原子相接触。图 6.5 中显示出在 A 层之上加了 B 层球。这种由两层密堆积球紧密堆积形成的双层，称为密置双层。当密置双层中球的球心位置一层处于 A，另一层处于 B，这种密置双层可用 AB 表示。若所加球的球心所在的位置为 C，则形成 AC 密置双层。AB 和 AC 密置双层的结构是相同的，所以密置双层也只有一种类型。由密堆积层做最密堆积时，各个密堆积层中的球心位置实质上只有 3 种，即如图 6.5 标明的 A、B、C 所示。

等径圆球最密堆积结构类型，最常见的是立方最密堆积和六方最密堆积，此外，还有其他一些类型。现分述如下。

（1）立方最密堆积

将密堆积层的相对位置按照 ABCABC…方式做最密堆积，这时重复的周期为 3 层，如图 6.6（a）所示。由于这种堆积方式可划出立方晶胞，故称为立方最密堆积，记为 A1 型。图 6.6（b）显示出立方正当晶胞。图 6.6（c）显示出移去左下前方晶胞顶点上的一个圆球后显示出来的（111）面，这个面和晶胞体对角线（三重旋转轴）垂直。密置层沿着体对角线方向叠加，按照 ABCABC…方式堆积形成 ccp 结构。

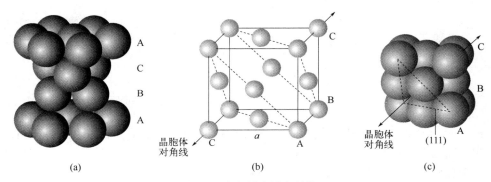

图 6.6　立方最密堆积结构

（a）堆积层次序；（b）正当晶胞；（c）密堆积层在晶胞中的取向

（2）六方最密堆积

将密堆积层的相对位置按照 ABAB…方式做最密堆积，这时重复的周期为两层，如图 6.7（a）所示。由于这种堆积方式可划出六方晶胞，如图 6.7（b），故这种堆积称为六方最密堆积，记为 A3 型。从图 6.7 可以看出，密堆积层和（001）面平行。

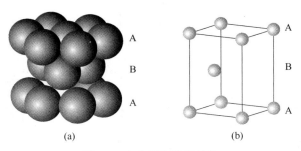

图 6.7　六方最密堆积结构

（a）堆积层次序；（b）正当晶胞

（3）其他最密堆积

除上述两种等径圆球的最密堆积外，已经发现在金属单质中还存在下面两种最密堆积方式。

1）双六方最密堆积

英文名称简写为 dhcp（double hex-agonal closest packing）。这种堆积的周期为 4 层，ABACABAC…，用 A3* 记号表示。图 6.8 显示出它的堆积情况和晶胞。镧系元素 La、β-Ce、Pr、Nd、Pm 以及超铀元素 Am、Cm、Bk、Cf 和 Es 等单质呈这种类型的结构。

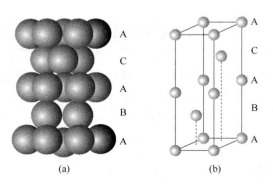

图 6.8　双六方最密堆积

（a）密堆积层的堆积次序；（b）正当晶胞

2）Sm 型最密堆积

堆积的周期为 9 层，堆积层的次序为 ABABCBCAC…，用 A3″表示。图 6.9 显示出它的晶胞结构。高压下，γ–Dy、γ–Gd、β-Ho 和 γ-Tb 等金属单质呈 Sm 型最密堆积结构。是什么因素促使金属钐采取这种方式的结构，还有待探讨。

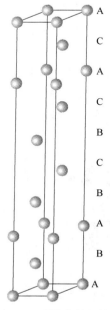

图 6.9　Sm 型最密堆积的晶胞

6.2.2 等径圆球的体心立方密堆积

许多金属单质采取体心立方密堆积结构，它简写为 bcp（body-centered cubic packing），记为 A2 型。体心立方密堆积不是最密堆积，结构中不存在密堆积层和密置双层。

体心立方密堆积结构及其晶胞显示于图 6.10 中，每个圆球均和 8 个处在立方体顶点上的配位圆球接触。在正当晶胞中包含 2 个圆球，一个处于立方体中心，另一个为处在立方体 8 个顶点上的球各贡献 1/8 所形成。

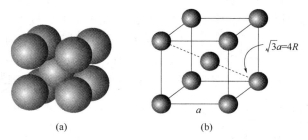

图 6.10 等径圆球体心立方密堆积的结构
(a) 球的密堆积；(b) 正当晶胞

反映这种结构堆积密度的堆积系数可按下列过程计算。立方晶胞的边长为 a，它的体对角线的长度为 $\sqrt{3}a$。圆球的半径为 R。圆球在体对角线上互相接触，所以

$$\sqrt{3}a = 4R \qquad a = 4R / \sqrt{3} \qquad (6.5)$$

晶胞中 2 个球的体积

$$V_{球} = 2 \times \frac{4}{3}\pi R^3 = \frac{8}{3}\pi R^3 \qquad (6.6)$$

晶胞的体积

$$V_{晶胞} = a^3 = \left(\frac{4R}{\sqrt{3}}\right)^3 = \frac{64R^3}{3\sqrt{3}} \qquad (6.7)$$

堆积系数

$$\frac{V_{球}}{V_{晶胞}} = \left(\frac{8}{3}\pi R^3\right) \bigg/ \left(\frac{64R^3}{3\sqrt{3}}\right) = \frac{\sqrt{3}\pi}{8} = 0.6802 \qquad (6.8)$$

由上述计算结果可见，体心立方密堆积的堆积系数比最密堆积小。许多金属采取体心立方密堆积结构的现象，说明影响晶体结构的因素除了堆积密度外，还有其他因素，如参与成键的价电子数及其轨道的影响等。另外，计算堆积密度时，用不变形的圆球模型也过于简单。实际上，在成键过程中原子会发生变形，圆球模型的计算值只是真正堆积密度的一种近似。

6.2.3 等径圆球密堆积中空隙的大小和分布

在各种最密堆积中，球间的空隙数目和大小都相同。由 N 个半径为 R 的球组成的堆积 $2N$ 个四面体空隙，可容纳半径为 $0.225R$ 的小球，还有 N 个八面体空隙，可容纳半径为 $0.414R$ 的小球。

在立方最密堆积和六方最密堆积中，八面体空隙和四面体空隙的分布情况分别显示于图 6.11（a）和图 6.11（b）中。了解体心立方堆积中空隙的位置和数目，对于阐明这类晶

体的结构和性质十分重要。在图 6.11（c）所示晶胞的每个面的中心和每条边的中心点上，均是由 6 个圆球围成的八面体空隙，每一个堆积球平均可摊到 3 个这种空隙。这种空隙不是正八面体，而是沿着一个轴压扁的变形八面体中心，空隙中最短处可容纳小球的半径 r 与堆积球的半径 R 之比为 $r/R = 0.154$。另一种空隙为变形四面体空隙，处在晶胞的面上，每个面有 4 个四面体中心，这种空隙的 $r/R = 0.291$，每个堆积圆球平均摊到 6 个这种四面体空隙。图 6.11（c）显示出体心立方堆积中八面体和四面体空隙的分布。这些八面体空隙和四面体空隙在空间上是重复利用的，即空间某一点不是只属于某个多面体所有。由于划分方式不同，有时算这个多面体，有时算另外一个多面体，这些多面体共面连接，连接面为平面三角形空隙，也可看作变形的三方双锥空隙，它的数目较多，每个堆积圆球摊到 12 个。由上可见，在体心立方堆积中，每个圆球平均摊到 3 个八面体空隙、6 个四面体空隙、12 个三角形空隙，共计 21 个空隙。这些空隙的大小和分布特征直接影响到这种堆积结构的性质。

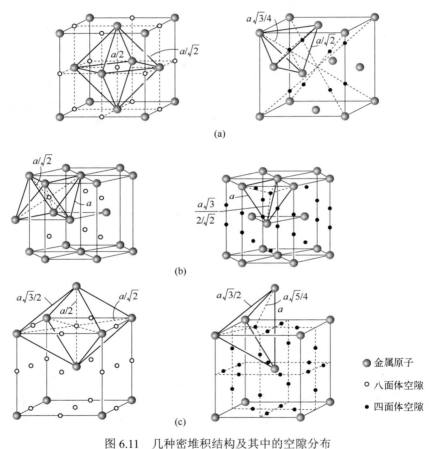

图 6.11　几种密堆积结构及其中的空隙分布
（a）ccp；（b）hcp；（c）bcp

6.3　合金的结构和性质

合金是两种或两种以上的金属经过熔合后所得的生成物。在形成合金的过程中，热效应一般比较小。从金属单质到合金的变化，一般不像其他化学反应那么显著。合金一般都具有一定的金属性能。研究合金的结构化学，在于了解合金的晶体结构，并联系合金的性质，阐明它们的相互关系及规律性。按结构和相图等特点，合金一般可分为三类：金属固溶体、金属化合物和金属间隙化合物。当两种金属元素的电负性、化学性质和原子大小等比较接近时，容易生成金属固溶体。若电负性和原子半径差别大，生成金属化合物的倾向就较大。金属化合物中又可分为组成可变的金属化合物与组成确定的金属化合物。过渡金属元素与半径很小的 H、B、C、N 等非金属元素形成的化合物，小的非金属原子填入金属原子堆积的空隙中，这种合金称为金属间隙化合物或金属间隙固溶体。

6.3.1　金属固溶体

两种金属组成的固溶体，其结构型式一般与纯金属相同，只是一部分原子被另一部分原子统计地置换，即每一原子位置两种金属均有可能存在，其概率正比于该金属在合金中所占的比例，这样的原子在很多效应上相当于一个统计原子。

形成固溶体合金的倾向取决于下列 3 个因素：

① 两种金属元素在周期表中的位置及其化学性质和物理性质的接近程度；

② 原子半径的接近程度；

③ 单质的结构型式。

过渡金属元素相互之间最易形成固溶体，当两种过渡金属元素的原子半径相近（差别＜15%）、单质的结构型式相同时，往往可以形成一完整的固溶体体系。无序的固溶体在缓慢冷却过程中，结构会发生有序化，有序化的结构称为超结构。下面以 Au-Cu 体系作为实例进行讨论。铜和金在周期表中属于同一族，具有相同的价电子组态；单质结构型式也相同，均为面心立方晶体；原子半径分别为 128pm 和 144pm，差别不大。两种金属混合熔化成液体，即形成互溶体系，凝固后的高温固溶体也完全互溶。当固溶体被淬火处理，即快速冷却时，形成无序固溶体相，金原子完全无序地、统计地取代铜原子。这种合金的结构和单质一样，只是以统计原子 $Cu_{1-x}Au_x$，代替 Cu 或 Au，保持立方晶系 O_h 点群对称性，这时晶胞参数随组成改变而略有变化，其结构如图 6.12（a）所示。

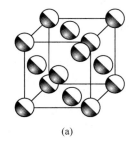 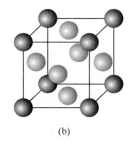 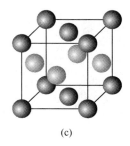

(a)　　　　　　　　　(b)　　　　　　　　　(c)

图 6.12　Au-Cu 体系的相结构

（a）无序的 $Cu_{1-x}Au_x$；（b）有序的 Cu_3Au；（c）有序的 CuAu

当合金进行退火，即缓慢地冷却时，金和铜原子的分布不再无序，两种原子各自趋向确定的几何位置。当组成为 Cu_3Au 的合金退火，在低于 395℃时通过等温有序化，形成图 6.12（b）所示的结构，晶体点阵型式为简单立方，这种相称为 a 相。当组成为 CuAu 的合金退火，在低于 380℃时通过等温有序化，得到图 6.12（c）所示的结构，晶体属于四方晶系，称为 β

相。CuAu 和 Cu₃Au 的有序结构在物理性质上与相同组成的无序结构不同。

将有序结构的合金加热，当温度超过某一临界值（此临界值随组成而变）时，就会转变为无序结构。在临界温度时，合金的许多物理性质会有急剧变化，例如会出现比热的反常现象，因为随着合金温度的升高，必须提供额外的热能以破坏晶体的有序结构。

6.3.2　金属化合物

金属化合物物相有两种主要型式，一种是组成确定的金属化合物物相，另一种是组成可变的化合物物相。易于生成组成可变的金属化合物物相，是合金独有的化学性能。在相图和结构-性能关系图上具有转折点，是各种金属化合物物相的主要特点和形成金属化合物的标志。

金属化合物物相的结构特征一般表现在两个方面：①金属化合物的结构型式一般不同于纯组分在独立存在时的结构型式；②在金属 A 与 B 形成的金属化合物物相中，各种原子在结构中的位置已经有了分化，它们已分为两套不同的结构位置，而两种原子分别占据其中的一套。下面结合 CaCu₅ 合金的结构进行讨论。

（1）CaCu₅ 合金的结构

CaCu₅ 合金可看作由图 6.13（a）、图 6.13（b）所示的两种原子层交替堆积排列而成：图 6.13（a）是由 Cu 和 Ca 共同组成的层，层中 Cu-Cu 之间由实线相连。图 6.13（b）是完全由 Cu 原子组成的层，Cu-Cu 之间也由实线相连。图中由虚线勾出的六角形，表示由这两种层平行堆积时垂直于层的相对位置，即 3 个六方晶胞拼在一起的轮廓（3 个晶胞方向不同）。图 6.13（c）是由图 6.13（a）和图 6.13（b）所示两种原子层交替堆积成 CaCu₅ 的晶体结构图，图中可见六方晶胞中包含 1 个 CaCu₅。在此结构中，Ca 有 18 个 Cu 原子配位，同一层有 6个，Ca 与 Cu 的距离为 294pm；相邻两层各 6 个，Ca 与 Cu 的距离为 327pm。

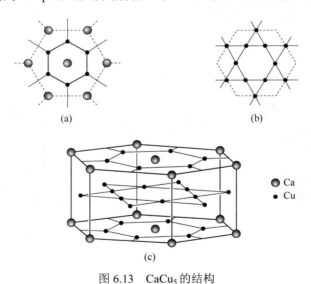

图 6.13　CaCu₅ 的结构

（2）Laves 相合金

Laves（拉弗斯）相是由两种金属 A 和 B 组成的 AB₂ 合金，数以百计的二元合金的结构都和它相关。由于 A 和 B 相对大小的不同，典型的结构有 MgCu₂、MgZn₂ 和 MgNi₂ 等类型。

在这类合金结构中，金属原子 B 形成四面体原子簇结构，通过共用顶点形成骨架，A 原子处于骨架的空隙之中。图 6.14 显示出 $MgCu_2$ 立方晶胞的结构，$MgZn_2$ 和 $MgNi_2$ 的结构较复杂。$MgCu_2$ 的结构可看作 Cu 原子形成 Cu_4 四面体，以它置换金刚石结构中的 C 原子，相互共用顶点连接成三维骨架，在骨架空隙处，有序地放置 Mg 原子。在图 6.14 的晶胞中，Mg 原子放置在晶胞的棱心、体心和体对角线的 1/4（或 3/4）等空隙处，这时 Mg 原子的排列也和金刚石结构中的 C 原子相同。在此结构中，Mg 原子的配位为 4Mg+12Cu，Cu 原子的配位为 6Mg+6Cu，所以是一个高配位的结构。

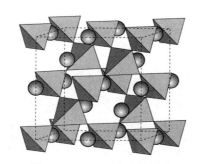

图 6.14　$MgCu_2$ 合金的结构

四面体的 4 个顶点代表 Cu 原子，圆球代表 Mg 原子

6.3.3　金属间隙化合物

金属和硼、碳、氮等元素形成的化合物，可把金属原子看作形成最密堆积结构或形成简单的结构，而硼、碳、氮等较小的非金属原子填入间隙之中，形成间隙化合物或间隙固溶体。AlN 具有六方 ZnS 型的结构，可将铝原子看作六方密堆积，而氮原子填在四面体空隙中，氮原子和铝原子之间实际上以共价键为主。ScN，TiN，ZrN，VN，HfN，LaN，CeN，PrN，NdN，NbN，TiC，ZrC，HfC，ThC，VC，NbC，TaC 等具有 NaCl 型结构，可将金属原子看作立方最密堆积，而氮原子和碳原子填在八面体空隙中。在 FeN 结构中，铁原子按立方最密堆积，氮原子统计地处在铁原子的八面体空隙中。

间隙化合物具有下列特征：

① 不论纯金属本身的结构型式如何，大多数间隙化合物采取 NaCl 型结构。

② 具有很高的熔点和很大的硬度。很少数量的非金属原子，即可使纯金属的性质发生很大的变化。

③ 有导电性能良好、金属光泽等一般合金所具有的性质，填隙原子和金属原子间存在共价键。

6.4　固体的表面结构和性质

金属表面上原子排列的图像，理论上可以根据晶体结构加以推断，而实际上，表面结构是很复杂的。由于表面原子往往倾向于进入新的平衡位置，因而改变层内原子间的距离、改变配位数，甚至重建表面结构。表面晶体学的研究表明，不能简单地把表面看作体相的中止，应把表面结构看作体相结构的延续。对于由多种原子组成的固体，表面层的化学组成和体相组成不同。在通常的实验条件下，表面总是被一层吸附分子所覆盖。由于吸附作用的活化能很小，当洁净的表面暴露在大气中，很快就吸附上一层分子。一般在约 $10^{-4}Pa$ 真空条件下，几秒钟就能吸附上一层气体，所以对于表面结构的认识是随着超高真空技术的发展而逐渐深入的。

研究固体表面的组成和结构有许多方法，重要的有场离子显微镜（FIM）、低能电子衍射（UPS）、离子散射谱（ISS），电子能量损失谱（EELS）等。采用这些方法研究表面结构，可得到许多有关表面结构的知识。从原子水平看，表面并不是光滑的，而有多种情况出现，如图 6.15 所示。

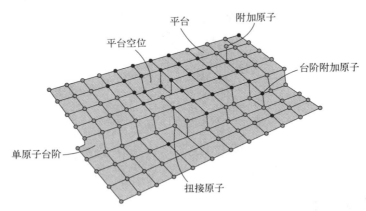

图 6.15　固体表面原子的情况

由图 6.15 可见，表面上原子的周围环境并不像二维点阵结构那样单一，而有多种不同的环境，图中有：附加原子（adatom）、台阶附加原子（step adatom）、单原子台阶（monatomic step）、平台（terrace）、平台空位（terrace vacancy）、扭接原子（kink atom）等。这些表面原子间的差异，主要表现在它们的配位数不同。附加原子的配位数少，而平台原子的配位数较大。通常在表面上只存在很少量的附加原子，而存在大量台阶原子、平台原子和扭接原子。这些不同类型的原子，它们的化学行为不同，吸附热和催化活性差别很大。例如，附加原子和平台空位虽然数量很少，但它们对表面原子沿着表面迁移起很大作用。

6.5　场离子显微镜

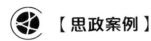【思政案例】

求真务实——踏实肯干　

迄今为止还不能用电子显微镜分析观察单个空穴或间隙原子，对这类缺陷的分析只能利用场离子显微镜（FIM）来完成。

6.5.1　场离子显微镜的结构和成像原理

图 6.16 为场离子显微镜的剖面图。工作室中安置有钨阳极和荧光屏阴极，钨电极用液氮冷却而保持低温，钨阳极上加正电压（几千伏到几十千伏），荧光屏接地。单晶试样制成针尖状，针尖端经电解抛光后，形成一个由数百个原子堆积而成的半球形表面（曲率半径为 10～100nm）。针状试样的另一端和钨电极相接而带正电，它和荧光屏之间存在一个发散的电场。

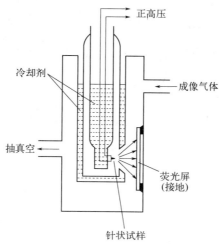

图 6.16　场离子显微镜结构

在晶体针尖试样的表面上，原子只能以平面台阶的方式近似地组合成一个球面，在台阶边缘地带的原子常突出在球面之外，因为单个原子的曲率半径远较球面的曲率半径小，故单个原子附近的场强远远超过了试样球面场强的平均值。

工作室内先把真空抽到 10^{-6}Pa 左右，然后通入成像气体（氦、氖等惰性气体），使真空度下降到 1～0.1Pa。成像气体原子在电场的作用下产生极化。由于其本身的动能和极化力的作用，气体原子被试样尖端吸引而趋向试样表面。极化原子在与试样表面不断碰撞的过程中，其外层电子可能通过隧道效应穿过试样表面的位垒区进入试样内部而变成一个正离子，这个过程往往在一些突出原子附近的局部能量增高区中优先进行。成像气体的正离子受到电场的加速作用，沿着电力线射向荧光屏，使荧光屏发光。因此，荧光屏上每个发光点都是与试样表面的单个原子相互对应的，荧光屏上的图像就是针尖试样表面的某些突出原子的放大像，大约 0.2nm 的结构细节可从这类图像上分辨出来。

6.5.2　场离子显微镜的应用

（1）用 FIM 技术表征晶界

样品材料为低碳铁素体钢，成分为 Fe-0.03C-0.50Mn-3.0%Al（质量比）。通过提高铁素体向奥氏体的转变温度，添加铝获得大晶粒。将热轧板在 1300℃铁素体区退火 15min 后淬火入水。在样品钢中，晶界被识别为具有不连续 FIM 图案的暗带。图 6.17 显示了使用 FIM 极点拟合方法表征的晶界（GB-1）。在图中，晶界用虚线表示。右侧的模糊特征是晶界处的沉淀颗粒，其蒸发场不同。在连续的区域蒸发过程中，晶界从图像的上方出现，并到达图像的中心。顶端侧和底部侧的晶粒分别命名为颗粒 A 和颗粒 B。在颗粒 A 和颗粒 B 中分别使用两个以上的晶体极进行极点拟合。两种颗粒的欧拉角和比例系数如图所示。由于两种颗粒同时出现在 FIM 图像中，因此将两种颗粒的比例因子设置为相同的值。通过极拟合方法，确定了误差角为 38.4°±0.4°，旋转轴为[0.075, −0.114, −0.991]。

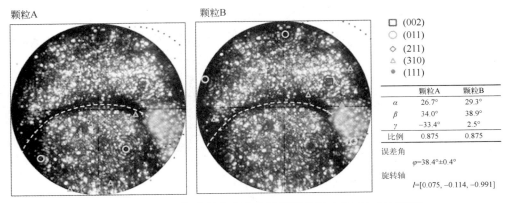

	颗粒A	颗粒B
α	26.7°	29.3°
β	34.0°	38.9°
γ	−33.4°	2.5°
比例	0.875	0.875

□ (002)
○ (011)
◇ (211)
△ (310)
● (111)

误差角
$\varphi = 38.4°±0.4°$
旋转轴
$l = [0.075, −0.114, −0.991]$

图 6.17　利用 FIM 极点拟合方法表征目标晶界（GB-1）（二维码）

　　图 6.18 为不同取向角下计算得到的极点位置与以 0.4°步长改变取向角的实际 FIM 图像（图 6.17 中的颗粒 B）的对比。结果表明，0.4°的差值被充分地识别为某些极点位置的确定变化。因此，FIM 分析中定位误差的确定误差估计为±0.4°。实验中，在 $\alpha = 38.41°$ 处获得最佳极点拟合。磁极位置的变化对取向失位角 α 的影响取决于晶体极性的类型。

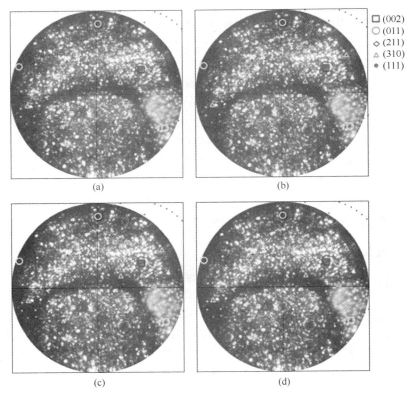

图 6.18　不同错取向角下的实际 FIM 图像（图 6.17 中颗粒 B）（二维码）

（a）38.41°；（b）38.81°；（c）39.21°；（d）39.61°（与计算出的极点图的比较）

（2）FIM 表征金属表面

单个原子可通过 FIM 在金属尖端表面突出位置的成像气体原子的场电离成像。从金属表面获得的典型图像为如图 6.19 所示的高度对称的同心圆图案。图 6.19（a）显示了钨的 He 场离子图像。同心圆在半球形表面显示原子台阶。由于低折射率平面的中心有大的阶地，成像气体原子的场电离不会从低折射率平面的内部发生。在高折射率平面上，表面上的所有原子都能以原子分辨率成像。分度平面可以很容易地从极点的对称性中得到，即立方{001}面的四重对称，{111}面的三重对称，{011}面的两重对称。由于只有突出的原子才能成像，因此 FIM 不能对表面上的所有原子成像，它不适合用于结构研究。在图 6.19（a）中，沿着箭头所示的线可以观察到 FIM 图像的规则模式的不连续。这是由于晶界的存在，其中两个晶粒的取向不同，导致对称图像中的不连续。

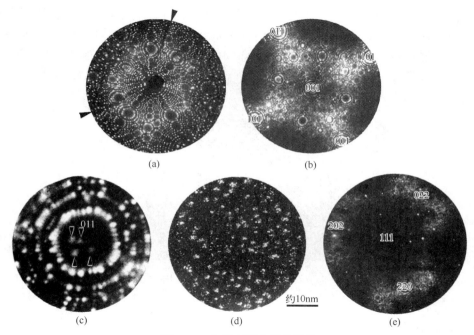

图 6.19　金属表面获得的图像

（a）钨 He 场离子像；（b）铝 He 场离子像；（c）$Ni_{76}Al_{23}Ge_1Li_2$ 有序合金 Ne 场离子像；（d）时效 Cr-20Fe 合金 Ne 场离子像；
（e）Al-Li 合金 He 场离子像

图 6.19（b）为纯铝的 He 离子图像。{011}极的对比度较亮，而{111}和{001}极的对比度较暗。这是由于晶体平面表面能的不同导致了薄膜尖端局部半径的不同。在 fcc 金属中，{111}和{001}面比{011}面具有更低的表面能，因此这些面在场蒸发端形式中趋向于面形。从合金中获得的薄膜成像显示出更复杂的对比度。这是因为不同化学物质的场电离和场蒸发行为是不同的。在固溶体中，由于蒸发场的不同而产生反差。

图 6.19（c）是 $Ni_{76}Al_{23}Ge_1Li_2$ 有序合金（011）平面上保留 Ge 原子明亮成像的典型例子。在（011）平面的场蒸发后，只有 Ge 原子保留在随后的（011）平面的平台上，并且它们成像明亮。在有序合金中，另一种图像反差来自化学物质的不同。Li_2 有序合金的（011）层由纯 Ni 层和 $Ni_{50}Al_{50}$ 层组成。在这种情况下，NiAl 平面的成像往往较暗，这在 Li_2 有序合金的堆叠中产生了交替的对比度。当二次相的析出发生时，由于蒸发场的差异而产生的沉淀颗粒

产生对比。根据沉淀物的成分不同，可以形成两种对比。图 6.19（d）显示了 Cr-Fe 合金中 Fe 析出物的鲜明对比。由于 Fe 具有较高的蒸发场，在基体原子蒸发的同时富铁相被保留，沉淀颗粒在表面突出。由于突出的区域产生更高的电场，这些区域成像明亮。另一方面，如果沉淀富含具有较低蒸发场的溶质，则它们的图像较暗。图 6.19（e）为 Al-Li 合金中析出的 10 个颗粒。由于 Li 原子优先蒸发，富 Li 粒子相对于基体相呈凹状。这些粒子的对比度较暗，因为凹区域的电场低于周围的基质。

（3）3D FIM 的应用

具有原子定位分辨率的 FIM 成为研究金属原子内部界面和位错的流行技术。当尖端不仅暴露在电离成像气体所需的最小场强下，而且也暴露在尖端原子本身连续蒸发所需的最小场强下时，该方法具有深度敏感性。这意味着可以沿着尖端纵轴对样品进行层析成像。3D FIM 在某些情况下具有更高的空间分辨率和100%的三维位置检测效率的重要优势。这种高度的定位精度甚至可以表征材料中的单点缺陷，这是任何其他技术都无法提供的功能。图 6.20 为以 He 为成像气体获得纯 bcc（体心立方）W 的 FIM 图像。标记为 1 的区域用于识别所有原子（在右上角用红色标记）。利用机器训练方法标注那些组成晶体平面的原子分配，标记为蓝色的原子分别属于第一层，黑色的原子属于第二层，紫色的原子属于第三层，从而组成一个金字塔型的基序（右下角）。

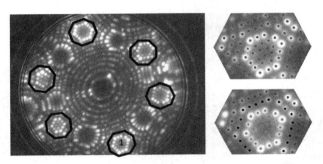

图 6.20　以 He 为成像气体获得纯 bcc W 的 FIM 图像（二维码）

6.6　离子散射谱

用一定能量的惰性气体离子束入射到固体试样表面，在弹性碰撞条件下将发生入射离子的散射，测定这些散射离子的能量分布，便可得到试样表面元素组成及结构信息，这就是离子散射谱（ISS）技术。

6.6.1　低能离子散射与高能离子散射

根据采用入射离子能量的不同，离子散射谱分为低能离子散射谱（LEISS）和高能离子散射谱（HEISS）。前者入射离子能量常为几 keV；后者则是 MeV 量级。能量介于这两者之间的称为中能离子散射谱，但这种能量离子的溅射现象严重，对试样表面损伤较大，一般不用来做表面分析。习惯上，ISS 仅指低能离子散射谱，而高能离子散射谱，因为其物理基础是卢瑟福的背散射原理，所以也称卢瑟福背散射谱，用 RBS 表示。低能入射离子和高能入射离子的散射情况很不一样。低能离子入射试样后，能量会很快被衰减，且极易被中和，故只能与试样的表面原子相互作用；高能离子入射试样后则会有一定的射程。

低能入射离子和固体表面碰撞而散射，可以简化成是和表面上的一个离子碰撞而散射的问题。如图6.21所示。设固体表面原子的质量为M_2，入射离子的质量为M_1（$M_1 \leqslant M_2$），入射时动能为E_0，散射时动能为E_1。如果$2\theta = 90°$（这是最常用的检测角），可知

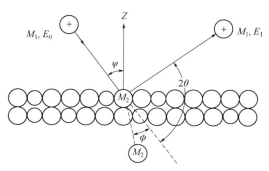

图6.21　低能离子散射

$$\frac{E_1}{E_0} = \frac{M_2 - M_1}{M_1 + M_2} \tag{6.9}$$

因此，只要在2θ方向上检测散射离子的能量分布，由峰值位置E_1/E_0即可求出相应的M_2，也就是说能谱的能量刻度可直接换成靶表面原子的质量刻度，这就是ISS，相应的峰高应该与该成分的含量有关。

高能离子E_0进入靶内后有一定的射程，会因产生激发、电离等过程而损失能量，散射离子在返回表面过程中又会失去能量，最后以能量E_1逸出靶面并被检测器所接收。散射离子的能量与被撞击原子的质量及其所处深度有确定的关系，散射离子的数量与被撞击原子的数量也有确定的关系。这就为RBS分析提供了基础。

6.6.2　低能离子散射谱仪

低能离子散射谱仪主要由离子源、试样架、离子能量分析器与离子流检测器、真空系统、电源系统等部分组成，如图6.22所示。

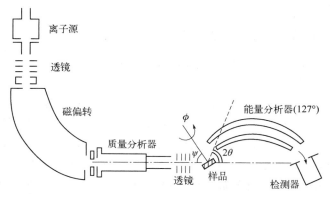

图6.22　低能离子散射谱仪工作原理

（1）离子枪

ISS 离子源最常用的是氦、氖或氩等惰性气体，不与靶材起作用。离子枪发射的能量为 E_0 的离子束，经磁偏转能量分析器，形成单荷 M_1^+ 纯净离子束，以入射角的方向入射到试样上。典型参数是 $E_0 = 0.2 \sim 2\text{keV}$，能量分散 ΔE_0 几电子伏特，角分散小于 $1°$，束斑直径约 1mm，束流强度在微安到纳安量级。

（2）真空系统

ISS 要求超高真空条件（高于 10^{-7}Pa），因为 ISS 信息主要来自表层，如果真空度低，残气在试样表面吸附，不仅会改变试样表面组成，也将影响散射离子产额。

（3）试样架

试样架能在三维方向位移，入射角 ψ 及方向角 ϕ 均可调节。

（4）能量分析系统与离子检测

ISS 一般都用静电偏转型能量分析器，也有用筒形镜分析器的。图 6.22 中采用了柱形 $127°$ 能量分析器。能量分析器能绕试样转动，以便接收不同 2θ 方向的散射离子。离子的检测通常使用单粒子计数器。

分析器的电压连续扫描，可检测不同能量的散射离子，记录下离子流强度随相对能量 E_1/E_0 的变化曲线，就是 ISS 谱。散射离子强度与入射角、检测角 2θ 等有关。2θ 常用 $90°$，几乎已成定值。至于 ψ，ψ 越大，散射峰越强；但若 ψ 接近 $90°$，就可能与几个表面原子作用，发生"多重"散射，导致"有效质量"增加。

离子散射谱从本质上说，是对散射离子进行能谱分析，因此谱仪的主要指标也是能量分辨率，其典型值为 $1\% \sim 3\%$。因靶表面原子质量不同而导致散射峰位的偏移量可用式（6.9）微分得

$$\frac{\Delta E_1}{E_0} = \frac{2M_1}{(M_1 + M_2)^2} \times \Delta M_2 \qquad (6.10)$$

显然，入射离子越重，靶表面原子质量越轻，对质量相近原子的分辨能力就越高。

6.6.3 LEISS 应用

（1）CuO$_x$ 的 LEISS 显示氧增强再电离背景

氧是表面原子与惰性气体抛射体之间电荷交换过程中的一种活性元素，它经常作为材料的一部分或污染物存在于表面。氧在表面的存在显著影响表面峰面积和再电离背景的形状和强度。对比图 6.23 中 CuO$_x$ 和洁净 Cu 的光谱可以发现，CuO$_x$ 光谱中 Cu 的表面峰要小得多。这有两个原因：首先，由于表面存在氧气，铜的表面浓度降低；其次，氧影响 Cu 的离子分数。在图 6.23 中，与纯 Cu 的光谱背景相比，CuO$_x$ 表面的再电离背景增强了约 8 倍，直至 Cu 表面峰。与干净的 Cu 表面（阈值能量为 2000eV）相比，被亚表面 Cu 原子反向散射的 He 原子在到达分析仪的途中更容易被表面氧原子再电离（阈值能量为 700eV）。当氧是再电离的主要贡献者时，本底增强。

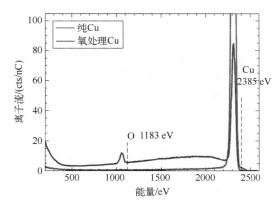

图 6.23　干净的多晶铜的 LEISS 3keV He⁺光谱（蓝色光谱，低背景下的表面峰大）以及用原子氧处理/氧化后的该表面（红色光谱，铜的表面峰小，背景高）（二维码）

（2）从材料的第二原子层直接散射：Bi_2Se_3 的 LEISS

裂解的硒化铋（Bi_2Se_3）的 He⁺散射如图 6.24 所示。Bi_2Se_3 为强 3D 拓扑绝缘体。它具有由 Se-Bi-Se-Bi-Se 层组成的五元晶体结构（图 6.25）。通过在超高真空条件下切割该材料的晶体，获得了高质量的 Bi_2Se_3 表面。得到的表面末端是一层 Se 原子。这一层可能会在特定的散射几何形状和特定的方位角上阻挡来自下层的 LEISS 信号。然而，Qtac100 型号设备在整个方位角上收集信号，允许从 Se-Bi-Se-Bi-Se 获得 Se 和 Bi 的信号。第二原子层 Bi 可以被 He⁺散射直接探测，这是因为：材料是结晶的；Se 没有形成紧密堆积的表面层；Bi 层相对于顶层 Se 层是横向移动的。因此，当使用 3.0keV 的 He⁺时，Bi 原子不会产生阴影。

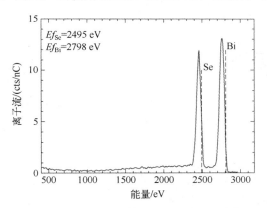

图 6.24　Bi_2Se_3 体系的 LEISS 3keV He⁺谱
Bi_2Se_3 的表面终止于一层 Se 原子，铋原子占据它的第二和第四原子层

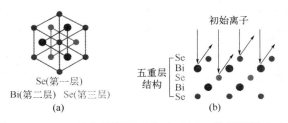

图 6.25　Bi_2Se_3 结构俯视图（a）与 Bi_2Se_3 的侧面图（b）
（a）中 Bi 原子占据第二和第四原子层，从最上面的 Se 层开始计数；（b）显示了 He⁺的入射和出射轨迹（二维码）

（3）石墨烯在多晶铜（Cu poly）上的 LEISS

化学气相沉积（CVD）制备石墨烯的常用方法是金属表面的碳偏析/沉积。石墨烯样品（见图 6.26）生长在高纯度的铜多晶膜上，该样品的光谱由碳、氧和铜的小表面峰、溅射背景和能量处的再电离背景组成高于碳和氧的表面峰。氧和铜的表面峰证实石墨烯中存在针孔缺陷。针孔的面积可以通过衬底峰的强度来量化。尽管碳原子覆盖了大部分表面积，但碳峰的强度很低。研究表明，sp^2 杂化碳能有效中和 He^+。在图 6.26 中，石墨烯（sp^2）中的碳峰小于硅橡胶（sp^3）中的碳峰，尽管橡胶中 C 原子的表面浓度要低得多。

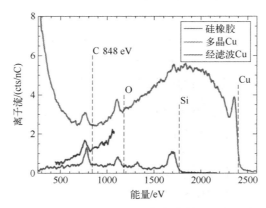

图 6.26　石墨烯样品生长在高纯度的铜多晶膜

顶部光谱（橙色）为多晶铜箔上面覆盖着单层石墨烯；中光谱（红色）为用 ToF 滤波对铜上石墨烯样品进行分析；
底部光谱（蓝色）为表面碳浓度低于石墨烯的硅橡胶，但产生更强烈的碳峰，用 ToF 滤波分析（二维码）

6.7　穆斯堡尔谱法

穆斯堡尔谱是利用原子核无反冲的 γ 射线共振吸收现象，获得原子核周围的物理和化学环境的微观结构信息，从而进行材料分析、研究的方法。

6.7.1　穆斯堡尔效应

无反冲核 γ 射线发射和共振吸收现象称为穆斯堡尔效应。原子中的电子在适当频率的光辐射下，可由基态跃迁到激发态，产生原子吸收光谱，也可以从激发态跃迁到基态产生原子发射光谱。原子核也有能级结构，处于不同状态的原子核具有不同的能级。原子核（发射体）从激发态跃迁到基态，发射出具有能量为 E（能级差）的光子。这一 γ 光子在通过同种元素处于基态的原子核（吸收体）时，将被原子核吸收。吸收体中的原子核吸收了 γ 光子的能量便可跃迁到激发态，这就是原子核的共振吸收。但实际上这种理想的共振吸收现象是很难观察到的。这是因为处于自由状态的核，在发射和吸收 γ 光子时，自身要产生反冲作用。原子核从激发态跃迁到基态发射出 γ 光子，根据能量守恒定律，在 γ 光子发射的同时，核将受到一个相反方向的反冲，产生反冲运动。其反冲动能 E_R 为

$$E_R = \frac{P^2}{2M} \tag{6.11}$$

式中，M 为粒子的质量；P 为光子的动量。

考虑反冲的作用，发射出的 γ 光子所具有的能量等于 E_0-E_R。同理，产生共振吸收所需能量为 E_0+E_R（见图 6.27，其中 E_0 为核的跃迁能），两能量相差 $2E_R$。而共振吸收效应的大小取决于这两能量分布（谱线）重叠的多少，如果反冲能量大大超过谱线的自然线宽，谱线间不能有效重叠，将不能产生共振吸收。从以上分析可看出，若要产生穆斯堡尔效应，反冲能量 E_R 最好趋向于零，发射线和吸收线应大部分重叠。

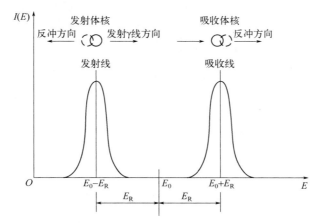

图 6.27　孤立原子核在 γ 射线发射和吸收时由于反冲效应导致两线离开 $2E_0$

为了消除核的反冲效应，穆斯堡尔在研究 I_r 核共振吸收时，将发射体和吸收体都冷却到液态空气温度（约 88K），结果发现 γ 射线共振吸收非但没有减少，反而大大增强。分析认为：固体中的原子核由于键合作用被牢牢地固定在点阵的晶位上，在发射和吸收 γ 光子时都不能从晶格上离开。这样一来，参与反冲的不再是单个原子，而是整个放射源或吸收体的质量（1mm^3 的金属约含 10^{20} 个原子）。在冷却条件下，这种束缚作用增强。因此，产生反冲动量变得极其微小，由式（6.12）可知，原子核反冲动能 E_R 趋向于零，实现了无反冲核 γ 发射和共振吸收。显然，原子核所处的晶格不同，无反冲 γ 射线的发射和吸收受影响的程度也不同。理论计算得到的无反冲跃迁的概率为

$$f = \exp\left(-4\pi^2 \frac{<\chi^2>}{\lambda^2}\right) \qquad (6.12)$$

式中，f 为无反冲分数；$<\chi^2>$ 为原子核在 γ 射线发射（或吸收）方向上的振动振幅平方的平均值，也称为均方位移；λ 为波长。

γ 射线能量越低，λ 越大，f 也越大，而 $<\chi^2>$ 增大时，f 就减小。在温度越低的情况下，晶格振动越小，$<\chi^2>$ 值越小，f 增大，共振效应增强，除了 ^{57}Fe、^{119}Sn、^{151}Eu 和 ^{83}Kr 等核在室温下可以观察到穆斯堡尔效应外，大多数核只有在低温下才能有明显的穆斯堡尔效应。

6.7.2　穆斯堡尔效应的测量

测量穆斯堡尔效应最常用的是透射法，所用的仪器为透射谱仪。仪器的测量原理如图 6.28（a）所示。其中探测器由闪烁计数器、电子放大器、甄别器和自动多道分析器组成。闪烁计数器的前端有一片碘化钠荧光晶体，当 γ 射线照射到它上面时便会发生微弱的荧光，此荧光

经光电倍增管转化为脉冲电压并进行放大,然后经过多道分析器,再进行自动记录(自动打印出数据)。由于脉冲电压值的大小与碘化钠晶体接收到的 γ 射线光子数成正比,因此,用这种方法可将样品吸收 γ 射线的情况记录下来。为了将无反冲共振吸收的情况在图谱上清晰地显示出来,在测量时常利用多普勒效应对 γ 射线的能量进行调制。所谓多普勒效应是指发射体运动引起 γ 光子能量改变的现象。这种效应引起的能量变化虽然很小,但足以破坏核的共振吸收条件。这里所测到的穆斯堡尔谱,其横坐标为放射源的运动速度,也称多普勒速度;纵坐标为吸收计数,见图 6.28(b)。图中曲线称为多普勒速度谱。利用多普勒效应的措施是将射线源安放在一个做恒加速度运动的振子上, γ 光子的能量可随着振动方向和速度大小在一定范围内进行调制。当速度为零时, γ 光子的能量不变,核共振吸收达到最大值。当振子的速度增大时,核共振吸收减小,速度达到 1mm/s 时,共振吸收遭到完全破坏,当速度为负时,也会有同样的结果。

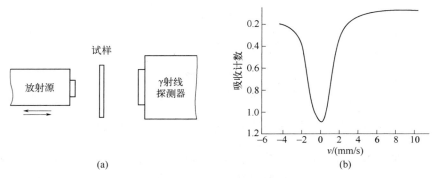

图 6.28 穆斯堡尔效应的测量
(a)透射仪测量原理;(b)多普勒速度谱

6.7.3 化学位移

化学位移,也称同质异能位移(用 δ 表示),是由核电荷与核外电子电荷相互作用引起的。

由于原子核在基态和激发态的核半径 R_g 和 R_e 通常不同,发射体和吸收体在核外电子的电荷密度分布不完全相同,因此外层的 s 层电子密度将对 δ 产生直接影响,s 层电子增加,核外电子的电荷密度增大。而 p、d、f 层电子电荷的作用只对 δ 产生间接的影响,由于它们对 s 层电子起着屏蔽作用,随着 p、d、f 层电子电荷密度的增加,核外电子的电荷密度反而减小。合金的成分、结构、键合性质、有序化和原子偏聚等都会对核外电子的电荷密度产生直接或间接的影响。由于它们和核电荷间的相互作用而引起的激发态和基态的能级不同的位移,导致了 γ 跃迁能的变化,反映在穆斯堡尔谱线的中心位置相对零速度(或相对参考速度)发生谱线位置的移动。δ 值直接反映了核外电子的配置状况,反映了价态和成键情况的变化,常用于确定原子的价态、自旋态和成键情况。

6.7.4 四极分裂

处于基态的原子核电荷分布为球形对称,激发态原子核的电荷则呈旋转椭球形对称分布。这意味着,激发态原子核电荷分布偏离了球形,并且不同激发态偏离的情况也不相同,偏离的程度通常用电四极矩 Q 表示。当核自旋量子数 $I = 1/2$ 时,核电荷分布呈球形,$Q = 0$。当 $I > 1/2$ 时,核电荷分布不呈球形对称,原子核具有核四极矩,$Q \neq 0$,这时若核处电场是立方对称的，它对受激发态的能量没有影响。但当原子核处的电场，由于某种原因发生畸变时，电场和核四极矩相互作用，产生了核能级的分裂。如 ^{57}Fe 和 ^{119}Sn，基态 $I=1/2$，无四极矩分裂，而第一激发态 $I=3/2$，在不均匀电场中，原来的一条谱线分裂为两条谱线，谱线的分裂和不均匀电场有关，这种不均匀电场是由核外电子云和配位体造成的，谱线的分裂能给出核外电子云对称性分布方面的信息，从而了解核周围的成键情况和对称性。图 6.29 中，$(C_6H_5)_4$Sn 具有立方对称性，在 Sn 核处无电场梯度，不产生四极矩分裂，只有一个峰。当一个苯被 Cl 取代变为 $(C_6H_5)_3$ClSn 时，Sn 的配位对称性降低，当核处产生了电场梯度时，将在穆斯堡尔谱中出现四极矩分裂，可以观察到两个峰。

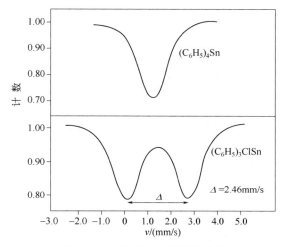

图 6.29　Sn 配合物的穆斯堡尔谱

6.7.5　磁超精细场

核外的磁场来源于两个方面：一是物质内部自发磁化产生的磁场，称它为磁超精细场 H_{hf} 或内场 H_{in}，所有铁磁性合金都在内场；二是外加磁场在核处产生的磁场。自旋不为零的原子核具有磁矩，核磁矩在核所感受到的磁场（外加磁场及物质内部自发磁化所产生的磁场）作用下将产生塞曼效应，核能级发生分裂。自旋为 I 的状态将分裂为 $2I+1$ 个亚能级，每相邻两亚能级之间的间隔都等于 $g_N\mu_N H$。式中，g_N 为原子核的 g 因子；μ_N 为核磁矩；H 为磁场。图 6.30 是 ^{57}Fe 的磁分裂能级图，激发态分裂为 4 个亚能级，基态分裂成两个亚能级，磁能级跃迁选律为 $\Delta m_1=0$、± 1，所以出现 6 条谱线。如果四极矩分裂同时存在，情况更为复杂，如图 6.31 是一些 ^{57}Fe 化合物的穆斯堡尔谱。（a）中 Fe^{3+} 由 6 个 Cl 配位，对称性高，没有四极矩分裂；（b）中化合物在核周围电子云分布低于立方对称性，产生电场梯度，故出现四极矩分裂；而（c）中吸附于 Al_2O_3 上的 Fe 核出现了磁分裂；（d）出现了四极矩分裂和磁分裂。在对铁磁性合金研究中，我们感兴趣的是内场，因为核处的内场直接受近邻原子的影响。

近邻原子的性质和组态可以引起未满壳层电子的组态发生变化，导致原子磁矩的大小和取向发生变化。对以铁为基体的固溶体，溶质原子会引起内场减小。此外，原子的热振动和点阵缺陷也会引起原子磁矩的变化。合金中有不同相和不同原子组态时，速度谱便相应地有不同裂距成分的磁分裂谱线。不同磁合金的超精细场有不同特征值，参考特征值可以进行相分析。

穆斯堡尔核作为试探原子，能获得原子尺度内微观结构的信息，是研究钢的淬火、回火、有序-无序转变、时效析出、固溶体分解等过程的动力学、晶体学和相结构等问题的有效工具。

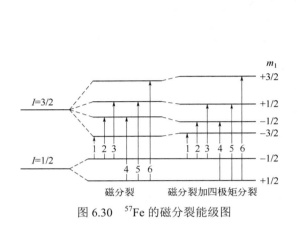

图 6.30　^{57}Fe 的磁分裂能级图

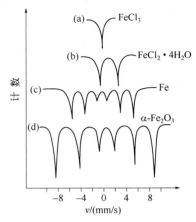

图 6.31　一些 ^{57}Fe 化合物的穆斯堡尔谱

6.7.6　穆斯堡尔谱的应用

（1）水泥熟料中的含铁相

一般硅酸盐水泥中的含铁相都记为 C_4AF，它在室温下的穆斯堡尔谱图形状与纯 C_4AF 相似，有重叠的两套六线谱，成为连续的磁超精场分布，见图 6.32、图 6.33。如果提高温度，则磁超精场完全消失，成为不对称的顺磁结构，但仍属于两套不同 $[Fe^{3+}O_6]$ 和 $[Fe^{3+}O_4]$ 的位置。

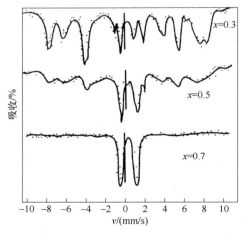

图 6.32　$C_2A_xF_{1-x}$ 固溶系列的穆斯堡尔谱图（室温）

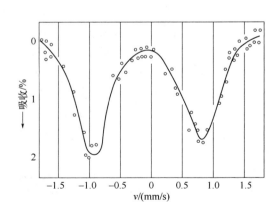

图 6.33　高温下的水泥熟料的穆斯堡尔谱图（奈尔温度以上）

（2）氧化铁对 $3CaO \cdot SiO_2$（缩写 C_3S）固溶体的稳定性的影响

摩汉（K. Mohan）等用穆斯堡尔谱方法发现了氧化铁加速 C_3S 在 1523K 以下的分解速率，

铁在 C_3S 中有 Fe^{3+} 和 Fe^{2+}，后者占总 Fe 量约 8.6%，铁也有四面体和八面体位置。并且如把含 Fe 的 C_3S 固溶体在 1323K 退火，再用穆斯堡尔谱测定，发现有 $2CaO \cdot Fe_2O_3$ 的谱，表明 C_2F 从 C_3S 中脱溶出来，这说明了 C_2F 是使 C_3S 在 1523K 加速分解的主要因素。

（3）水泥中含铁相的水化产物

水泥中的铁相水化后，在室温下的穆斯堡尔谱图显示磁超精细结构已消失，研究人员对含铁相水化物的组成有不同的意见，主要分歧点在于是否形成 C_3FA_6 和 $Fe(OH)_3$。弗尔钦（J. M. Fertune）等的研究结果较有趣，他们用 C_4AF（试样 A）、$C_4AF+5\%CaO$（试样 B）和 $C_4AF+5\%CaSO_4 \cdot 2H_2O$（试样 C），分别加水后在室温放置 24h，再经 6h、345K 的蒸汽养护，而后测定它们的穆斯堡尔谱，结果如图 6.34 所示。三条谱线自上而下的温度为 290K、80K 和 4.2K。可以看出随温度降低，不仅出现磁超精场，而且室温下的双峰也在六线谱中心由单吸收峰所取代。它的大小顺序是 B＞A＞C，说明顺磁部分是随水化程度的增高而增大的。双峰和单峰的同质异能移值分别为 0.32mm/s 和 0.31mm/s，四极分裂值（Δ）为 0.52mm/s（A）和 0.40mm/s（B），这表明水化物中有两种铁相，其中之一是在不同温度下都不发生谱线分裂，含铁量较少，即使在 4.2K 也不存在磁有序性，而且表现出未歪曲的 Fe^{3+} 八面体结构，它应该在 $C_3(AF)H_6$ 石榴子石中。而另一种铁相的铁含量高，在低温下有较大的磁有序性，也是 Fe^{3+} 八面体。

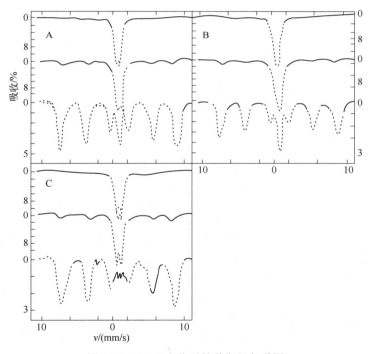

图 6.34　C_4AF 水化后的穆斯堡尔谱图

（4）原位 ^{57}Fe 穆斯堡尔谱在 Ni-Fe 基析氧反应电催化剂中的应用

Stahl 等研究了析氧反应（OER）过程中的 NiFe-LDH 电催化剂，首次清晰地观察到 Fe^{4+} 在 OER 中的存在。他们使用原位 ^{57}Fe 穆斯堡尔谱技术跟踪了 3∶1 NiFe-LDH 和 Fe 氧化物催化剂中的 Fe 氧化态，同时在 OER 对它们进行极化。有趣的是，如图 6.35 所示，在极化和

OER 条件下，Fe^{4+} 的存在被证实，并且随着电位的增加而增加。他们发现，纯氧化铁在 OER 中没有显示出任何 Fe^{4+}，这表明 Fe^{4+} 只能在 NiOOH 晶格中稳定。这也进一步说明 $Ni_xFe_{1-x}OOH$ 除了在 OER 反应中生成 Ni^{4+} 外，还含有 Fe^{4+}，NiOOH 晶格的存在有利于 Fe^{4+} 的生成。如图 6.35（b）所示，在开路条件下穆斯堡尔光谱显示出 δ 值为 0.34mm/s 的双线态，四极分裂值（$\varDelta$）为 0.46mm/s，并且与图 6.35（c）所示的析氢反应（RHE）相比，在 1.49V 时（电位低于起始点）没有任何变化。在 1.62V 处记录到显著的 OER 活动，v =-0.27mm/s 处出现峰肩，如图 6.35（d）所示的 12%铁位点。进一步将电位增加到 1.76V，会产生一个更强的铁氧化峰，几乎相当于总铁的 21%［图 6.35（e）］。将电位恢复到 1.49V 后，电流密度降至基线，但穆斯堡尔谱中出现了铁氧化峰，约占总铁的 20%，如图 6.35（f）所示。在不施加任何电位 48h 后，Fe 氧化峰消失［图 6.35（g）］。

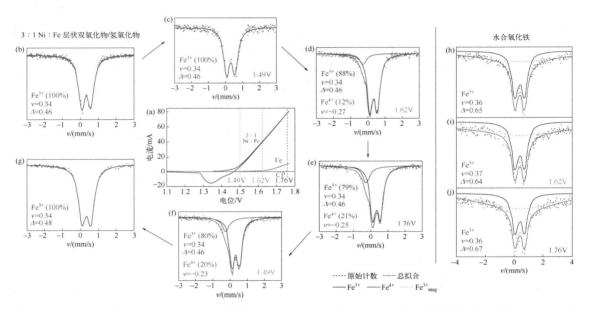

图 6.35　在开路电位（灰色）、1.49V（紫色）、1.62V（黄色）和 1.76V（红色）采集的原位操作下，NiFe 层状氢氧化物（蓝色）和水合氧化铁（绿色）电催化剂的 ^{57}Fe 穆斯堡尔谱（二维码）

另一方面，对于富含 ^{57}Fe 的水合氧化铁，在图 6.35（h）～（j）所示的所有条件下，他们在穆斯堡尔光谱中都没有观察到这种行为。光谱显示为双重态（v = 0.36～0.37mm/s，$\varDelta$= 0.64～0.67mm/s）。NiFe 催化剂的显著特征是在外加电位（>1.5V）下出现了铁氧化峰，该氧化峰可能为单线态（v =-0.27mm/s）或双线态（v = 0.0 和 $\varDelta$ = 0.58mm/s），与氧化后的铁形态为 Fe^{4+} 相一致。这是在反应条件下形成 Fe^{4+} 的第一个直接证据。

此外，这些 Fe^{4+} 物种的存在，即使在降低电位后，活性降至基线，也表明这些物种对观察到的活性没有直接责任，但在提高 OER 活性方面发挥了关键作用。这一发现表明 NiFe-LDH 晶格中的 Fe^{3+} 在 OER 条件下具有氧化还原活性，并产生高度 OER 活性的 Fe^{4+} 物质。这就解释了为什么当 Fe 掺杂到 Ni 主氧化物/氢氧化物中时，OER 会有如此显著的增加。这项研究的另一个有趣的结果是，当 Fe^{3+} 在氢氧化铁中分离时，不会发生这种氧化。

因此，Fe^{3+} 的氧化还原活性和 OER 增强需要 NiOOH 等合适的宿主。因此，他们认为 NiOOH 稳定的主晶格是产生 Fe^{4+} 的原因。由于在测量环境下无法确定 Fe^{4+} 物质，他们假设这

些观察到的 Fe^{4+} 物质位于层的内部位置，并被 Ni 包围。

思考题

1. 指出 A1 型和 A3 型等径圆球密堆积晶胞中密置层的方向各是什么？
2. 半径为 R 的圆球堆积成正八面体空隙，计算中心到顶点的距离。
3. 简述场离子显微镜的工作原理。
4. 低能离子散射谱仪主要用在什么场合？它有什么特点？
5. 简述穆斯堡尔谱法的测试原理。

参考文献

[1] 周公度，段连运. 结构化学基础[M]. 5 版. 北京：北京大学出版社，2017.

[2] Takahashi J, Kawakami K, Kobayashi Y. In situ determination of misorientation angle of grain boundary by field ion microscopy analysis[J]. Ultramicroscopy, 2014, 140: 20-25.

[3] 余焜. 材料结构分析基础[M]. 北京：科学出版社，2010.

[4] Brongersma H H, Draxler M, Ridder M D, et al. Surface composition analysis by low-energy ion scattering[J]. Surf. Sci. Rep. 2007, 62(3): 63-109.

[5] Zhou W, Zhu H, Yarmoff J A. Termination of single-crystal Bi_2Se_3 surfaces prepared by various methods[J]. Phys. Rev. B, 2016, 94(19): 195408.

[6] 杨南如. 无机非金属材料测试方法[M]. 武汉：武汉理工大学出版社，2015.

[7] Chen J Y C, Dang L N, Liang H F, et al. Operando analysis of NiFe and Fe oxyhydroxide electrocatalysts for water oxidation: Detection of Fe^{4+} by Mössbauer spectroscopy[J]. J. Am. Chem. Soc, 2015, 137(48): 15090-15093.

[8] Hono H. Nanoscale microstructural analysis of metallic materials by atom probe field ion microscopy[J]. Progress in Materials Science, 2002, 47: 621-729.

[9] Katnagallua S, Gaulta B, Grabowskib B, et al. Advanced data mining in field ion microscopy[J]. Materials Characterization, 2018, 16: 307-318.

第 7 章

材料计算模拟方法

 【本章导读】

在材料科学中，除实验和理论外，计算机模拟已经成为解决材料科学中实际问题的第三个重要组成部分。本章主要讲解了几种常用的材料计算模拟方法，如第一性原理的密度泛函理论、分子动力学、蒙特卡洛法三种方法的基本思想和推理过程，重点对第一性原理的密度泛函理论进行了介绍。此外，对第一性原理及分子动力学的研究现状及计算常用软件，以及其在材料研究中的应用均进行了详细举例。

 【思维导图】

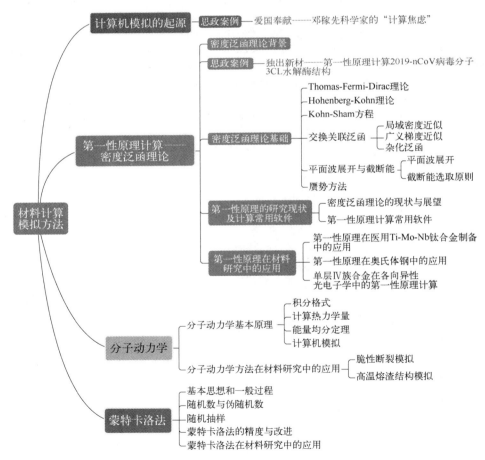

爱国奉献——邓稼先科学家的"计算焦虑"

7.1　计算机模拟的起源

材料与人类日常生活密切相关，从古到今，人类对材料的使用由天然材料向人工材料发展，从远古时代的石器时代到陶器时代、铜器时代、铁器时代、钢铁时代和新材料时代（信息时代），材料的发展与进步不断改善和提高人类的生活质量。就现代生活来讲，人们的衣、食、住、行、休闲、娱乐更是样样离不开材料，新材料的出现使人们的生活质量发生了极大的变化。随着科学技术的发展，当代战争也表现出了高技术的特点，为更好地捍卫我国的领土、领空，使人民安居乐业，我们必须加强国防的现代化，拥有先进的材料已成为国家强盛与否的标志。

经过不断的研究与摸索，材料学逐渐发展成为一门独立的学科，它通过对物质的分子结构进行设计分析，通过不同的制备方法，进而改变物质的性能，更好地为科技服务。材料学是一门综合性学科，其中，化学提供了新材料的制备方法，物理学赋予它使用的特性，工程学将它制造成人类所需要的物件。材料科学广泛应用于新材料的研发与制备、材料表面改性等方面，是众多高科技发展的重要保障。材料学能够从物质原子及分子量级上对材料进行设计，能够对材料的性质进行精确的控制，为新材料的合成及发现提供基础保障。材料的优化升级在科学技术不断发展的今天变得尤为重要，因此材料学的发展将具有重要的引导意义。

在材料科学中，除实验和理论外，计算机模拟已经成为解决材料科学中实际问题的第三个重要组成部分。由于计算机计算速度的加快和存储容量的增大，使得以前很难或在当时根本不可能解决的一些难题，现在几乎都能得到解决，或被纳入到科研规划之中。在国民经济的各领域都有计算机模拟技术的用武之地，特别是在那些环境恶劣（如真空、高温高压、有毒有害的场所）、实验条件苛刻、实验仪器精度不够、实验周期太长、花费财力物力太大的场合，使用计算机模拟技术解决问题有其独特的优势，国内外各行各业都十分重视这门技术的研究、应用和发展。目前，计算机模拟技术与应用仍处于快速发展阶段，早有预言 21 世纪将是计算机模拟技术日新月异地发展和"无所不能"的世纪。

如今，计算机模拟已应用于材料科学的各个方面，包括分子液体和固体结构的动力学，水溶液和电解质，胶态分子团和胶体，聚合物的结构、力学和动力学性质，晶体的复杂结构，点阵缺陷的结构和能量，超导体的结构，沸石的吸附和催化反应，表面的性质，表面的缺陷，表面的杂质，晶体生长，外延生长，薄膜的生长，氢氧化物的结构，液晶，有序-无序转变，玻璃的结构，黏度，蛋白质动力学，药物设计等。

材料性质的研究是在不同尺度层次上进行的，那么计算机模拟也可根据模拟对象的尺度范围而划分为若干个层次。一般来说，可分为电子层次（如电子结构）、原子分子层次（如结构、力学性能、热力学和动力学性能）、微观结构层次（如晶粒生长、烧结、位错网、粗化和织构等）及宏观层次（如铸造、焊接、锻造和化学气相沉积）等。它们对应的空间尺度大致分别为 0.1～1nm、1～10nm、10nm～1μm 以及微米以上的尺度。另外，还可以把不同层次的微结构模型大致分为纳观、微观、介观和宏观等系统。纳观是指原子层次，微观对应小于晶粒尺寸的晶格缺陷系综，介观对应于晶粒尺寸大小的晶格缺陷系综，而宏观则对应于试样的宏观几何尺寸。材料的模拟，从宏观到介观到微观再到纳观可由图 7.1 表示。从中可以看出，模拟的方法有很多，从宏、介观的有限元到微、纳观的蒙特卡洛、分子动力学和第一性原理，用各种方法来适应不同尺度的模拟以满足研究和生产的需要。

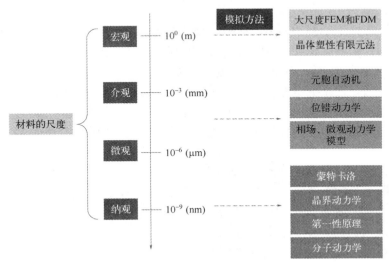

图 7.1　材料的尺度及模拟方法

本章从材料常用的三种计算模拟方法，第一性原理、分子动力学及蒙特卡洛入手，详细介绍各种方法的理论来源，并对各种方法在材料研究中的具体应用进行了举例。

纳观的第一性原理，是从量子力学出发，在原子、电子的尺度上求解薛定谔方程。由于材料中包含大量的原子和电子，因此要直接求解薛定谔方程几乎不可能。20 世纪 90 年代，Kohn 等建立的密度泛函理论（density functional theory, DFT）使其成为可能。接下来的二十年，伴随计算机运算速度的惊人提升，各种计算方法的建立和发展，使得运用第一性原理来对材料进行设计、模拟和计算成为现实。第一性原理与其他方法的关系如图 7.2 所示。

分子模拟（molecular modeling 或 molecular simulation）是一类通过计算机模拟来研究分子或分子体系结构与性质的重要研究方法，包括分子力学（molecular mechanics, MM）、Monte Carlo（MC，蒙特卡洛）模拟、分子动力学（molecular dynamics, MD）模拟等。这些方法均以分子或分子体系的经典力学模型为基础，或通过优化单个分子总能量的方法得到分子的稳定构型（MM）；或通过反复采样分子体系位形空间并计算其总能量的方法，得到体系的最可几构型与热力学平衡性质（MC）；或通过数值求解分子体系经典力学运动方程的方法得到体系的相轨迹，并统计体系的结构特征与性质（MD）。目前，得益于分子模拟理论、方法及计算机技术的发展，分子模拟已经成为继实验与理论手段之后，从分子水平了解和认识世界的第三种手段。

因此，计算机模拟对于理论的发展具有重要的意义，然而，模拟方法的选择和预测结果的评价都是非常重要的问题，对同一问题的模拟可以从不同角度去考虑。本章概述了材料领域所涉及的计算模拟的一些基本方法的原理及发展，同时也对科研中的一些实际应用案例进行了介绍，旨在帮助读者选取合适的模拟方法。

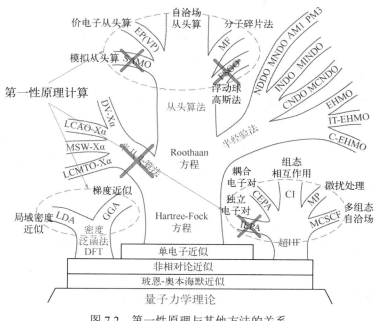

图 7.2　第一性原理与其他方法的关系

7.2　第一性原理计算——密度泛函理论

7.2.1　密度泛函理论背景

基于密度泛函理论的量子力学计算方法被称为第一性原理计算（first-principles calculation），这也是为了和其他量子化学从头计算（ab-initial calculation）的方法区分开来，第一性原理计算是将多原子体系简化为多粒子体系，即以原子核、内层电子和外层自由电子组成的多粒子体系概括多原子体系，不依赖其他经验参数，只需要五个基本常数（电子质量、电子电量、普朗克常量、光速和玻尔兹曼常量），从材料的化学组成和晶体结构出发，通过求解薛定谔方程，得到材料的各种基态性能，如能带结构、态密度、光学性质、力学性质、磁学性质等。

对于多粒子复杂体系，在求解薛定谔方程时，要通过合理的简化和近似才能得到有效信息，其中最简单实用的多电子近似方法即为单电子近似。众所周知，利用单电子近似的前提条件是原子核的质量远大于电子的质量，由此电子的响应速度也要远快于原子核，这时就可将离子看作是静止的，达到将离子的运动和电子的运动分开来处理的目的，这就是著名的玻恩奥本海默近似（Born-Oppen heimer approximation）。一般而言，多电子体系转变为单电子体系分为密度泛函理论方法（density functional theory，DFT）和 Hartree-Fock(HF)近似。1964 年，密度泛函理论首次由 Hohenberg 等人提出。此后，Kohn

和沈吕儿等通过后续研究得到了 Kohn-Sham 方程，即单电子方程，进一步发展了第一性原理计算方法。另外，Hartree-Fock 近似考虑电子间的交换相互作用，可进一步将多电子的薛定谔方程简化为单电子的有效势，提高计算效率。

第一性原理计算的不断完善推动了计算材料学的飞速发展。时至今日，第一性原理在学者们的不断探索下，在对材料性质的研究中得到了广泛的应用，不仅可以得到已有材料的各种微观和宏观性质，也可以用于探索和预设尚未合成的新材料。和其他物理量相比，波函数较为抽象，难以准确描述。由于电子具有 3 个自由度，当电子数目逐渐增多时，求解薛定谔方程的难度也会成倍增加。因此，学者们在不断寻求多途径对体系中粒子的运动状态进行描述。直至 1927 年，Thomas 和 Fermi 以简单的自由电子气为模型，把电荷密度当作多电子系统的基本变量，首次建立了体系能量对电子密度的泛函。此后，Dirac 在 Thomas 和 Fermi 提出理论的基础上增加了电子交换势能项，形成了 TFD 理论（Thomas-Fermi-Dirac 理论）。而 Hohenberg-Kohn 定理和 Kohn-Sham 方程的提出发展了适用范围更加广泛的密度泛函理论（DFT）。DFT 是一种研究将固体体系的多体问题严格转化为单体问题的理论方法。

近年来，经过不断研究，现代密度泛函理论的发展已经趋于成熟，在材料模拟中占据主流地位，具有误差小、效率高的优势，并且在含有过渡金属原子体系中的优势更为突出。

 【思政案例】

独出新材——第一性原理计算 2019-nCoV 病毒分子 3CL 水解酶结构

7.2.2 密度泛函理论基础

7.2.2.1 Thomas-Fermi-Dirac 理论

1927 年，Thomas 和 Fermi 各自提出以均匀电子气为模型，产生了 Thomas-Fermi 理论，即以电子密度 $\rho(r)$ 作为体系能量的变量，方程为

$$E_i = \int \varepsilon_i[\rho(r)]\rho(r)\mathrm{d}(r) \qquad (7.1)$$

式中，E_i 为体系能量；r 为电子离核的远近，$\varepsilon_i[\rho(r)]$ 为均匀电子气模型下的能量"密度"。假设体积为 1，对于动能项 T 有

$$T = \frac{3}{5}\varepsilon_F \rho \qquad (7.2)$$

式中，费米动能 ε_F 以及密度计算如下

$$\varepsilon_F = \frac{h^2 k_F^2}{2m} \qquad (7.3)$$

$$\rho = \frac{1}{2\pi^2}\left(\frac{2m}{h^2}\right)^{3/2}\varepsilon_{\mathrm{F}}^{3/2} \tag{7.4}$$

由式（7.2）和式（7.4）可求出动能密度为

$$T(\rho) = \frac{T}{\rho} = \frac{3}{5}\times\frac{h^2}{2m}\left(3\pi^2\right)^{2/3}\rho^{2/3} \tag{7.5}$$

代入式（7.1）可变换为 Thomas-Fermi 动能泛函

$$T(\rho) = \frac{3h^2}{10m}\left(3\pi^2\right)^{2/3}\int\rho^{5/3}(r)\mathrm{d}r \tag{7.6}$$

Thomas 和 Fermi 只考虑了电子的动能、原子核和电子的相互作用，未考虑电子间的交换作用，Hartree 项以及原子核与电子的相互作用能表达式为

$$E_{\mathrm{H}} = \frac{1}{2}\iint\frac{\rho(r)\rho(r')}{|r-r'|}\mathrm{d}r\mathrm{d}r' \tag{7.7}$$

$$E_{\mathrm{ext}} = \int V_{\mathrm{ext}}(r)\rho(r)\mathrm{d}r \tag{7.8}$$

此后，Dirac 在 Thomas-Fermi 模型的基础上加入了体系的交换能，修正为 Thomas-Fermi-Dirac 公式，称为 TFD 近似，在原子单位制 $h = m = e = 4\pi/\varepsilon_0 = 1$ 下公式为：

$$E_{\mathrm{TFD}} = 2.871\int\rho(r)^{5/3}\mathrm{d}r + \frac{1}{2}\iint\frac{\rho(r)\rho(r')}{|r-r'|}\mathrm{d}r\mathrm{d}r'$$

$$+\int V_{\mathrm{ext}}(r)\rho(r)\mathrm{d}r - 0.739\int\rho(r)^{4/3}\mathrm{d}r \tag{7.9}$$

经过改进，TFD 近似方法在碱金属体的计算中可以得到理想的结果，但 Thomas-Fermi-Dirac 公式依据的是均匀电子气模型，没有考虑电子的关联作用，对成键方向性较强的体系不够精确。而现在常用的 Hohenberg-Kohn 定理和 Kohn-Sham 方程更为严谨，使用范围也更加广泛。

7.2.2.2 Hohenberg–Kohn 理论

作为现代密度泛函理论的基础，Hohenberg-Kohn 理论将多体问题严格转化为单体问题，Hohenberg-Kohn 理论主要归结为两条。其理论如下。

① 定理一。任意一个由相互作用粒子组成的体系，其受到的外势为 $V_{\mathrm{ext}}(r)$，除了常数因子外，唯一地由该体系的基态电子密度分布 $\rho^0(r)$ 确定。

② 定理二。对于任意一个电子密度分布 $\rho(r')$，均可定义体系能量为 $\rho(r')$ 的泛函，记为 $E[\rho(r')]$，该泛函对所有外势场均有效。若给定 $V_{\mathrm{ext}}(r)$，仅当电子密度分布 $\rho(r)$ 为该体系的 $\rho^0(r)$ 时，泛函能量最小，且给出体系的基态能量。基于 Hohenberg-Kohn 定理，

对任意 $V_{ext}(r)$，能量泛函的表达式为

$$E[\rho(r)] = \int dr V_{ext}(r)\rho(r) + F[\rho(r)] \qquad (7.10)$$

与外场无关的泛函 $E[\rho(r)]$，为进一步说明它，将无相互作用粒子的项从中分出

$$F[\rho(r)] = T[\rho(r)] + \frac{1}{2}\iint dr dr' \frac{\rho(r)\rho(r')}{|r-r'|} + E_{xc}(\rho) \qquad (7.11)$$

能量泛函的表达式可变换为

$$F[\rho(r)] = \int dr V_{ext}(r)\rho(r) + \frac{1}{2}\iint dr dr' \frac{\rho(r)\rho(r')}{|r-r'|} + T[\rho(r')] + E_{xc}(\rho) \qquad (7.12)$$

上式中仍有电子密度 $\rho(r)$、动能泛函交换 $T[\rho(r)]$ 和关联能泛函 $E_{xc}[\rho(r)]$ 是不确定的。

7.2.2.3 Kohn-Sham 方程

由于与外势场无关的普适泛函 $F[\rho(r)]$ 的具体形式是未知的，因此，Hohenberg-Kohn 定理虽然指出了基态能量可以通过体系基态能量泛函对电荷密度 $\rho(r)$ 求偏分得到，但它也不能直接用于求解。因此，要解决实际问题，需要用到 Kohn-Sham 方程，即 KS 方程（图 7.3）。

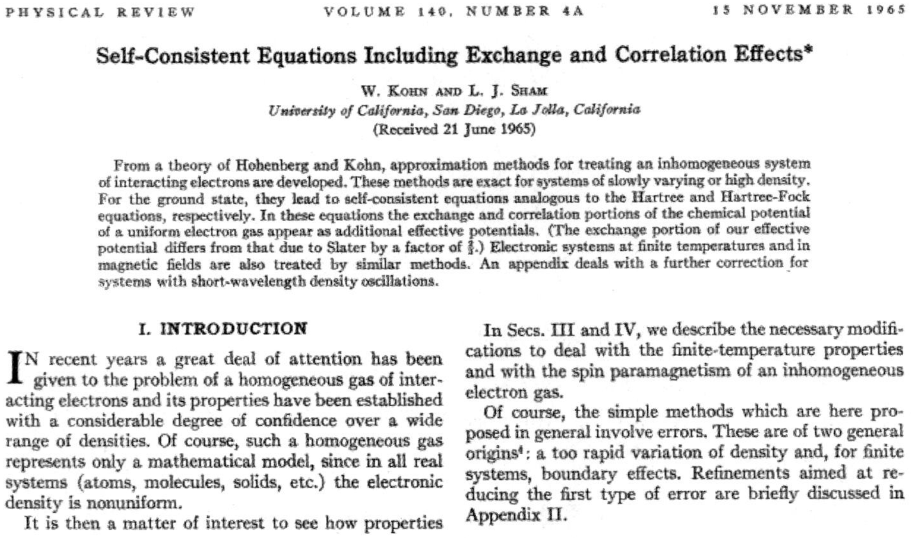

PHYSICAL REVIEW   VOLUME 140, NUMBER 4A   15 NOVEMBER 1965

Self-Consistent Equations Including Exchange and Correlation Effects*

W. KOHN AND L. J. SHAM
University of California, San Diego, La Jolla, California
(Received 21 June 1965)

From a theory of Hohenberg and Kohn, approximation methods for treating an inhomogeneous system of interacting electrons are developed. These methods are exact for systems of slowly varying or high density. For the ground state, they lead to self-consistent equations analogous to the Hartree and Hartree-Fock equations, respectively. In these equations the exchange and correlation portions of the chemical potential of a uniform electron gas appear as additional effective potentials. (The exchange portion of our effective potential differs from that due to Slater by a factor of ⅔.) Electronic systems at finite temperatures and in magnetic fields are also treated by similar methods. An appendix deals with a further correction for systems with short-wavelength density oscillations.

I. INTRODUCTION

IN recent years a great deal of attention has been given to the problem of a homogeneous gas of interacting electrons and its properties have been established with a considerable degree of confidence over a wide range of densities. Of course, such a homogeneous gas represents only a mathematical model, since in all real systems (atoms, molecules, solids, etc.) the electronic density is nonuniform.

It is then a matter of interest to see how properties

In Secs. III and IV, we describe the necessary modifications to deal with the finite-temperature properties and with the spin paramagnetism of an inhomogeneous electron gas.

Of course, the simple methods which are here proposed in general involve errors. These are of two general origins[4]: a too rapid variation of density and, for finite systems, boundary effects. Refinements aimed at reducing the first type of error are briefly discussed in Appendix II.

图 7.3 Kolm 与 Sham 联合发表的重要论文

Kolm-Sham 方程利用可以求解的无相互作用的多电子动能泛函代替体系中原本有相互作用的动能泛函，把其他未知项都归结到交换关联能泛函之中。即将动能泛函 $F[\rho(r)]$ 分为了两部分：无相互作用的动能泛函用 $T_s[\rho(r)]$ 表示，另外的未知项用 $E_{xc}[\rho(r)]$ 表示。这样，就可以做到将多体问题转化为单体问题，并严格求解。电子密度 $\rho(r)$ 为

$$\rho(r) = \sum_{i=1}^{N} |\varphi_i(r)|^2 \qquad (7.13)$$

无相互作用的动能泛函用表 $T_s\big[\rho(r)\big]$ 示为各电子动能之和

$$T_s[\rho(r)] = \sum_{i=1}^{N}\int \mathrm{d}r\varphi_i^*(-\nabla^2)\varphi^*(r) \tag{7.14}$$

用 $\varphi_i(r)$ 变分代替能量泛函 $E[\rho(r)]$，并对 ρ 的变分，以 E_i 代替拉格朗日乘子，变分得

$$\left\{-\frac{1}{2}\nabla^2 + V_{\mathrm{KS}}\big[\rho(r)\big]\right\}\varphi_i(r) = E_i\varphi_i(r) \tag{7.15}$$

对 $V_{\mathrm{KS}}\big[\rho(r)\big]$，有

$$V_{\mathrm{KS}}\big[\rho(r)\big] = V_{\mathrm{ext}}(r) + V_{\mathrm{H}}\big[\rho(r)\big] + V_{\mathrm{xc}}(\rho) = V_{\mathrm{ext}}(r) + \int \mathrm{d}r'\frac{\rho(r')}{|r-r'|} + \frac{\delta E_{\mathrm{xc}}(\rho)}{\delta\rho(r)} \tag{7.16}$$

假设已经得到了一组本征值 $\{\varepsilon_j\}$，则基态总能有

$$E_0 = \sum_j \varepsilon_j - \frac{1}{2}\iint \mathrm{d}r\mathrm{d}r'\frac{\rho(r)\rho(r')}{|r-r'|} + E_{\mathrm{xc}}(\rho) - \int \mathrm{d}rV_{\mathrm{xc}}(r)\rho(r) \tag{7.17}$$

等式右边第一项称为能带结构能，后三项称为冗余项。

密度泛函理论基本框架如图 7.4 所示。

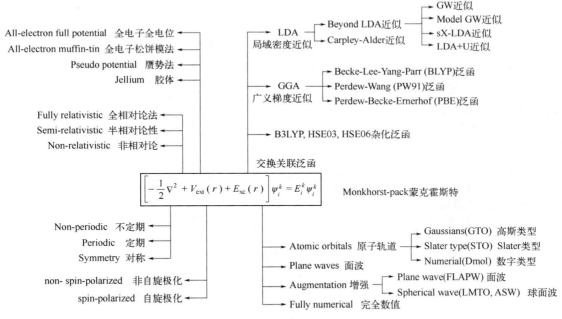

图 7.4　密度泛函理论（DFT）

7.2.2.4　交换关联泛函

由于 Kohn-Sham 方程将有相互作用的复杂部分全部包含在交换关联能 $E_{\mathrm{xc}}\big[\rho(r)\big]$ 之中，因此这一项的精确程度尤为重要。对于交换关联泛函，经常选用的有局域密度近似（local density approxmation, LDA)、广义梯度近似（generalized gradient approximation, GGA），对于复杂体系还可以选用混合泛函方法。

（1）局域密度近似

HK 定理已经建立了密度泛函理论（DFT）的基本框架，但在实际计算中却遇到了严重困难。主要是交换关联能 $E_{xc}\big[\rho(r)\big]$ 无法精确得到。为了使 DFT 理论能够产生实际应用，Kohn-Sham 提出了局域密度近似。

LDA 假定体系中原子核间的距离较远，电子可以近似地认为在均匀场中运动。依照自由电子气模型，定义为 $E_{xc}(\rho)$ 为

$$E_{xc}(\rho) = \int \rho(r)\varepsilon_{xc}(\rho)\mathrm{d}r \tag{7.18}$$

式中，$\varepsilon_{xc}(\rho)$ 为交换关联能量密度。若假设电子密度变换缓慢，那具有相同电子密度的均匀电子气的交换关联泛函可认为是系统能量的近似

$$E_{xc}^{LDA}(\rho) = \int \mathrm{d}r \rho(r)\varepsilon_{xc}^{h}\big[\rho(r)\big] \tag{7.19}$$

相应的交换关联势为

$$V_{xc}^{LDA} = \frac{\delta E_{xc}(\rho)}{\delta\rho} = \varepsilon_{xc}^{h}\big[\rho(r)\big] + \rho(r)\frac{\delta\varepsilon_{xc}(\rho)}{\delta\rho} \tag{7.20}$$

LDA 中交换关联能密度可以分为交换能密度式 $\varepsilon_x^h(\rho)$ 和关联能密度 $\varepsilon_c^h(\rho)$ 两部分。交换能密度 $\varepsilon_x^h(\rho)$ 一般采用均匀电子气模型，由式 $\varepsilon_x^h(\rho) = -\frac{3}{4}\left(\frac{3\rho^{tot}}{\pi}\right)^{1/3}$ 给出，其中 ρ^{tot} 为总态密度。关联能密度 $\varepsilon_c^h(\rho)$ 通常没有严格的解析，主要表达方式是基于 Ceperley 和 Alder 对于均匀电子气的量子蒙特卡洛（QMC）模拟。通常将函数形式拟合后得到近似，常见的几种形式（能量单位均为 Hartree）如下。

① Perdew-Zunger 函数。

$$\varepsilon_c^{PZ}(r_s) = \begin{cases} A\ln r_s + B + Cr_s\ln r_s + Dr_s & (r_s \leqslant 1) \\ \gamma / \left(1 + \beta_1\sqrt{r_s} + \beta_2 r_s\right) & (r_s > 1) \end{cases} \tag{7.21}$$

式中，A=0.0311；B=-0.048；C=0.002；D=-0.0116；$r_s \leqslant 1$ 为高密度极限，表示不考虑自旋极化；$r_s > 1$ 表示电子气密度较低；γ=-0.1423；β_1=1.0529；β_2=0.3334。

② Vosko-Wilk-Nusair 函数。

$$\varepsilon_c^{VWN}(r_s) = \frac{A}{2}\left\{\ln\left[\frac{r_s}{F(\sqrt{r_s})}\right] + \frac{2b}{\sqrt{4c-b^2}}\tan^{-1}\left(\frac{\sqrt{4c-b^2}}{2\sqrt{r_s}+b}\right) - \frac{bx_0}{F(x_0)}\left[\ln\left(\frac{\sqrt{r_s}-x_0}{F(r_s)}\right) + \frac{2(b+2x_0)}{4c-b^2}\tan^{-1}\left(\frac{\sqrt{4c-b^2}}{\sqrt{r_s}+b}\right)\right]\right\} \tag{7.22}$$

对于自旋非极化的情况，有 x_0=-0.10498，b=3.72744，c=12.9352。

另外一些 LDA 下的函数形式，请参考其他文献。

LDA 适用于一般金属和半导体的电子结构以及对氧化物表面能的描述，但对于电子密度变化迅速的体系，没有考虑的 $E_{xc}(\rho)$ 非局域效应，无法有效处理范德华力，其对晶格、体积

等的描述得到的结果往往不是很理想，通常会高估结合能和弹性常数，低估晶格常数。另外对于强关联体系，如金属氧化物等，也无法通过 LDA 得到满意的结果。

（2）广义梯度近似

为了弥补 LDA 的缺点，引入了半局域化修正模型的 GGA 方法。目前的 DFT 理论中，最常用的 GGA 泛函有 Becke-Lee-Yang-Parr(BLYP)、Perdew-WangCPW91)、Perdew-Becke-Emerbof(PBE)等。GGA 使用了电荷梯度来修正电荷密度的局域变化，此时的交换关联能为

$$E_{xc}^{GGA}(\rho) = \int dr \rho \varepsilon_{xc} F_{xc}\left[\rho(r), |\nabla \rho(r)|\right] \tag{7.23}$$

F_{xc} 归纳了非局域、非均匀项对均匀电子气的修正，称为增效函数。

由于考虑了梯度效应，GGA 泛函比 LDA 泛函更适用于提高较轻原子和金属体系的基态性质的精度，使原子能量、晶体结合能、体系键长等更接近于实验值。不过 GGA 存在过分修正的问题，因此 GGA 不能替代 LDA，两者均是重要的交换关联泛函。

目前，DFT 的交换关联泛函主要是 LDA 和 GGA，但更多性能优异的交换关联泛函被发现，如 meta-GGA（除了密度梯度以外，在泛函中包含其他自变量），它在 GGA 的基础上包含电荷密度 $\rho(r)$ 的更高阶密度梯度以及 KS（Kohn-Sham 方程）轨道梯度等其他一些系统特征变量。

除了改进 GGA 和 LDA，还有另外一个发展方向，在 DFT 中加入精确交换作用能，这样就构造出杂化泛函。比如在分子体系中广泛应用的 B3LYP 就是其中之一，而在凝聚态物理中则较多使用 HSE 杂化泛函。

需要注意的是，不同的 LDA 方案之间大同小异，但不同的 GGA 方案可能给出完全不同的结果。无论是 LDA 还是 GGA，都存在很大的局限，如不能准确描述材料激发态的电子结构。用 LDA 计算得到的带隙比实验值低 20%～40%，GGA 虽然有所改进，但仍然偏低，并且 LDA 和 GGA 都难描述远程弱相互作用，如范德华力等。另外，对于较大的体系，计算量巨大。表 7.1～表 7.4 是 LDA 与 GGA 的计算结果与实验值（Expt.）的比较。

表 7.1 原子总能（LDA 的计算值相对较小，GGA 的计算值与实验值更接近）

单位：Ry（1Ry=13.6056923eV）

方案	Li	Be	B	C	N	O	F	Ne
Expt.	214.958	229.334	249.308	275.668	2109.174	2150.126	2199.450	2257.856
GGA: PW91	214.928	229.296	149.240	275.561	2108.926	2149.997	2199.433	2257.893
LDA	214.668	228.892	248.686	274.849	2108.045	2148.939	2198.189	2256455
方案	Na	Mg	Al	Si	P	S	Cl	Ar
Expt.	2324.490	2400.086	2484672	2578.696	2682.764	2796.200	2920.298	21055.098
GGA: PW91	2324.541	2400.120	2484686	2578.669	2682.386	2796.152	2920.278	21055.077
LDA	2322.867	2398.265	2482.618	2576.384	2679.880	2793.419	2917.313	21OS1.876

表 7.2 小分子的结合能（LDA 的计算值通常偏大，GGA 的计算值与实验值较接近） 单位：eV

分子	Expt.	GGA	LDA
H_2	−4753	−4.540	−4.913
LiH	−2.509	−2.322	−2.648
O	−5.230	−6 237	−7.595
H_2O	−10.078	−10.165	−11 567
F_2	−1.660	—	−3 320

表 7.3　晶格常数（LDA 值偏大，GGA 值偏小，但 GGA 值的误差更明显）

物质	Expt.	LDA/Å	误差/%	GGA/Å	误差/%
Si	5.43	5.40	−0.50	5.49	1.16
Ge	5 65	5.62	−0.53	5,74	1.59
GaAS	5.65	5.62	−0.53	5.73	1.42
Al	4.03	3.98	− 1.31	4.09	1.57
Cu	3.60	3.52	−2.36	362	044
Ag	4.07	4.00	−1.69	4.17	2.47
Ta	330	3.26	−1.12	3.32	0 80
W	3.16	3.14	−0.67	3.18	0.67
Pt	391	390	− 0.41	3.97	1.49
Au	4.06	4.05	−0.13	416	248

表 7.4　固体弹性模量（LDA 计算结果偏硬，GGA 计算结果偏软）

物质	Expt.	LDA/GPa	误差/%	GGA/GPa	误差/%
Si	99	96	−3.03	83	−16.16
Ge	77	78	1.30	61	−20.78
GaAS	76	74	2.63	65	−14.47
Al	77	84	9.09	73	−5.19
Cu	138	192	39.13	151	9.42
Ag	102	139	36.27	85	−16.67
Ta	193	224	16.06	197	2.07
W	310	337	8.71	307	0.97
Pt	283	307	8.48	246	−13.07
Au	172	198	15.12	142	−17.44

（3）杂化泛函

由于没有考虑到空穴的屏蔽效应，LDA 和 GGA 这两种泛函都无法准确预测带隙的大小，且在计算电子结构时，自关联项和交换项无法抵消，所以结果会出现较大的误差，因此又引入了杂化泛函，如常用的有 PBE0、HSE06、HSE03 和 B3LYP。在杂化泛函中，掺杂了部分 Hartree-Fock 的精确交换关联势，修改后的混合泛函交换关联能可以表示为

$$E_{xc}^{HF} = \alpha E_x^{HF} + (1-\alpha) E_x^{DFT} + E_c^{HF} \tag{7.24}$$

式（7.24）中，α 是可调参数，一般 HSE06 和 HSE03 取 0.25。另外，BLYP 是广义梯度近似 GGA 纯密度泛函方法，而 BXLYP 是密度泛函和 HF 杂化方法，x 代表杂化泛函和交换泛函的权重。

① PBE0。

Perdew、Ernzerhof 和 Burkel 推导得出一种杂化泛函 PBE0。

$$E_{xc}^{PBED} = \frac{1}{4} E_x^{HF} + \frac{3}{4} E_x^{PBE} + E_c^{PBE} \tag{7.25}$$

式中，E_x^{HF} 为 Hartree-Fock 交换能，E_x^{PBE} 为 PBE 泛函中的交换能；E_c^{PBE} 为 PBE 泛函

中的关联能。

② B3LYP。

Becke、Lee、Yang、Parr 经过推导，得到如下交换关联泛函：

$$E_{xc}^{PBE} = (1-a_0)E_x^{LSDA} + a_0 E_x^{HF} + a_x \Delta E_x^{B88} + a_c E_x^{LYP} + (1-a_c)E_c^{VWN} \qquad (7.26)$$

为表彰他们四人的贡献，该杂化泛函取名为 B3LYP。其中 3 表示泛函中有 3 个可调参数。Finley 经过计算得到，上式中的 3 个参数分别为 a_0=0.20、a_x=0.72、a_c=0.81。

③ HSE03 和 HSE06(HSE)泛函。

JochenHeyd 和 GustavoE.Scuseria 将交换项分为未掺入精确交换势的长程和掺入精确交换势的短程，忽略了 HF 的长程交换贡献，将混合泛函形式表示如下

$$E_{xc}^{HSE03} = aE_x^{HF,SR}(w) + (1-a)E_x^{PBE,SR}(w) + E_x^{PBE,LR}(w) + E_c^{PBE} \qquad (7.27)$$

目前，HSE06 是用得较多的杂化泛函。它对能带和电子结构的计算精度有了较大的提高，但缺点是计算时间过长，效率不高。

7.2.2.5　平面波展开与截断能

（1）平面波展开

平面波是自由电子气的本征函数，由于金属中离子芯与外层的价电子有很小的作用，因此很自然地选择用它来描述简单金属的电子波函数。最简单的正交完备函数集是平面波 $\exp[i(k+G)r]$，这里 G 是原胞的倒格矢。根据晶体的空间平移对称性，晶体中电子的波函数 $\varphi(r,k)$ 总是能够写成

$$\varphi(r,k) = u(r)\exp(ik \cdot r) \qquad (7.28)$$

式中，k 是电子波矢，$u(r)$ 是具有晶体平移周期性的周期函数。对于理想晶体，只要取一个原胞就可以了。对于无序系统（无定型结构的固体或液体）或表面界面，只要把原胞取得足够大，以至于不影响系统的动力学性质，仍然可以采用周期性边界条件。采用周期性边界条件后，单粒子轨道波函数可以用平面波基展开为

$$\varphi(r) = \frac{1}{\sqrt{N\Omega}} \sum_G u(G)\exp\left[i(K+G) \cdot r\right] \qquad (7.29)$$

式中，$\frac{1}{\sqrt{N\Omega}}$ 为归一化因子；Ω 为原胞体积；G 为原胞的倒格矢；K 为第一布里渊区的波矢；$u(G)$ 为展开系数。在对真实系统的模拟中，由于电子数目的无限性，K 矢量的个数原则上也是无限的。每个 K 矢量处的电子波函数可以展开成离散的平面波基组形式，这种展开形式包含的平面波数量是无限多的。但在实际计算中只能取有限个平面波数。由于 $\varphi(r)$ 随 K 点的变化在 K 点附近可以忽略，因此可以通过对有限个离散的 K 点求和来代替连续的 K 点积分，而且对 G 点的求和也可以截断成有限的。给定一个截断能

$$E_{cut} = \frac{\hbar^2 (G+K)^2}{2m} \qquad (7.30)$$

对 G 求和可以限制在 $\hbar^2 (G+K)^2/(2m) \leqslant E_{cut}$ 的范围内，即要求开展的波函数的能量小于 E_{cut} 即可。

（2）截断能选取原则

为了取有限个平面波数，确定合适的截断能（energy cutoff）是非常重要的。一方面，为了使计算的系统总能量达到设定的精度，截断能必须选取得足够高；另一方面，太高的截断能会降低计算效率。通常，当系统总能量变化稳定在 5×10^{-6}eV 以内，并使得优化后作用在晶胞中每个原子上的力小于 0.01eV/A，晶胞剩余应力低于 0.02GPa，公差偏移小于 5×10^{-4}A 时，则认为计算达到收敛。

7.2.2.6　赝势方法

通常原子核附近的电子会受到很强的库仑势场，此时，原子的内层波函数在此区域会发生很大的振荡，要获得较为精确的结果必须要用大量的平面波来展开波函数，这就极大地增加了计算机的难度。但当我们将外层电子和不参与成键的内层电子分开处理时，可以降低计算的成本，提高效率。由此，也就产生了平面波展开的赝势方法。目前，常用的赝势方法是模守恒赝势（norm-conserving-pseudo-potential, NCPP）和超软赝势（ultra-soft-pseudo-potential, USPP）。

NCPP 是由 Hamann 等人首次提出的不含任何经验函数的赝势。如图 7.5 所示，当 $r<r_c$ 时，赝势和真实势、质波函数和真实波函数基本上是重合的，形状与振幅都相同（即模守恒条件）；当 $r<r_c$ 时，赝势和真实势变化较为明显，而赝波函数和真实波函数曲线偏差较小，也就是将剧烈变化的真实波函数转变为变化缓慢的赝波函数，达到了模守恒赝势的目的。模守恒赝势对电荷进行正确的描述，可产生正确的电荷密度，适合做自洽计算。

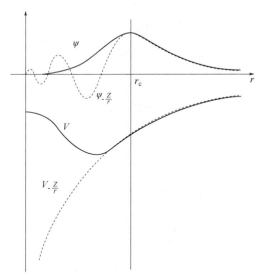

图 7.5　赝势（实线部分是全电子波函数与离子势，虚线的部分是赝势以及赝势波函数，其中 r_c 指临界半径）

NCPP 要求赝势波函数满足以下条件：①本征值与真实本征值相等；②没有节点；③在原子核区以外（$r<r_c$）与真实波函数相等；④在内层区（$r<r_c$）内的赝电荷与真实电荷相等，将赝波函数代入薛定谔方程中即得到对应的赝势。一般说来，小的 r 可移植性好，可用于不同

的环境，但平面波收敛慢。

NCPP 可以在局域密度近似下，采用平面波基精确有效地计算固态性质，且可移植性好。但在描述局域价轨道时仍需要大量平面波基，因而在第 I 族元素和过渡金属中的应用大打折扣。因为在模守恒的限制下，对一些原子的轨道（如 O 原子的 2p 或 Ni 原子的 3d 轨道），很难构造出比全电子波函数更光滑的赝波函数，因此收敛得仍然很慢。

NCPP 之后发展出来的 Kerker 赝势、TM 赝势和 Optimised 赝势，都是朝着兼顾准确性的前提发展的，尽可能使必须使用的平面波基数越少越好，因为平面波基数的多少直接影响所需计算量的大小。某种赝势所需基函数的多少，可由总能量 E_{tot} 对截断能 E_{cut} 的收敛性来判断。即平面波截断能 E_{cut} 增加到多大时，所求系统的总能量不再发生改变，这时候 E_{cut} 就已经收敛。所需的 E_{cut} 越少，也就是所谓的赝势越"软"。

计算量的大小往往取决于原子的种类，不同种类的原子的"软硬"会有明显的差别。使用 Optimised 或 TM 赝势虽然能够把 NCPP 变得很"软"，但模守恒条件对于原本就已经没有节点价电子分布的系统，与现今普遍使用的超软赝势（它不必遵守模守恒条件）相比，节省技术的程度仍然十分有限。

NCPP 虽然可以准确地描述电荷密度的分布，但是需要较大的截断能 E_{cut}，在计算条件简陋时无法达到要求。因此，为了利用更少的平面波基底函数，进一步简化计算过程、提高效率，Vanderbilt 等提出了另一种需要较小 E_{cut} 的方案，即 USPP。USPP 通过引进正交归一化条件让波函数变得更平滑，以此来实现 E_{cut} 的有效减小。它将电子云密度分为延伸至整个单位晶的平滑部分和局域在核心部分的自旋部分，正确地描述了体系电荷密度的分布。USPP 减少了计算资源的使用，在虚线选择的能量范围内可以产生理想的散射性质，获得更好的变化性和准确性。但是 USPP 需要经验参数，只能在倒空间中使用。

7.2.3　第一性原理的研究现状及计算常用软件

7.2.3.1　密度泛函理论的现状与展望

目前，与密度泛函理论相关的研究主要为：①DFT 理论本身的研究，即寻找基态体系性质（特别是动能和交换能）作为电子密度分布的更精确的形式并拓宽 DFT 的内涵；②DFT 计算方法的研究，突破计算瓶颈实现对大体系的高精度计算。随着更精确的密度泛函形式的发现和更高效的计算方法与程序的推出，密度泛函理论将会在化学、物理、材料科学、生命科学以及药物化工等领域的研究中发挥更大的作用。

7.2.3.2　第一性原理计算常用软件

第一性原理计算（first-principle calculation）是近二十年计算与模拟实验的标杆。第一性原理计算源自 DFT，它从量子力学发展而来。一般而言，first-principle 指第一性原理；ab-initio 指从头计算；DFT 指密度泛函，为更广义的第一性原理。它们之间的区分不十分清晰。在凝聚态物理领域，常称为第一性原理计算；而在量子化学领域，更愿意称为从头计算。不过，第一性原理主要基于 DFT，而量子化学则是基于 Hartree-Fock(HK)理论。

根据 web of science 统计，近二十年来，被 SCI 收录的第一性原理计算的学术论文大幅增加，且呈方兴未艾之势。第一性原理计算从 20 世纪末发展至今已经研制和开发出许多优秀的软件，如 VASP、CASTEP、WIEN2k、Gaussian、ABINIT、PWSCF 和 SIESTA 等。

（1）VASP（商业软件）

VASP（vienna ab-initio simulation package）软件采用的是密度泛函理论框架下的平面波赝势法。它采用平面波基矢，在 GGA、LOA 或自旋密度近似下通过自洽迭代的方法来求解 Kohn-Sham 方程。电子与原子核之间的相互作用通过赝势来描述，包括超软赝势（CUSPP）和投影缀加波（projectoraugmentedwave,PAW）等。VASP 软件提供了元素周期表中绝大部分元素的赝势，且这些赝势的精度和可移植性都比较高。

（2）CASTEP（商业软件，仅对英国学院用户开源免费）

CASTEP（cambridge sequential total energy package）是一个基于平面波赝势法（PW-PP）的密度泛函理论计算软件，其基本功能与 VASP 非常类似。CASTEP 比 VASP 更加显著的优点是使用非常便利。它是 Materials Studio 平台中使用最多、最成功的一个模块。Materials Studio 平台可以非常方便地进行建模，然后立即使用 CASTEP 进行计算。计算结束后可以用自带的后处理程序对计算结果进行处理。所有的过程都能在 Materials Studio 平台集成体系中完成，使得 CASTEP 的整个使用过程非常高效。Materials Studio 平台可在 Windows 环境中安装和使用，可视化程度高。CASTEP 在建模、计算及后期数据处理等方面要比 VASP 方便得多。但 VASP 完全基于 Linux 平台，在使用上要比 CASTEP 灵活得多。

（3）WIEN2k（商业软件）

WIEN2k 软件是维也纳技术大学材料化学研究所开发的基于密度泛函理论（DFT）的材料计算软件，该软件采用全势-线性缀加平面波（FP-LAPW）方法，因此是最高精度的第一性原理材料计算软件之一，越来越广泛地应用到高精度的材料模拟和设计中。它基于键结构计算最准确的方案——完全势能（线性）增广平面波[(L)APW]+局域轨道（LO）方法。在密度泛函中可以使用局域（自旋）密度近似[L(S)DA]或广义梯度近似（GGA）。使用全电子方案，包含相对论影响。因为 WIEN2k 软件本身的特点，其安装和使用有一定的复杂性，这大大制约了 WIEN2k 软件在材料科研领域的使用。WIEN2k 的精度高于 VASP 和 CASTEP，但计算资源的消耗也更大，其功能非常强大，包括：X 射线结构因子、Baders 的"分子中的原子"概念、总能量、力、平衡结构、结构优化、分子动力学、电场梯度、异构体位移、超精细场、自旋极化（铁磁性和反铁磁性结构）、自旋-轨道耦合、X 射线发射和吸收谱、电子能量损失谱计算固体的光学特性费米表面 LDA、GGA、meta-GGA、LDA+U、轨道极化中心对称和非中心对称晶格。内置 230 个空间群，可以很容易地产生和修改输入文件。它还能帮助用户执行各种任务（如电子密度、态密度等）。

（4）Gaussian（商业软件）

Gaussian 是一个功能强大的量子化学综合软件包。其可执行程序可在不同型号的大型计算机、超级计算机、工作站和个人计算机上运行，并相应有不同的版本。高斯功能：过渡态能量和结构、键和反应能量、分子轨道、原子电荷和电势、振动频率、红外和拉曼光谱、核磁性质、极化率和超极化率、热力学性质、反应路径。计算可针对体系的基态或激发态进行，可以预测周期体系的能量、结构和分子轨道。因此，Gaussian 可以作为功能强大的工具，用于研究许多化学领域的课题，例如，取代基的影响、化学反应机理、势能曲面和激发能等。

（5）ABINIT（开源，免费）

ABINIT 的主程序使用赝势和平面波，用密度泛函理论计算总能量、电荷密度、分子和周期性固体的电子结构、进行几何优化和分子动力学模拟、用 TDDFT（time-dependent density functional theory）或 GW 近似（多体微扰理论）计算激发态。此外还提供了大量的工具程序。程序的基组库包括了元素周期表 1~109 号所有元素。ABINIT 适于固体物理、材料科学、化学和材料工程的研究，包括固体、分子、材料的表面以及界面，如导体、半导体、绝缘体和金属。相比于 VASP 和 CASTEP、ABINIT 等软件，一个较大的不足是它的赝势文件不完整，移植性也不好。

（6）PWSCF（开源，免费）

PWSCF（plane-wave self-consistent field）计算软件是意大利理论物理研究中心发布的 Quantum-ESPRESSO(quantum open-source package for research in electronic structure, simulation and optimization）计算软件包中的两大模块之一。PWSCF 的扩展性比较好，还可做电声耦合方面的计算。

（7）SIESTA（开源，免费）

SIESTA（spanish initiative for electronic simulations with thousands of atoms）是一个可以免费索取许可的学术计算软件，用于分子和固体的电子结构计算和分子动力学模拟。SIESTA 使用标准的 Kohn-Sham 自洽密度泛函方法，计算使用完全非局域形式（kleinman-bylander）的标准守恒赝势。基组是数值原子轨道的线性组合（LCAO）。它允许任意角动量、多个 Zeta、极化和截断轨道。计算中把电子波函和密度投影到实空间网格中，以计算 Hartree 和 XC 势，及其矩阵元素。除了标准的 Rayleigh-Ritz 本征态方法以外，程序还允许使用占据轨道的局域化线性组合。使得计算时间和内存随原子数线性标度，因而可以在一般的工作站上模拟上千个原子的体系，这是平面波和全电子计算软件难以企及的。

7.2.4 第一性原理在材料研究中的应用

利用第一性原理进行材料的模拟与计算已经成为现代材料学研究的一大趋势。按第一性原理研究的内容看，目前主要有以下几个方面。

① 电子结构：第一性原理计算是以密度泛函理论为基础，决定了它在描述电子结构方面的优势。目前几乎所有的计算软件都可以得到能带、态密度和电荷密度等各方面的电子结构性质。进而可对材料的某些物理及化学性质如光学或磁学进行深入的探讨与洞悉。通过掺杂的计算与分析可找到对材料改性的途径。

② 力学性质：利用第一性原理对材料的弹性常数、弹性模量以及应力应变等力学性质的计算已经发展得非常成熟。压力或应力作用下材料的相变或物理性质的改进已成为热点。对超硬材料的模拟与计算对寻找和合成适用于各种环境的超硬材料提供了有力的帮助。

③ 热力学性质：第一原则能够直接计算体系的基态能量，从而可以进行热力学性质的计算。还可以计算形成能、表面能和吸附能等，为材料在热力学方面的应用奠定基础。

按照第一性原理研究目的看，一般有以下两类。

① 解释性计算：自然界的很多现象都需要给出物理或化学解释。有些现象很难用实验进行解释，或者能用实验解释但成本较高，而第一性原理计算得到的结果便足以说明问题。如

实验上观测到天然材料氮化钽（Ta_2N_3，正交结构）中含有大量的氧作为杂质占据在氮的位置上。然而氮化钽中为什么会含氧杂质，一直是困扰大家的问题，实验上也不能进行解释。科学家利用第一性原理，首先模拟构建出纯净的和掺杂的 Ta_2N_3 晶体模型，通过计算得到它们的弹性常数，如表 7.5 所示。由表可知，纯净的 Ta_2N_3 的弹性常数 C_{66} 的值为负，而含有氧杂质的 Ta_2N_3 的弹性常数 C_{66} 的值为正。对正交结构材料而言，其力学（结构）稳定的条件之一是其弹性常数 C_{11}、C_{22}、C_{33}、C_{44}、C_{55} 和 C_{66} 的值是正的。可见，纯净的 Ta_2N_3 是不稳定的，含有氧杂质才使得 Ta_2N_3 成为稳定的物质。因此，氧杂质使得天然 Ta_2N_3 保持下来。

表 7.5　由第一性原理计算得到的纯净的和掺氧的 Ta_2N_3 的弹性常数　　　单位：GPa

结构	C_{11}	C_{22}	C_{33}	C_{12}	C_{13}	C_{23}	C_{44}	C_{55}	C_{66}
纯净	456	610	b39	248	203	176	165	193	−54
掺杂	487	531	649	230	193	166	153	188	175

② 预测性计算：在实验室合成更新更有意义的材料，对实验条件的要求非常高。比如，某些超硬或陶瓷材料是在高压（>5GPa）和高温（>2000°C）才能合成出来，这种条件称为 HPHT(high pressure and high temperature)。苛刻的实验条件花费巨大，而且还不知道合成出的材料是否有科学意义。因此，有必要在进行实验室合成材料之前对其性质进行科学的预测，以便决定是否有必要进行如此昂贵的实验。同时，第一性原理计算可以预测一些实验上尚未证实的现象。如人们过去一直认为金刚石是自然界中最硬的材料。然而，Teter 等人计算了 C_3N_4 多种同素异构体，发现其立方结构的体积模量甚至比金刚石的还大，因此从理论上预言立方结构的 C_3N_4 是比金刚石更硬的材料。

7.2.4.1　第一性原理在医用 Ti-Mo-Nb 钛合金制备中的应用

采用基于密度函数理论的第一性原理软件 Materials Studio 的 CASTEP 模块对合金进行建模计算。采用 2×2×2 体心立方超晶胞作为计算模型，包含 16 原子，根据前期研究及文献参考，当 Mo 含量超过 4.77%（原子百分比）时合金中相组织即为 β 相，并且随着 Mo 元素的增多，合金的 β 相稳定性越来越强，但 Mo 的增多也会导致弹性模量的上升，因此本计算在选择 Mo 元素含量时，尽可能使合金在 β 相结构下选取最小的 Mo 含量，由于计算采取 2×2×2 体心立方 16 原子超晶胞，Mo 的最小原子比为占据一个原子位置即 Mo 含量为 6.25%。为使晶胞保持立方相，Mo 原子在取代 Ti 原子时要保持高度对称结构，Mo 所取代的位置即为体心位和顶角位。以 Mo 原子占据体心位为模型（图 7.6）进行能量计算，并进行合金体系的收敛性测试。计算采用基于密度泛函理论的平面波赝势方法，交换关联能函数采用广义梯度近似（GGA）中的 PBE 形式，自洽精度设为每个原子能量收敛为 $1.0×10^{-6}$eV。

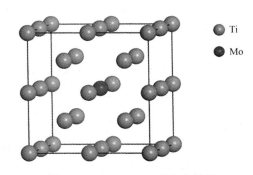

图 7.6　Ti-6.25Mo 二元合金模型

在 Ti-6.25Mo 基础上进行收敛性测试确定合金体系计算的截断能及 K-point。首先在不影响计算结果 K-point 选取 12×12×12 的前提下进行截断能收敛性测试，截断能设置为 250eV、

300eV、350eV、400eV、450eV，分别计算 Ti-6.25Mo 合金的总能。并将计算出的总能进行绘图。

图 7.7 为合金体系的截断能收敛性测试，由图可知，截断能在 350eV 时体系的能量已经相差不大并趋于平稳，因此体系的截断能设置为 350eV，并以 350eV 截断能来进行 K-point 收敛性测试，测试结果如图 7.8 所示，当 K-point 为 3×3×3 时，体系总能趋于平稳，K-point 取值越大，体系计算量越大，计算周期越长，因此合金计算体系的截断能设置为 350eV，K-point 设置为 3×3×3。

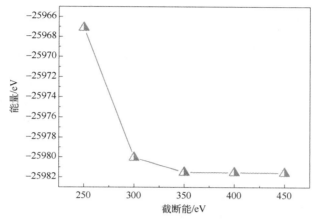

图 7.7　合金体系的截断能收敛性测试

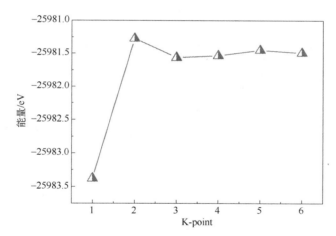

图 7.8　合金体系截断能在 350eV K-point 收敛性测试

7.2.4.2　第一性原理在奥氏体钢中的应用

基于密度泛函理论的第一原理（first-principle）计算方法计算 S、P 同一周期不同主族元素在 fcc-Fe 的 Σ5(210)晶界的偏析行为进行比对，研究两种元素对其偏析行为对 fcc-Fe 晶界处性质的区别，发现 P 原子比 S 原子更易于在晶界处偏析，S 原子对界面的削弱能力比 P 原子更强，使得其抗拉强度降低更明显。S、P 原子在 Σ5(210)[001]对称倾转晶界处具有三个可能位置，如图 7.9（a）、图 7.9（b）、图 7.9（c）为构建的 Σ5(210)晶界的 1、2、3 位置，其中，S、P 原子在位置 3 不稳定，经过优化后，S、P 原子由位置 3 豫驰到了位置 2，如图 7.9（d）所示。

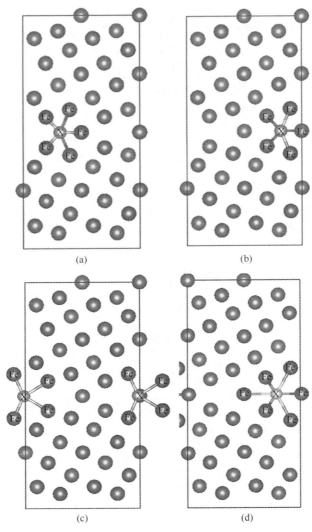

图 7.9　在晶界处，X（S、P）原子所处的不同间隙位置（a）、（b）、（c）和位置 3 优化后的结构（d）

　　未掺杂［图 7.10（a）］和掺杂 S、P 后［图 7.10（b）（c）］fcc-Fe 的电荷密度分布图。晶界处的低电荷密度区较大，因此晶界面处易成为晶体断裂位置。同时，Fe①—Fe②的键强度要强于晶界处的其他 Fe—Fe 键，对晶界的结合有着至关重要的作用。由图 7.10 可知，当 S、P 原子处于晶界间隙位置后，S、P 与周围的 Fe 原子形成较强的 S—Fe 键和 P—Fe，而 Fe①—Fe②键的电荷密度下降，键强强度降低，其原因主要是很强脆化作用的元素会把邻近的金属原子的电子拉到它们自己这里，把金属原子之间的电荷减少了，从而削弱了金属原子之间的结合，造成晶界脆化。与上文的原子间距增大相符，从而说明 S、P 的进入削弱了晶界结合力。值得注意的是对比图 7.10（b）和图 7.10（c）的 Fe①—Fe②键之间的电荷密度发现晶界 S 掺杂之后的电荷密度比 P 掺杂之后的电荷密度弱，从电荷密度的角度说明 S 原子掺杂晶界后对晶界的削弱程度比 P 原子更强。

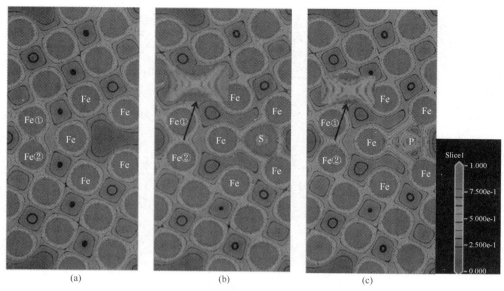

图 7.10　未掺杂和掺杂 S、P 后 fcc-Fe 的电荷密度分布图（二维码）

（a）未掺杂；（b）和（c）掺杂 S、P

图 7.11 为掺杂和未掺杂 S 原子的总态密度和分波态密度图，总态密度主要来源于 Fe-d 电子贡献，S 偏析到晶界对总态密度无明显的影响，但是使费米能级处电子数升高，总态密度略向高能方向偏移，体系稳定性降低。从电子的层面上验证了上述的结论，即在 fcc-Fe 晶界中加入 S 原子后都会削弱晶界稳定性，降低晶界的强度，对晶界产生不利的影响。而且观察对比 S、P 总态密度的峰值发现掺入 S 原子后的费米能级附近的峰值比掺入 P 原子高，说明了 S 原子掺入后体系能量变得更不稳定，进一步证明了 S 原子对晶界的削弱的能力比 P 原子更强。

实际上，更多时候第一性原理计算并不是单一的解释性计算或预测性计算，而往往是更多元素的整合。比如，对含缺陷的半导体材料进行第一性原理计算时，除了要关注缺陷对半导体材料电子结构的影响，还会对热力学性质如缺陷形成能进行计算，对电子结构与热力学性质结合分析才能有更加深刻的全面认识。在实验研究某种材料性质的同时，对其性质进行第一性原理计算，并进行一些理论预测，才能让我们深刻地理解这些性质的机理。

7.2.4.3　单层Ⅳ族合金在各向异性光电子学中的第一性原理计算

Yoo 等采用第一性原理电子结构进行计算，并对结构构型进行统计抽样，研究了两种单层Ⅳ族（即 Ge 基和 Sn 基）单硫族化合物中阴离子交换的影响，图 7.12 为第四族单硫族化合物单层的原子结构俯视图，MX 的单层结构属于空间群 $Pmn21(31)$，分别沿 a 方向呈之字形和 b 方向呈扶手椅形。为了研究它们在给定温度下的热力学稳定性，图 7.13 展示了 MS_xSe_{1-x} 的混合焓（ΔH_{mix}）和混合吉布斯自由能（ΔG_{mix}）作为合金成分的函数，证明了这些单层合金在很大程度上是熵稳定的。尽管 Ge 基和 Sn 基单层合金在结构性能上几乎都表现出线性 Vegard（费伽德）关系，如图 7.14 所示，它们的各向异性晶格比随阴离子浓度的变化是不同的，这反映了锗基单层合金比锡基单层合金更具共价（或更少离子）的性质。这些合金单层的基本电子带隙与成分相关，很好地反映了线性 Vegard 关系，证实了离子共价键特性和各向异性结构特征的差异，带隙能量随着 Se 浓度的增加而降低。此外，还证明了它们的电子能带结构的变化（由原子结构和化学键的各向异性介导）如何影响它们的光学响应。

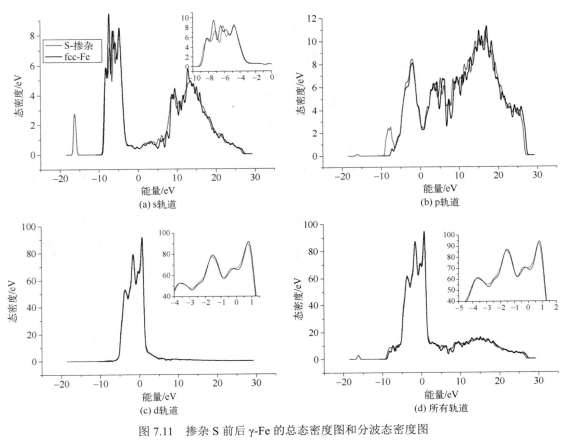

图 7.11 掺杂 S 前后 γ-Fe 的总态密度图和分波态密度图

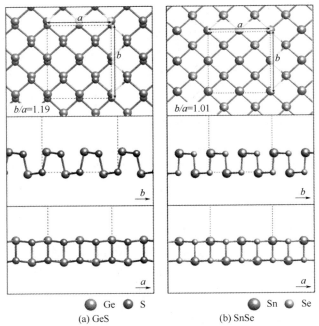

图 7.12 第四族单硫族化合物单层的原子结构俯视图

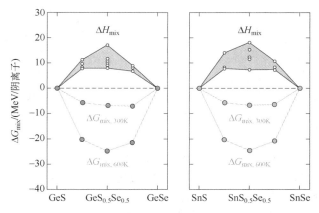

图 7.13　GeS_xSe_{1-x} 和 SnS_xSe_{1-x} 的混合焓和混合吉布斯自由能随阴离子组成的变化
灰色区域和黑色空圈分别表示所有不等效合金的混合焓范围及其具体值，在给定温度下（300 和 600K），
Ge 基和 Sn 基合金的混合吉布斯自由能分别用红圈和蓝圈表示（二维码）

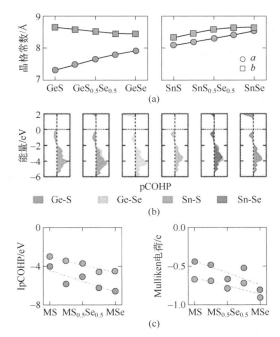

图 7.14　晶格常数 a_0 和 b_0(a)、阳离子和阴离子之间的投影晶体轨道 Hamilton（哈密顿）
居群(pCOHP)(b)以及 GeS_xSe_{1-x} 和 SnS_xSe_{1-x} 单层合金的 pCOHP(IpCOHP)和
阴离子 Mulliken（马利肯布）电荷随阴离子组成的函数关系（c）

　　总之，第一性原理计算是一种不依赖经验参数便能预测微观体系各种性质的计算。与经验或者半经验的计算相比，第一性原理计算只需要微观体系中各元素的原子种类和排列，就可以计算出其电子结构等诸多物理化学性质。

7.3　分子动力学

　　分子动力学方法（molecular dynamics method，MDM）广泛用于经典的多粒子体系的研究中。该方法是按体系内部的内禀动力学规律计算并确定位形的变化。它首先需要建立一组分子的运动方程，并通过直接对系统中的每个分子运动方程进行数值求解，得到每个时刻各个分子在相空间的运动轨迹，再利用统计计算方法得到多体系统的静态和动态特性，从而得到系统的宏观性质。因此，分子动力学模拟方法可以看作是体系在一段时间内的发展过程的模拟。通过这样的处理过程发现，在分子动力学方法中不存在任何随机因素。

7.3.1 分子动力学基本原理

分子动力学（molecular dynamics，MD）方法的出发点是物理系统的确定的微观描述。该系统可以是一个少体系统，也可以是一个多体系统。其描述可以是哈密顿描述或拉格朗日描述，也可以是直接用牛顿运动方程表示的描述。在前两种情况下，运动方程必须应用熟知的表述形式导出。MD 方法是通过运动方程来计算系统性质的，得到的结果既有系统的静态特性，也有动态特性。

MD 方法的具体做法是在计算机上求运动方程的数值解。为此，需要通过适当的格式对方程进行近似，使之适于在计算机上求数值解。其实质是计算一组分子的相空间轨道，其中每个分子各自都服从经典运动定律。它包括的不只是点粒子系统，也包括具有内部结构的粒子组成的系统。实际上这就存在一个算法，它允许系统具有内部约束，如聚合物系统，也有别种约束的，如在特定几何约束下的运动。

早期的计算机模拟方法中针对的能量是一个运动为常数的系统，因此系统性质是在微正则系综中计算的，这个系综的粒子数 N、体积 V 和能量 E 都是常数。但是，在大多数情况下，系统在常温 T 下的行为是最受关注的，即对某些量来说，合适的系综不是微正则系综而是正则系综。近年来的研究已经使得目前能够在微正则系综以外的系综中进行模拟。普遍采用的数学方法并不限于只用来解确定性运动方程，也可以用来模拟含有随机参量的运动方程。

MD 方法主要用来处理下述形式的方程：

$$\frac{\mathrm{d}u(t)}{\mathrm{d}t} = K\big[u(t):t\big] \tag{7.31}$$

式中，$u(t)$ 为未知变量，它可以是速度、角度或位置；K 为一个已知算符；变数 t 通常为时间。对方程式（7.31）不做确定性的解释，允许 $u(t)$ 是一个随机变量。例如，研究布朗粒子的运动时，式（7.31）取朗之万方程的形式，即：

$$\frac{\mathrm{d}v(t)}{\mathrm{d}t} = -\beta v(t) + R(t) \tag{7.32}$$

由于变化力 $R(t)$ 是随机变量，所以随机微分方程（stochastic differential equation，SDE）的解 $v(t)$ 也将是一个随机函数。

方程式（7.32）包括如下 4 种类型：①K 不包括随机元素，并且初始条件精确已知；②K 不包括随机元素，但初始条件是随机的；③K 包括随机力函数；④K 包括随机系数。

本书中讨论类型①～③。对于类型①和②，方程式（7.32）的求解归结为积分。对于类型③的问题，必须特别小心，因为解的性质取决于概率性的宗量。

为简单起见，本章的以下部分假定所讨论的是单原子系统，从而使得分子相互作用与分子的取向无关。此外，还假设分子的相互作用总是成对出现的相加的中心力。一般说来，系统由哈密顿量描述为

$$H = \frac{1}{2}\sum_i \frac{p_i^2}{m_i} + \sum_{i<j} u(r_{ij})$$ （7.33）

式中，r_{ij} 为粒子 i 和 j 之间的距离。位形部分内能可写为

$$U(r) = \sum_{i<j} u(r_{ij})$$ （7.34）

令系统由 N 个粒子构成，因为只限于研究大块物质在给定密度 ρ 下的性质，所以必须引进一个体积（即 MD 元胞）以维持恒定的密度。如果系统处于热平衡状态，那么这个体积的形状是无关紧要的，对于气体和液体，在所占体积足够大的极限情况下也适合；而对于处于晶态的系统，元胞的形状选择是有影响的。

对于液态和气态，为了便于计算，取一个立方体的元胞。设 MD 元胞的线度大小为 L，于是体积 $V=L^3$，引进这个立方体将产生 6 个对模拟元用的表面。撞击这些表面的粒子将会反射回元胞内部，特别是对粒子数目很少的系统，这些表面对任何一种性质都会有重大的影响。为了减小表面效应，常常要加上周期性边界条件（periodic boundary condition，PBC），即令基本元胞完全等同地重复无穷多次。这个条件可用数学表达式描述如下：

$$A(x) = A(x + nL), n = n_1, n_2, n_3$$ （7.35）

式中，n_1，n_2，n_3 为任意整数。对任何可观察量 $A(x)$ 在计算上是这样实现的。如果有一个粒子穿过基本元胞的一个表面，那么这个粒子就能穿过对面的表面重新进入元胞，速度不变。这样通过周期性边界条件就可以消除表面的影响，并且建造出一个准无穷大体积，以使其更精确地代表宏观系统。这里所做的假设是，这个小体积嵌在一个无穷大的大块之中。

位置矢量的每个分量由 0 和 L 之间的一个数表示。如果粒子 i 在 r_i 处，那么有一组影像粒子位于（r_i+nL）处，n 是一个整数矢量。由于周期性边界条件，位能会受到影响，其形式为

$$U(r_1, \cdots, r_N) = \sum_{i<j} u(r_{ij}) + \sum_n \sum_{i<j} u\left(\left|r_i - r_j + nL\right|\right)$$ （7.36）

为了避免等号右边第二项中的无穷和式，引入一个关于如何计算距离的约定：r_i 处的粒子 i 同 r_j 处的粒子 j 之间的距离为

$$r_{ij} = \min(|r_i - r_j + nL|) \quad （对一切 n）$$

基本元胞中的一个粒子只同基本元胞中的另外（$N-1$）个粒子中的每个粒子或其最近邻的影像粒子发生相互作用。实际上，这是根据条件

$$r_c < L/2$$ （7.37）

来截断位势。为此付出的代价是忽略了背景的影响。更现实的做法是把每个粒子同所有影像粒子的相互作用都考虑进来，因此 L 的数值应当选得很大，使得距离大于 $L/2$ 的粒子的相互作用力小得可以忽略，以避免有限尺寸效应。

立方体当然并不是用来盛放系统并保持密度守恒的唯一可能的几何形状。有些情况下（如结晶）需要选择其他形状的元胞。不过在任何情况下都存在着一种危险：周期性边界条件会引起特定的晶格结构的出现。

7.3.1.1 积分格式

从计算数学的观点来看，MD 方法是一个初值问题。对于这种问题的算法已有了大量的发展，不过并非所有算法都适宜用来解决物理问题。主要原因是许多格式都要求多次计算式（7.31）右边的值，存储先前算出的值并（或）进行迭代。具体地说，设从式（7.33）导出了式（7.31），即运动方程为

$$m\frac{\mathrm{d}r_i}{\mathrm{d}t} = p_i; \frac{\mathrm{d}p_i}{\mathrm{d}t} = \sum_{i<j} F(r_{ij}) \tag{7.38}$$

对于 N 个粒子，每次计算右边的值需要做 $N(N-1)/2$ 次相当费时的运算。为了避免这一点，需经常使用较简单的格式，它们的精度在大多数应用中已经足够。

为了进一步在计算机上求解运动方程，需要将微分方程转换成有限差分格式。从差分方程再导出位置和速度（动量）的递推关系，这些算法是一步一步执行的，在每一步得到位置和速度的近似值，首先得到 t_1 时刻的，然后得到 $t_2>t_1$ 时刻的，依次类推。于是积分是在时间方向上进行的（时间积分算法）。显然，必须要求递推关系能够进行高效率的计算。此外，这个格式在数值计算方面必须是稳定的。

微分方程最直截了当的离散化格式是通过泰勒展开，它的基本想法是把微分算符换成对应的离散算符，做适当的假设后将变量 u 展开泰勒级数为

$$u(t+h) = u(t) + \sum_{i}^{n-1} \frac{h^i}{i!} u^{(i)}(t) + R_n \tag{7.39}$$

其中，余项 R_n 给出近似式的误差。不过，使用 O 记号更为方便，记号 $O[f(z)]$ 代表任何满足以下条件的量 $g(z)$，只要有 $a<z<b$，就有 $g(z)<M<f(z)$，其中 M 是一个未指定的常数，有

$$\begin{cases} f(z) = O[f(z)] \\ O[f(z)] = O[g(z)] \\ O[f(z)] + O[f(z)] = O[f(z)] \\ O(O[f(z)]) = O[f(z)] \\ O[f(z)] \cdot O[g(z)] = O[f(z)g(z)] \end{cases} \tag{7.40}$$

可得到式（7.39）中误差的量级为 $O(h^n)$。从式（7.39）可以立即建立一个差分格式（对称差分近似），其离散化误差为 h 的量级，令 $n=2$，得

$$\frac{\mathrm{d}u(t)}{\mathrm{d}t} = h^{-1}[u(t+h) - u(t)] + O(h) \tag{7.41}$$

$$\frac{\mathrm{d}u(t)}{\mathrm{d}t} = h^{-1}[u(t) - u(t-h)] + O(h) \tag{7.42}$$

式（7.41）和式（7.42）是最简单的差分格式，式（7.41）称为前向差商，式（7.42）称为后向差商，使用前向差商，可得到解普遍问题式（7.31）它在初始时刻 t 有初始值 $u(t)$ 的欧拉算法，即

$$u(t) = u_t, \quad u(t+h) = u(t) + hK[u(t), t] \tag{7.43}$$

欧拉算法是一步法的典型例子。这种方法使用前一时刻的值作为唯一的输入参数以决定

下一时刻的值，下面计算使用这个算法所带来的误差。令 $z(t)$ 为方程

$$\frac{dz(t)}{dt} = K[z(t),t] \tag{7.44}$$

的精确解，定义函数为

$$\mu(u,t,h) = \begin{cases} \dfrac{z(t+h)-u}{h}(h \neq 0) \\ K(u,t)(h=0) \end{cases}$$

是精确解的差商，差值

$$\tau(u,t,h) = \mu(u,t,h) - K(u,t) \tag{7.45}$$

是局部离散化误差的度量，若

$$\tau(u,\ t,\ h) = O(h^p) \tag{7.46}$$

则这个方法是一个 p 阶方法。欧拉算法的 $p=1$，可以进一步求总体的离散化误差。可以证明，一步法的总体误差等于局部误差。

迄今为止只考虑了一步法，若令式（7.1）中的 $n=3$，则立即可导出一个更精确的方案，即给出二步法：

$$\begin{cases} u(t+h)=u(t) + h\dfrac{du(t)}{dt} + \dfrac{1}{2}h^2\dfrac{d^2u(t)}{dt^2} + R_3 \\ u(t-h)=u(t) - h\dfrac{du(t)}{dt} + \dfrac{1}{2}h^2\dfrac{d^2u(t)}{dt^2} + R_3^* \end{cases} \tag{7.47}$$

用上式减去下式，可得

$$u(t+h)=u(t-h) + 2h\frac{du(t)}{dt} + R_3 - R_3^* \tag{7.48}$$

误差分析表明，误差的量级为 $O(h^3)$。于是

$$\frac{du(t)}{dt} = \frac{1}{2h}[u(t+h) - u(t-h)] + O(h^2) \tag{7.49}$$

同样，可得到二阶导数：

$$u^{(2)}(t) = h^{-2}[u(t+h)] - 2u(t) + u(t-h)] + O(h^2) \tag{7.50}$$

通过多步法可以建立高阶算法。在计算物理学中使用的典型的多步方法是 Gear、Beeman 和 Toxvaerd 发展的算法，这些方法（包括一步法）的普遍形式为

$$u(t+rh) + \sum_{v=0}^{r-1} a_v u(t+vh) = hG[t;u(t+rh),\cdots,u(t);h] \tag{7.51}$$

式中，G 为 K 的某种函数，如

$$G = \sum_{v=0}^{r} bK[u(t+vh),t+vh] \tag{7.52}$$

在此要区分预报和校正两种格式，预报格式中的 G 不依赖 $u(t+rh)$，而校正格式中的 G 则依赖于 $u(t+rh)$。

大部分预报-校正方法所要求的内存要比一步法或二步法所要求的内存大得多。由于计算机内存的限制，只有某些算法才适用于物理系统。此外，有些方法还需要通过迭代来解出隐式给定的变量。

在导出了一些求运动方程数值解的算法之后，接下来的问题是如何选择基本时间步长 h（MD 步长），它决定着算出的轨道的精度。因此，在统计误差之外，h 也影响计算出的系统特性的精度，但是 h 的选择对模拟的实际时间的长短也是一个重要的决定因素，问题是时间步长究竟可以取多大。例如，考虑由 N 个粒子构成的氩原子系统，假设粒子之间的相互作用是 Lennard-Jones 型。对于氩原子系统，发现在相同的大部分区域中，取时间步长 $h \propto 10^{-2}$ 已经足够，这里 h 是一个无量纲量，大约相当于实际时间 10^{-14}s，于是，持续 1000 步的模拟相当于实际时间 10^{-11}s。

相空间中被抽样部分的大小取决于步长 h 连同实现的 MD 步数。为了对更大的部分抽样，希望 h 尽可能大些，但是，h 决定时间标尺，所以还必须考虑系统发生变化的时间尺度，有些系统具有几种不同的时间尺度，对于一个分子系统，分子间的行为模式可能有一个时间尺度，分子内的行为模式可能有另一个时间尺度，但是还没有一个选择 h 的判据。只有一个很一般的经验定则：总能量的涨落不应超过势能涨落的百分之几。应用时需要计算一切可观察量的关联函数，而通常情况下，不同的量有不同的弛豫时间，因而只观察能量可能会被误导。

位势截断是能量涨落的一个原因，另一个原因是近似式包含的误差，不论一个算法近似的阶数有多高，只要 h 有限大，系统迟早会偏离真实的轨道。有限大小的时间步长会使能量产生一个偏移 δE，虽然这个偏移可能很小。

从更普遍的观点着眼，可以提出算法守恒性质的问题，在一次分子动力学模拟的过程中，能量、动量和角动量应当守恒，建立守恒的一个方法是对系统加上人工的约束。但是，存在着一个强迫系统守恒的严格办法——不是用力而是用位势来计算运动。可以证明，采用这一做法后，如果把算法表示为一种特殊的形式，则能量、动量和角动量保持恒定。然而，即使能量守恒，仍有离散化误差，因而算出的轨道并不是真正的轨道，系统遵循的将是等能量曲面上的另一条路径，还要求给出正确的位势，但是对于封闭在有限体积内的系统，却不能做到这一点。此外，还可以要求一个算法的时间反演性质，如果要求方程组定义一个正则变换，则只有一步法才在时间反演下是不变的。

能量涨落可以由计算机的有限位精度引起，也可以由有限大小的 MD 步长引起，虽然舍入误差的影响通常都比其他因素小，但仍应当加以考虑。每一次算术运算都有一个舍入误差，一次加法的结果是以有限的精度得到的，它的最后一位并不是真值，而是舍入的结果。数量级相差很远的两个量相加时也会带来误差（注意，在计算机上加法的结合律不成立）。计算作用在一个粒子上的力时就可能发生这种情况，设想至少有一个粒子对这个粒子施加一个很强的排斥力，有些粒子位于位势的极小点处，给出的贡献小得可以忽略，而其他的粒子则离得很远。把小贡献同强排斥力相加，将会损失几位数字的精度，但是，如果首先对各个贡献按照其大小排序，再从最小项开始相加进行求和，有效数字位数就能保持。

7.3.1.2　计算热力学量

在进行物理系统的计算机模拟中，系统平均必须用时间平均代替，在通常的 MD 模拟中，粒子数 N 和体积 V 是固定的。严格来说，总动量是另一个守恒量，为了避免系统作为一个整体运动，把总动量置为 0，给定初始位置 $r^N(0)$ 和初始动量 $p^N(0)$，一个 MD 算法将从运动方程生成轨道 $[r^N(t), p^N(t)]$，轨道平均的定义为

$$\overline{A} = \lim_{t' \to \infty} (t' - t_0)^{-1} \int_{t_0}^{t'} dt A[r^N(t) \cdot p^N(t); V(t)] \tag{7.53}$$

假定能量守恒，并且轨道在一切具有同一能量的相同体积内经历相同的时间，则轨道平均等于微正则系综平均：

$$\overline{A} = <A>_{\text{NVE}} \tag{7.54}$$

式中，$<A>_{\text{NVE}}$ 代表系综平均；$\overline{A}$ 代表轨道平均。

孤立系统的总能量是一个守恒量，沿着分子动力学模拟生成的任何一条轨道，能量应保持不变，即 $E = \overline{E}$。处理时还必须考虑相互作用的力程。一般来讲，这个力程会大于 MD 元胞的边长 L，在 $r_c = L/2$ 处把它截断，不过，这种自然的截断方式并不是唯一的。为了计算方便，通常在一个方便的力程上把位势截断，以减少计算势能所耗用的时间，实际上，如果预先不采取特殊措施，一个 MD 步所需的总执行时间可能有 99% 用来计算位势，即计算使粒子运动所需的力。

如果位势的截断不是光滑地而是突然降到 0，那么在截断点上的力会出现 δ 函数形式的奇异性。如果位势是以列表的形式给出，这种截断是很容易实现的，但是位势截断对系统特性的影响必须加以考虑，在非平衡的情形下，如发生在一级相变的亚稳态的情形，力程的大小是极其重要的，它会影响从非平衡态到平衡态的弛豫过程。

位势的截断、对运动微分方程的近似，再加上数值舍入误差，引起了能量的漂移，这时的轨道不是时间反演不变的。

孤立系统的动能和势能 U 不是守恒量，它们的大小沿着生成的轨道逐点变化，有

$$\begin{cases} \overline{E}_k = \lim_{t' \to \infty} (t' - t_0)^{-1} \int_{t_0}^{t'} E_k[v(t)] dt \\ \overline{U} = \lim_{t' \to \infty} (t' - t_0)^{-1} \int_{t_0}^{t'} U[r(t)] dt \end{cases} \tag{7.55}$$

因为生成动能的路径是不连续的，所以必须在时间的各个间断点 v 上计算动能的值以求平均：

$$\overline{E}_k = \frac{1}{n - n_0} \sum_{v > n_0}^{n} E_k^v \tag{7.56}$$

其中

$$E_k^v = \sum_i \frac{1}{2} m (v_i^2)^v \tag{7.57}$$

从平均功能可以计算系统的温度，温度是一个重要的量，需要加以监测，特别是在模拟的起始阶段。

在热力学极限下，一切系综都是等同的，并且可以应用能量均分定理进行热力学极限下可观察量的计算。

7.3.1.3 能量均分定理

若系统的哈密顿量由式（7.33）给出，则

$$\frac{1}{2}mv_i^2 = \frac{1}{2}k_{\mathrm{B}}T$$

由于系统的每个粒子有 3 个自由度（暂且不考虑系统所受的约束，如总动量为 0），因此

$$\overline{E}_{\mathrm{k}} = \frac{3}{2}Nk_{\mathrm{B}}T \tag{7.58}$$

假定位势在 r_{c} 处被截断，系统内部的位形能量的轨道平均值为

$$\overline{U} = \frac{1}{n-n_0}\sum_{\nu>n_0}^{n}U^{\nu} \tag{7.59}$$

其中

$$U^{\nu} = \sum_{i<j}u(r_{ij}^{\nu}) \tag{7.60}$$

由于位势被截断，总能量和势能含有误差，为了估计必须做出修正。势能在一般情形下的表达式为

$$U/N = 2\pi\rho\int_0^{\infty}u(r)g(r)r^2\mathrm{d}r \tag{7.61}$$

式中，$g(r)$ 是对关联函数，它是粒子之间与时间无关联性的量度，准确地说，$g(r)\mathrm{d}r$ 是在原点 $r=0$ 处有一个粒子时，在 r 周围的体积元 $\mathrm{d}r$ 内找到一个粒子的概率。令 $n(r)$ 为离一个给定粒子的距离在 $r\sim(r+\mathrm{d}r)$ 的平均粒子数，于是

$$g(r) = \frac{V}{N}\times\frac{n(r)}{4\pi r^2\Delta r} \tag{7.62}$$

对关联函数在模拟过程中很容易计算，所有的距离从力的计算中都已经得出，由于 $g(r)$ 与时间无关，可以实行一次时间平均。

在式（7.59）中，所有的内部位行能都加到截止距离，尾部修正可以取

$$U_{\mathrm{c}} = 2\pi\rho\int_{r_{\mathrm{c}}}^{\infty}u(r)g(r)r^2\mathrm{d}r \tag{7.63}$$

在模拟中也可以不取 $g(r)$ 为算出的值，而是假设对关联函数恒等于 1，如果截止距离 r_{c} 不是取得太小，这一近似带来的误差不大。其他的量也需要进行尾部修正，在此以压强的计算作为例子，这时位力（virial）状态方程成立

$$P = \rho_{\mathrm{B}}^{k}T - \frac{\rho^2}{6}\int_0^{\infty}g(r)\frac{\partial u}{\partial r}4\pi r^3\mathrm{d}r \tag{7.64}$$

至于势能的计算，把积分分成两项，一项是由相互作用力程之内的贡献引起的，一项是对位势截断的修正项

$$P = \rho_{\mathrm{B}}^{\mathrm{k}}T - \overline{\frac{\rho}{6N}\sum_{i<j}r_{ij}\frac{\partial u}{\partial r_{ij}}} + P_{\mathrm{C}} \tag{7.65}$$

长程修正项

$$P_{\mathrm{C}} = \frac{\rho^2}{6}\int_{r_c}^{\infty}g(r)\frac{\partial u}{\partial r}4\pi r^3\mathrm{d}r \tag{7.66}$$

在下文中将阐述修正项对不同物理量的重要程度。

7.3.1.4 计算机模拟

分子系统的计算机模拟过程可以分为 3 个阶段：①初始化阶段；②趋衡阶段；③投产阶段。

模拟过程的第一阶段是规定初始条件，不同的算法要求不同的初始条件。一种算法可能需要两组坐标，一组是零时刻的，一组是更往前的时间步的。在此暂且假定需要一组坐标和一组速度来启动一个算法，立即会遇到的问题是，初始条件一般是未知的，实际上，这正是统计力学处理方法的出发点。就计算机模拟方法来说，有几种规定初始条件的方法，为了确定起见，可令初始位置在格子的格点上，而初始速度则从玻尔兹曼分布得出，精确选择初始条件是没有意义的，因为系统将丧失对初始状态的全部记忆。

按上述办法建立的系统也许不会具有所需要的能量，而且，这个状态并不对应于一个平衡态。为了推动系统到达平衡，需要一个趋衡阶段。在这个阶段中，可增加或从系统中移走能量，直到能量到达所要的数值为止，增加或移走能量的方法可以是逐步增大或减小动能。然后，对运动方程向前积分若干时间步，使系统弛豫到平衡态，如果系统持续给出确定的平均动能和平均势能的数值，就认为平衡已经建立。

在前两个阶段中会遇到两个潜在的问题，一个问题与系统的弛豫时间有关。基本时间步长 h 决定了模拟的实际时间，如果内禀的弛豫时间很长，那么需要经过很多时间步长系统才能到达平衡，就计算机的现行速度而言，有些系统所需的时间步长可能多得令人无法接受。但是在某些情况下，有可能通过对变量进行适当的标度来克服这个困难。在二级相变点附近的系统用这种方法就是可行的实例。

与弛豫时间有关，还存在着系统陷入一个亚稳态的可能性，长寿命的亚稳态可能并不表现出动能或势能的明显漂移，特别是对于在两相（如液相和气相）共存线附近的系统，会出现这种危险。

第二个潜在的问题是，系统初始时可能是位于被研究的那一部分相空间之外。这个问题可以通过使用不同的初始条件和不同的时间长度进行模拟来处理。物理量的实际计算是在投产阶段完成，沿着系统在相空间中的轨道计算一切感兴趣的量。

7.3.2 分子动力学方法在材料研究中的应用

7.3.2.1 脆性断裂模拟

（1）单晶铜弯曲裂纹的产生和扩展

为了研究在微观尺度上单晶铜弯曲裂纹的产生和扩展机理，单德彬等人建立了单晶铜弯曲变形的 MD 模型，应用速度标定法控制温度，采用 Morse 势进行了单晶铜弯曲变形的 MD 模拟。单晶铜弯曲裂纹的产生和扩展可以采用两种二维 MD 模型，如图 7.15 和图 7.16 所示。

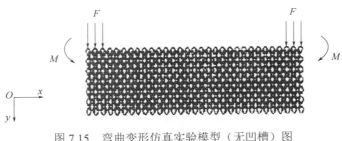

图 7.15 弯曲变形仿真实验模型（无凹槽）图

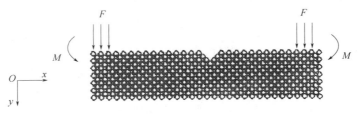

图 7.16 弯曲变形仿真实验模型（有凹槽）图

以上模拟晶面是（100）晶面，原子位置按理想点阵排列。原子运动按牛顿原子处理，牛顿原子的作用由 Morse 势函数计算。仿真实施左右两端 3 列原子上施加向下的位移，同时施加弯矩（M）。计算采用速度-Verlet 算法。原子的初始位置设在 fcc 晶体的晶格上，原子的初始速度可利用 Maxwell 分布确定，也可直接置为 0。温度控制采用速度标定法控制在绝对零度，以避免原子热激活的复杂影响。图 7.17 和图 7.18 所示是铜单晶体（100）晶面无凹槽和有凹槽模型弯曲变形的仿真实验图。

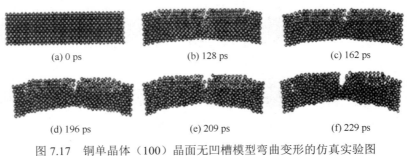

(a) 0 ps   (b) 128 ps   (c) 162 ps

(d) 196 ps   (e) 209 ps   (f) 229 ps

图 7.17 铜单晶体（100）晶面无凹槽模型弯曲变形的仿真实验图

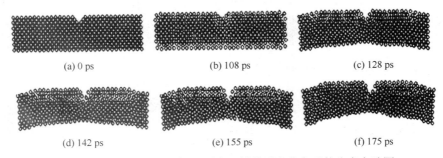

(a) 0 ps   (b) 108 ps   (c) 128 ps

(d) 142 ps   (e) 155 ps   (f) 175 ps

图 7.18 铜单晶体（100）晶面有凹槽模型弯曲变形的仿真实验图

由图 7.17 发现，在位移和弯矩的作用下，个别原子间间隙的不断增大和应变能的不断积累最终使晶体内部出现空位，在 128ps 已经能很明显地看到空位，这些空位位于模型中部，空位的不断合并产生裂纹，微观裂纹的顶端又形成空位，随着时间步长的推移，塑性变形加剧，裂纹逐渐产生和扩展，发展成为贯穿模型的裂纹，微观裂纹在裂纹顶端形核而造成主裂纹的连续扩展，裂尖向下萌生，后续微观裂纹的扩展类似于宏观裂纹扩展。与无凹槽模型相比，图 7.18 所示有凹槽模型的裂纹产生和扩展的时间明显缩短，表明裂纹缺陷对断裂过程起促进作用。

研究结果表明：应变能的不断积累使晶体内部产生空位，材料的裂纹产生于空位，空位的合并形成纳米级裂纹，后续微观裂纹的扩展类似于宏观裂纹；裂纹缺陷促进了裂纹的产生和扩展。无凹槽模型和有凹槽模型裂纹产生和扩展的时间步长的对比研究表明，裂纹缺陷对断裂过程起促进作用。

（2）铁中裂纹扩展的结构演化

吴映飞用 MD 方法研究了 bcc-Fe 中 Ⅰ 型裂纹在应力及温度场下裂尖区的结构演化问题。

基于各向同性线弹性连续介质力学，采用 Finnis-Sinclair(F-S)势，给出了 MD 模型。构造裂纹的几何结构如图 7.19 所示。

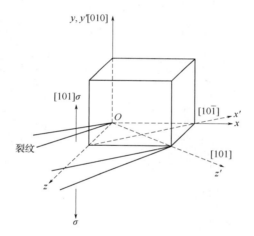

图 7.19　构造裂纹的几何结构

裂纹前沿[101]方向，裂纹面垂直于[010]方向，裂纹扩展沿[10$\bar{1}$]方向。加载通过增加应力强度因子（K_1）实现，K_1 由临界应力强度因子（K_{IC}）度量。

基于各向同性线弹性力学的平面庇变条件得到初始裂纹，然后进行两组模拟。

① 模拟选取初始温度 T=5K、应力强度因子 K_1=1.0K_{IC}，设在所对应的外载下存在初始裂纹，随后温度增加到 100K、300K 和 500K，外载增加到 K_1=2.8K_{IC}。在这组模拟中，显示出堆垛层错，裂纹形状尖锐，且扩展速度较快。

② 模拟选取初始温度 T=100K，应力场条件同第一组，温度加到 300K 和 500K，外载加到 K_1=2.8K_{IC}。在这组模拟中，显示出了堆垛层错、位错发射、裂尖钝化和分枝以及孪晶带，该组裂纹的扩展速度慢于第①组。如图 7.20 和图 7.21 所示。

模拟结果表明：在裂纹扩展过程中，裂尖区结构演化与初始裂纹的工作条件相关，并且依赖于温度与外载的协同作用。在相同条件下裂纹周围局域原子的能量也受初始裂纹的工作条件影响。

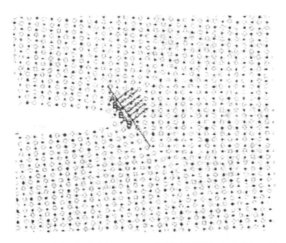

图 7.20　低温下裂尖区原子的 ABAB 型堆垛层错（T=5K，K_1=1.8K_{IC}）

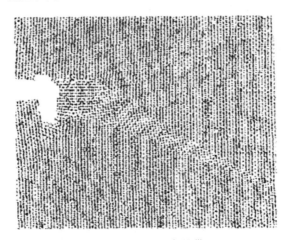

图 7.21　K_1 达到 1.8K_{IC} 后裂尖区出现了孪晶带（T=100K，K_1=2.5K_{IC}）

（3）纳米级半导体材料单向拉伸模拟

R.Komanduri 等人应用 MD 法在纳观尺度上对两种半导体材料 Si 和 Ge 进行了单向拉伸模拟实验，Si 原子之间和 Ge 原子之间的作用势采用了 Tersoff 能量计算模型，并基于此模型进行了动力学模拟，且依据模拟实验结果对材料的力学性能及变形特点进行了研究。

原子之间的配位函数可以表示为：

$$E = \frac{1}{2}\sum_{i \neq j} W_{ij} \tag{7.67}$$

式中，W_{ij} 为所有原子之间的键能，i 和 j 分别表示两个原子。

$$W_{ij} = f_c(r_{ij})[f_R(r_{ij}) + b_{ij}f_A(r_{ij})] \tag{7.68}$$

式中，r_{ij} 为原子间的距离；f_R 和 f_A 分别为描述原子 i 和 j 之间斥力和引力的函数；f_c 可以看作一个截断函数，当原子间距离 r_{ij} 接近截断半径时，f_c 的值逐渐减小；b_{ij} 为一个关于 i 和 j 键角等的公式。

图 7.22 所示是真实拉伸试样，图 7.23 是应用 MD 模拟的拉伸试样，试样包括的原子分为 3 部分。如图 7.24 所示，试样的受载方向为 [001] 方向，且表面原子不受载荷的影响。图 7.25 所示为在不同加载率情况下试样的应力-应变图。

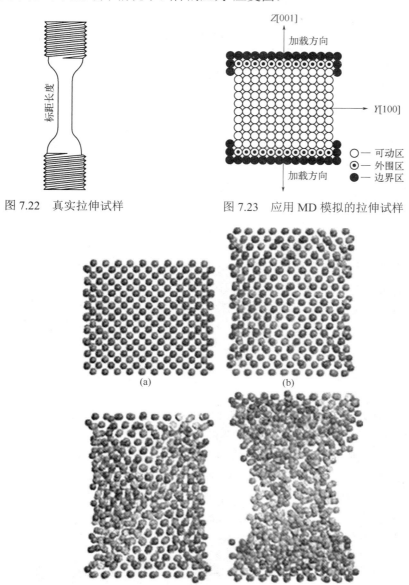

图 7.22　真实拉伸试样　　　　图 7.23　应用 MD 模拟的拉伸试样

图 7.24　在加载率为 500m/s 时 Si 试样不同阶段的拉伸模拟实验图

由模拟结果可以得出，在实验过程中，两种材料最初都表现出弹性特征，接下来达到最大极限拉伸强度时则产生塑性变形。如果进一步加载，工程应力就会骤减，从而可能会造成材料失效。另外，在实验过程中还发现，两种材料的最终断裂应力和应变都随加载速率的减小而减小，且加载率对断裂应变的影响比较显著，但对极限拉伸强度的影响并不大。测得的 Si（硅）和 Ge（锗）的弹性模量分别是 130GPa 和 103GPa，这也与相关文献实验测得的数值相近。

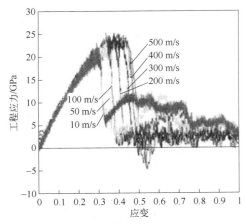

图 7.25　在不同加载率情况下试样的应力-应变图

（4）单晶镍纳米薄膜受单向拉伸破坏过程

黄丹等人应用 MD 方法模拟了单晶镍纳米薄膜受单向拉伸破坏的过程，得出了纳米尺度单晶镍薄膜的应力-应变关系、能量演化曲线和镍薄膜构型的变化及微损伤的形成和扩展过程。模拟采用原子镶嵌势描述原子间作用，得到了镍单晶薄膜的弹性模量，分析了拉伸过程中系统原子能量、应力变化和外荷载的关系。

本研究采用 Voter 等人根据镶嵌原子法提出的 Ni（镍）的多体势函数。设原子总势能为

$$E_{\text{total}} = \sum_i \left[\frac{1}{2} \sum_j \varphi(r_{ij}) + F(\rho_i) \right] \qquad (7.69)$$

式中，$\varphi(r_{ij})$ 为相距 r_{ij} 的原子 i 和原子 j 之间的中心对势；$F(\rho_i)$ 为到电子云 ρ_i 的原子镶嵌能；ρ_i 为原子 i 处的电子云密度。

另外，对动力学方程的求解通过 Verlet 算法的速度形式叫计算积分。

单晶镍薄膜的原子模型如图 7.26 所示。晶向采用规则晶格尺寸，为使纳米薄膜视觉上形象化，取 6×20×20 个晶胞，共 9600 个原子，模型原始尺寸为 2.112nm×7.04nm×7.04nm。在模拟中长度单位为 Ni 的晶格常数 $a_0=0.352$nm，根据系统能量的稳定测试，分子动力学模拟的时间步长定为 $t_0=3.5\times10^{-15}$s，能量单位为 $E_0=10^{-19}$J。将 x 方向的边界控制为自由表面，在 y、z 方向上施加周期性边界条件，使原子模型呈现单晶薄膜结构，将系统温度初始化为绝对零度，并在模拟中保持等温，避免原子热激活。

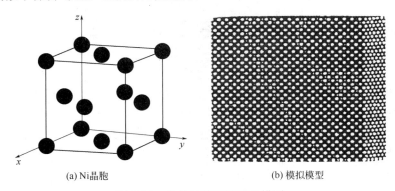

(a) Ni晶胞　　　　　　　　　　(b) 模拟模型

图 7.26　单晶镍薄膜的原子模型

在模拟过程中，首先对单晶模型原子弛豫 20000 步，使系统有充分时间达到能量最低的稳定状态，沿 z 方向施加平面拉伸应变 0.005，进行分子动力学模拟迭代 10000 步，时间为 $3.5×10^{-11}$s，然后弛豫 20000 步，使系统回到平衡态。再增加拉伸应变 0.005，重复此"施加应变—MD 模拟—弛豫"，使模型原子处于准静态拉伸受力状态。保持在一个大气压，持续静态加载模拟至薄膜中出现原子空位时，降低施加荷载速率，将应变增幅改为 0.001，重复上述过程，最后薄膜局部破坏，破坏处和薄膜表面由于大量原子摆脱系统的作用而离开模拟空间。

模拟结果表明，纳米薄膜的自由表面影响拉伸过程中原子的运动和薄膜整体力学性能，纳米薄膜被破坏的几何特征是原子空位的连接和晶胞缺陷的扩展，单晶的断裂接近脆性断裂，模拟得到纳米薄膜的断裂强度符合 Griffith 脆性断裂的能量平衡理论。

纳米薄膜 x-y 截面的原子排列如图 7.27 所示。

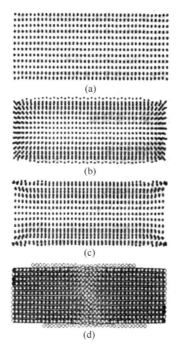

图 7.27　纳米薄膜 x-y 截面的原子排列

7.3.2.2　高温熔渣结构模拟

（1）径向分布函数与配位数模拟

据相关研究表明，高温熔渣体系属于非晶体系，短程有序，可以用径向分布函数（pair distribution function）来表征，它所描述的是一个原子周围其他原子的分布情况，反映一个粒子周围（距离 r）发现其他粒子的概率。表征结果见下式：

$$g_{ij}(r) = \frac{1}{\rho} × \frac{n(r)}{V} = \frac{V}{N_i N_j} \sum_j \frac{n(r)}{4\pi r^3} \qquad (7.70)$$

式中，N_i 为 i 原子在体系中的数目；N_j 为 j 原子在体系中的数目；V 为体系的体积；ρ 为体系密度；$n(r)$ 为 i 原子周围在 $r ± \frac{\Delta t}{2}$ 球径范围内所含有 j 原子的平均数目。

$g_{ij}(r)$函数是一密度泛函数，是分子动力学仿真中最重要的一个分析参量，函数第一个峰值所对应的横坐标即可认为是 i、j 原子间的键长。

通过对 $g_{ij}(r)$ 函数积分，得到原子间的配位数 CN，利用配位函数可有效推断出研究体系的配位结构，如下式所示：

$$CN_{ij}(r) = \frac{4\pi N_j}{V} \int_0^r r^2 g_{ij}(r) dr \qquad (7.71)$$

式中，N_j 为 j 原子在体系中的数目；V 为体系的体积。

肖成对 SiO_2-Al_2O_3 二元熔融体系的 MD 模拟得到了 Si—O 和 Al—O 的径向分布函数曲线与配位数情况，结果如图 7.28 及图 7.29 所示。图 7.28（a）为 Si—O 曲线，由图可知，Al_2O_3 的摩尔浓度从 0 增加到 90% 的过程中，Si—O 各首峰都非常的尖锐，且第一个峰的位置都在 1.61～1.62Å之间，差距非常小，说明在 SiO_2-Al_2O_3 二元熔融体系中硅氧结构的近程结构单元都非常稳定。

图 7.28（b）是 Al—O 曲线，与 Si—O 曲线相比首峰形状相更宽且更矮，表明铝氧所形成的结构单元不如硅氧结构稳定；随着 Al_2O_3 含量增加，Al—O 曲线首峰位置从 1.69Å 向右移动至 1.76Å，表明铝氧结构单元越来越松散。图 7.28（c）是 O—O 曲线，从图中可发现随着 Al_2O_3 所占比例的增加，O—O 曲线的形状和首峰位置都发生了明显的右移，中间的过渡态也很明显，而这种漂移说明了体系中占主导地位的结构单元由 Si—O 结构单元转化为 Al—O 结构单元。图 7.28（d）中的 Al—Si 的曲线却没有什么变化，其首峰位置也基本保持不变。

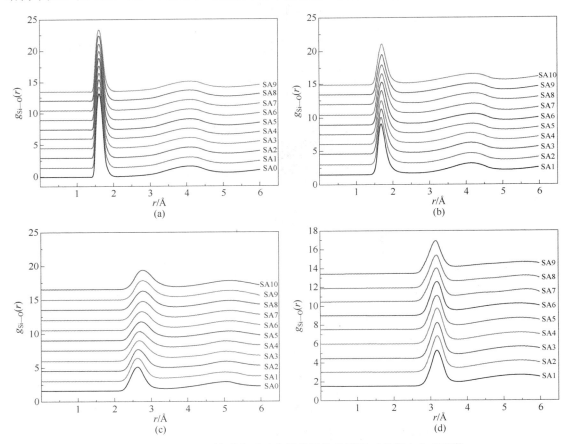

图 7.28　SiO_2-Al_2O_3 体系分子动力学模拟的各原子对的径向分布函数

由图 7.29（a）可知，随着 Al_2O_3 摩尔浓度增大，Si—O 的平均配位数数值始终等于 4，不会随体系成分的变化而变化。值得注意的是每组 Si—O 的平均配位数曲线都有一个"肩膀"，而这个曲线"肩膀"的宽度随着 Al_2O_3 含量的增大逐步变窄，说明 Al_2O_3 含量的增大使体系中的硅氧结构的稳定性降低。在图 7.29（b）中看出，Al—O 的 CN 曲线没有一个平缓的"肩膀"，随着 Al 含量的增加，曲线有一定向上仰的坡度，其平均的配位数数值也逐渐变化，最大时接近于 5，说明可能出现了五配位或是六配位铝。从图 7.29（c）中可以发现，Al—Si 的平均配位数曲线变化比前两者都要更加明显，在 Al_2O_3 摩尔浓度等于 10%的时候，CN_{Al-Si} 接近于 4，而且 CN_{Al-O} 也接近 4，表明此时的 Al 在熔体中主要的存在形式是铝氧四面体，并且每个铝氧四面体都被四个硅氧四面体所包围着，铝氧四面体中的氧主要是以 Si—O—Al 的形式存在，这种情况符合铝回避原则，即根据结构能量越小越稳定的原则，铝氧四面体之间不会相互连接，只能是一个铝氧四面体与四个硅氧四面体相连。可以推测，当 Al_2O_3 的摩尔浓度小于 10%时，铝回避原则将存在于 SiO_2-Al_2O_3 二元体系中；随着 Al_2O_3 含量增加，CN_{Al-Si} 减小且小于 4，表明与铝氧结构连接的硅减少了，对应的 Al—O—Al 桥氧类型增加，此时炉渣结构则没有完全遵循铝回避原则。

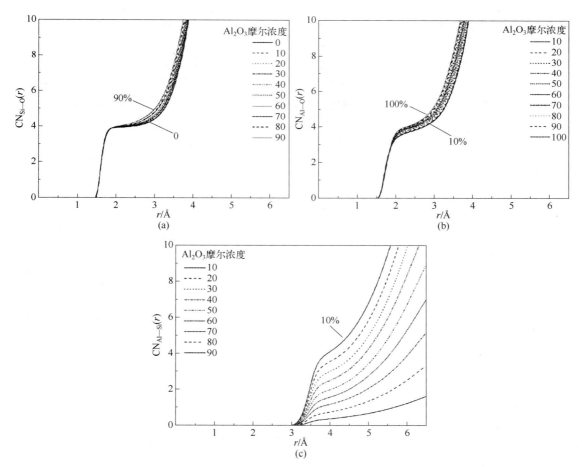

图 7.29　SiO_2-Al_2O_3 体系分子动力学模拟的配位数

（2）桥氧与均方位移模拟

在熔渣中，网络形成子是组成网络的聚合物结构的主要成分，在熔渣网络中聚合物结构以共顶方式连接，聚合物共用的氧成为桥氧（bridging oxygen，Ob），桥氧连接两个聚合物结构，即两端连接的都是网络形成子的氧称为桥氧；而只有一端连接网络形成子的氧称为非桥氧（non-bridging oxygen，Onb）；不与任何四面体结构连接的氧称为自由氧（free oxygen，Of）。

通过 MD 模拟对体系粒子运动的轨迹进行统计分析可得到均方位移函数。

$$MSD = \langle \Delta \bar{r}(t)^2 \rangle = \frac{1}{N} \langle \sum |r_{i(t)} - r_{r(0)}| \rangle \tag{7.72}$$

式中，$r_{i(t)}$ 为 i 原子在 t 时刻的位置。

结合统计学和热力学，一些传输性质如黏度可以通过粒子运动轨迹曲线（MSD）计算出来。粒子的自扩散系数与 MSD 的关系如下：

$$D = \lim_{t \to \infty} \frac{1}{6} \times \frac{d\left[\Delta \bar{r}(r)^2\right]}{dt} \tag{7.73}$$

王健健等利用 MD 模拟 $CaO\text{-}Al_2O_3\text{-}SiO_2\text{-}Fe_2O_3$，通过对桥氧变化及 Fe^{3+} 均方位移的分析，探究了 Fe^{3+} 对 $CaO\text{-}Al_2O_3\text{-}SiO_2$ 系微晶玻璃微观结构的影响，如图 7.30 所示。图 7.30（a）为不同配比中桥氧数目的变化，其中最能代表硅酸盐网络结构的是 Si-O-Al，在 Fe^{3+} 的含量为 5.4%时达到最大。通过分析 Fe^{3+} 的均方位移可以看出，在 Fe^{3+} 的含量为 5.4%时，Fe^{3+} 具有极高的扩散率，促进了 Si-O-Si 网络的形成，但是随着 Fe^{3+} 含量的继续增加，过量的 Fe^{3+} 参与硅酸盐网络的构建，形成$[FeO_4]$，导致了 Fe^{3+} 均方位移的降低，体系中粒子的迁移能力降低，体系的黏度相应增加，组分熔融均匀变得困难，不利于微晶玻璃的析晶，在宏观上会影响微晶玻璃的性能。

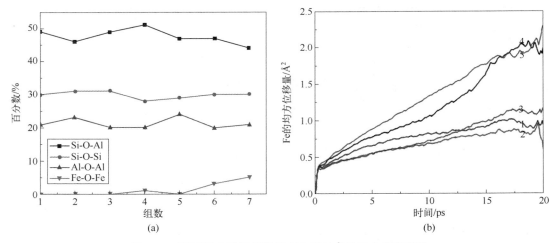

图 7.30　不同组成的桥氧数量变化及 Fe^{3+} 的均方位移变化

根据 Fe_2O_3 的添加量为 1.4%～9.2%，设计了七组不同的配方，使得 Fe_2O_3 的添加量符合实验中的要求，具体配方设计如表 7.6 所示。

表 7.6　CaO-Al$_2$O$_3$-SiO$_2$ 体系七组不同初始模型的组成

组号	Fe$_2$O$_3$（质量分数）/%	对应式	粒子总数
1	1.4	15CaO·15Al$_2$O$_3$·45SiO$_2$·Fe$_2$O$_3$	1455
2	2.8	15CaO·15Al$_2$O$_3$·45SiO$_2$·2Fe$_2$O$_3$	1470
3	4.1	5CaO·5Al$_2$O$_3$·15SiO$_2$·Fe$_2$O$_3$	1485
4	5.4	15CaO·15Al$_2$O$_3$·45SiO$_2$·4Fe$_2$O$_3$	1500
5	6.7	3CaO·3Al$_2$O$_3$·9SiO$_2$·Fe$_2$O$_3$	1515
6	7.9	5CaO·5Al$_2$O$_3$·15SiO$_2$·2Fe$_2$O$_3$	1530
7	9.2	30CaO·60Al$_2$O$_3$·90SiO$_2$·7Fe$_2$O$_3$	1545

7.4　蒙特卡洛法

7.4.1　基本思想和一般过程

7.4.1.1　基本思想

蒙特卡洛（Monte Carlo）法又称统计实验法或随机抽样技术。19 世纪后期，布丰发现了随机投针概率与圆周率 π 之间的关系，提供了早期随机实验的范例，即通过实际"实验"的方法，得到某种事件出现的频率，再进行统计平均以求得其近似值。但要真正实现随机抽样是很困难的，甚至几乎是不可能的。随着电子计算机的出现和发展，才使这种统计实验方法成为可能。Metropolis、Ulam 和 von Neumann 等人为模拟中子链反应设计了第一个随机实验的程序，在计算机上对中子的行为进行了随机抽样模拟，并以欧洲赌城的名字将其称为蒙特卡洛法。随着计算机技术的迅速发展，蒙特卡洛法的应用范围日趋广阔，越来越受到人们的重视，已广泛地应用到各类科学研究与工程设计中，成为计算数学和计算物理的一个重要分支。

7.4.1.2　一般过程

蒙特卡洛法是一种计算机随机模拟的方法，当所要求的问题是某种事件出现的概率，或者是某个随机变量的期望值时，可以建立一个概率模型或随机过程，通过对这种模型或过程的观察或抽样实验，计算有关参数的统计特征，给出所求解的近似值。蒙特卡洛法的计算过程就是用数学方法在计算机上实现对随机变量的模拟，以得出问题的近似解。因此，对于需要昂贵设备或难以实现的物理过程，蒙特卡洛法显示出了其特有的方式和优点。

用蒙特卡洛法解题的一般过程可归结为以下 3 个步骤。

（1）构造或描述问题的概率过程

对于本身就只有随机性质的问题（如粒子输运问题），主要是正确地描述和模拟这个概率过程。对于本来不是随机性质的确定性问题，如计算定积分、解线性方程组及偏微分方程边值问题等，要用蒙特卡洛法求解，就必须事先构造一个人为的概率过程，使得它的某些参量正好是所要求问题的解。

（2）实现从已知概率分布的抽样

有了明确的概率过程后，为了实现过程的数值模拟，必须实现对已知概率分布的随机数的抽样，进行大量的随机模拟实验，从中获得随机变量的大量实验值。各种概率模型具有不同的概率分布，因此产生已知概率分布的随机变量是实现蒙特卡洛法的关键步骤。最简单、最基本、最重要的一个概率分布是（0, 1）上的均匀分布（或称矩形分布）。随机数就是具有这种均匀分布的随机变量。对于其他复杂概率模型的概率分布，可以用数学方法在此基础上产生。因此，随机数是蒙特卡洛模拟的基本工具。

（3）建立各种统计量的估计，得到问题的求解

一般说来，构造了概率模型并能从中抽样后，即可对所得抽样值集合进行统计处理，从而产生待求数字特征的估计量，给出问题的求解及解的精度估计。

下面以布丰投针求圆周率 π 的近似值为例，说明用蒙特卡洛法解题的一般过程。布丰投针问题叙述如下：任意投掷一根针到地面上，将针与地面上一组平行线相交的次数作为针与平行线相交概率的近似值，然后根据这一概率的准确结果求出圆周率 π 的近似值。

布丰投针问题本身就是具有随机性质的问题，因此首先必须正确地描述与模拟这个问题。平面上一根针的位置可以用针中心 A 的坐标 x 和针与平行线的夹角 θ 来决定，在 y 轴方向上的位置不影响相交性质。因此可以任意投针，即坐标 x 和夹角 θ 均是任意值。

7.4.2　随机数与伪随机数

由单位矩形分布中所产生的简单子样称为随机数序列，其中的个体称为随机数。而所谓伪随机数，则是指用数学递推公式所产生的随机数。由于这种方法属于半经验性质，因此只能近似地具备随机数性质。判断产生伪随机数的某种方法的好坏，首先看它是否能较好地具备均匀性和独立性；其次看它的费用大小，在电子计算机上产生伪随机数，费用即指所用计算机的机时。由蒙特卡洛法解题的一般过程可知，随机数的产生是实现蒙特卡洛法的关键步骤，是蒙特卡洛模拟的基本工具。

7.4.2.1　随机数

矩形分布也常称为均匀分布，其中最基本的是单位矩阵分布，其分布密度函数为

$$f(x) = \begin{cases} 1 & (0 \leqslant x \leqslant 1) \\ 0 & (\text{其他点}) \end{cases} \tag{7.74}$$

为了产生随机数，可以利用随机数表。随机数表由 0, 1, …, 9 这 10 个数字组成，相互独立地以等概率出现。这些数字序列称为随机数字序列。若想得到具有 n 位有效数字的随机数，只需将表中每 n 个相邻的随机数字合并在一起。但随机数表不适合在电子计算机上使用，因为它需要电子计算机具有很大的存储量。利用某些物理现象可以在电子计算机上产生随机数，但其产生的随机数序列无法重复实现，使程序无法进行复算，结果无法验证。同时简要增添随机数发生器和电路联系等附加设备，费用昂贵。因此，在蒙特卡洛法中一般不采用随机数，而采用伪随机数。

7.4.2.2　伪随机数

伪随机数是用数学方法产生的随机数，在给定初值 ξ_1 下，由以下的递推公式

$$\xi_{n+1} = T(\xi_n) \tag{7.75}$$

确定 $\xi_{n+1} (n = 1, 2, \cdots)$。

从式中可以看出，由此产生的随机数并不相互独立，虽然这个问题从本质上无法解决，但可通过选取递推公式来近似满足独立性要求；另一方面，用电子计算机进行计算，在 $(0,1)$ 之间的随机数是有限的，当产生的随机数出现下述情况，即

$$\xi'_{n+1} = \xi''_{n+1} \quad (n = 1, 2, \cdots, k) \tag{7.76}$$

在随机数序列中就出现了周期性循环的现象，这与随机数的要求也是相违背的。但蒙特卡洛法中计算所用的个数也是有限的，只要其个数不超过随机数产生周期性的个数即可。正是基于这种原因，将数学方法产生的随机数称为伪随机数。

用数学方法产生伪随机数非常容易在电子计算机上实现，可以复算，而且不受计算机限制。因此，虽然存在着一些问题，但是仍然被广泛地使用，并且是在电子计算机上产生随机数的最主要方法。

由式（7.75）可知，伪随机数产生的关键问题在于如何确定 $T(\xi_n)$，一般产生伪随机数的方法都是基于数学中数论的基本结果。在确定 $T(\xi_n)$ 的过程中还要考虑经济上的可行性，这里经济上的可行性主要是指用电子计算机进行计算时耗费的机时，因为蒙特卡洛法使用过程中伪随机数要用上百万、上亿或更多次，因而伪随机数产生的耗费机时是选择产生伪随机数方法时必须兼顾的问题。归结起来，应考虑的问题是：①产生伪随机数的质量；②方法的经济性；③容量要尽可能大。

下面介绍几种产生伪随机数的方法。

7.4.2.3 伪随机数的产生方法

（1）加同余方法

对任意初始值 x_1 和 x_2，加同余方法递推公式为

$$x_{i+2} = x_i + x_{i+1} (\mathrm{mod}\, M)$$

$$\xi_{i+2} = \frac{x_{i+2}}{M} \tag{7.77}$$

式中，$(\mathrm{mod}\, M)$ 表示被 M 整除后取余数。

当 $x_1 = x_2 = 1$ 时，所确定的随机数序列即为剩余的斐波那契数列（Fibonacci sequence）。

（2）乘同余方法

产生伪随机数的方法是，对任意初值 x_1，由如下递推公式确定

$$x_{k+1} \equiv a x_k (\mathrm{mod}\, M)$$

$$\xi_{k+1} = x_{k+1} / M (k = 1, 2, \cdots) \tag{7.78}$$

式中，a 为 $(1, M-1)$ 内的正整数。上式亦可表示为

$$\xi_{k+1} = a \xi_k (k = 1, 2, \cdots) \tag{7.79}$$

（3）乘加同余方法

该方法的递推公式的一般形式为

$$x_{i+1} \equiv ax_i + c(\mathrm{mod}\,M)$$

$$\xi_{i+1} = \frac{x_{i+1}}{M} \tag{7.80}$$

式中，x_i 为任意给定的初始值。

（4）取中方法

取中方法包括平方取中方法和乘积取中方法两种，其中平方取中方法是在产生伪随机数的各种方法中使用最早的一种方法。对于十进制，其一般形式为

$$x_{i+1} \equiv \left(10^{-s} x_i^2\right)\left(\mathrm{mod}\,10^{2s}\right)$$

$$\xi_{i+1} = \frac{x_{i+1}}{10^{2s}} \tag{7.81}$$

式中，x_i 为任意给定的初始值，由 $2s$ 位十进制数组成。在电子计算机上，为计算方便，最好采用二进制的数，此时式（7.81）变换为

$$x_{i+1} \equiv \left(2^{-s} x_i^2\right)\left(\mathrm{mod}\,2^{2s}\right)$$

$$\xi_{i+1} = \frac{x_{i+1}}{2^{2s}} \tag{7.82}$$

式中，x_i 为任意给定的 $2s$ 位二进制数。

乘积取中方法与平方取中方法类似，其一般形式为

$$x_{i+2} \equiv \left(2^{-i} x_i x_{i+1}\right)\left(\mathrm{mod}\,2^{2s}\right)$$

$$\xi_{i+2} = \frac{x_{i+2}}{2^{2s}} \tag{7.83}$$

7.4.2.4　伪随机数最大容量及统计检验

产生伪随机数后，一方面，由于伪随机数存在容量问题，因此，对各种方法产生的伪随机数还应考虑到其最大容量问题，考虑其容量是否满足解决实际问题的需要。另一方面，伪随机数要满足随机数的要求，还应对某一伪随机数序列进行统计检验，包括均匀性检验和独立性检验。该选择哪一种统计检验方法，不取决于产生伪随机数的方法，而是取决于用伪随机数所要解决的问题。如果问题要求伪随机数均匀性是主要的，如一维定积分计算等，那么应着重进行均匀性检验；如果问题的情况相反，那么应着重进行独立性检验。有关各种方法所产生伪随机数的最大容量及其均匀性和独立性的统计检验方法，可参考其他图书。

7.4.2.5　统计检验

用 H_0 表示这样的统计假设，即具有相同的单位矩形分布和相互独立，于是根据随机数的假定，对于用某种方法所产生的伪随机数序列 $\xi_1, \xi_2, \cdots, \xi_n$ 是否可以作为随机数来使用，必须判断假设 H_0 是否成立。决定接受或拒绝假设 H_0，一般是给定一个临界概率 α，在假设 H_0 成立的条件下，如果出现观察到的事件的概率小于或等于 α，就拒绝假设 H_0；如果出现观察到的事件的概率大于 α，那么就认为与假设 H_0 矛盾。

统计假设 H_0 包括两部分内容，其一是具有相同的单位矩形分布，另一个则是相互独立。

因此，伪随机数的统计检验方法大体上分为两类：均匀性检验和独立性检验。两者有一定的差别，但又不能截然分开，很多独立性检验方法实际上也是对均匀性检验方法的检验，反过来也有类似现象。例如，要解决 S 维定积分计算，那么应着重对由 S 个伪随机数组成的 S 维空间上的点是否均匀进行检验。这种检验方法既包括了均匀性检验，也包括了独立性检验。

7.4.2.6　均匀性检验

（1）频率检验

将区间［0，1］划分为 K 个子区间，n 个伪随机数被分为 K 组，令 n_k 为第 k 组的观察频数，按照统计假设 H_0，随机数属于第 n 组的频率为

$$p_k = \frac{1}{K}(k=1,2,\cdots,K) \tag{7.84}$$

因此，属于第 k 组的理论频数为

$$m_k = np_k = \frac{n}{k}(k=1,2,\cdots,K) \tag{7.85}$$

令统计量

$\chi^2 = \sum_{k=1}^{k} \frac{(n_k - m_k)^2}{m_k}$ 的分布函数为 $F_n(Z)$，则分布函数序列 $\{F_n(Z)\}$ 满足关系式

$$\lim_{n\to\infty} F_n(Z) = \begin{cases} \dfrac{1}{2^{\frac{K-1}{2}}\Gamma\left(\dfrac{K-1}{2}\right)}\int_0^Z Z^{\frac{K-3}{2}}\mathrm{e}^{-\frac{Z}{2}}\mathrm{d}Z & (Z>0) \\ 0 & (Z\leqslant 0) \end{cases} \tag{7.86}$$

即分布函数序列 $\{F_n(Z)\}$ 渐进具有自由度为（K-1）的 χ^2 分布。

按照显著水平 α 判断假设 H_0，频率检验就是具有自由度为（K-1）的 χ^2 分布确定满足

$$p\left(\chi^2 \geqslant \chi_\alpha^2\right) = \frac{1}{2^{\frac{K-1}{2}}\Gamma\left(\dfrac{K-1}{2}\right)}\int_{\chi_\alpha^2}^{+\infty} Z^{\frac{K-3}{2}}\mathrm{e}^{-\frac{Z}{2}}\mathrm{d}Z = \alpha \tag{7.87}$$

的值 χ_α^2，当 n 足够大时，如果观察到的 χ^2 大于或等于 χ_α^2，可以拒绝假设 H_0 否则没有理由拒绝假设 H_0。

区间[0，1]可以分为任意 K 个不等的子区间，此时只需根据假设 H_0 给出随机数属于每组的概率 $p_k(k=1,2,\cdots,K)$，概率检验方法可完全类似地进行。不等分法可以很好地检验伪随机数后面几位数字的均匀性情况。

（2）累积频率检验

设 $N_n(x)$ 为伪随机序列 $\xi_1,\xi_2,\cdots,\xi_n$ 中适合不等式的个数，又令

$$\delta(n) = \sup_{0\leqslant x\leqslant 1}\left|\frac{N_N(x)}{n} - x\right| \tag{7.88}$$

按照柯尔莫哥洛夫定理，若令统计量 $\sqrt{n}\delta(n)$ 的分布函数为 $Q_n(\lambda)$，则有

$$\lim_{n \to \infty} Q_n(\lambda) = Q(\lambda) \tag{7.89}$$

式中，$Q_n(\lambda)$ 为 λ 分布，由下式给出

$$Q(\lambda) = \sum_{k=-\infty}^{+\infty} (-1)^k e^{-2k^2\lambda^2} \tag{7.90}$$

按照显著水平 α 判断假设 H_0，累积频率检验就是由 λ 分布表中查出满足

$$Q(\lambda_\alpha) = 1 - \alpha \tag{7.91}$$

的值 λ_α，当 n 足够大时，如果观察到的 $\sqrt{n}\delta(n)$ 大于或等于 λ_α，可以拒绝假设 H_0，否则没有理由拒绝假设 H_0。

（3）矩检验

在产生 n 个伪随机数后，可以给出观察值的各阶矩为

$$\widehat{m_k} = \frac{1}{n} \sum_{i=1}^{n} \xi_i^k \tag{7.92}$$

根据假设 H_0，各阶矩和相应方差的理论值应为

$$m_k = \frac{1}{k+1}$$

$$\sigma_{kn}^2 = \left(\frac{1}{2k+1} - m_k^2 \right) \frac{1}{n} \tag{7.93}$$

根据中心极限定理，统计量为

$$Z_{kn} = \frac{\widehat{m_k} - m_k}{\sigma_{kn}} \tag{7.94}$$

的分布函数 $F_n(Z)$ 渐近正态分布为

$$\lim_{n \to \infty} F_n(Z) = Q(Z) = \frac{1}{\sqrt{2\pi}} \int_{-\infty}^{Z} e^{-\frac{Z^2}{2}} dZ \tag{7.95}$$

按照显著水平 α 判断假设 H_0，矩检验方法就是从正态分布表中查出满足

$$Q(Z_\alpha) = 1 - \alpha \tag{7.96}$$

的值 Z_α，当 n 足够大时，如果观察到的 Z_{kn} 大于或等于 Z_α，可以拒绝假设 H_0，否则没有理由拒绝假设 H_0。

（4）伪随机数的独立性检验

① 多维频率检验。

将伪随机数序列 $\{\xi_1, \xi_2, \cdots, \xi_n\}$ 用任意一种办法进行组合，每 s 个伪随机数组成一个 S 维空间上的点，于是可以构成一个点列 $\{\xi_{1,1}, \xi_{1,2}, \cdots, \xi_{1,s}\}$，$\{\xi_{2,1}, \xi_{2,2}, \cdots, \xi_{2,s}\}$，$\cdots$，$\{\xi_{n,1}, \xi_{n,2}, \cdots, \xi_{n,s}\}$ 把 S 维空间上单位正方体分为 K 个子区域，n 个点被分为 K 组，令 n_k 为第 k 组的观察频数。按照

假设 H_0，属于第 k 组的理论频数为

$$m_k = np_k \quad (k = 1, 2, \cdots, K) \tag{7.97}$$

式中，p_k 队为随机数属于第 k 组的概率，等于第 k 个子区域的体积，同一维频率检验一样，统计量为

$$\chi^2 = \sum_{k=1}^{k} \frac{(n_k - m_k)^2}{m_k} \tag{7.98}$$

渐进具有自由度为 $K - 1$ 的 χ^2 分布。这样便得到了判断假设 H_0 的基于 χ^2 检验的多维频率检验方法。

② 列联表独立性检验。

用任意一种办法将伪随机数序列 $\{\xi_1, \xi_2, \cdots, \xi_N\}$ 两两组成二维空间上的点列 $\{\xi_{1,1}, \xi_{1,2}\}$，$\{\xi_{2,1}, \xi_{2,2}\}$，$\{\xi_{n,1}, \xi_{n,2}\}$。将区间 $[0,1]$ 按两个指标分别分为 I 个和 K 个子区间，n 个点按第一个指标被分为 I 组，按第二个指标被分为 K 组，整体被分为 IK 组。令 n_{ik} 表示第一和第二指标分别属于第 i 组和第 k 组的观察频数，即

$$n_{i.} = \sum_{k=1}^{K} n_{ik} \ (i = 1, 2, \cdots, I)$$

$$n_{.k} = \sum_{k=1}^{I} n_{ik} \ (k = 1, 2, \cdots, K) \tag{7.99}$$

并给出列联表（见表 7.7）。

表 7.7　列联表

	1(k)	2(k)	⋯	K(k)	合计 $n_{i.}$
1(i)	n_{11}	n_{12}	⋯	n_{1K}	$n_{1.}$
2(i)	n_{21}	n_{22}	⋯	n_{2K}	$n_{2.}$
⋯	⋯	⋯	⋯	⋯	⋯
I(i)	n_{I1}	n_{I2}	⋯	n_{IK}	$n_{I.}$
合计 $n_{.k}$	$n_{.1}$	$n_{.2}$	⋯	$n_{.K}$	n

由假设 H_0 中的独立性假设可知，若 p_{ik} 表示第一和第二指标分别属于第 i 组和第 k 组的概率，$p_{i.}$ 和 $p_{.k}$ 分别表示相应的边缘概率，则

$$p_{ik} = p_{i.} p_{.k} \tag{7.100}$$

根据最大似然估计可以得到

$$p_{i.} = \frac{n_{i.}}{n} \ (i = 1, 2, \cdots, I)$$

$$p_{.k} = \frac{n_{.k}}{n} \ (k = 1, 2, \cdots, K) \tag{7.101}$$

由费雪定理知道统计量为

$$\chi^2 = n \sum_{i=1}^{I} \sum_{k=1}^{K} \frac{\left(n_{ik} - \dfrac{n_{i.} n_{.k}}{n} \right)^2}{n_{i.} n_{.k}} \tag{7.102}$$

渐进于具有自由度为 $(I-1)(K-1)$ 的 χ^2 分布，这样便得到了判断假设 H_0 中独立性假设的 χ^2 检验。

③ 多维矩检验。

用任意一种办法将伪随机数序列 $\{\xi_1, \xi_2, \cdots, \xi_N\}$ 中每 s 个伪随机数组成一个点，构成 S 维空间上的一个点列 $\{\xi_{1,1}, \xi_{1,2}, \cdots, \xi_{1,s}\}, \{\xi_{2,1}, \xi_{2,2}, \cdots, \xi_{2,s}\}, \cdots, \{\xi_{n,1}, \xi_{n,2}, \cdots, \xi_{n,s}\}$。于是观察值的多维矩为

$$m^*_{k_1 k_2 \cdots k_s} = \frac{1}{n} \sum_{i=1}^{n} \xi_{1,i}^{k_1} \xi_{2,i}^{k_2} \cdots \xi_{s,i}^{k_s} \tag{7.103}$$

多维矩和相应方差的理论值为

$$m_{k_1 k_2 \cdots k_s} = \frac{1}{(k_1 + 1)(k_2 + 1) \cdots (k_s + 1)}$$

$$\sigma^2_{k_1 k_2 \cdots k_s, n} = \frac{1}{n} \left[\frac{1}{(2k_1 + 1)(2k_2 + 1) \cdots (2k_s + 1)} - m^2_{k_1 k_2 \cdots k_s, n} \right] \tag{7.104}$$

根据中心极限定理，统计量为

$$Z_{k_1 k_2 \cdots k_s, n} = \frac{m^*_{k_1 k_2 \cdots k_s, n} - m_{k_1 k_2 \cdots k_s, n}}{\sigma_{k_1 k_2 \cdots k_s, n}} \tag{7.105}$$

其分布函数渐进于正态分布，便可得到类似于矩检验的多维矩检验方法。

④ 链法检验。

将伪随机数序列 $\{\xi_1, \xi_2, \cdots, \xi_n\}$ 按某种规律分为两类，分别称为 a 类和 b 类，属于 a 类的概率为 p，属于 b 类的概率为 $q = 1 - p$。如小于概率 p 的称为 a 类，大于或等于 p 的称为 b 类，就是一种分类方法。按伪随机数序列出现的先后顺序进行排列

a a b b b ab b aaaa b b b

由同类元素组成链，所含同类元素的个数为链长。令 n_1 和 n_2 分别为 a 类和 b 类元素的个数，$r_{1,i}$ 和 $r_{2,i}$ 分别表示链长为 i 的 a 类和 b 类的链数，则

$$n = n_1 + n_2$$

$$\sum_i i r_{1,i} = n_1$$

$$\sum_i i r_{2,i} = n_2$$

若用 R_1 和 R_2 分别表示 a 类和 b 类元素的链数，R 表示总链数，则

$$R_1 = \sum_{i=1}^{n_1} r_{1.i}$$

$$R_2 = \sum_{i=1}^{n_2} r_{2.i}$$

$$R = R_1 + R_2$$

关于统计量 R 的分布有如下结果：

$$p(R = 2v) = 2\binom{n_1-1}{v-1}\binom{n_2-1}{v-1}p^{n_1}q^{n_2}$$

$$p(R = 2v+1) = \left[\binom{n_1-1}{v}\binom{n_2-1}{v-1} + \binom{n_1-1}{v-1}\binom{n_2-1}{v}\right]p^{n_1}q^{n_2} \tag{7.106}$$

式中，（ ）表示组合数，统计量 R 的数学期望和方差由下式给出

$$E(R) = p^2 + q^2 + 2npq$$

$$\sigma^2(R) = 4npq(1 - 3pq) - 2pq(3 - 10pq) \tag{7.107}$$

统计量 R 渐进地服从正态分布为

$$N\left[2pq, 2\sqrt{npq(1-3pq)}\right]$$

其中，$N(m,\sigma)$ 表示正态分布，即

$$\frac{1}{\sigma\sqrt{2\pi}}\exp\left[-\frac{(x-m)^2}{2\sigma^2}\right]$$

7.4.3　随机抽样

　　上文所述的伪随机数是由单位矩形分布总体中产生的简单子样，因此随机产生随机数属于抽样问题，是随机抽样问题中的一种特殊情况。在这里将要讨论的随机抽样问题是指对任意给定分布的随机抽样，又是在假设随机数已知的情况下进行讨论的，所用的数学方法可以确定，只要随机数序列满足均匀且相互独立的要求，那么由其产生的任何分布的简单子样严格满足具有相同总体分布且相互独立的要求。

　　在讨论产生随机数的方法时，主要考虑两个问题：一是产生的随机数序列均匀性和独立性是否好，二是产生随机数的费用是否高。例如，用物理方法产生随机数的费用高，虽然它具有均匀性和独立性都好的优点，但也不常被使用。随机抽样与此不同，因为它所产生的随机变量序列 $\{X_1, X_2, \cdots, X_N\}$ 的相互独立性和是否具有相同分布，不取决于随机抽样方法本身，而只取决于所用随机数的独立性和均匀性。由已知分布的随机抽样，其主要目的是为了在计算机上使用，对于某种随机抽样方法，只要省机器时间，不管它的实现如何复杂，都被认为是一种好的方法。因此，在讨论随机抽样方法时，只考虑随机抽样的费用如何。

　　已知分布的随机抽样指的就是在已知分布的总体中产生简单子样。令 $F(x)$ 表示已知分布，$\{X_1, X_2, \cdots, X_N\}$ 表示由总体 $F(x)$ 中产生的容量为 N 的简单子样。按照简单子样的定义，

随机变量序列 $\{X_1,\ X_2,\cdots,\ X_N\}$ 相互独立，具有相同的分布 $F(x)$。为方便起见，在后面把已知分布的随机抽样简称为随机抽样，并用 X_F 表示由已知分布 $F(x)$ 产生的随机简单子样 $\{X_1,\ X_2,\cdots,\ X_N\}$ 中的个体。对于连续型分布常用分布密度函数 $f(x)$ 表示总体的已知分布，这时一般用 X_f 表示由已知连续分布函数 $f(x)$ 产生的简单子样 $\{X_1,\ X_2,\cdots,\ X_N\}$ 中的个体。

7.4.3.1　直接抽样方法

对于任意给定的分布函数 $F(x)$，直接抽样方法用下列公式表示：

$$X_n = \inf_{F(t) \geqslant \xi_n} t\ (n = 1, 2, \cdots, N) \tag{7.108}$$

式中，$\{\xi_1,\ \xi_2,\cdots,\ \xi_n\}$ 为随机数序列。为方便起见，将上式简化为

$$X_F = \inf_{F(t) \geqslant \xi} t \tag{7.109}$$

对于任意离散型分布为

$$F(x) = \sum_{x_i < x} p_i \tag{7.110}$$

式中，x_1，x_2，$\cdots$ 为离散型随机变量的跳跃点；p_1，p_2，$\cdots$ 为相应的概率。

根据上述直接抽样方法，具有离散型分布的直接抽样方法为

$$X_F = x_i^*$$

$$\sum_{i=1}^{i^*-1} p_i < \xi \leqslant \sum_{i=1}^{i^*} p_i \tag{7.111}$$

而对于连续型分布，如果分布函数 $F(x)$ 的反函数 $F^{-1}(y)$ 存在，则直接抽样方法是 $X_F = F^{-1}(\xi)$。

对于更一般的分布，根据分布函数的分解定理，任意分布总可以表示为离散型分布与若干个存在反函数的连续型分布的和。如此，对于任意分布总可以通过上述两式实现随机抽样。

7.4.3.2　选择抽样方法

连续分布函数 $f(x)$ 在[0，1]上分布，并假设 $f(x)$ 是有界的，即

$$f(x) \leqslant M \tag{7.112}$$

则选择抽样方法如下：

$$\begin{array}{c} M\xi \leqslant f(\xi)? \xrightarrow{\text{否}} \\ \big\downarrow \text{是} \\ X_f = \xi \end{array} \tag{7.113}$$

其具体过程是在区域

$$0 \leqslant x \leqslant 1; \ 0 \leqslant y \leqslant M$$

内产生均匀的相互独立的随机点列 $\{\xi_1, M\xi_2\}, \{\xi_3, M\xi_4\}, \cdots, \{\xi_{2N-1}, M\xi_{2N}\}$，抛弃在 $f(x)$ 之上的所有点，保留 $f(x)$ 之下的所有点，从而形成在区域

$$0 \leqslant x \leqslant 1; \ 0 \leqslant y \leqslant f(x)$$

内均匀的相互独立的随机点列 $(X_1, Y_1), (X_2, Y_2), \cdots, (X_N, Y_N)$，由此产生的 $\{X_1, X_2, \cdots, X_N\}$ 即为由已知的总体分布 $f(x)$ 中产生的简单子样。

7.4.3.3 复合抽样方法

随机变数 x 服从的分布与参数 y 有关，而 y 也是一个随机变数，它服从一个确定的分布，此时称随机变数 x 服从一个复合分布。复合分布的一般形式为

$$f(x) = \int f_2(x|y) \mathrm{d}F_1(y) \tag{7.114}$$

式中，$f_2(x|y)$ 为与参数 y 有关的条件分布密度函数。对于复合分布可采用复合抽样方法，其过程如下：

首先由分布 $F_1(y)$ 抽样确定 $Y_{F_1}(y = Y_{F_1})$，然后再从分布 $f_2(x|Y_{F_1})$ 中确定 $X_{f_2(x|Y_{F_1})}$，即

$$X_f = X_{f_2(x|Y_{F_1})} \tag{7.115}$$

7.4.3.4 随机抽样一般方法

（1）加分布抽样法

加分布函数可表示为

$$f(x) = \sum_{n=1}^{\infty} p_n f_n(x) \qquad (p_n \geqslant 0; \sum_n p_n = 1) \tag{7.116}$$

式中，$f_n(x)$ 为与参数 n 有关的分布密度函数，$n = 1, 2, \cdots$。这实际上是复合分布的一种特殊情况。根据复合抽样方法，应采用两步抽样。首先按

$$F(y) = \sum_{n<y} p_n \tag{7.117}$$

用直接抽样法确定 $n, F(n-1) < \xi \leqslant F(n)$，然后按 $f_n(x)$ 产生抽样

$$X_f = X_{f_n} \tag{7.118}$$

其费用为

$$C(X_f) = C(\xi) + \sum_{n=1}^{\infty} p_n \left\{ C\left[\xi \leqslant F(n)\right] + C(Xf_n) \right\} \tag{7.119}$$

（2）乘分布抽样法

乘分布函数可表示为

$$f(x) = H(x)f_1(x)$$

式中，$f_1(x)$ 为任意的分布密度函数，$H(x) \leqslant M$。

如图 7.31（a）所示，乘分布抽样的方法为：首先从 $f_1(x)$ 中抽样 X_{f_1}，然后取一个随机数 ξ。若有 $M\xi \leqslant H(X_{f_1})$，则取 $X_F = X_{f_1}$，其程序流程如下：

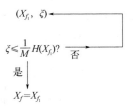

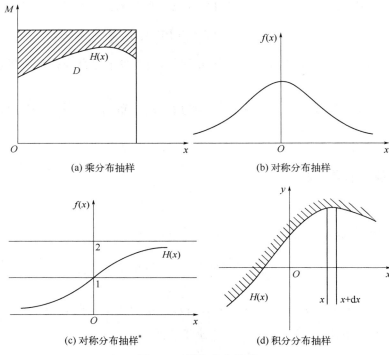

(a) 乘分布抽样   (b) 对称分布抽样

(c) 对称分布抽样*   (d) 积分分布抽样

图 7.31　随机分布抽样

（3）减分布抽样法

密度函数 $f(x)$ 可表示为

$$f(x) = A_1 f_1(x) - A_2 f_2(x) \tag{7.120}$$

式中，A_1 和 A_2 为非负实数；$f_1(x)$ 和 $f_2(x)$ 为任意两个分布密度函数。这种分布称为减分布。

减分布抽样的一种方法是将 $f(x)$ 改写为

$$f(x) = \left[A_1 - A_2 \frac{f_2(x)}{f_1(x)} \right] f_1(x) = H(x)f_1(x) \tag{7.121}$$

设 $m = \inf\left[f_2(x)/f_1(x)\right]$，则 $H(x) \leqslant A_1 - mA_2$。

减分布抽样的另一种方法是将 $f(x)$ 改写为

$$f(x) = \left[A_1 \frac{f_1(x)}{f_2(x)} - A_2\right]f_2(x) = H(x)f_2(x) \tag{7.122}$$

此时

$$H(x) \leqslant (A_1/m - A_2) = (A_1 - mA_2)/m$$

（4）乘加分布抽样法

密度函数 $f(x)$ 可表示为

$$f(x) = \sum_n H_n(x)f_n(x) \tag{7.123}$$

式中，$H_n(x) \geqslant 0, f_n(x)$ 为任意的分布函数；$n = 1,2,\cdots$ 这种分布称为乘加分布。下面只考虑两项的情况来说明此方法的含义，设

$$f(x) = H_1(x)f_1(x) + H_2(x)f_2(x) \tag{7.124}$$

将上式改写为

$$\begin{aligned} f(x) &= p_1 \frac{H_1(x)f_1(x)}{p_1} + p_2 \frac{H_2(x)f_2(x)}{p_2} \\ &= p_1 \overline{f_1}(x) + p_2 \overline{f_2}(x) \end{aligned} \tag{7.125}$$

$$p_1 = \int H_i(x)f_i(x)\mathrm{d}x \cdots (i = 1,2; p_1 + p_2 = 1)$$

（5）减分布抽样法

密度函数 $f(x)$ 可表示为

$$f(x) = H_1(x)f_1(x) - H_2(x)f_2(x) \tag{7.126}$$

乘减分布抽样法的一种方法是将 $f(x)$ 改写为

$$f(x) = f_1(x)\left[H_1(x) - H_2(x)f_2(x)/f_1(x)\right] = f_1(x)H(x)$$

$$H(x) \leqslant M_1(1 - m) \qquad H_1(x) \leqslant M_1$$

$$\frac{H_2(x)f_2(x)}{H_1(x)f_1(x)} \leqslant m \tag{7.127}$$

乘减分布抽样法的另一种方法是将 $f(x)$ 改写为

$$f(x) = f_2(x)\left[\frac{H_1(x)f_1(x)}{f_2(x)} - H_2(x)\right] = f_2(x)H(x)$$

$$H(x) \leqslant M_2\left(\frac{1}{m}-1\right); H_2(x) \leqslant M_2 \tag{7.128}$$

（6）对称分布抽样法

密度函数 $f(x)$ 可表示为

$$f(x) = f_1(x) + H(x)$$

式中，$H(x)$ 为任意的奇函数，即有 $H(-x) = -H(x)$；$f_1(x)$ 为任意的分布密度函数且为偶函数，即有 $f_1(-x) = f_1(x)$。这种分布称为对称分布。

将 $f(x)$ 改写为

$$f(x) = f_1(x)\left[1 + \frac{H(x)}{f_1(x)}\right] = f_1(x)\bar{H}(x) \tag{7.129}$$

令

$$H_1(x) = \frac{1}{2}\bar{H}(x) \tag{7.130}$$

如图 7.31（b）、图 7.31（c）所示，若单纯用选择抽样法，那么只有 50%的效率，但由于 $H(x)$ 具有关于点（0，1）的中心对称性，可以做如下改进。

从分布 $f_1(x)$ 产生抽样 X_{f_1}，并且考虑二维抽样（$\pm X_{f_1}$，ξ），对 X_f 做如下选择：

根据这种方法，可有如下正确性证明：

$$\{x < X_f \leqslant x+\mathrm{d}x\} = \{x < X_{f_1} \leqslant x+\mathrm{d}x, \xi \leqslant H_1(x)\} \cup$$

$$\{x < -X_{f_1} \leqslant x+\mathrm{d}x, \xi \geqslant H_1(x)\} =$$

$$\{x < X_{f_1} \leqslant x+\mathrm{d}x, \xi \leqslant H_1(x)\} \cup \{x < -X_{f_1} \leqslant x+\mathrm{d}x, \eta \leqslant H_1(-x)\}$$

（7）积分分布抽样法

密度函数 $f(x)$ 可表示为

$$f(x) = \frac{\int_{-\infty}^{H(x)} f_0(x,y)\mathrm{d}y}{\int_{-\infty}^{+\infty}\mathrm{d}x\int_{-\infty}^{H(x)} f_0(x,y)\mathrm{d}y} \tag{7.131}$$

这种分布称为积分分布，其中 $f_0(x,y)$ 为任意的二维分布密度函数，$H(x)$ 为任意函数，如图 7.31（d）所示。

对此做出如下抽样即选择抽样：

根据选择抽样，有

$$\{x < X_f \leqslant x + \mathrm{d}x\} = \{x < X_{f_0} \leqslant x + \mathrm{d}x \mid Y_{f_0} \leqslant H(X_{f_0})\}$$

所以其概率应为

$$P\{x < X_f \leqslant x + \mathrm{d}x\} = f(x)\mathrm{d}x = \frac{P\{x < X_{f_0} \leqslant x + \mathrm{d}x, Y_{f_0} \leqslant H(x)\}}{P\{Y_{f_0} \leqslant H(x)\}} \tag{7.132}$$

从而证明了方法的正确性。

7.4.3.5　Metropolis 抽样

设欲从离散分布

$$\pi_i > 0, \sum_{i=1}^{I} \pi_i = 1 \qquad (i = 1, 2, \cdots, I) \tag{7.133}$$

抽样。Metropolis 抽样方法就是要构造一个有限状态的均匀马尔科夫链，它的转移概率矩阵 $\boldsymbol{P} = (p_{ij})$ 的元素与单个 π_i 矩阵元无关，只能与比值 $\pi_l / \pi_{l'}$ 有关。

转移概率矩阵 $\boldsymbol{P} = (p_{ij})$ 还满足以下条件：

① $p_{ij} \geqslant 0, \sum_{j=1}^{I} p_{ij} = 1 \qquad (i = 1, 2, \cdots, I) \tag{7.134}$

② $\pi_i p_{ij} = \pi_j p_{ji} \tag{7.135}$

或

$$\pi_j = \sum_{i=1}^{I} \pi_i p_{ij} \qquad (i = 1, 2, \cdots, I) \tag{7.136}$$

③ 马尔科夫链是各态历经的，即

$$\lim_{m \to \infty} p_{ij}(m) = p_j \qquad (i, j = 1, 2, \cdots, I) \tag{7.137}$$

于是，分布式（7.133）的子样

$$i_0, i_1, i_2, \cdots, i_m, i_{m+1}, \cdots (1 \leqslant i_m \leqslant I) \tag{7.138}$$

可以通过模拟由 $\boldsymbol{P}$ 确定的马尔科夫链得到，即

① i_0 由任意选定的初始分布 S_i,抽样得到，其中

$$S_i \geqslant 0, \sum_{i=1}^{I} S_i = 1 \qquad (i = 1, 2, \cdots, I) \tag{7.139}$$

② 对任意正数 $m > 0$，当 i_m 确定后，i_{m+1} 由转移概率矩阵 $\boldsymbol{P}$ 的第 i_m 行 $\boldsymbol{P}_{i_m i_{m+1}}$ 抽样产生。

③ $m = m+1$，重复②即可得到式（7.138）。

对于这种抽样方法。容易证明以下几点：

第一，马尔科夫链的极限概率 p_i 存在，且

$$p_i = \pi_i \qquad (i = 1, 2, \cdots, I) \tag{7.140}$$

这是因为，$\{\pi_1, \pi_2, \cdots, \pi_I\}$ 满足式（7.148），而 $\{p_1, p_2, \cdots, p_I\}$ 也满足式（7.136），而且是唯一解。

第二，子样式（7.138）中的元素 i_m 的分布 $\pi_i^{(m)} = \boldsymbol{P}(i_m = i)$ 有

$$\lim_{m \to \infty} \pi_i^{(m)} = \pi_i \qquad (i = 1, 2, \cdots, I) \tag{7.141}$$

这是因为

$$\pi_i^{(m)} = \boldsymbol{P}(i_m = i) = \sum_{i_0 = 1}^{I} S_{i_0} p_{i_0 i}^{(m)} \qquad (i = 1, 2, \cdots, I) \tag{7.142}$$

当 $m \to \infty$ 时，对方程两端取极限，并利用式（7.140）得到式（7.141）。

第三，分布 $\pi_1^{(m)}, \pi_2^{(m)}, \cdots, \pi_I^{(m)}$ 实际上是式（7.136），初始值为 $\{S_1, S_2, \cdots, S_I\}$，$m$ 次迭代的结果。实际上，由式（7.142）知

$$\pi_i^{(m+1)} = \sum_{i_0 = 1}^{I} S_{i_0} p_{i_0 i}^{(m+1)} = \sum_{i_0 = 1}^{I} S_{i_0} \sum_{i_m = 1}^{I} p_{i_0 i_m}^{(m)} p_{i_m} =$$

$$\sum_{i_m = 1}^{I} \left(\sum_{i_0 = 1}^{I} S_{i_0} p_{i_0 i_m}^{(m)} \right) p_{i_m i} = \sum_{i_m = 1}^{I} \pi_{i_m}^{(m)} p_{i_m i} \tag{7.143}$$

或者

$$\pi_j^{(m+1)} = \sum_{i=1}^{I} \pi_i^{(m)} p_{ij} \qquad (j = 1, 2, \cdots, I) \tag{7.144}$$

第四，由子样式（7.136）可得到算术平均值为

$$A_M = \frac{1}{M} \sum_{i=1}^{M} A_{im} \tag{7.145}$$

如果 A_i 是有界的，那么有

$$< (A_i - <A>)^2 > = O(M^{-1}) \tag{7.146}$$

其中

$$<A> = \sum_{i=1}^{I} A_i \pi_i$$

换句话说，当 $M \to \infty$ 时，A_M 以平方平均收敛于 $<A>$。

显然，Metropolis 等人最早使用的转移概率矩阵 $\boldsymbol{P}^M$ 是满足式（7.133）～式（7.137）的。

7.4.3.6　抽样费用

选择标准：所谓抽样费用就是由已知分布$F(x)$的总体中产生简单子样时，产生每个个体X_p所需要的平均费用。由于随机抽样在电子计算机上产生，因此抽样费用可定义为在电子计算机上实现随机抽样时运算量的大小或耗费机时的多少。对于各种随机抽样方法的费用，可参考其他资料。

7.4.4　蒙特卡洛法的精度与改进

蒙特卡洛法的理论基础是概率论中的大数定理和中心极限定理，按大数定理，若$\{\xi_1,\ \xi_2,\cdots,\ \xi_N\}$为一相互独立的随机变量序列，服从同一分布，数学期望值$E\xi_i = \alpha$存在，则对任意$\varepsilon > 0$，有

$$\lim p\left(\left|\frac{1}{n}\sum_{i=1}^{n}\xi_1 - a\right| < \varepsilon\right) = 1 \tag{7.147}$$

蒙特卡洛法就是用某个随机变量X的简单子样$\{x_1,\ x_2,\cdots,\ x_n\}$的算术平均值作为随机变量$X$的期望值$E(x)$的近似。大数定理指出，当$n \to \infty$时，$x_1$的算术平均值$\bar{x}_n$以概率1收敛到期望值。

中心极限定理是指若$\{\xi_1,\ \xi_2,\cdots,\ \xi_N\}$为一个相互独立的随机变量序列，服从同一分布，具有有限数学期望a及有限方差$\sigma^2 \neq 0$，则当$n \to \infty$时。有

$$p\left(\left|\frac{1}{n}\sum_{i=1}^{n}\xi_i - a\right| < \frac{\lambda_a\sigma}{\sqrt{n}}\right) = \frac{1}{\sqrt{2\pi}}\int_{-\lambda}^{+\lambda}\mathrm{e}^{-\frac{t^2}{2}}\mathrm{d}t = 1 - a \tag{7.148}$$

依据中心极限定理，当n很大时，不等式为

$$\left|\frac{1}{n}\sum_{i=1}^{n}\xi_i - a\right| < \frac{\lambda_a\sigma}{\sqrt{n}}$$

其成立的概率为$1-a$。a称为可信度，$1-a$即水平。a和λ_a是置信的关系可在正态分布的积分表中查得，若$a = 0.05$，则$\lambda_a = 1.9600$。

蒙特卡洛法的误差是指在一定概率保证下的误差，由上可知，$\bar{\xi}_n$值落在

$$\left(a - \frac{\lambda_a\sigma}{\sqrt{n}}, a + \frac{\lambda_a\sigma}{\sqrt{n}}\right)$$

内的概率为$1-a$，置信水平$1-a$越接近于1，在误差允许范围内估计量$\bar{\xi}_n$的可靠性就越大。由此得知，当给定可信度a后，蒙特卡洛法的误差由σ和$\sqrt{n}$决定，为了减少误差，就应当选取最优的随机变量，使其方差σ最小，在方差固定时，增加模拟次数可以减少误差。当然还得考虑机时耗费，因为精度提高一位数，就要增加100倍的工作量，因此通常以方差和费用的乘积作为衡量方法优劣的标准。

通常采用改进的蒙特卡洛法来提高其精度，主要改进方法有以下几种。

7.4.4.1　利用非独立随机变量序列

为了使估计量$\bar{\xi}_n$依概率收敛于其真值E，随机变量间相互独立的假设并不是必要的。马

尔科夫定理指出，只要随机变数 ξ_1，ξ_2，$\cdots$，ξ_n 满足

$$\sigma^2\left(\frac{1}{n}\sum_{i=1}^{n}\xi_i\right)\to 0$$

对任意正数 $\varepsilon > 0$，则有

$$\lim p\left(\left|\frac{1}{n}\sum_{i=1}^{n}\xi_i - E\right| < \varepsilon\right)\to 1 \tag{7.149}$$

因此，只要序列 ξ_1，ξ_2，$\cdots$，ξ_n 满足上式，则 $\overline{\xi}_n$ 总能依概率收敛于其真值 E。另外，根据切比雪夫不等式，有

$$P = \left[\left|\overline{\xi}_n - E\right| < \varepsilon'\sigma\left(\overline{\xi}_n\right)\right] \geqslant 1 - \frac{1}{\varepsilon'^2} \tag{7.150}$$

如果令

$$\varepsilon' = \frac{1}{a}$$

则有

$$P = \left[\left|\overline{\xi}_n - E\right| < \sigma\left(\overline{\xi}_n\right)/a\right] \geqslant 1 - a \tag{7.151}$$

因此很明显，在一定的可信度下，误差直接取决于 $\overline{\xi}_n$ 的均方差 $\sigma\left(\overline{\xi}_N\right)$ 的大小。

设

$$\sigma^2\left(\xi_i\right) = \sigma^2 \qquad (i = 1, 2, \cdots)$$

$$\mathrm{cov}\left(\xi_m, \xi_n\right) = \rho_{m,n}\sigma(\xi_m)\sigma(\xi_n) = \rho_{m,n}\sigma^2$$

式中，$\mathrm{cov}\left(\xi_m, \xi_n\right)$ 为随机变数 ξ_m 与 ξ_n 的协方差；$\rho_{m,n}$ 为 ξ_m 与 ξ_n 的相关系数。

于是有

$$\sigma^2\left(\overline{\xi}_N\right) = \frac{1}{n^2}\left[\sum_{n=1}^{n}\sum_{m=1}^{n}\mathrm{cov}\left(\xi_m, \xi_n\right)\right] = \frac{\sigma^2}{n}\left(1 + \sum_{m\neq n}\rho_{m,n}\right) \tag{7.152}$$

在序列相互独立的情况下，由于 $\rho_{m \cdot n} = 0$，所以有

$$\sigma^2\left(\overline{\xi}_N\right) = \sigma^2 / n \tag{7.153}$$

若使

$$\sum_{m\neq n}\rho_{m,n} < 0$$

则可得

$$\sigma^2\left(\overline{\xi}_n\right) < \sigma^2 / n \tag{7.154}$$

即在相关序列下的估计,有可能比在独立情况下的估计更好。

7.4.4.2　序列蒙特卡洛法

除了上述改进的方法外，还可以将统计学中序列分析方法应用到蒙特卡洛法中。其基本思想是根据实验的结果，设计新的抽样计划。相当于在蒙特卡洛法中所选的随机变量，不仅与当前实验出现的事件 i_n 有关，而且与 n 的实验结果有关，将它表示成已

$\xi_n\left(i_n, \xi_1, \cdots, \xi_{n-1}\right)$。

考虑到新的随机变数序列 $\xi_n\left(i_n, \xi_1, \cdots, \xi_{n-1}\right), n=1,2,\cdots$，要求

$$\sigma^2\left(\xi_1\right) \geqslant \sigma^2\left(\xi_2\right) \geqslant \cdots \geqslant \sigma^2\left(\xi_N\right) \geqslant \cdots$$

并且当 $N \to \infty$ 时，有

$$\sigma^2\left(\xi_N\right) \to 0$$

然后定义新的估计量为

$$\overline{\xi}'_N = \sum_{m=1}^{N} W_m^{(N)} \xi_m \tag{7.155}$$

式中，$W_m^{(N)}$ 为权重系数，满足条件

$$W_m^{(N)} \geqslant 0; \quad \sum_{m=1}^{N} W_m^{(N)} = 1$$

并使方差极小。

7.4.5 蒙特卡洛法在材料研究中的应用

晶粒长大是纯金属、合金、陶瓷等多晶体材料中最普遍的现象，对材料性能具有很重要的影响，本节主要介绍蒙特卡洛法在晶粒长大中的应用。例如，在焊接过程中由于温度升高，金属的晶粒长大，特别是在焊缝和热影响区，这些部位的晶粒严重粗化使材料塑性、韧性急剧下降，抗拉强度下降，性能恶化。板材轧制过程中若工艺参数不当，也会由板材晶粒粗化导致材料性能下降。

莫春立等人采用蒙特卡洛法对晶粒长大过程进行模拟，以揭示其动力学和拓扑学上的特征。首先将晶粒结构表示成二维的随机数，假设随机数为 0～35，这里的每个数对应着一个晶粒的方位（即晶向），以相同晶向并且相邻的区域表示一个晶粒，在不同晶向的部分即是晶粒边界，如图 7.32 所示。

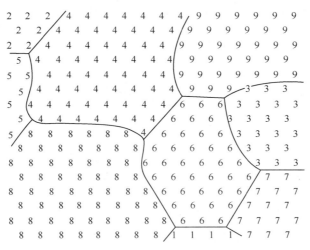

图 7.32　晶粒边界结构图

在模拟过程中，将界面能分成两组，高能晶界对应大角度晶界，低能晶界对应小角度晶界和孪晶。引入参数 r 表示材料的各向异性，r 等于两组晶界各自所占之比例（$0<r<1$），在各向同性时，$r=1$。

可以采用二维四边形或六角形点阵进行模拟，如图 7.33 所示。六角形点阵进行模拟时要考虑周围的 6 个最紧邻格点［图 7.33（b）中格点 1］，用四边形点阵模拟时要考虑格点周围的 4 个最紧邻格点（图 7.33（a）中格点 1）及 4 个次紧邻格点［图 7.33（a）中格点 2］，还要考虑边界条件对模拟结果的影响，通常为减少边界效应而采用周期性边界条件。晶向数目 Q 的选取一般可为 16、36 或更多，Q 过小会导致晶体长大得不规则。

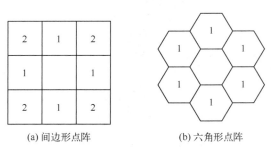

(a) 间边形点阵   (b) 六角形点阵

图 7.33   二维四边形或六角形点阵进行模拟间边形点阵和六角形点阵

本例采用六角形格点，范围为 300×300 个格点元素，使用周期性边界条件，微观结构在长大过程中拓扑学方面发生变化，如图 7.34 所示。平均晶粒尺寸 d 与蒙特卡洛步长之间的关系如图 7.35 所示。

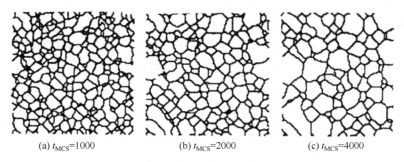

(a) $t_{MCS}=1000$ (b) $t_{MCS}=2000$ (c) $t_{MCS}=4000$

图 7.34   微观结构与蒙特卡洛步长之间的关系

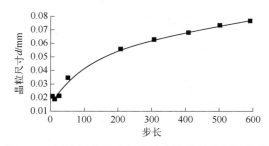

图 7.35   平均晶粒尺寸与蒙特卡洛步长之间的关系

经多次模拟利用回归方法得到模拟平均晶粒尺寸 d（单位为 mm）与蒙特卡洛步长 t_{MCS} 之间的关系为

$$d = 7 \times 10^{-4} (t_{MCS})^{0.48} \qquad\qquad (7.156)$$

式（7.156）是模拟的晶粒长大动力学公式，其长大指数为 0.48。

张继样等人采用一种改进的蒙特卡洛法模拟晶粒长大，图 7.36 为晶粒长大组织演变模拟结果。可见，随着模拟时间的增加，平均晶粒度明显增大。晶粒长大是大晶粒吞噬小晶粒的结果，晶粒多为形状规则的等轴晶，晶界基本是直线，晶界交点处大都是三晶界相交，交角基本上为 120°。

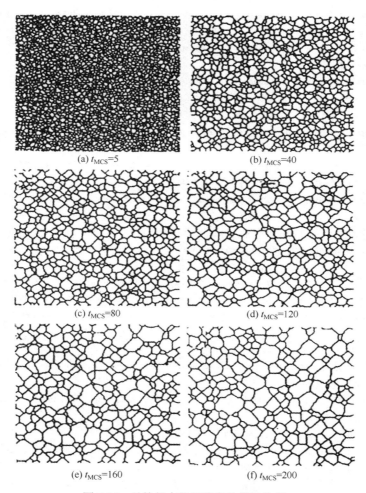

(a) $t_{MCS}=5$ (b) $t_{MCS}=40$

(c) $t_{MCS}=80$ (d) $t_{MCS}=120$

(e) $t_{MCS}=160$ (f) $t_{MCS}=200$

图 7.36　晶粒长大组织演变的模拟结果

思考题

1. 论述密度泛函理论。
2. 简述利用第一性原理模拟计算研究材料特性的优点。
3. 简述分子动力学的基本思想及其应用范围。

参考文献

[1] 陈志谦，李春梅，李冠男. 材料的设计、模拟与计算—CASTEP 的原理及其应用[M]. 北京：科学出版社，2019.

[2] Palummo M, Reining L, Ballone P. First principles simulations[J].Journal de Physi que IV, 1993, 3: l955-1964.

[3] 江建军，缪灵，梁培，等. 计算材料学：设计实践方法[M]. 北京：高等教育出版社，2010.

[4] Born M, Oppenheimer R. Zur quantentheorie der molekeln[J]. Annalen derPhysik, 1927, 89: 457-484.

[5] Hohenberg P, Kohn W. Inhomogeneous electron gas[J]. Physical Review, 1964, 136: B864-8871.

[6] Kohn W, Sham L J. Self-consistent equattons including exchange and correlation effects [J]. Physical Review, 1965, 140: A1133-Al138.

[7] Dreizler R M, Gross E K U. Density functional theory: an approach to the quantum many-body problem [M]. Berlin: Springer Science and Business Media, 2012.

[8] Parr R G. Density funcuonal theory[J]. Annual Review of Physical Chemistry, 1983, 34: 631-656.

[9] Thomas L H. The calculation of atomic field [J]. Mathematical Proceedings of the Cambridge Philosophical Society, 1927, 23: 542-548.

[10] Fermi E. Un metodo statistico per la determinazione di alcunc prioricta dell'atome [J]. Rendicondi Accademia Nazionale de Lincei, 1927, 32: 602-607.

[11] Parr R G. Density functional theory of atoms and molecules[M]. New York: Oxford University Press, 1989.

[12] 夏少式，夏树伟. 量子化学基础[M]. 北京：科学出版社，2010.

[13] Dirac P A M. The quantum theory of the electron proceedings of the royal society oflondon A: mathematical, physical and engineering sciences[J]. The Royal Society, 1928, 117: 610-624.

[14] Latter R. Atomic energy levels for the Thomas-Fermi and Thomas-Fermi-Dirac potential[J]. Physical Review, 1955, 99: 510-519.

[15] Paul A M. Note on exchange phenomena in the Thomas-Fermi atom[C]. Proceedings of the Cambridge Philos ophic al Society, 1930, 26: 376-385

[16] 单斌，陈征征，陈蓉. 材料学的纳米尺度计算模拟：从基本原理到算法实现[M]. 武汉：华中科技大学出版社，2016.

[17] Vandcrbit D. Soft self-consistent pseudopotentials in a generalized eigenvalue formalism[J]. Physical B,1990,41:7892-7985.

[18] Kohn W. Nobel Lecture, electronic structure of matter-wave functions and density functional [J]. Reviews of Modern Physics, 1999, 71: 1253-1266.

[19] Ccperley D M, Alder B J. Ground state of the electron gas by a stochastic method [J]. Physical Review Letters. 1980, 45:566-569.

[20] Perdew J P, Zunger A. Self-interaction correction Lo density-functional approximations for many-electron systems [J]. Physical Review B: Condensed Matter, 1981, 23: 5048-5079.

[21] Segall M D. Lindan P J D, Probert M J, et al. First-pnnciples simulation: ideas, illustrations and the CASTEP code[J] . Journal of Physics: Condensed Matter, 2002, 14: 2717-2744.

[22] 殷开梁，邹国英，陈正隆. 正葵烷热裂解的分子动力学模拟研究[J]. 石油学报（石油加工），2001, 17(3): 77-82.

[23] 黄丹，陶伟明，郭乙木. 单晶镍纳米薄膜单向拉伸破坏的分子动力学模拟[J]. 中国有色金属学报，2004, 14(11): 1850-1855.

[24] 计明娟，叶学其，杨鹏程. 甲硫氨酸-脑啡肽的分子动力学模拟[J]. 物理化学学报，1999，15(11): 1011-1016.

[25] 于坤千，李泽生，李志儒，等. 寡聚物在高分子母体中的扩散-分子动力学模拟研究[J]. 高等学校化学学报，2002, 23(7): 1327-1330.

[26] 韩铭，李霆，杨小震. 表面上锚定聚乙烯链聚集的分子动力学模拟[J]. 高等学校化学学报，2005, 26(5): 960-963.

[27] Hoove R W G. Canonical dynamics: Equilibrium phase-space distributions [J]. Physical Review A, 1985, (31): 1695-1697.

[28] Swope W C, Andersen H C. A computer simulation method for the calculalion of equilibrium constants for the formation of physical clusters of molecules: application to small water ciusters[J]. Journal of Chemical Physics, 1982, 76(1):637-649.

[29] 单德彬，袁林，郭斌. 单晶铜弯曲裂纹萌生和扩展的分子动力学模拟[J]. 哈尔滨工业大学学报，2003, 35(10): 1183-1185.

[30] 吴映飞，王崇愚，郭雅芳. 体心立方铁中裂纹扩展的结构演化研究[J]. 自然科学进展，2005, 15(2): 206-211.

[31] Komanduri R, Chandrasekaran N, Raff L M. Molecular dynamic simulations of uniaxial Tension at nanoscale of semiconductor materials for micro-electromechanical systems （MEMS）applications[J].Materials Seience and Engineering, 2003(A340):58-67.

[32] 杨姗姗. 高活性钢渣在线重构过程矿相转化机理研究[D]. 唐山：华北理工大学，2020.

[33] 肖成. CaO-SiO$_2$-Al$_2$O$_3$-Na$_2$O 体系熔体微观结构与性质的分子动力学模拟[D]. 赣州：江西理工大学，2017.

[34] 王健健，刘立强，胡文广，等. 分子动力学探究 Fe^{3+} 对 $CaO-Al_2O_3-SiO_2$ 系微晶玻璃微观结构的影响[J]. 2017, 54(3): 30-33.

[35] 裴鹿成，张孝泽. 蒙特卡罗方法及其在粒子输运问题中的应用[M]. 北京：科学出版社，1980.

[36] 朱本仁. 蒙特卡罗方法引论[M]. 济南：山东大学出版社，1987.

[37] 张孝泽. 蒙特卡罗方法在统计物理中的应用[M]. 郑州：河南科学技术出版社，1991.

[38] 莫春立，丁春辉，何若宏. 用蒙特卡洛方法模拟晶粒长大[J]. 沈阳理工大学学报，2001, 20(1): 61-66.

[39] 张继样，关小军，孙胜. 一种改进的晶粒长大蒙特卡洛模拟方法[J]. 金属学报，2004, 40(5): 457-461.

[40] 刘祖耀，郑子樵，陈大钦，等. 正常晶粒长大的计算机模拟(Ⅱ)——第二相粒子形状及取向的影响[J]. 中国有色金属学报，2004, 14(1): 122-126.

[41] Su-Hyun Y, Youngeun N, Woohyun H, et al. First-Principles Calculations of Heteroanionic Monochalcogenide Alloy Nanosheets with Direction-dependent Properties for Anisotropic Optoelectronics[J]. ACS Applied Nano Materials, 2021 4(6): 5912-5920.

[42] 魏子琰. 多元医用钛合金第一性原理模拟与实验研究[D]. 唐山：华北理工大学，2020.

第 8 章

材料复杂综合问题解决案例分析

 【本章导读】

　　本章在以上章节的知识基础上，结合新工科新材料的实际材料结构问题，建立了金属材料、高分子材料、无机非金属材料复杂综合问题解决的典型案例，将结构化学理论、材料测试技术、材料结构分析案例交叉融合，通过研究性、创新性、综合性材料分析案例，以期培养学生开展材料科学研究和解决材料科学与工程领域相关问题的能力。

 【思维导图】

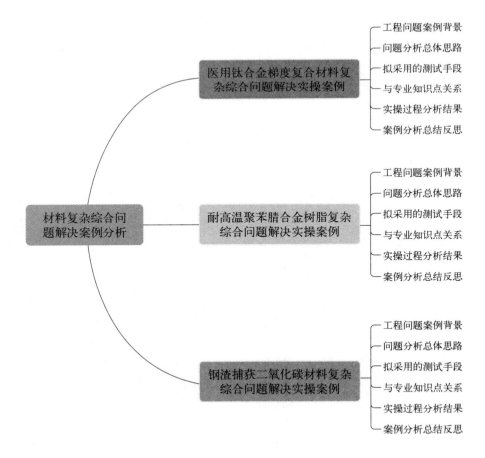

8.1 医用钛合金梯度复合材料复杂综合问题解决实操案例

8.1.1 工程问题案例背景

随着人类经济的发展和社会的进步，人类对自身健康和生活质量的追求不断提高，与生命健康密切相关的生物医用材料也迅速蓬勃发展。据报道，全球每年需要进行人工关节植入的患者高达 3800 万人，而每年关节植入量仅为 200 万，缺口相当大；另每年骨缺损和骨损伤患者增加近 300 万。由此可见，生物医用植入材料的需求巨大。然而，生物机体是一个复杂的环境，植入体材料在生物体内或体表长期、有效地完成生物功能时，应该同时具备良好的生物力学性能、生物学性能以及稳定性等基本性能。医用钛合金作为主要的骨科植入材料，也要求具备优良的生物及力学综合性能。然而在研究优化多元钛合金综合性能时，一方面其力学性能尤其是合金元素对材料显微结构与性能的交叉耦合影响规律有待改善，另一方面材料表面状态的改性优化机制等关键问题仍不明确。针对以上问题，本案例拟研制一种新型 Ti-Ta-Nb-Zr-Mo/TiO$_2$-MO$_x$/HA-Cu-Zn 医用钛合金梯度复合材料，为生物医用钛合金材料的综合性能改善及表面改性提供理论指导。

8.1.2 问题分析总体思路

本案例拟研制一种新型 Ti-Ta-Nb-Zr-Mo/TiO$_2$-MO$_x$/HA-Cu-Zn 医用钛合金梯度复合材料，借助 d 电子理论及第一性原理指导合金成分设计，揭示多种元素影响材料性能的物理化学本质；探究多种合金元素对合金显微组织、相变等交叉耦合影响规律，以及合金显微结构对材料生物及力学性能的影响机制；通过物理-化学复合改性在合金表面制备 TiO$_2$-MO$_x$/HA-Cu-Zn 涂层，实现微纳米贯通结构活性涂层的构建，对兼具成骨和抗感染多功能复合材料的作用机制和时序表达，以及材料与人体组织表界面相互作用机理进行探究，为生物医用钛合金材料的综合性能改善及表面改性提供理论指导。

① Ti-Ta-Nb-Zr-Mo 基钛合金的微观结构与力学性能的调控因素与影响机制。

人体骨植入材料需要具备良好的生物力学性能、生物学性能以及稳定性等基本性能，其中，弹性模量和强度是生物医用金属材料力学性能最重要的指标，要求骨替换植入体的强度较高，而弹性模量和周围骨组织的弹性模量尽可能接近。针对目前研发的许多植入体的弹性模量高于人体骨，发生"应力屏蔽"现象，本项目基于 d 电子理论、团簇理论和第一性原理指导设计了低模量、高强度的二元、三元、四元及五元钛合金体系，以此为依据采用粉末冶金法制备了三元钛合金 Ti-Mo-Nb、四元合金 Ti-Mo-Nb-Zr、五元合金 Ti-Mo-Nb-Zr-Ta，即分别在钛基体中添加 Mo、Nb、Ta、Zr 元素。其中生物相容性合金元素 Mo、Nb、Ta 等均属于 β-Ti 相形成元素，有助于合金形成弹性模量更低的 β 相；Zr 元素在合金化过程中可以起到固溶强化的作用。项目探究了合金关键制备参数对所制备多元钛合金的相变（尤其是 β 相）、微观组织结构（孔径、孔隙率）的调控规律，研究了微量元素 Ta、Nb、Zr、Mo 元素种类及配比对钛合金显微组织、相变等交叉耦合的影响规律，进一步探究了相变（相结构）、显微组织与材料的生物力学综合性能（模量、压缩强度等）的影响规律，建立了合金设计、相组成、微观结构、生物力学性能之间的关系。项目所制备的医用生物材料如图 8.1 所示。

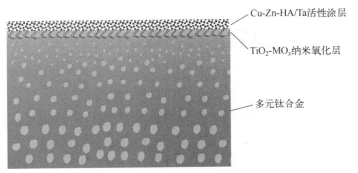

图 8.1　项目所制备 Ti-Ta-Nb-Zr-Mo/TiO$_2$-MO$_x$/Cu-Zn-HA(Ta)生物医用材料结构（二维码）

② 多元合金表面纳米 TiO$_2$-MO$_x$ 氧化层的原位构建与生长机理。

借助阳极氧化法、水热法在多孔钛合金表面原位构建纳米氧化层，研究了氧化层制备条件（电解液的组分、施加的氧化电压及氧化时间等）对纳米结构氧化层形貌、性能的影响规律，探究了纳米氧化层的生长机理，建立纳米结构氧化层制备参数、纳米氧化层形貌、生物性能的关系；揭示了纳米形貌对改善钛基材表面生物活性及生物力学性能的规律和界面增强效果的作用机制，为后续喷涂提升涂层结合力，更好地提升材料生物性能打下良好基础。

③ 纳米氧化层表面 Cu-Zn 等生物活性涂层的构建。

研究以粉状 Ta、HA、Cu、Zn 为原料，借助等离子喷涂法在纳米氧化层上分别制备 Ta-Cu-Zn 及 HA-Cu-Zn 生物活性涂层的关键技术参数，探究 Ta、HA、Cu、Zn 原料组分及比例、喷涂工艺参数（喷涂电压、距离）对涂覆效果（粗糙度、结晶状态、微观结构）及生物学性能的影响规律，建立组分、涂覆制度、涂层性能三者之间的关系，揭示了 Ta、HA、Cu、Zn 等改善钛合金复合材料生物活性及抗菌性能的作用机制。

④ Ti-Ta-Nb-Zr-Mo/TiO$_2$-MO$_x$/Cu-Zn 医用梯度复合材料的性能评估。

探究了所制备 Ti-Ta-Nb-Zr-Mo/TiO$_2$-MO$_x$/Ta/HA-Cu-Zn 医用梯度复合材料生物力学性能如强度、弹性模量、耐腐蚀性、耐磨性等生物力学综合性能，对涂层与多孔钛基合金的界面结合强度进行了评价；对复合材料的生物学性能如生物活性、生物安全性、生物相容性及抗菌性等进行了评价；分析了复合材料各层成分及形貌变化规律以及各层之间的界面结合状态，对各层改善复合材料生物力学及生物学性能的作用机理及宏观规律也进行了深入研究和探讨。

下面对上述所涉及的二元、三元、四元及五元合金体系的设计、制备及性能测试分别进行详细介绍。

8.1.3　拟采用的测试手段

① X 射线衍射分析（XRD）。
② 扫描电子显微镜分析（SEM）、能谱分析（EDS）。
③ 透射电子显微镜分析（TEM）。
④ X 射线光电子能谱分析（XPS）。
⑤ 聚焦离子束（FIB）双束系统电子显微镜。

8.1.4　与专业知识点关系

① 依据第一性原理计算合金元素 Ta、Nb、Zr、Mo 种类及配比对钛合金强度、模量及

马氏体转变温度等因素的影响，并预先充分考虑钛合金冷、热加工成型性特点，最终设计出一种具有良好综合力学性能的新型高强度低模量医用钛合金。

② 借助 XRD、XPS、EDS 等对钛合金基体、纳米氧化层、活性涂层的相组成、成分及分布进行研究，利用聚焦离子束（FIB）双束系统电子显微镜、SEM、金相显微镜（OM）、TEM、Image J 图像分析软件对钛合金基体、纳米氧化层、活性涂层的微观组织结构（孔径、孔隙率、孔隙形貌、梯度分布）进行研究，而力学性能如抗压强度、弹性模量等则借助万能力学试验机进行测试。

③ 复合材料的生物性能如细胞增殖、成骨性能、生物活性、抗菌性等，其与微观组织测试密切相关。

8.1.5 实操过程分析结果

8.1.5.1 Ti-Ta、Ti-Nb、Ti-Mo 二元合金体系的设计

通过第一性原理对 Ti-Ta、Ti-Nb、Ti-Mo 二元合金的晶格常数、结合能（表 8.1）、β 结构稳定性、弹性性质（表 8.2）进行计算，得到 Ta、Nb 合金元素的加入可以增大钛合金的晶格常数，Mo 合金元素的添加可降低钛合金的晶格常数，β 型 Ti-TM（TM= Ta、Nb、Mo）的相稳定性随着 Ta、Nb、Mo 含量的增加而增强，Ti-25%（原子百分比）Nb 的 β 相结构稳定性较好，对 Ti-Ta、Ti-Nb、Ti-Mo 二元合金的杨氏模量进行计算，如图 8.2 所示，结果表明，Ti-25%Nb 的理论杨氏模量较低，为 36.40GPa。

表 8.1 Ti-TM 二元合金原子结合能的数值

TM 含量（原子百分比）/%	结合能/[eV/个(原子)]		
	Ti-Ta	Ti-Nb	Ti-Mo
6.25	−5.0314	−5.0502	−5.08847
12.5	−5.0844	−5.1339	−5.18847
25	−5.1447	−5.25317	−5.55317
31.25	−5.2732	−5.40623	−6.084
37.5	−5.3743	−5.6095	−6.2112
50	−5.5016	−6.01698	−6.40811

表 8.2 Ti-TM 合金的弹性常数

合金类型	弹性常数	TM 原子比/%					
		6.25	12.5	25	31.25	37.5	50
Ti-Ta	C_{11}	109.64	122.00	108.06	153.62	174.90	179.97
	C_{12}	115.43	122.75	92.32	127.20	129.70	142.32
	C_{44}	36.01	35.47	20.15	38.8	41.71	32.03
Ti-Nb	C_{11}	108.97	124.56	135.91	176.40	163.57	166.50
	C_{12}	111.52	116.92	126.63	127.50	103.01	127.43
	C_{44}	33.09	33.18	18.05	34.81	33.56	52.18
Ti-Mo	C_{11}	161.01	153.28	200.50	217.41	233.23	230.653
	C_{12}	98.93	114.49	128.78	123.856	128.54	155.93
	C_{44}	41.88	28.61	19.31	34.46	28.21	25.23

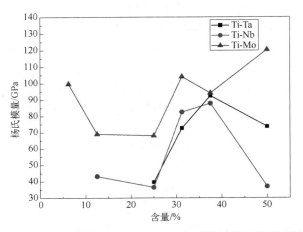

图 8.2　Ti-TM 合金中 Ta、Nb、Mo 含量对杨氏模量的影响结果

8.1.5.2　Ti-Mo-Nb 三元合金体系的设计、制备及性能研究

　　采用基于密度函数理论的第一性原理软件 Materials Studio 的 CASTEP 模块对合金进行建模计算。采用 2×2×2 体心立方超晶胞作为计算模型，包含 16 原子，以 Mo 原子占据体心位为模型（图 8.3）进行能量计算，并进行合金体系的收敛性测试。计算采用基于密度泛函理论的平面波赝势方法，交换关联能函数采用广义梯度近似（GGA）中的 PBE 形式，自洽精度设为每个原子能量收敛为 $1.0×10^{-6}$eV。

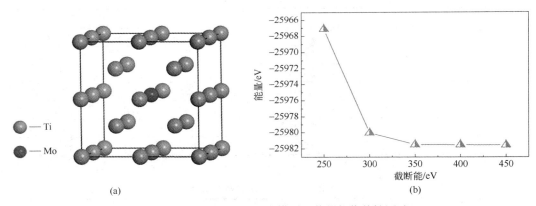

图 8.3　Ti-6.25Mo 二元合金模型及截断能收敛性测试

　　在 Ti-6.25Mo 基础上进行收敛性测试确定合金体系计算的截断能及 K 点。图 8.3（b）为合金体系的截断能收敛性测试，截断能在 350eV 时体系的能量已经相差不大并趋于平稳，因此体系的截断能设置为 350eV。并以 350eV 截断能来进行 K 点收敛性测试。根据弹性模量确定 Ti-6.25Mo-xNb[x（原子百分比）=0%、6.25%、18.75%、25%、37.5%]三元合金的结构模型为图 8.4 所示，并在此模型基础上分别计算不同 Nb 含量合金的弹性性质及相稳定性，如图 8.5、图 8.6 所示。随着 Nb 含量的增加，Ti-Mo-Nb 三元合金的晶格常数逐渐增大,结合能绝对值逐渐增大，β 相结构稳定性不断提高。Ti-Mo-Nb 三元合金的弹性常数 C_{44} 单调递减，正方剪切常数 C' 先减小后增加，在 Nb 含量为 18.75% 时出现极小值，弹性模量 E 基本呈降低趋势，在 Nb 含量为 18.75% 时出现突变值，与 C' 出现极小值有关。

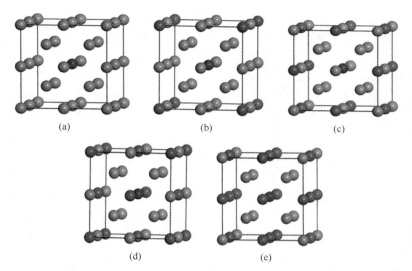

图 8.4 不同 Nb 含量的 Ti-6.25Mo-xNb 合金模型（二维码）

（a）0%；（b）6.25%；（c）18.75%；（d）25%；（e）37.5%

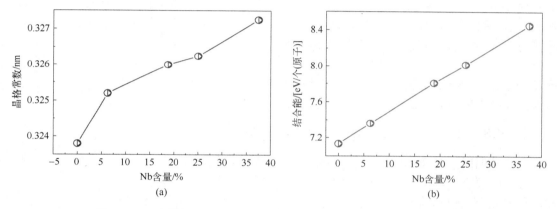

图 8.5 Nb 含量与 Ti-Mo-Nb 三元合金晶格常数和单原子结合能的关系

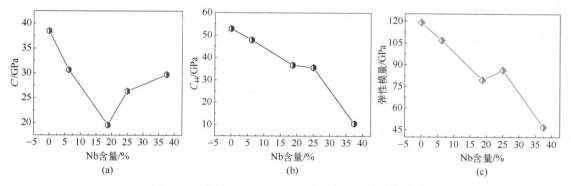

图 8.6 Nb 含量与 Ti-Mo-Nb 三元合金弹性性质的关系

（a）四角剪切常数 C'；（b）弹性常数 C_{44}；（c）弹性模量

　　图 8.7 及图 8.8 是不同 Nb 含量三元合金的总态密度图及放大图，三元合金的键强随着 Nb 含量的增加而增强，在 Nb 含量为 18.75%处合金键强及相稳定性均高于 Nb 含量为 25%处合金，与弹性模量在此处出现突变值相一致。

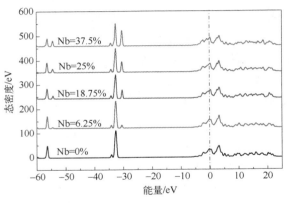

| 图 8.7 不同 Nb 含量三元合金的总态密度图 | 图 8.8 不同 Nb 含量三元合金的总态密度放大图（二维码） |

通过对计算得出弹性模量最低的合金及弹性模量突变点处合金 Ti-6.25Mo-18.75Nb（79.5GPa）、Ti-6.25Mo-37.5Nb（46.9GPa）进行制备，采用粉末冶金法在 1400℃保温 2h 制备出直径 10mm，长度约 12mm 的合金圆柱，利用万能试验机进行强度和弹性模量的测试，如图 8.9、图 8.10 所示。图 8.9 为实验制备出的 Ti-6.25Mo-18.75Nb 与 Ti-6.25Mo-37.5Nb 合金的应力-应变图。图 8.10（a）为实验制备出合金的弹性模量及强度，图 8.10（b）为实验值与计算值对比图，得到弹性模量与计算值的下降趋势一致，因此模拟计算对实验具有一定指导意义。因此选取 Nb 含量为 18.75%的 6.25Mo-18.75Nb 三元合金为基础，进行四元合金的制备，在保证较高强度的同时进一步降低弹性模量。

8.1.5.3 Ti-Mo-Nb-Zr 四元合金的设计及制备研究

由于前期研究对 Ti-Mo-Nb 三元合金模拟计算及实验验证 Ti-6.25Mo-18.75Nb（%，原子百分比）（按质量分数为 Ti-10Mo-28Nb）合金的综合性能较好，但其力学性能仍需改善。因此，在三元合金的基础上由 d-电子理论经验公式，添加合金强化元素 Zr 元素来改善合金力学性能，采用粉末冶金法，在 1400℃下烧结 2h，制备出 Ti-10Mo-28Nb-xZr[x（质量分数）=0%、1%、3%、5%、7%]，探究 Zr 含量对 Ti-Mo-Nb-Zr 合金微观组织、力学性能及耐腐蚀性的影响得到如下结论。

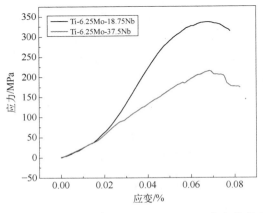

图 8.9 Ti-6.25Mo-18.75Nb 与 Ti-6.25Mo-37.5Nb 合金的应力-应变图

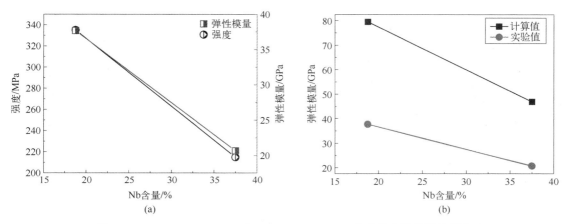

(a)   (b)

图 8.10　Ti-6.25Mo-18.75Nb 与 Ti-6.25Mo-37.5Nb 合金的实验值及计算值

① 从金相图图 8.11 中可得到，当 Zr 含量在 3%时，Ti-Mo-Nb-Zr 合金具有大小均匀，晶界明显的 β 相组织，且合金中烧结缺陷较少。从 XRD 衍射图图 8.12 谱中分析可得，当 Zr 含量在 3%时合金中主要为 β 相衍射峰，α 衍射峰较弱；添入 Ta 元素后，合金的相结构差别不大，合金中开始出现大片的 β 转变组织，随着 Ta 含量的增加，当 Ta 含量在 6%时，合金中的 β 相组织大小相对均匀，且合金中的缺陷最少。从 XRD 衍射图谱中分析可得，当 Ta 含量在 6%时合金中的 β 相衍射峰最强，说明 Ta 含量在 6%时更有助于 β 相的生产。

② 随着 Zr 含量的增加，合金的力学性能随金相组织的改变不断变化，如图 8.13 所示，当 Zr 含量在 3%时，Ti-10Mo-28Nb-3Zr 合金具有最小的弹性模量 43.39GPa 及较高的抗压强度 955MPa；随着 Ta 元素的加入，明显提高了材料的塑性，但也普遍降低了合金的强度。随着 Ta 含量的增加，合金的力学性能随金相组织的改变不断变化，当 Ta 含量在 6%时，Ti-10Mo-28Nb-3Zr-6Ta 合金具有最小的弹性模量 27.59GPa，此时抗压强度为 635MPa。

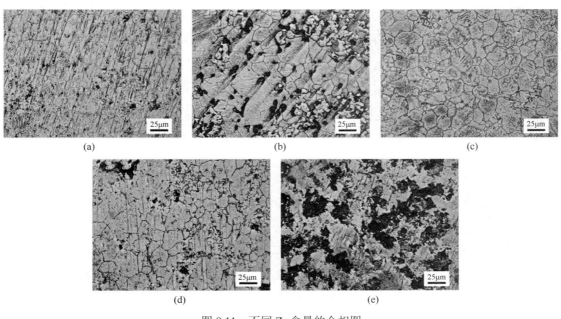

图 8.11　不同 Zr 含量的金相图

（a）0%；（b）1%；（c）3%；（d）5%；（e）7%

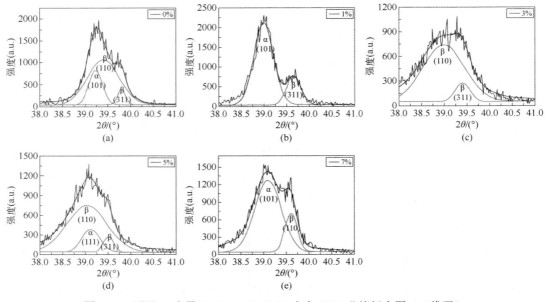

图 8.12　不同 Zr 含量 Ti-10Mo-28Nb-Zr 合金 XRD 分峰拟合图（二维码）

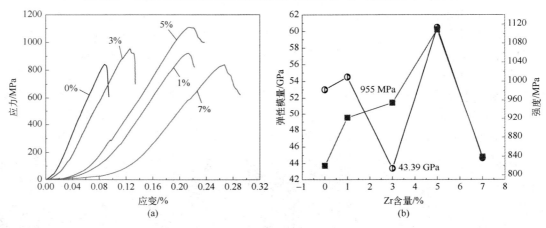

图 8.13　不同 Zr 含量的 Ti-10Mo-28Nb-Zr 合金应力-应变曲线（a）与弹性模量及强度（b）（二维码）

③ 根据合金试样的动电位极化曲线分析，如图 8.14 及表 8.3 所示，可以看出当 Zr 含量为

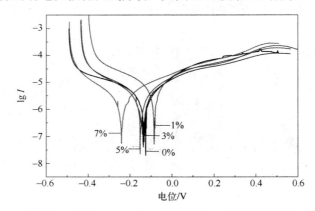

图 8.14　不同 Zr 含量 Ti-Mo-Nb-Zr 合金的动电位极化曲线（二维码）

3%，Ti-10Mo-28Nb-3Zr 合金具有较大的腐蚀电压 E_{corr} 约为-145.180mV，较小的腐蚀电流密度 I_{corr} 约为 2.962×10^{-6}A/cm^2，和较大的钝化电阻 R_p 约为 $1.542 \times 10^5 \Omega$/cm^2。

表 8.3　不同 Zr 含量的 Ti-Mo-Nb-Zr 合金的电化学参数

合金试样	E_{corr}/mV	I_{corr}/($\times 10^{-6}$A/cm^2)	β_a（阳极塔菲尔斜率）	β_c（阴极塔菲尔斜率）	R_p/($\times 10^5 \Omega$/cm^2)
0%	-130.876	3.901	213.120	328.536	1.439
1%	-87.605	7.032	226.063	247.476	0.730
3%	-145.180	2.962	212.382	208.460	1.542
5%	-148.150	2.685	169.569	200.748	1.487
7%	-241.974	2.790	221.911	221.911	1.727

8.1.5.4　Ti-Mo-Nb-Zr-Ta 五元合金体系的设计、制备及性能研究

Ta 元素是被学者证明的 β 相稳定元素，因此将 Ta 元素进一步加入 Ti-10Mo-28Nb-3Zr 合金，对钛合金的力学性能进行微调，一定程度上降低钛合金的弹性模量。由于 d-电子理论经验公式是根据合金原子比进行计算，设计 Ti-6.25Mo-18.75Nb-2Zr-yTa [y（原子百分比）=0%、1%、1.5%、2%、2.5%] 五元合金，根据 d-电子理论经验公式分别计算合金的 Bo 值、Md 值，并与 Bo、Md 值所组成的相稳定图相比较，分析合金所处相区。表 8.4 为不同 Zr 含量的 Ti-Mo-Nb-Zr-Ta 合金的 Bo（电子能级）、Md（键级）值。

表 8.4　不同 Zr 含量的 Ti-Mo-Nb-Zr-Ta 合金的 Bo、Md 值

原子比	质量比	Bo 值	Md 值
Ti-6.25Mo-18.75Nb-2Zr	Ti-10Mo-28Nb-3Zr	2.871	2.422
Ti-6.25Mo-18.75Nb-2Zr-1Ta	Ti-10Mo-28Nb-3Zr-2Ta	2.874	2.423
Ti-6.25Mo-18.75Nb-2Zr-1.5Ta	Ti-10Mo-28Nb-3Zr-4Ta	2.876	2.423
Ti-6.25Mo-18.75Nb-2Zr-2Ta	Ti-10Mo-28Nb-3Zr-6Ta	2.878	2.424
Ti-6.25Mo-18.75Nb-2Zr-2.5Ta	Ti-10Mo-28Nb-3Zr-8Ta	2.880	2.424

根据计算得出的 Bo、Md 值，将 Bo、Md 描绘在相稳定图中，五元 Ti-Mo-Nb-Zr-Ta 合金均在 β 相区之内，因此在此成分设计基础上将各元素原子比转换为质量比，准确称量各合金重量，通过粉末冶金法在 1400℃ 烧结 2h，制备出 Ti-Mo-Nb-Zr-Ta 合金，并分析 Ta 元素对合金显微结构、物相组成、力学性能及耐腐蚀性的影响。

（1）不同成分 Ti-Mo-Nb-Zr-Ta 合金的孔隙特征分析

表 8.5 为不同 Ta 含量的 Ti-Mo-Nb-Zr-Ta 合金的气孔率，本实验将气孔率差值控制在 2% 左右，保证气孔率不是本实验力学性能的主要影响因素，以便探究不同 Ta 含量对力学性能的影响。

表 8.5　不同 Ta 含量的 Ti-Mo-Nb-Zr-Ta 合金的气孔率

Ta 含量（质量分数）/%	0	2	4	6	8
气孔率	7.27%	7.14%	6.55%	6.82%	8.70%

（2）不同成分 Ti-Mo-Nb-Zr-Ta 合金的金相显微组织和物相组成

下面对 Ti-10Mo-28Nb-3Zr-yTa [y（质量分数）=0%、2%、4%、6%、8%]，即不同 Ta 含量的 Ti-Mo-Nb-Zr-Ta 五元合金的金相显微组织和物相组成进行分析。

图 8.15 为不同 Ta 组分的五元合金的试样金相图。由图可知，随着 Ta 含量的增加，当 Ta 含量在 6%时，合金中的 β 相组织大小相对均匀，且合金中的缺陷最少。

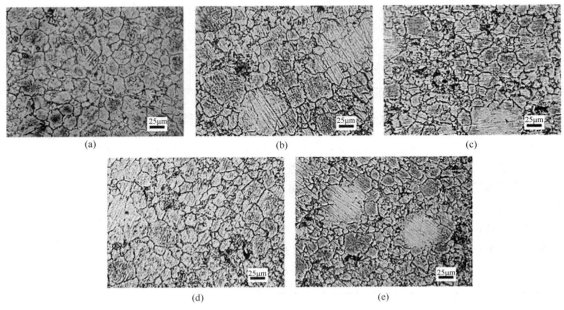

图 8.15　不同 Ta 含量 Ti-Mo-Nb-Zr-Ta 合金的显微组织

（a）0%；（b）2%；（c）4%；（d）6%；（e）8%

图 8.16 为不同 Ta 组分的五元合金的 XRD 测试图。添入 Ta 元素后，合金并未出现大量的 α 相，合金主要由晶面指数为（110）的 β 相组成，这与金相图中所观察到的一致。随着合金中 Ta 元素的增多，晶面指数为（110）的 β 衍射峰先增大后减小，在 Ta 含量为 6%时晶面

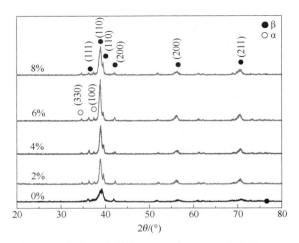

图 8.16　不同 Ta 含量的 Ti-Mo-Nb-Zr-Ta 合金的 XRD

指数为（110）的 β 衍射峰达到最大值，即合金中的 β 相最多，由于合金中出现了 β 转变组织，其中含有次生 α 相，因此在 β 相最多的合金处其 α 相衍射峰也是最强的，因此在 Ta 含量为 6%时在晶面指数为（100）及（330）处 α 相衍射峰也是最强的。合金中 α 相的出现可能是在添入 Ta 元素后合金中 β 转变组织产生的次生 α 相。

8.1.5.5 Ti-10Mo-28Nb-3Zr-6Ta 合金表面制备纳米氧化层

通过阳极氧化法在 Ti-10Mo-28Nb-3Zr-6Ta 合金表面制备纳米氧化层，在氧化电压为 25V、氧化时间为 120min、电解质为 0.9%（质量分数）NaF 和 1mol/L H_3PO_4 溶液中，通过先水热酸处理，然后 Ti-10Mo-28Nb-3Zr-6Ta 五元合金表面制备纳米氧化层，在 300℃下热处理 2h 后，在 Ti-10Mo-28Nb-3Zr-6Ta 合金表面成功制备出了纳米管，如图 8.17～图 8.19 所示，纳米管孔径大小相对均匀，在 50～70nm 范围内，纳米管壁厚为 15nm 左右。在对纳米管的放大图中可看到生成纳米管的长度为 100nm 左右。通过对纳米管进行 XRD 衍射分析，纳米管主要由钛、铌的氧化物组成，结合纳米管电子衍射及管内壁 HRTEM 图可知，纳米管由非晶态的钛氧化物及锐钛矿型二氧化钛纳米晶组成，这为后续喷涂提升涂层结合力，更好提升材料生物性能打下良好基础。

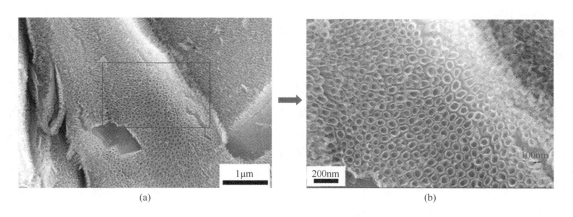

(a)　　　　　　　　　　　　　　(b)

图 8.17　Ti-10Mo-28Nb-3Zr-6Ta 合金表面纳米管照片

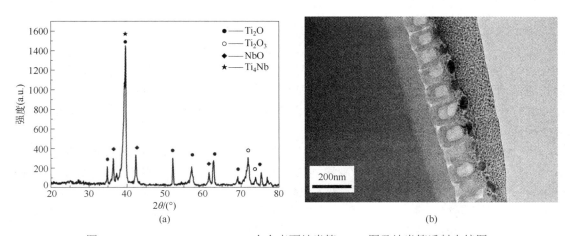

(a)　　　　　　　　　　　　　　(b)

图 8.18　Ti-10Mo-28Nb-3Zr-6Ta 合金表面纳米管 XRD 图及纳米管透射电镜图

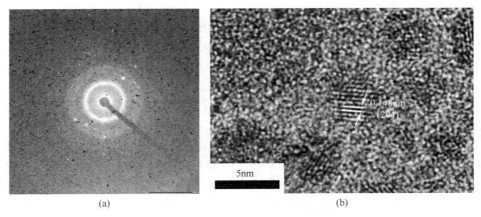

図 8.19　纳米管电子衍射（a）及纳米管内壁 HRTEM 放大图（b）

最终得出，钛合金表面制备纳米氧化管的生长机理为在阳极氧化过程中首先在合金表面生成一层非晶态的钛的氧化层，接着在非晶态钛氧化层之上由于施加电压及电解液的作用下开始生成非晶态的纳米管，当电流趋于稳定时，纳米管停止生长，纳米管主要为钛的氧化物。最后在 300℃热处理 2h 后，在非晶态的过渡层中，有部分铌扩散出来与氧发生反应，但由于温度不够高，并未形成晶体。而纳米管中的非晶态结构有部分转化为锐钛矿型二氧化钛纳米晶粒，为后续更好地提升材料生物性能打下良好基础。

8.1.5.6　Ti-10Mo-28Nb-3Zr-6Ta 合金纳米氧化层表面生物活性涂层的构建

利用等离子喷涂法在 Ti-10Mo-28Nb-3Zr-6Ta 合金纳米氧化层表面制备生物活性涂层。研究了喷涂电压、喷涂距离等参数，对 HA 涂层的影响，设置喷涂电压分别为 30V、40V、50V，在 100mm 的喷涂距离下进行喷涂，送粉速率为 18r/min。

根据 SEM 扫描及面扫描分析，当喷涂电压为 40V，喷涂距离为 100mm 时制备出的 HA 涂层涂覆均匀，涂层厚度在 50μm 左右，合金基体元素与涂层元素之间相互扩散。通过图 8.20～图 8.22 分析得到涂层主要由羟基磷灰石分解产物 $Ca_3(PO_4)_2$ 组成。

8.1.6　案例分析总结反思

通过医用金属案例我们可以获知，借助第一性原理计算合金元素 Ta、Nb、Zr、Mo 种类及配比对钛合金强度、模量及马氏体转变温度等因素的影响，并预先充分考虑钛合金冷、热加工成型性特点，最终设计出一组具有良好综合力学性能的新型高强度低模量医用钛合金。通过对医用钛合金的成分进行模拟计算，得出合金的二元及三元组分的理论，进一步借助 d 电子理论及实验得出四元、五元合金成分，为其他医用金属材料的制备提供了良好的制备及参考案例。

借助 XRD、XPS、EDS 等对钛合金基体、纳米氧化层、活性涂层的相组成、成分及分布进行研究，利用聚焦离子束（FIB）双束系统电子显微镜、SEM、金相显微镜（OM）、TEM、Image J 图像分析软件对钛合金基体、纳米氧化层、活性涂层的微观组织结构（孔径、孔隙率、孔隙形貌、梯度分布）进行研究，而力学性能如抗压强度、弹性模量等则借助万能力学试验机进行测试，其他的形貌分析也对力学性能等起到辅助作用。

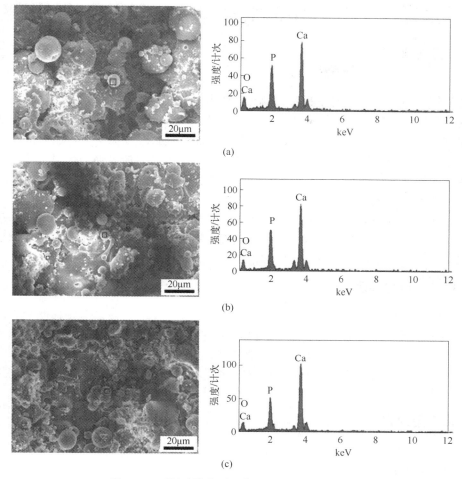

图 8.20　不同喷涂电压下的 SEM 照片及能谱图

（a）30V；（b）40V；（c）50V

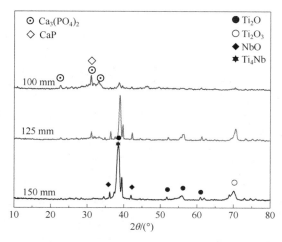

图 8.21　不同喷涂距离下的 XRD 衍射图

图 8.22　HA 涂层表面 SEM 图及面扫描图

8.2 耐高温聚苯腈合金树脂复杂综合问题解决实操案例

8.2.1 工程问题案例背景

随着聚合物领域的不断发展与进步，为满足材料在航空航天、飞机和海军工业等苛刻的环境下的应用，研究人员对高性能聚合物材料提出了更高的要求。最初由美国海军研究实验室开发的一种高温材料，聚苯腈树脂，有望作为聚合物基体材料替换金属部件，在减轻重量的同时保持强度的一种高性能材料。通常，失重5%时的温度（$T_{d5\%}$）可以用来描述热固性树脂的耐高温性能，而储能模量可以描述力学性能中的强度。与传统热固性树脂（环氧树脂、酚醛树脂、聚酰亚胺树脂、双马来酰亚胺树脂）相比，聚苯腈树脂同时具有优异的耐热性和力学性能。典型的聚苯腈聚合物的起始分解温度超过450℃，储能模量超过3500MPa，同时聚苯腈树脂也具有优异的阻燃性能、低吸水率、优异的防腐性能等。但由于其高交联密度和高熔点，存在着韧性不足和加工窗口较窄等问题，严重限制了该树脂作为高性能结构材料基体的应用，因此降低其单体熔点，扩宽其加工窗口是很有必要的。

8.2.2 问题分析总体思路

为寻找结构合理、加工窗口适当的单体，从分子水平上设计含硅氧结构的苯腈单体。为改善联苯型聚苯腈单体加工难的问题，采用熔融共混的方式，将含硅氧结构苯腈单体与联苯型苯腈单体以不同比例混合制备聚苯腈合金树脂。本案例拟从分子水平上设计合成含硅氧结构的苯腈单体并制备聚苯腈合金树脂，研究低熔点苯腈单体对聚苯腈合金树脂的加工性能、力学性能、热稳定性、凝胶动力学过程的影响机制与共性规律。

8.2.3 拟采用的测试手段

① 红外光谱分析（FTIR）。
② 核磁共振分析（NMR）。
③ 差示扫描量热分析（DSC）。
④ 热重分析（TG）。
⑤ 动态热机械分析（DMA）。
⑥ 扫描电镜分析（SEM）。

8.2.4 与专业知识点关系

① 借助FTIR和NMR对有机化合物的特征官能团以及氢、碳原子的化学位移值深入分析，确定新合成产物的化学结构，最终设计出一种含硅柔性链段的苯腈化合物单体。

② 借助DSC对苯腈化合物单体的熔点、交联点进行测定，分析苯腈化合物单体的加工窗口和固化动力学过程，评价材料的加工性能。

③ 借助TG、DMA和SEM分析聚苯腈合金树脂的热稳定性、热分解动力学过程、储能模量、玻璃化转变、断面形貌等，评估材料的使用性能。

8.2.5 实操过程分析结果

（1）含硅苯腈单体的结构表征

① 4-[4-(羟甲基)苯氧基]邻苯二甲腈（HPP）单体的结构表征。

图 8.23 为 HPP 的核磁共振氢谱图。具体的化学位移如下：^{1}H-NMR(400MHz, DMSO-d$_6$, δ): 8.09ppm(1H, d, ^3J = 8.8Hz, H-6); 7.76ppm(1H, d, ^4J = 2.5Hz, H-3); 7.44ppm(2H, H—Ar); 7.37ppm(1H, dd, ^3J = 8.8Hz, ^4J = 2.5Hz, H-5); 7.18ppm(2H, H—Ar); 5.34ppm(1H, t, ^3J = 5.6Hz, OH); 4.55ppm(2H, d, ^3J = 5.6Hz, CH$_2$)。以上化学位移值与 HPP 单体的预测化学位移值一致，HPP 单体成功合成。

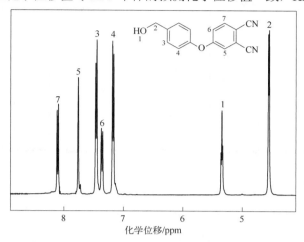

图 8.23   HPP 单体的 ^{1}H-NMR 谱图

② [4,4′-([([(二苯基硅烷二基)双(氧基)]双(亚甲基))双(4,1-亚苯基)]双(氧基))]二苯甲腈（用 DBBD 表示）单体的结构表征。

图 8.24 为 DBBD 单体的核磁共振氢谱图。具体化学位移如下：^{1}H-NMR(400MHz, DMSO-d$_6$, δ): 8.08ppm(2H, d, ArH); 7.75ppm(2H, d, ArH); 7.59ppm(4H, m, ArH); 7.45ppm(2H, m, ArH); 7.35ppm(8H, m, ArH); 7.23ppm(2H, dd, ArH); 7.17ppm(4H, m, ArH); 4.54ppm(4H, s, —CH$_2$—)。核磁共振碳谱图如图 8.25 所示，具体化学位移如下：^{13}C-NMR(100MHz, DMSO-d$_6$, δ): 160.99ppm、152.41ppm、137.48ppm、136.05ppm、134.07ppm、127.99ppm、122.39ppm、121.66ppm、120.05ppm、116.76ppm、115.77ppm、115.27ppm、107.90ppm、66.96ppm。以上化学位移值与 DBBD 单体预测化学位移值一致，DBBD 单体成功制备。

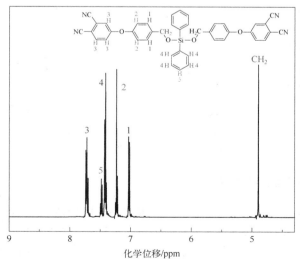

图 8.24   DBBD 单体的 ^{1}H-NMR 谱图

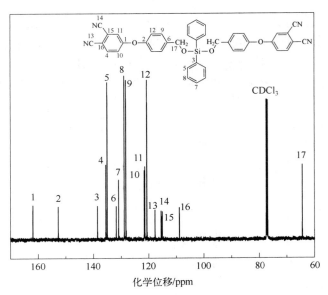

图 8.25　DBBD 单体的 ^{13}C-NMR 谱图

图 8.26 为 DBBD 单体的 FTIR 图，DBBD 单体在 2231cm^{-1} 出现—CN 的特征吸收峰，2923cm^{-1} 和 3070cm^{-1} 为芳香族—CH 的弯曲振动峰，1209cm^{-1} 为芳香醚的伸缩振动峰，748cm^{-1} 和 1076cm^{-1} 为硅氧键的吸收峰，1251cm^{-1} 为硅碳键吸收峰，1124cm^{-1} 为碳氧的伸缩振动，说明 DBBD 单体成功制备。

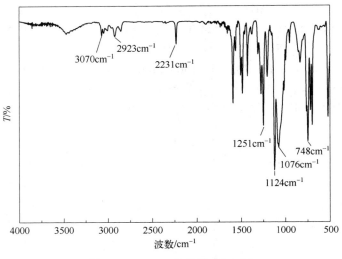

图 8.26　DBBD 单体的 FTIR 图

（2）聚苯腈合金树脂的加工性能

研究发现混合低熔点单体与高熔点单体对提高树脂加工性能有显著影响。将 1Si1LB、1Si2LB、1Si3LB、2Si1LB 和 0Si1LB 样品与 4%（质量分数）的 ODA 混合均匀进行 DSC 测试，测试含硅聚苯腈合金的熔点（T_m）与交联温度（T_p），从而计算得出聚苯腈合金树脂的加工窗口。聚苯腈合金的 DSC 曲线图如图 8.27 所示，具体数值记录在表 8.6 中。

表 8.6　聚苯腈合金熔点、交联点和加工窗口数据表

名称	比例	T_m/℃	T_p/℃	T_p-T_m/℃
1Si1LB	1∶1	173.8	288.9	115.1
1Si2LB	1∶2	196.4	283.9	87.5
1Si3LB	1∶3	202.4	277.4	75.3
2Si1LB	2∶1	177.3	289.9	112.6
0Si1LB	0∶1	211.4	268.9	57.5

由图 8.27 可知，不同比例的 DBBD 单体与联苯单体混合物呈现出不同的熔点与交联温度。联苯型聚苯腈单体结构整齐，熔点高。而含硅氧柔性链段的邻苯二甲腈单体因为柔性链段的存在，降低了单体的熔点。随着低熔点含硅氧邻苯二甲腈单体的增加，熔融峰峰值温度从 202.4℃降低到 173.8℃，向低温区域移动，固化峰峰值温度从 277.4℃扩大到 288.9℃，向高温区域移动，加工窗口变大，聚苯腈合金树脂的加工性能比联苯型聚苯腈树脂好。聚苯腈合金树脂体系中硅氧柔性链段的增加可以减弱分子间作用力，使大分子链段运动更加容易，但是如果柔性链段过多会造成腈基的密度下降减弱固化效率。因此 DBBD 单体与联苯型单体质量比为 1:1 时，聚苯腈合金树脂的加工窗口最宽。

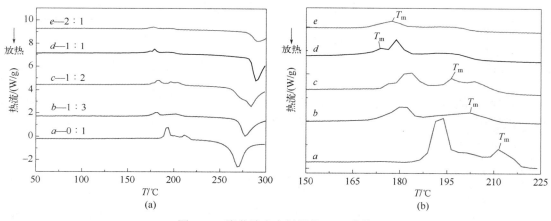

图 8.27　聚苯腈合金树脂的 DSC 曲线
（a）DSC 总图；（b）局部放大图

（3）聚苯腈合金树脂固化反应动力学

利用 DSC 分析技术，在四个不同升温速率（5℃/min、10℃/min、15℃/min 和 20℃/min）下，对聚苯腈合金树脂的非等温固化反应进行了研究。对 1Si1LB 样品与 4%（质量分数）ODA 混合物进行 DSC 测试，如图 8.28 所示，由于在 300℃时 21 图 8.28（a）中 d 曲线交联温度未显示完全，所以对 d 曲线单独测试到 400.0℃。

随着等速升温速率的增加，曲线中放热峰的位置移动至高温区域，原因可能是当加热速率较低时，聚苯腈合金粉末具有足够的反应时间，可以在低温区域发生聚合反应。当加热速率较快时，由于热惯性，固化体系在固化温度下的停留时间缩短，所以固化反应会在更高温度下发生反应。升温速率分别为 5℃/min、10℃/min、15℃/min 和 20℃/min 时，聚苯腈合金树脂的加工窗口分别为 76.2℃、95.0℃、101.6℃和 116.7℃；随升温速率增加，聚苯腈合金树脂的加工窗口变大，有利于加工成型，四种升温速率下的加工窗口数值如表 8.7 所示。

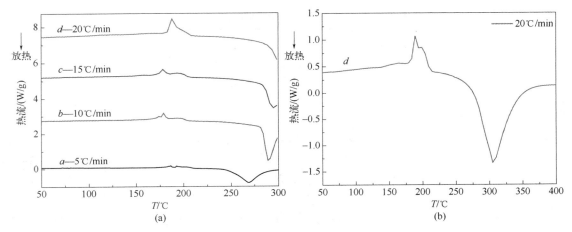

图 8.28　ODA 催化 1Si1LB DSC 曲线

（a）ODA 催化 1Si1LB DSC 曲线；（b）d 曲线的完整图

表 8.7　不同升温速率下的加工窗口

升温速率/(℃/min)	T_m/℃	T_p/℃	T_p-T_m/℃
5	192.5	268.7	76.2
10	193.9	288.9	95.0
15	193.3	294.9	101.6
20	188.0	304.7	116.7

　　表观活化能可直接体现聚苯腈树脂的固化反应程度，可以推测出固化体系反应难易程度，通常采用 Kissinger 非等温动力学方程来研究固化体系的表观活化能。

　　反应速度的表达式：

微分形式
$$\frac{\mathrm{d}\alpha}{\mathrm{d}t}=kf(\alpha) \tag{8.1}$$

积分形式
$$G(\alpha)=kt \tag{8.2}$$

式中　t——反应时间；

　　　α——t 时刻热分解失重率；

　　　k——反应速率常数；

　　$f(\alpha)$——反应机理函数的微分形式；

　　$G(\alpha)$——反应机理函数的积分形式。

　　其中 k 与反应温度的关系遵循 Arrhenius 方程：

$$k=A\exp\left(\frac{-E}{RT}\right) \tag{8.3}$$

式中　A——表观指前因子；

　　　E——表观活化能；

　　　R——气体常数，8.314J/(mol·K)。

　　在非等温条件下，有如下关系式：

$$T = T_0 + \beta t \tag{8.4}$$

即 $$\mathrm{d}T / \mathrm{d}t = \beta$$

式中 T_0——DSC 曲线的起始温度，K；

β——升温速率，$K \cdot min^{-1}$。

通过式（8.1）～式（8.4）可以得到非均相体系非等温条件下的微分和积分动力学方程：

微分形式 $$\frac{\mathrm{d}\alpha}{\mathrm{d}T} = \frac{A}{\beta} f(\alpha) \exp(\frac{-E}{RT}) \tag{8.5}$$

积分形式 $$G(\alpha) = \frac{A}{\beta} \exp(\frac{-E}{RT}) t \tag{8.6}$$

动力学方程：

$$\frac{\mathrm{d}\alpha}{\mathrm{d}t} = A(1-\alpha)^n \exp\left(\frac{-E}{RT}\right) \tag{8.7}$$

对方程式（8.7）两边微分得：

$$\frac{\mathrm{d}}{\mathrm{d}t}\left(\frac{\mathrm{d}\alpha}{\mathrm{d}t}\right) = \frac{\mathrm{d}\alpha}{\mathrm{d}t}\left[\frac{E\frac{\mathrm{d}T}{\mathrm{d}t}}{RT^2} - An(1-\alpha)^{n-1}\exp\left(\frac{-E}{RT}\right)\right] \tag{8.8}$$

当 $T = T_p$ 时，$\dfrac{\mathrm{d}}{\mathrm{d}t}\left(\dfrac{\mathrm{d}\alpha}{\mathrm{d}t}\right) = 0$，代入方程式（8.8）得：

$$\frac{E\frac{\mathrm{d}T}{\mathrm{d}t}}{RT_p^2} = An(1-\alpha_p)^{n-1}\exp\left(\frac{-E}{RT_p}\right) \tag{8.9}$$

假设 $\ln(1-\alpha_p)^{n-1}$ 与 β 无关，并且值为 1，得：

$$\frac{E\beta}{RT_p^2} = A\exp\left(\frac{-E}{RT_p}\right) \tag{8.10}$$

对方程式（8.10）两边取对数，得到 Kissinger 方程：

$$\ln\left(\frac{\beta_i}{T^2_{p_i}}\right) = \ln\frac{AR}{E} - \frac{E}{R} \times \frac{1}{T_{p_i}} \qquad (i = 1, 2, 3, 4) \tag{8.11}$$

设定不同 β_i 下的 DSC 固化最值温度 T_{p_i} 处的各 α 值近似相等，所以可用 $\ln(\beta_i/T^2_{p_i})$ 对 $1/T_{p_i}$ 作图，可得到一条直线，从斜率求 E，从截距求 A。

根据表 8.7 可以计算出四个升温速率下的 $\ln(\beta/T_p^2)$ 和 $1/T_p$，具体数值见表 8.8。

表 8.8　不同升温速率下的 $\ln(\beta/T_p^2)$ 和 $1/T_p$

升温速率/(℃/min)	T_p/K	$\ln(\beta/T_p^2)$	$1/T_p$/(1/K)
5	541.85	−10.98	0.00185
10	562.08	−10.36	0.00178
15	568.01	−9.98	0.00176
20	577.89	−9.72	0.00173

根据表 8.8 内具体数值作图得到 $\ln(\beta/T_p^2)$-$1/T_p$ 曲线，对曲线进行线性拟合，如图 8.29 所示。通过计算直线的斜率和截距，得到合金发生固化反应所需 E 为 88.47kJ/mol，A 为 1.81。

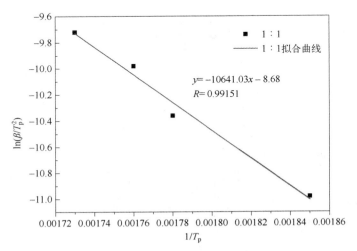

图 8.29　ODA 催化 1Si1LB 的 $\ln(\beta/T_p^2)$-$1/T_p$ 曲线

（4）聚苯腈合金树脂化学结构

图 8.30 是聚苯腈合金树脂的 FTIR 谱图。由图 8.30 可以看出 0Si1LB-P 树脂在 2227cm^{-1} 处出现—CN 官能团特征峰，说明 0Si1LB-P 树脂未固化完全，仍存在—CN 结构，而其他聚苯腈合金树脂的—CN 官能团特征峰基本消失，表明聚苯腈合金树脂固化基本完全。含硅聚苯腈树脂、1Si1LB-P 树脂、1Si2LB-P 树脂、1Si3LB-P 树脂、2Si1LB-P 树脂和 0Si1LB-P 树脂六种聚苯腈合金树脂的三嗪环特征峰分别出现在 1596cm^{-1}、1604cm^{-1}、1604cm^{-1}、1604cm^{-1}、1589cm^{-1} 和 1480cm^{-1} 处；同时六种聚苯腈合金树脂也存在很弱的异吲哚啉吸收峰，分别出现在 1496cm^{-1}、1481cm^{-1}、1481cm^{-1}、1473cm^{-1}、1488cm^{-1} 和 1420cm^{-1} 处。0Si1LB-P 树脂在 1020cm^{-1} 附近出现酞菁环的特征峰，而其他比例聚苯腈合金树脂在 1020cm^{-1} 附近的吸收峰非常弱小。由此得出，聚苯腈合金树脂的结构以三嗪环结构为主，异吲哚啉结构为辅。

（5）聚苯腈合金树脂热稳定性

采用热分析仪研究聚苯腈合金树脂的热稳定性，TG 曲线如图 8.31 所示。测得样品的热失重 5% 的温度和热失重 10% 的温度以及 1000.0℃时的残碳量，具体热分解参数如表 8.9 所示。由图 8.31 可以看出，在氮气气氛下，聚苯腈树脂表现出高的热失重 5%（$T_{d5\%}$），

其中树脂的 $T_{d5\%}$ 都高于 400.0℃，并且聚苯腈合金树脂大部分的 $T_{d5\%}$ 都高于 500.0℃；同样聚苯腈树脂也表现出高的热失重 10%（$T_{d10\%}$），表明聚苯腈合金树脂具备很好的热稳定性。其中联苯型聚苯腈树脂（0Si1LB-P 树脂）的热稳定性最佳，含硅聚苯腈树脂的热稳定性最差。五种聚苯腈合金树脂的热稳定性优于含硅聚苯腈树脂，1Si2LB-P 树脂热稳定性最好。

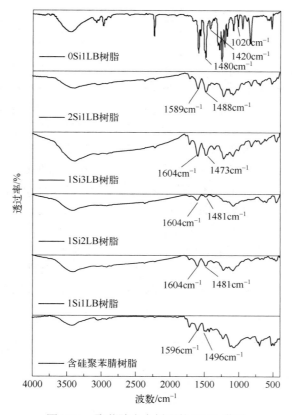

图 8.30　聚苯腈合金树脂的 FTIR 谱图

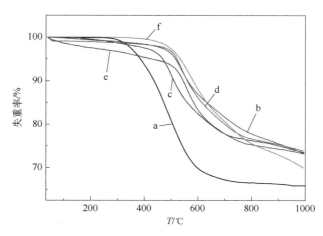

图 8.31　聚苯腈合金树脂的热重曲线

a—含硅聚苯腈树脂；b—1Si1LB-P 树脂；c—1Si2LB-P 树脂；d—1Si3LB-P 树脂；e—2Si1LB-P 树脂；f—0Si1LB-P 树脂

表 8.9　聚苯腈合金树脂热分解参数

样品	成分	$T_{d5\%}$/℃	$T_{d10\%}$/℃	1000℃下残碳率（N$_2$）/%
含硅聚苯腈树脂	1∶0	444.8	494.8	66.8
1Si1LB-P 树脂	1∶1	515.6	560.6	73.3
1Si2LB-P 树脂	1∶2	535.0	575.0	75.5
1Si3LB-P 树脂	1∶3	518.4	558.4	73.9
2Si1LB-P 树脂	2∶1	419.1	544.1	73.2
0Si1LB-P 树脂	0∶1	533.1	581.7	70.0

图 8.32 为含硅聚苯腈树脂、1Si1LB-P 树脂和 0Si1LB-P 树脂三种树脂的 DTG 曲线图。从图 8.32 中可以看出，含硅聚苯腈树脂最先发生降解，初始降解温度在 304.0℃附近，304.0～800.0℃为主要降解区间，在 534.0℃时达到最大热解损失率。1Si1LB-P 树脂与 0Si1LB-P 树脂的初始降解温度在 400.0℃附近，主要降解区间在 470.0～670.0℃，初始降解温度的提高主要是因为 0Si1LB-P 树脂本身良好的耐高温性能以及规整的交联结构。1Si1LB-P 树脂在 534.0℃时达到最大热解损失率，0Si1LB-P 树脂在 545.0℃时达到最大热解损失率。比较图中三条曲线，可以看出含硅聚苯腈树脂的热解最快，峰面积最大，因此含硅聚苯腈树脂的热稳定性在三个树脂中最差。在含硅聚苯腈树脂体系中加入适量的联苯型结构改善了树脂的热稳定性，原因可能是：①联苯型聚苯腈树脂自身的耐高温性能；②含硅聚苯腈单体与联苯型单体的相容性较好，刚性的联苯结构分散在树脂分子链段内部，阻碍分子链段运动和热降解。

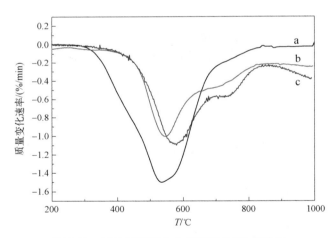

图 8.32　三种聚苯腈合金树脂的 DTG 曲线图
a—含硅聚苯腈树脂；b—1Si1LB-P 树脂；c—0Si1LB-P 树脂

（6）聚苯腈合金树脂热分解动力学

图 8.33 和图 8.34 是在不同升温速率下 1Si1LB-P 树脂和含硅聚苯腈树脂的 TG 和 DTG 曲线。

如图 8.33 和图 8.34 所示，在不同的升温速率下，各 TG 曲线的初始热失重温度随着升温速率的升高而增大，不同升温速率下聚苯腈树脂的 TG 曲线基本保持平行，且随着升温速度升高，TG 曲线向高温区偏移，原因可能是升温速率升高而引起热滞后效应。实验针对不同升温速率（5℃/min、10℃/min、15℃/min 和 20℃/min）的热失重曲线，利用 Kissinger 法和 Flynn-Wall-Ozawa 法求聚苯腈树脂热分解反应的表观活化能 E。

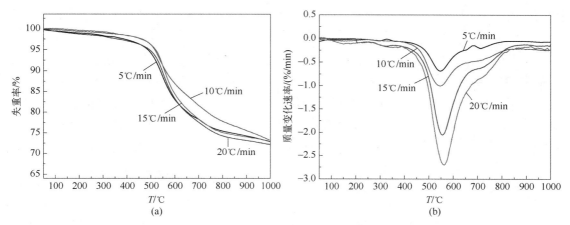

图 8.33　不同升温速率下 1Si1LB-P 树脂的 TG 和 DTG 曲线
（a）TG 曲线；（b）DTG 曲线

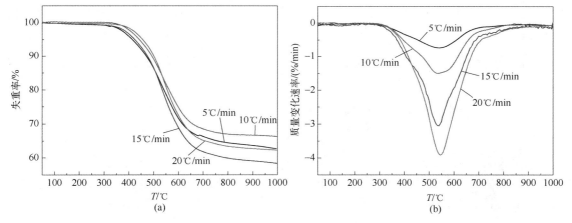

图 8.34　不同升温速率下含硅聚苯腈树脂的 TG 和 DTG 曲线
（a）TG 曲线；（b）DTG 曲线

1）Kissinger 法

Kissinger 法（简称 K 法）是一种微分处理方法。利用多个升温速率下的 DTG 曲线计算热分解活化能（E）和指前因子（A）。Kissinger 公式如下：

$$\ln\left(\frac{\beta_i}{T_{p_i}^2}\right) = \ln\frac{AR}{E} - \frac{E}{R} \times \frac{1}{T_{p_i}} (i = 1, 2, 3, 4) \tag{8.12}$$

利用式（8.12），可以得出 $\ln(\beta/T_p^2)$ 和 $1/T_p$，具体见表 8.10。

表 8.10　不同升温速率下的 $\ln(\beta/T_p^2)$ 和 $1/T_p$

	升温速度/(℃/min)	T_p/K	$\ln(\beta/T_p^2)$	$(1/T_p)/k^{-1}$
1Si1LB-P 树脂	5	816.70	−11.80	0.001224
	10	818.71	−11.11	0.001221
	15	828.31	−10.73	0.001207
	20	834.83	−10.46	0.001198
含硅聚苯腈树脂	5	798.66	−11.76	0.001266
	10	802.97	−11.07	0.001245
	15	812.23	−10.69	0.001231
	20	818.89	−10.42	0.001221

以 $\ln(\beta/T_p^2)$ 对 $1/T_p$ 作图,并线性拟合一条直线,通过直线斜率即可求出热降解活化能 E,拟合结果如图 8.35 所示。根据 K 法计算出 1Si1LB-P 树脂和含硅聚苯腈树脂发生热分解反应所需表观活化能分别为 363.39kJ/mol 和 247.54kJ/mol。

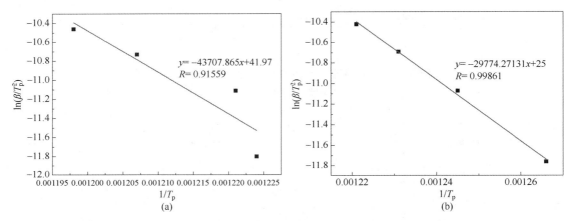

图 8.35　1Si1LB-P 树脂与含硅聚苯腈树脂的热分解活化能拟合曲线
(a) 1Si1LB-P 树脂;(b) 含硅聚苯腈树脂

2)Flynn-Wall-Ozawa 法

Flynn-Wall-Ozawa 法(FWO)采取不同升温速率下 TG 曲线上的相同的转化率(α)对应的不同温度计算热分解表观活化能(E)。对方程式(8.6)进行积分变化,得到:

$$\ln G(\alpha) = \lg \frac{AE}{R} - \lg \beta - 2.315 - 0.4567 \frac{E}{RT} \qquad (8.13)$$

利用 DTG 曲线峰值对应温度 T_p 代替方程中的 T,由于不同升温速率下峰值温度对应的 α 不同,可以使 $\lg\beta$ 对 $1/T_p$ 作图,得到一条直线,由直线的斜率可以求 E。利用式(8.13),求出热降解活化能 E,拟合结果如图 8.36 所示。根据 FWO 法计算出 1Si1LB-P 树脂和含硅聚苯腈树脂发生热分解反应所需表观活化能分别为 368.61kJ/mol 和 350.87kJ/mol。

根据 K 法和 FWO 法分别计算出两种树脂的热分解活化能,尽管 K 法与 FWO 法的计算结果不同,但是趋势是相同的且数值相差不大,1Si1LB-P 树脂的分解活化能大于含硅聚苯腈树脂的分解活化能,说明 1Si1LB-P 树脂的耐高温性能要优于含硅聚苯腈树脂,1Si1LB-P 树脂中含有大量联苯结构,联苯结构增加了聚合物分子链的刚性,分子热运动减弱,增加了树脂的耐高温性能，这意味着将联苯结构单元引入含硅氧结构的聚苯腈树脂中可以提升树脂的热稳定性。

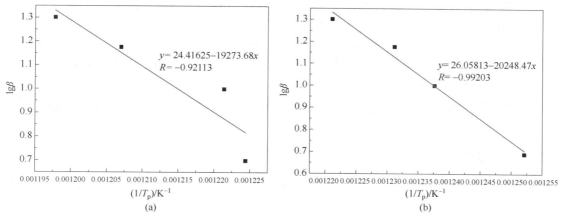

图 8.36　1Si1LB-P 树脂与含硅聚苯腈树脂的热分解活化能拟合曲线
（a）1Si1LB-P 树脂；（b）含硅聚苯腈树脂

（7）聚苯腈合金树脂断面形貌

为了观察聚苯腈合金树脂的微观形貌，采用 SEM 对 1Si1LB-P 树脂、1Si2LB-P 树脂、1Si3LB-P 树脂和 2Si1LB-P 树脂的断面形貌进行了表征，如图 8.37 所示。图 8.37（a）为 1Si1LB-P 树脂的断面形貌图，可以看出 1Si1LB-P 树脂的断面粗糙，表现出韧性断裂的特征。可能是因

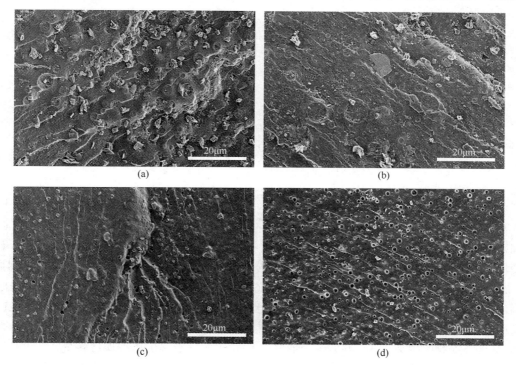

图 8.37　聚苯腈合金树脂断面形貌
（a）1Si1LB-P 树脂；（b）1Si2LB-P 树脂；（c）1Si3LB-P 树脂；（d）2Si1LB-P 树脂

为材料在外力的作用下，体系中硅氧柔性链段的加入，使部分能量被硅氧柔性链段吸收，增加了树脂的韧性。图8.37（b）为1Si2LB-P树脂的断面形貌图，可以看出1Si2LB-P树脂的断面不规整程度降低，有小块状物质不均匀分散在断面中，断面裂纹紧密。图8.37（c）为1Si3LB-P树脂的断面形貌图，1Si3LB-P树脂断面是光滑的，断面裂纹规整、呈树枝状分布，表现出轻微的脆性断面特征。可能是因为随着联苯型单体质量分数的增加，树脂内部刚性结构增多。图8.37（d）为2Si1LB-P树脂的断面形貌图，可以看出2Si1LB-P树脂内部存在气孔缺陷，可能是因为在2Si1LB-P树脂中含有大量的含硅聚苯腈单体，在后固化工艺过程中由于温度太高，造成亚甲基键分解，导致气孔产生，气孔的存在会导致树脂弯曲性能的下降。

（8）聚苯腈合金树脂的动态力学性能

图8.38为不同比例聚苯腈合金树脂的储能模量与tanδ曲线。由图8.38可知，在30.0℃时1Si1LB-P树脂、1Si2LB-P树脂和2Si1LB-P树脂的储能模量分别是2017MPa、1757MPa、1639MPa。三种聚苯腈合金树脂的储能模量随温度升高而下降，这是由温度造成的聚合物网络结构松弛。2Si1LB-P树脂储能模量随温度升高初期就出现急剧下降，说明该结构的规整度及反应完善性不够。1Si1LB-P树脂与1Si2LB-P树脂储能模量随温度升高下降缓慢，可能是由于联苯比例增加，联苯的刚性结构会影响分子链的运动，使树脂在外力作用下的模量损耗较小。

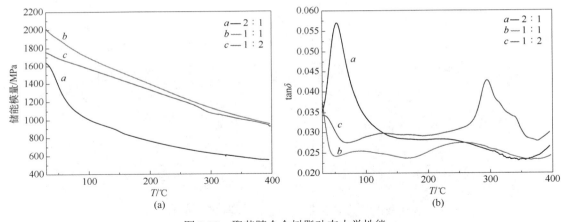

图8.38　聚苯腈合金树脂动态力学性能
（a）聚苯腈合金储能模量图；（b）聚苯腈合金tanδ曲线图

从图8.38（b）中可以看到，2Si1LB-P树脂在低温区域出现第一个T_g，对应于Si-O-C-O-Ar结构玻璃化转变。1Si1LB-P树脂和1Si2LB-P树脂在400.0℃之前出现两个玻璃化转变峰（α转变峰、β转变峰），tanδ曲线的最大值（α转变峰）对应聚合物的T_g值，1Si2LB-P树脂的T_g（294.5℃）高于1Si1LB-P树脂的T_g值（261.8℃），因此在温度高于261.0℃时1Si2LB-P树脂的储能模量较1Si1LB-P树脂下降缓慢。1Si1LB-P树脂的玻璃化转变峰平缓，1Si2LB-P树脂的玻璃化转变峰尖锐。具有完全相分离的树脂体系表现出多个不同的玻璃化转变，相应的T_g值与共混物的组成无关；相反，具有完全相容的体系表现出单玻璃化转变，T_g值位于两种组分之间；对于部分可混溶的体系，T_g峰趋向于变宽并向更高或更低的温度范围移动，因此1Si1LB-P树脂的相容性最佳。

8.2.6 案例分析总结反思

通过高分子材料案例我们可以获知，借助 FTIR 和 NMR 对有机材料的特征官能团和氢、碳的化学位移值进行互补分析测试，对其他有机材料的化学结构分析提供了分析方法及参考案例。借助 DSC、TG、DMA 等热分析技术对有机聚合物的熔点、交联点、固化动力学行为、热稳定性、热分解动力学行为、动态热机械性能（储能模量和玻璃化转变）进行全面研究，而 SEM 对有机材料弯曲断面进行分析，依据脆性断面和韧性断面特征辅助分析材料的力学性能。

8.3 钢渣捕获二氧化碳材料复杂综合问题解决实操案例

8.3.1 工程问题案例背景

钢渣是炼钢过程产生的固体废弃物。由于钢渣中含有大量的碱性金属氧化物，利用 CO_2 与钢渣中 CaO 等碱性矿物反应生成碳酸盐，可实现二氧化碳的捕获与封存。湿法碳酸化过程中 CO_2 首先溶于水形成 HCO_3^- 和 CO_3^{2-}，然后钢渣中的 Ca^{2+} 和溶液中 CO_3^{2-} 在溶液中扩散至钢渣表面，最后 Ca^{2+} 和 CO_3^{2-} 反应生成 $CaCO_3$ 沉积在颗粒表面或游离在溶液环境中。随着反应的进行，生成的 $CaCO_3$ 会覆盖钢渣表面，碳酸化程度愈加完全，碳酸化速率趋于稳定。还有研究发现，钢渣在碳酸化过程中，硅酸钙的钙离子迁移至表面生成 $CaCO_3$ 后，硅质组分会原位生成 SiO_2 凝胶，Mg^{2+} 会与 SiO_2 凝胶结合生成 M-S-H，最终形成"碳酸钙-凝胶层-未碳化硅酸钙"的核壳结构。目前对于钢渣粉在高压 CO_2 和机械搅拌下微结构形成规律还不够清晰。深入研究碳酸化反应时间、CO_2 压力、搅拌转速等参数对钢渣粉的矿物组成、微观形貌、颗粒内部结构与分布状态等微结构形成规律的影响，探明其微结构的形成机理，为钢渣粉作为碳捕集材料在水泥混凝土中应用提供理论依据。

8.3.2 问题分析总体思路

钢渣碳酸化过程中，除了 Ca 等离子的浸出外，CO_2 在碳酸化层中的扩散对碳酸化速率起着重要作用。随着碳酸化的时间增长，碳酸钙的数量增加，形成更加致密的微观结构，将减缓 CO_2 的渗透，从而限制其进一步碳酸化。为了提高钢渣碳酸化程度，采取高 CO_2 初始压力下高速搅拌的方法，将有利于 CO_2 溶于水溶液中，同时高速搅拌将打破"碳酸钙-凝胶层"的壳层，促进钢渣的碳酸化，但目前关于高压高速搅拌条件下碳酸化钢渣微结构的形成过程还有待深入研究，需针对此复杂问题进行多种测试手段的综合分析。

8.3.3 拟采用的测试手段

利用 XRD 探讨碳酸化钢渣中矿物的转化规律，采用 SEM，并结合 EDS 分析碳酸化钢渣的微观形貌和元素组成的变化规律，同时探讨碳酸化钢渣颗粒断面微观结构的分布；利用 DSC-TG 分析碳酸化钢渣矿物的组成变化，利用 IR 分析碳酸化钢渣中矿物基团的变化规律。

8.3.4 与专业知识点关系

① 钢渣中存在 C_2S、C_3S、C_3A、f-CaO、f-MgO、RO 相等矿物，其水化过程与水泥水化类似，与水泥专业知识相关联；

② 钢渣碳酸化过程中形成 CaCO$_3$ 和硅凝胶，与矿物晶体结构、硅酸盐矿物结构知识点相关联。

8.3.5 实操过程分析结果

（1）碳酸化钢渣的矿物组成分析

图 8.39 为不同碳酸化制度下钢渣的 XRD 图谱。由图 8.39（a）可知，初始钢渣中主要包括 γ-C$_2$S、β-C$_2$S、钙镁橄榄石、铁酸一钙、铁酸二钙、铝酸三钙、钙铝石（C$_{12}$A$_{14}$）、镁铝尖晶石和 RO 相（主要由 FeO、MgO 组成）。在碳酸化 15min 后，钢渣中 γ-C$_2$S、β-C$_2$S 和钙镁橄榄石的衍射峰强度大幅降低，出现碳酸钙的衍射峰，说明在碳酸化 15min 内，不仅有水化活性的 β-C$_2$S 参与碳酸化反应，而且惰性的 γ-C$_2$S 和钙镁橄榄石也参与碳酸化反应形成碳酸钙。由此推断，搅拌作用加速了钢渣中硅酸盐矿物的碳酸化反应进程。同时，RO 相（MgO 为主）的衍射峰强度明显降低，Fe$_2$O$_3$ 的衍射峰强度增大，说明 MgO 含量高的 RO 相参与碳酸化反应，并且机械搅拌作用会促进 RO 相中 FeO 向 Fe$_2$O$_3$ 转变。与此同时，铁酸一钙、铁酸二钙、铝酸钙的衍射峰强度大幅降低，说明铁酸钙和铝酸钙均会参与碳酸化反应。

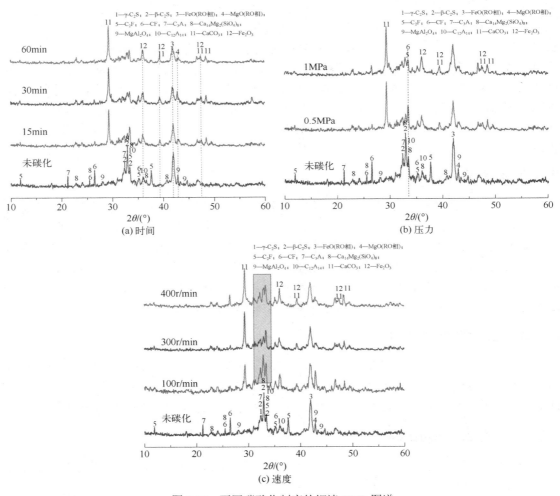

图 8.39　不同碳酸化制度的钢渣 XRD 图谱

随着碳酸化反应时间延长至 30min 和 60min 时，硅酸钙、钙镁橄榄石、RO 相的衍射峰均略有降低，而 $CaCO_3$ 衍射峰强度逐渐增大，由此说明在碳酸化 15min 时硅酸钙、钙镁橄榄石、RO 相已有较高的碳酸化程度，但 $CaCO_3$ 含量逐渐增加，这可能与反应产物中 C-S-H 凝胶脱钙有关。同时，碳酸化时间为 30min 时，RO 相（FeO 为主）衍射峰强度有所下降，而延长至 60min 时，其衍射峰强度未显著降低，从而可推断，CO_2 高压和搅拌作用促进 RO 相（FeO 为主）参与碳酸化反应，但达到一定反应程度后将不再参与反应，但也能说明搅拌作用可激发以 FeO 为主的 RO 相碳酸化活性。随反应时间增加，镁铝尖晶石和钙铝石的衍射峰强度未发生明显变化，说明镁铝尖晶石和钙铝石不具有碳酸化反应活性。

对比 CO_2 压力 0.5MPa 和 1.0MPa 碳酸化 15min 的钢渣 XRD 图谱［图 8.39（b）］，发现 CO_2 压力升高，硅酸钙、钙镁橄榄石、RO 相的衍射峰强度变化较小，说明提高 CO_2 压力对硅酸盐、RO 相碳酸化反应程度促进效果不明显。然而，铁酸二钙和铁酸一钙的衍射峰强度明显降低，说明提高 CO_2 压力会促进铁酸钙的碳酸化反应。

图 8.39（c）是不同搅拌速度下碳酸化 15min 钢渣的 XRD 图谱，由图可知，搅拌速度由 100r/min 增加至 300r/min 时，钢渣中硅酸钙、钙镁橄榄石参与碳酸化反应程度提高，碳酸钙生成量增加。但继续提高转速至 400r/min 时，硅酸钙、钙镁橄榄石碳酸化程度反而降低，进而说明提高搅拌速度有利于硅酸盐矿物碳酸化，但存在最佳的搅拌速度，速度过快反而减弱硅酸盐矿物的碳酸化程度。同时发现，搅拌速度为 100r/min 和 300r/min 时，碳酸化钢渣中的铁酸钙、铝酸钙衍射峰强度均大幅降低，进而说明铁酸钙、铝酸钙在搅拌速度为 100r/min 时，即能发生碳酸化反应；而在搅拌速度 400r/min 时，铁酸二钙衍射峰强度仍较高，从而也能说明搅拌速度过快不利于矿物碳酸化反应；并且随着搅拌速度提高，RO 相衍射峰强度未有显著变化。

（2）碳酸化钢渣的 TG-DSC 分析

图 8.40 是不同碳酸化时间下钢渣的 TG-DTG 和 DSC 曲线图。由图 8.40（a）可见，碳酸化 15min 钢渣的 TG-DTG 曲线中 120℃质量损失对应于 C-S-H 凝胶的失水，由此说明碳酸化过程钢渣中硅酸钙水化形成 C-S-H 凝胶，随着碳酸化时间延长，C-S-H 凝胶含量增加。同时发现，在碳酸化 60min 的 DTG 曲线中 150℃附近出现了峰肩，其位置对应的可能是 M-S-H（水化硅酸镁）或 S-H（硅胶）凝胶的失水。由此可见，碳酸化时间延长，将促进 C-S-H 凝胶脱钙。

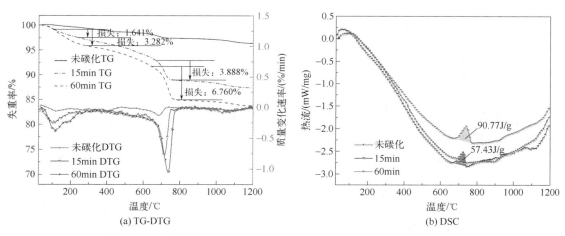

图 8.40 不同碳酸化时间下钢渣的 TG-DTG、DSC 变化曲线（二维码）

图 8.40（a）中，600～800℃的质量损失对应的是 CaCO₃ 分解，在未碳酸化钢渣中，690℃左右的失重对应钢渣自然陈化生成的碳酸钙分解，而碳酸化 15min 和 60min 后钢渣中 CaCO₃ 的分解温度约为 700℃和 730℃。可见，碳酸化时间延长，钢渣中 CaCO₃ 分解温度向高温方向偏移，由此说明碳酸化钢渣中 CaCO₃ 的结晶程度不仅高于自然陈化，而且碳酸化时间越长，其结晶程度越高。并且，结合图 8.40（b）可知，碳酸化时间越长，CaCO₃ 的生成量也越大。由于 MgCO₃ 分解失重温度一般在 590～650℃区间，然而，在 DTG 曲线中该温度区间并未发现有 MgCO₃ 分解，并且 CaCO₃ 的分解失重温度也未向低温方向偏移，进而说明碳酸化钢渣中并未生成 MgCO₃ 或 Ca(Mg)CO₃。

图 8.41 是不同 CO₂ 压力下碳酸化 15min 钢渣的 TG-DTG 和 DSC 曲线图。由图 8.41（a）可见，随着 CO₂ 压力增大，C-S-H 凝胶层失水的质量损失无明显变化，说明增大 CO₂ 压力对碳酸化钢渣中凝胶的生成量影响较小。然而，增大 CO₂ 压力，CaCO₃ 分解失重温度向高温方向偏移和失重量增加，说明增大 CO₂ 压力促进碳酸钙的生成，且提高碳酸钙的结晶程度。同时，DSC 曲线中 CaCO₃ 分解的吸热量增大，同时吸热区间向高温方向偏移，也能证实 CO₂ 压力增大促进 CaCO₃ 的生成和结晶程度增大。结合图 8.42 可见，搅拌速度提高，对 C-S-H 凝胶和 CaCO₃ 的生成量影响均较小。

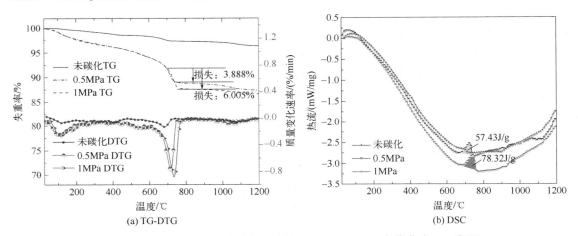

图 8.41 不同 CO₂ 压力下碳酸化钢渣的 TG-DTG、DSC 变化曲线（二维码）

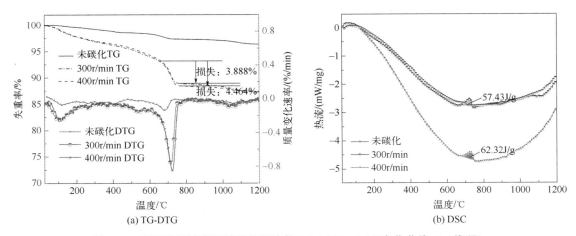

图 8.42 不同搅拌速度下碳酸化钢渣的 TG-DTG、DSC 变化曲线（二维码）

（3）碳酸化钢渣的红外光谱分析

图 8.43 是不同制度下碳酸化钢渣的 FT-IR 光谱图。图 8.43（a）中波数 1411cm⁻¹、871cm⁻¹ 和 712cm⁻¹ 分别是 C—O 非对称伸缩振动、C—O 面外弯曲振动和 C—O—C 面内弯曲振动的谱带，说明碳酸化钢渣中生成了大量碳酸盐，同时，碳酸化 60min 的谱带中 1411cm⁻¹ 处有明显的峰肩，这是由 $CaCO_3$ 的结晶度增大引起的，进而说明碳酸化时间延长，利于提高 $CaCO_3$ 结晶程度。在 1040～1051cm⁻¹ 波数位置对应 C-S-H 凝胶 Si—O 键的对称伸缩振动，碳酸化时间由 15min 延长至 30min，Si—O 键的振动谱带吸收强度明显增大，说明碳酸化时间增加，C-S-H 凝胶含量增加，促进钢渣中硅酸钙水化。但碳酸化时间增加至 60min 时，Si—O 键对应的波数向高频方向偏移，说明 Si—O 链聚合度增加，这可能是由于 C-S-H 凝胶在碳酸化过程中脱钙所造成，也可能是 C-S-H 凝胶向 M-S-H 凝胶转化造成。

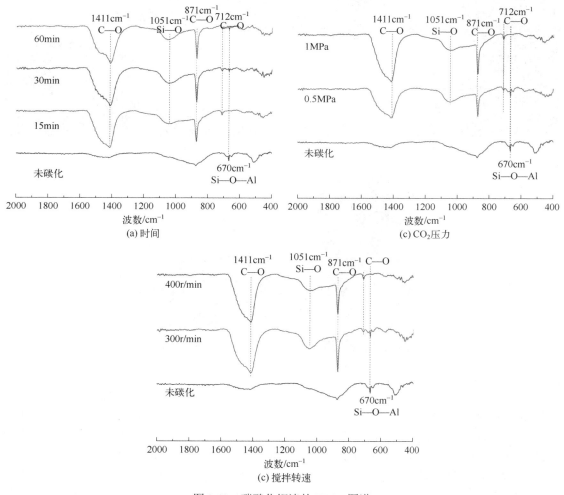

图 8.43　碳酸化钢渣的 FT-IR 图谱

由图 8.43（b）可见，增大 CO_2 压力，C—O 键的振动谱带吸收强度明显增大，而 Si—O 键的振动谱带吸收强度变化较小，说明增大 CO_2 压力促进碳酸钙生成，对含硅凝胶的形成影响较小。由图 8.43（c）可知，增大搅拌速度，C—O 键的振动谱带吸收强度有所增加，但 Si—O

振动谱带吸收强度有所降低，说明增大搅拌速度对碳酸钙生成有一定的促进作用，但抑制含硅凝胶的形成。

（4）碳酸化钢渣表面形貌分析

图 8.44 是 CO_2 压力 0.5MPa 和搅拌速度 300r/min 以及不同碳酸化时间下钢渣的 SEM 图。由图 8.44（a）可见，碳酸化 15min 钢渣颗粒表面附着了一层由立方体小颗粒组成的碳酸化产物层，小颗粒间隙有部分凝胶填充，但仍存在大量孔隙，结合 EDS 图可见，该区域含有大量的 Ca 和 Si，说明表面立方体小颗粒可能为 $CaCO_3$，凝胶可能为 C-S-H 凝胶。

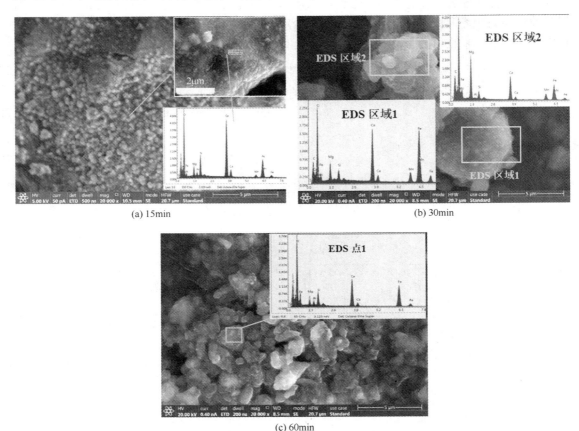

(a) 15min　　　　　　　　　　　　(b) 30min

(c) 60min

图 8.44　CO_2 压力 0.5MPa、搅拌速度 300r/min 以及不同碳酸化时间下钢渣的 SEM 图

由图 8.44（b）可见，碳酸化 30min 的钢渣颗粒表面的区域 1 存在一层致密的凝胶包裹层，大量小颗粒嵌挤于凝胶内部，EDS 显示该区域有大量的 Ca、Fe、Mg、Si 元素，说明该区域可能是硅酸钙和铁酸钙碳酸化产物层，主要由碳酸钙、C-(M)-S-H 凝胶组成。该区域与图 8.44（a）对比发现，随着碳酸化时间增加，钢渣颗粒表面有大量凝胶产生，不仅填充碳酸钙颗粒的间隙，而且包裹碳酸钙颗粒，由此可推断，搅拌条件可促进碳酸化产物内层凝胶向外表面迁移。图 8.44（b）的区域 2 中颗粒表面呈片层状堆积生长，结合 EDS 分析，该区域含有大量 Mg、Ca、Fe 等元素，可推断，此堆积层可能是 RO 相表面的 C-(M)-S-H 凝胶。

由图 8.44（c）可见，碳酸化 60min 的钢渣表面颗粒尺寸增大，且小颗粒被凝胶包裹和黏附呈团簇状。说明碳酸化时间继续增加，将加快碳酸钙和凝胶的形成，同时搅拌作用进一步促进钢渣内部凝胶向外表面迁移，并脱离表面与其他颗粒黏附和团聚。

图 8.45 是 CO_2 压力为 1MPa、搅拌速度 300r/min 下碳酸化 15min 钢渣的 SEM 图。由图 8.45 可见，颗粒表面包裹层仍由小颗粒嵌挤于凝胶而组成，与图 8.44（a）对比发现，CO_2 压力增大后，碳酸化产物包裹层的结构更为紧密，说明 CO_2 压力增大促进碳酸化产物生成，且在短时间内变得更加致密。结合 EDS 可知，该颗粒可能是铁酸钙或 RO 相矿物。

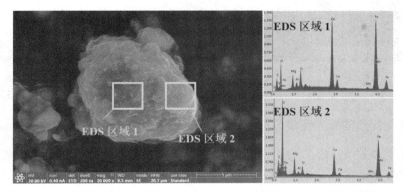

图 8.45　CO_2 压力 1MPa、搅拌速度 300r/min 下碳酸化 15min 钢渣的 SEM 图

图 8.46 为 CO_2 压力 0.5MPa、搅拌 15min 条件下不同搅拌速度的碳酸化钢渣 SEM 图。由图 8.46（a）可见，在 100r/min 下钢渣表面点 1 处较为平整且不存在小颗粒，结合 EDS 能谱显示 1 处含有大量的 Mg、Fe 和 Mn，说明该处可能是 RO 相，进而推断在低转速下 RO 相基本不发生碳酸化反应。然而，在钢渣表面点 2 和点 3 处有大量蜂窝状颗粒覆盖于矿物表面，结合点 2 和点 3 处 EDS 显示含有大量的 Ca 和 Si，说明两个区域均为硅酸钙矿物，其表面碳酸化形成碳酸钙和 C-S-H 凝胶。在 400r/min 搅拌速度下［见图 8.46（b）］，碳酸化钢渣表面碳酸钙和凝胶的生成量增大，点 2 处凝胶含量较高，呈花瓣状堆积生长，EDS 能谱显示该区域含有大量的 Al 元素，说明 Al 元素可能会在富硅区富集并与硅凝胶结合。点 3 处存在一层致密的凝胶层，且凝胶层嵌挤着大量小颗粒，说明增大搅拌速度会促进硅酸钙的碳酸化反应。

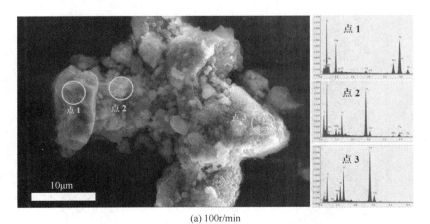

(a) 100r/min

图 8.46

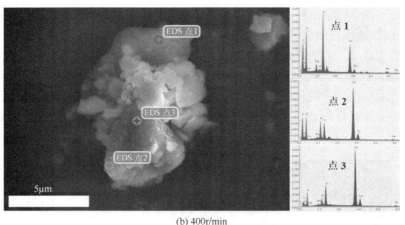

(b) 400r/min

图 8.46　CO_2 压力为 0.5MPa 和搅拌 15min 下不同搅拌速度碳酸化钢渣的 SEM 图

（5）碳酸化钢渣的断面形貌分析

图 8.47 为未碳酸化钢渣断面矿物的微观形貌图，由 EDS 能谱分析可知，钢渣断面矿物 1 含有大量的 Ca、Mg 和 Si，说明该矿物为钙镁橄榄石，且矿物中掺杂有 Al 元素，钙镁橄榄石在未碳酸化时矿物结构完整，不存在裂化。矿物 2 含有大量的 Mg 和 Fe 元素，说明该矿物为 RO 相，RO 相在未碳酸化时结构保持完整。

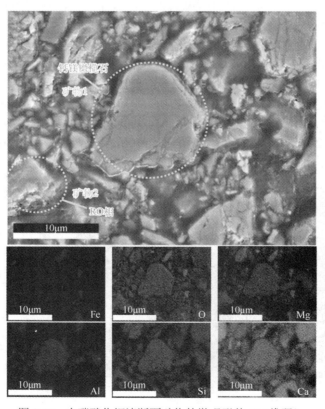

图 8.47　未碳酸化钢渣断面矿物的微观形貌（二维码）

图 8.48 为碳酸化 15min 钢渣断面矿物的 SEM 图。由图 8.48（a）可见，钙镁橄榄石的外表面生成了一层碳酸钙包裹层，矿物内部出现大量裂缝，由此说明 CO_3^{2-} 可能会进入矿物内部反应生成碳酸钙，碳酸钙的体积膨胀作用使得钙镁橄榄石矿物出现裂缝。除此之外，钙镁橄榄石的内部有凝胶生成并嵌挤在矿物开裂后的缝隙中，整体矿物外表面也存在一层凝胶层，说明凝胶在原位生成后会向矿物的外表面进行迁移。EDS 能谱显示钙镁橄榄石表面有 Mg 元素和 Al 元素存在，说明在碳酸化过程钙镁橄榄石中 Mg^{2+} 在机械搅拌的作用下溶出并向钢渣表面迁移，矿物中掺杂的 Al^{3+} 也会参与 Mg^{2+} 的迁移和反应过程。由图 8.48（b）可见，硅酸镁（铝）在碳酸化 15min 后也发生开裂。从图 8.48（c）中可以观察到，在碳酸化 15min 后，

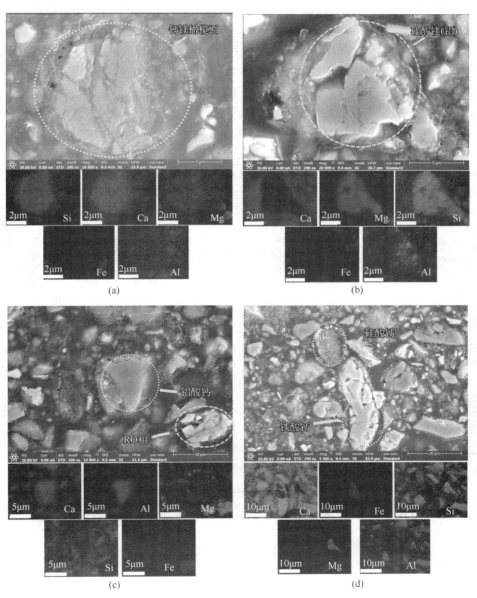

图 8.48　碳酸化 15min 钢渣断面矿物的 SEM 图

（a）硅酸钙；（b）RO 相；（c）铝酸钙；（d）铁酸钙（二维码）

铝酸钙矿物内部结构较完整，矿物外表面由硅酸钙碳酸化产物包裹；同时 RO 相已裂化成小碎块，并且 Mg 元素在富硅区周围富集 [图 8.48（c）]。由此推断，在碳酸化反应过程，RO 相中 MgO 反应生成 $Mg(OH)_2$ 产生体积膨胀导致 RO 相粉化，同时 Mg^{2+} 开始溶出并向 Si 元素富集的区域迁移并发生反应，反应产物可能为 M-S-H 凝胶，而 FeO 可能会原位形成 Fe_2O_3 存在于 RO 相中。由图 8.49（d）可见，碳酸化 15min 后铁酸钙矿物已开裂成小碎块，由此可知铁酸钙碳酸化活性较高。

图 8.49 为碳酸化 60min 钢渣断面矿物的微观形貌图。由图 8.49（a）可以观察到，碳酸化 60min 钙镁橄榄石的粉化程度增大。这是由于随着时间的延长，矿物外部的碳酸钙包裹层进一步被破坏，CO_3^{2-} 持续进入钙镁橄榄石内部进行反应，使得矿物内部粉化成小尺寸矿物。凝胶在包覆整体钙镁橄榄石矿物表面的同时也填充在小尺寸矿物之间的空隙，再次证明凝胶是在钢渣内部原位生成的，并存在由内向外的迁移过程。由 EDS 分析可知，矿物表面的碳酸钙包裹层中 Mg 元素和 Al 元素较少，同时在矿物的内部存在明显的贫钙区，矿物内部存在 Mg、Si 和 Al 的富集，说明 Ca^{2+} 在碳酸化进行的过程中会向外溶出，随着时间延长，矿物内部的 Ca^{2+} 溶出并迁移至矿物表面沉淀形成碳酸钙包裹层，而 Si 元素会在原位生成 SiO_2 凝胶，Mg^{2+} 从矿物中溶出后会在富硅区进行富集与 SiO_2 凝胶结合生成 M-S-H 凝胶，矿物中掺杂的 Al^{3+} 也会参与 Mg^{2+} 与凝胶的反应，反应产物可能为 M-(A)-S-H。图 8.49（b）展现了碳酸化 60min 钢渣断面的 RO 相矿物形貌，可见，RO 相由于 $Mg(OH)_2$ 的体积膨胀作用粉化形成松散的颗粒状结构，硅酸钙碳酸化产物包裹整个 RO 相矿物颗粒，由此说明，延长碳酸化时间主要促进了 RO 相中 MgO 的水化反应导致 RO 相的粉化。

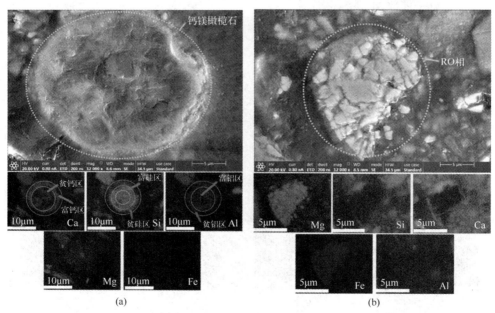

图 8.49　碳酸化 60min 钢渣断面矿物微观形貌图
（a）硅酸钙；（b）RO 相（二维码）

图 8.50 是 CO_2 压力 1MPa 下碳酸化 15min 钢渣断面矿物微观形貌图。结合 EDS 图谱可知，矿物 1、矿物 2 和矿物 3 存在大量的 Ca 和 Si，这些矿物主要为硅酸钙，在 CO_2 压力 1MPa

碳酸化 15min 后，可以观察矿物 2 和矿物 3 的大尺寸硅酸钙存在明显的裂缝，但整体结构较为完整；矿物 1 处的小尺寸硅酸钙表面形成了一层碳酸化产物包裹层，包裹层内部硅酸钙矿物结构完整且不存在裂缝。由此说明增大 CO_2 压力会加速硅酸钙表面碳酸化产物的形成，使得碳酸化产物层在较短时间内变得致密，从而导致 CO_3^{2-} 无法进入矿物内部，因此小尺寸硅酸钙内部的结构保持完整。同时由 EDS 图像可见，碳酸化产物层中含有 Mg、Ca 和 Si 元素，说明碳酸化包裹层可能是由 C-(M)-S-H 凝胶组成。

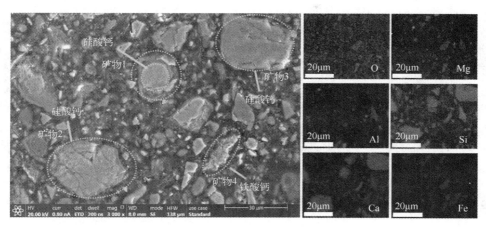

图 8.50　CO_2 压力 1MPa 下碳酸化 15min 钢渣断面矿物微观形貌图（二维码）

图 8.51 是 CO_2 压力为 0.5MPa、搅拌速度为 400r/min 碳酸化 15min 钢渣断面矿物的微观形貌图。由图 8.51 可见，在搅拌速度为 400r/min 碳酸化过程中，硅酸钙（矿物 1 和 2）矿物裂缝显著增多，同时在矿物的边缘观察到了碳酸化产物。铝酸钙（矿物 3）和铁酸钙（矿物 4 和 5）在高转速下碳酸化粉化程度提高。由此说明，转速增大可加速碳酸化过程中钢渣各矿物的粉化并促进其碳酸化进程。

图 8.51　CO_2 压力为 0.5MPa、搅拌速度为 400r/min 下碳酸化 15min 钢渣断面矿物微观形貌图（二维码）

（6）结论

随碳酸化时间的延长，硅酸盐矿物早期形成"未反应硅酸钙-凝胶层-碳酸钙反应层"的结构，在碳酸钙体积膨胀和机械搅拌的双重作用下，向"内部多核壳颗粒堆积-凝胶嵌挤-外部大壳包裹"的"类石榴模型"结构转变；增大 CO_2 压力将促进形成"未反应矿物-凝胶-碳酸钙层"的核壳结构。而提高搅拌速度将加速形成"类石榴模型"结构。在碳酸化过程中，钢渣中 RO 相的 MgO 参与水化反应产生体积膨胀而使 RO 相粉化，Mg^{2+} 从 RO 相矿物溶出并向富硅区迁移形成 M-S-H 凝胶。随着时间延长，RO 相的粉化程度不断增大，形成分散的颗粒状结构。铁酸钙参与碳酸化反应，会因生成的碳酸钙体积膨胀作用而粉化，增大 CO_2 压力促进铁酸钙粉化而呈现"蜂窝状"结构。

8.3.6　案例分析总结反思

① 材料性能由结构和组成决定，XRD 分析得出钢渣中 C_2S 碳酸化程度高，CF、RO 相碳酸化程度低。

② 结合 SEM、BSE 分析得出在高速搅拌下碳酸化钢渣短时间内为"未碳化钢渣-CSH 凝胶-碳酸钙"核壳层结构模型，时间增长将打破了其核壳结构模型，高速搅拌下碳酸化能进入钢渣颗粒内部形成碳酸钙和凝胶混合物，使内部颗粒碎化，碳酸化程度较高。

③ 各测试手段存在一定的局限性，多种测试手段联合应用，有利于复杂问题的分析和佐证。

思考题

1. 思考常用的无机非金属材料性能检测过程所涉及的结构表征方法。
2. 高分子材料结构表征与无机非金属材料及金属材料结构表征的区别是什么？
3. 说明金属、无机非金属、高分子材料在组成和结构方面的主要异同点。
4. 材料科学领域中的先进结构设计技术有哪些？
5. 针对不同材料的表征内容，如何综合利用各种测试技术手段？

参考文献

[1] 魏子琰. 多元医用钛合金第一性原理模拟与实验研究[D]. 唐山：华北理工大学，2020.

[2] 王欢欢. 低弹性模量生物医用钛合金的设计与研制[D]. 唐山：华北理工大学，2019.

[3] 陈兴刚. 高性能聚苯腈树脂/氮化硼复合材料的制备与性能研究[D]. 天津：河北工业大学，2017.

[4] 胡晨光. 温度和硫酸盐侵蚀对粉煤灰水泥浆体 C-S-H 微结构的影响研究[D]. 武汉：武汉理工大学，2014.

[5] Mahoutian M, Ghouleh Z, Shao Y. Carbon dioxide activated ladle slag binder[J]. Construction and Building Materials, 2014, 66: 214-221.

[6] Song Q, Guo M Z, Wang L, et al. Use of steel slag as sustainable construction materials: A review of accelerated carbonation treatment[J]. Resources, Conservation and Recycling, 2021, 173: 105740.

[7] Guan X, Liu S, Feng C, et al. The hardening behavior of γ-C_2S binder using accelerated carbonation[J]. Construction and Building Materials, 2016, 114: 204-207.

[8] Srivastava S, Cerutti M, Nguyen H, et al. Carbonated steel slags as supplementary cementitious materials: Reaction kinetics and phase evolution[J]. Cement and Concrete Composites, 2023, 142: 105213.

[9] Nielsen P, Boone M, Horckmans L, et al. Accelerated carbonation of steel slag monoliths at low CO_2 pressure–microstructure and strength development[J]. Journal of CO_2 Utilization, 2019, 36:124-134.

[10] 赵思坛. 低弹性模量医用钛合金时效力学性能研究[D]. 唐山：华北理工大学，2021.